国家示范性高等职业院校课程改革教材

Gonglu Gongcheng Shigong Shixi Zhinan

公路工程施工实习指南

（道路桥梁工程技术专业用）

赵永生　　主　编
周志国　杨春亮　副主编
欧阳伟　　主　审

人民交通出版社

内 容 提 要

本书是国家示范性高等职业院校课程改革教材之一,内容包括:施工实习概述,安全教育,施工测量实习,结构物工程实习,路基施工实习,沥青混合料施工实习。

本书是高职高专院校道路桥梁工程技术专业实践教学用书,也可作为施工、监理等工程技术人员的培训教材或学习参考书。

图书在版编目(CIP)数据

公路工程施工实习指南/赵永生主编.—北京:人民交通出版社,2010.1

ISBN 978-7-114-08100-2

I.公… II.赵… III.道路工程-工程施工-实习-指南 IV.U415-62

中国版本图书馆CIP数据核字(2009)第232413号

国家示范性高等职业院校课程改革教材

书 名: 公路工程施工实习指南(道路桥梁工程技术专业用)
著 作 者: 赵永生
责任编辑: 周往莲
出版发行: 人民交通出版社
地 址: (100011)北京市朝阳区安定门外外馆斜街3号
网 址: http://www.ccpress.com.cn
销售电话: (010)59757969,59757973
总 经 销: 北京中交盛世书刊有限公司
经 销: 各地新华书店
印 刷: 北京密东印刷有限公司
开 本: 787×1092 1/16
印 张: 16.5
字 数: 408千
版 次: 2010年1月 第1版
印 次: 2010年1月 第1次印刷
书 号: ISBN 978-7-114-08100-2
定 价: 43.00元

道路桥梁工程技术专业课程改革教材
编审委员会

序　言

教育部《关于全面提高高等职业教育教学质量的若干意见》(教高[2006]16号)明确指出:“高等职业教育作为高等教育发展中的一个类型,肩负着培养面向生产、建设、服务和管理第一线需要的高技能人才的使命”。探索类型发展道路、构建高技能人才培养模式、开发特色教学资源,是高职院校的历史责任。

2006年,辽宁省交通高等专科学校进入国家首批高等职业教育示范院校建设行列,道路桥梁工程技术专业是重点建设专业之一。几年来,该专业团队积极在“类型”概念下探索高等职业教育教学资源建设模式和“高技能人才”培养规格及培养模式。通过对公路建设工程整个过程各阶段的职业岗位和典型工作任务的调研、分析、论证,确定了面向施工一线的道路桥梁工程技术专业高技能人才的专业能力规格,即工程勘察与初步道桥设计、工程概算与招投标、材料试验与检测、道桥工程施工与组织、质量验收与评定“五项能力”规格,并结合北方地域气候特点,构建了教学安排与施工季节相结合、教学内容与施工过程相结合、校内实训与企业顶岗实习相结合的“三个结合”人才培养模式。针对“五项能力”,按照“三个结合”,着眼于实际操作、技术跟踪和综合素质的提高,系统开展课程体系、课程内容改革,并进行相应的教学资源建设,力图通过“在学习中工作,在工作中学习”的教学过程,实现高技能人才的培养目标。

本次出版的系列教材,是专业课程改革和教学资源建设的阶段性成果,是国家示范性建设成果的组成部分,也是全体专业教师、一线工程技术人员共同的智慧结晶和劳动成果。

在教材的开发过程中,得到教育部、国家示范性高等职业院校建设工作协作委员会、辽宁省教育厅等各级领导和诸多专家的关心指导,得到众多企业、行业及兄弟院校的大力支持,在此一并致以崇高的谢意!

由于开发时间短,教学检验尚不充分,错误和不当之处难免,敬请专家、同行指教!

道路桥梁工程技术专业教材开发组
二〇〇九年四月

前　言

公路工程施工实习是高等职业院校道路桥梁工程技术专业人才培养目标要求的重要实践性教学环节，是学生对所学的道路桥梁施工等相关课程内容进行实践、深化、拓宽、综合训练的重要阶段。由于道路桥梁工程技术专业施工实习的自身特点以及许多主观和客观的因素，使得施工实习落实的难度较大。施工实习指南是指导学生完成施工学习的重要学习材料。目前此类教材十分缺少，给实习学生带来不少困难，特别是今后多采取分散实习的条件下，实习学生更加需要这样的学习教材提供实习帮助，这无疑会对保障和提高实习质量起到积极的作用。

本书主要根据目前高等职业院校对道路桥梁工程技术专业施工实习教学大纲的基本要求，针对施工实习中应知应会的部分内容，以及现场施工技术管理具体方面应注意的内容加以说明和图解，有目的地帮助学生将课堂教学内容与施工现场的实践结合起来，补充教学内容，提高实习学生对施工现场的感性认识，积累现场经验，收集有关资料，提高完成任务的能力，完成施工实习成果。

参加本书编写工作的有：辽宁省交通高等专科学校赵永生（编写第一、二、三、四章）、周志国（编写第五章）、杨春亮（编写第六章）。全书由赵永生担任主编，周志国、杨春亮担任副主编，辽宁省交通高等专科学校欧阳伟担任主审。

本书在编写过程中参考了不少书籍资料，主要书目均列在参考文献中，在此向原书的作者们致以诚挚的谢意。

本书可作为高等职业院校道路桥梁工程技术专业施工实习教材，亦可作为施工、监理等技术人员的培训教材或学习参考书。

道路桥梁工程施工的内容十分丰富，技术进步日新月异，编者自身水平有限，书中难免存在一些错误和不妥之处，敬请读者给予批评和指正。

编　者

2009 年 9 月

目　　录

第一章

公路工程施工实习概述

第一节 公路工程施工实习的性质与重要意义

施工实习是道路桥梁工程技术专业为实现人才培养目标而要求的重要实践性教学环节，是学生对所学的公路工程施工等有关课程的内容进行深化、拓宽、综合训练的重要阶段。

随着公路工程技术的发展和高等教育教学内容、教学方法改革的深入，公路工程技术专业教育必须培养工程应用型、复合型的高素质人才。这些未来的工程师应该对社会、政治、经济有较强的综合判断能力，还要具有实现有效管理和科学决策的能力，以及不断吸取新的科学成就、处理各种复杂问题的应变和创新能力。素质和能力的培养与提高仅依靠课堂教学是难以奏效的，必须通过包括施工实习在内的各种实践性教学环节，让学生置身于工程实践之中，才有可能取得更好的效果。应当指出，这里所说的创新不是标新立异，不是哗众取宠，而是理论知识在实践基础上的升华。因此，高等学校通过工程实践培养学生综合运用各学科知识的能力就显得尤为重要。

施工实习无疑是道路桥梁工程技术专业学生完成教学计划，使其知识、能力、素质得到提高，达到培养目标的关键性、实践性教学环节。它会为学生后续的课程教学、毕业实习和设计，乃至未来工程师终身继续教育奠定必要的基础。通过施工实习这一实践性教学环节，学生得到了一个深入实践、了解社会的机会。通过实习，工人师傅朴实的言语、踏实的工作作风及技术人员认真负责的态度会强烈地感染他们，使他们改正以往的一些不良习性，培养吃苦耐劳的精神；通过实习，学生将会接触到各种人和事，以锻炼他们对社会的适应性、能动性以及对是非的辨别能力；通过实习，有利于学生将书本上所学习的理论知识和生产实践相结合，并拓宽视野，学习施工现场生产与管理知识，提高综合分析解决问题的能力、组织管理和社交能力；通过实习，还可以引导学生从工程设计和施工管理的不同角度去认识，符合实际、便于施工的设计和精心组织、整体优化的管理在实际工程实施过程中的重要性，培养学生求真务实的工作作风，增强其事业心和责任感，使其在培养独立工作能力方面上一个台阶。

总之，施工实习对学生的思想品德、工作态度及作风、综合素质与工程实践能力培养等诸方面都会有很大影响，对于提高毕业生全面素质具有重要意义。

第二节 公路工程施工实习的特点

由于道路桥梁工程技术专业施工实习有其自身的特点，比一些其他专业生产实习的难度要大，这里还有其他许多主观和客观的因素。其特点主要体现在：

（1）由于公路工程施工本身具有流动性强、结构物形体庞大、施工周期长、受外界条件因素影响大等特点，因此，一般不可能在固定厂房、车间内较有规律地完成一些工种操作。公路工程施工实习条件、实习内容甚至实习效果的好坏在很大程度上受施工现场具体情况的影响，如施工项目的构造类型、结构特点、现场条件、工程进度、施工单位的技术管理水平、气候与环境因素等。

（2）由于施工现场以露天作业为主，建筑材料多种多样，施工组织较为复杂，工作紧张，工作面有限，多工种交叉配合作业，如果有某些管理工作不到位，就容易发生安全事故。

（3）随着公路交通建设行业体制改革的深化，施工企业普遍实行了项目承包。项目经理部受施工工作面的限制，出于确保工程进度、质量和工地安全，便于管理等诸多方面的考虑，担心接收学生实习会对施工带来影响，一般只同意接收少量的实习学生。这就使分散实习成为目前施工实习的主要组织形式，也给学生联系施工实习工地带来困难。

（4）由于施工实习多采取分散实习的形式，工地技术人员工作繁忙，指导学生实习的时间和精力有限，而学校安排的指导教师要同时指导分散在各地的许多实习点，实习学生得到教师的指导也是有限的。这就要求学生在施工现场必须具备自觉性和主动性，设法加强与工地技术人员和学校指导教师的联系，独立去克服施工实习中遇到的各种困难。

第三节　施工实习的组织

一、施工实习的时间安排与主要组织形式

1. 施工实习的时间安排

施工实习是教学计划中一个重要的教学环节，应是实现教学、科研与社会实践相结合的重要结合点，通常安排在工程测量、道路建筑材料、钢筋混凝土结构、道路桥梁施工技术等相关课程结束之后开始，时间一般为13周，有条件也可适当延长或结合认识实习、毕业实习等实践性环节统筹安排。

2. 施工实习的主要组织形式

施工实习的组织形式主要有集中实习和分散实习2种，也可以2种形式结合使用。

集中实习是由学校集中组织实习队，委派带队教师带领在指定实习单位实习。这是一种较传统的形式，其主要特点是实习工地可以保障，不会出现学生联系不到工地的情况。学校可在以往实习工作经验的基础上，采用较成熟的实习组织模式，统一安排实习指导教师，按照实习计划统一实施和检查，实习时间和基本要求容易保证，较适合于可联系到较大实习项目或有专门实习场馆、校外实习基地的情况。但不利于学生自身综合能力的培养和锻炼，同时客观上也受到一定限制：①通常集中实习的时间在教学计划安排中是固定的，在此期间不一定能找到完全满足实习大纲内容要求的实习工地，难以保证学生的全部实习内容。在实行项目承包后，对于实习工地的安排也比较困难。②尽管一些条件好的学校可能有专门的实习现场用于解决学生主要工种操作实习问题，但毕竟同生产实际有较大的差别，不利于学生现场经验的积累。

分散实习是由实习学生自行联系实习单位，学校指定实习指导教师，帮助和指导学生完成实习任务，比较适合于目前多数学校的情况。这种形式可以将实习时间与假期统筹使用，扩大了学生联系工地和实习内容的范围，有利于学生扩展视野，联系到满足实习大纲内容要求的工地，增强学生实习的主动性和锻炼学生的独立工作能力。虽然这种实习形式会造成因实习学

生过于分散而不便于教师指导和检查等问题，但这些问题可以通过加强实习管理来解决。一般的做法是：实习学生在联系好实习单位后及时将联系实习回执寄给实习指导教师；在教师和施工现场技术管理人员的指导下，根据实习大纲要求和实习项目的特点制订实习计划；在实习期间，学生应与指导教师经常保持联系，并按照计划完成施工实习的各部分实习内容，记录实习日记，自觉遵守实习纪律和有关规章制度，接受日常实习考评。对于本工地没有的实习内容可采取参观其他工地及自学等方式进行补充，以完成大纲规定的全部实习内容。实习结束后，应认真整理和完成有关实习成果，并接受实习答辩。在实习前，实习指导教师负责对实习学生进行实习动员，在收到学生实习回执后，结合工地特点与实习工地取得联系；在实习期间对实习学生指导和检查，并填写实习考核表，根据学生日常表现，确定学生平时成绩；在实习结束后批阅学生实习成果，组织实习答辩，根据学生平时成绩考核、实习成果考核成绩和答辩成绩综合评定实习成绩。

另外，学校也可根据具体情况采用集中实习与分散实习相结合的形式，即部分学生采用分散实习，部分学生由学校集中组织实习的形式；或学生一部分时间分散实习，其他的实习时间由学校集中组织实习等形式。

二、施工实习的基本任务与要求

学生应在教师指导下，独立参加施工项目现场的技术和管理工作，完成符合要求的实习日记、实习总结报告、施工组织设计及其他实习成果。

实习学生根据指导教师下达的任务书，以严谨、勤奋、求实、创新的良好学风完成施工实习任务，综合运用所学知识去解决工程实际问题，结合工作学习，获取新知识，提高独立工作能力。在完成实习任务的同时，完成有关的实习成果。在实习期间，必须遵守实习纪律，认真完成施工实习的各个环节，不得弄虚作假或抄袭他人成果。

通过施工实习应达到以下三方面的要求：

1. 知识增长要求

学生通过施工实习，增长工程实践知识、施工生产技能和有关新结构、新工艺、新技术和新材料的知识，并综合运用所学各学科的理论、知识与技能，分析和解决工程实际问题。通过学习、研究和实践，达到深化理论、拓宽知识、延伸专业技能的目的。

2. 能力培养要求

学生应学会依据施工现场条件和施工任务，进行资料调研、收集、加工与整理；能正确运用工具书；熟悉有关工程设计图纸、施工方法和技术规范，积累有关工程施工技术、施工组织的经验；提高绘制有关施工图表和编写有关技术文件的能力，锻炼学生应用所学知识分析与解决实际问题的能力。

3. 综合素质要求

通过施工实习，应使学生树立正确的思想，培养学生严肃认真的科学态度、严谨求实的工作作风和无私奉献的敬业精神，能遵守纪律，吃苦耐劳，锻炼自己与他人合作的能力。

三、施工实习各环节的主要工作

施工实习可概括地分为3个阶段，即实习准备阶段、工地实习阶段和实习成绩考评阶段。各阶段主要工作环节和内容如下（可根据专业培养目标、教学计划和具体情况的不同而有所调整）。

1. 实习准备阶段

包括以下环节：

(1)学习施工实习大纲和实习指导书，根据实习大纲要求和实际情况，搜集施工工程信息，根据工地和自身情况来确定实习方式。

(2)联系实习工地，在教师指导下制订具体实习计划。

统一安排实习或学生在选好实习单位和实习工程项目后，应迅速进入工地，了解工程概况及进展情况，并在教师和实习指导人的帮助下，利用 2 ~ 3 天的时间，根据实习大纲的要求，结合本工程的施工特点、施工进度等情况制订详细而具体的实习计划。实习计划中应明确实习目的、实习内容、实习方法、实习步骤等。实习计划经实习指导人审定认可后方可实行，并接受指导人的监督。

(3)参加实习动员和安全教育，准备实习用具和办理有关实习手续。

实习准备工作是整个实习工作的重要环节，对实习结果有直接影响。学生经过思想教育、安全教育和专业指导，明确施工实习的目的、作用、要求、管理措施和评分标准等(可参见相应实习文件)，特别要注意各项纪律、建筑法规和安全常识，以良好的素质去赢得实习单位的赞赏和信任，圆满完成实习任务。关于安全常识的具体内容详见第二章。

2. 工地实习阶段

包括以下环节：

(1)下工地到相应班组、科室接受工地教育，开始实习工作。

(2)在工地工程技术人员和学校指导教师的指导和检查下，按照实习计划，完成实习任务。

(3)完成实习任务，整理实习日记，做好实习收尾工作。

这一阶段工作是整个实习工作的主题，应在实习指导教师与施工单位工程技术人员指导下完成。实习学生应主动克服实习中遇到的各种困难，积极地向工地指导人员学习和请教，搜集各种信息和资料。根据实习指导书和实习工地具体特点，参考一些实习资料，尤其是有关施工规范和手册，以及现场的新结构、新工艺、新技术和新材料的技术资料。注意施工重点，记好实习日记，遵守实习纪律，接受实习中的检查，保证能按照实习大纲要求，有目的、有计划地完成实习任务。

在分散实习的形式下，通常学校将组织实习中期检查。学生可将实习内容适当整理，向教师汇报实习进展情况，并提出存在的困难和问题，在学校和教师的帮助下，改进后期实习工作，以期取得良好的成绩。

3. 实习成绩考评阶段

包括以下环节：

(1)学生完成实习报告及其他成果，交指导教师批阅。

(2)参加实习交流。学生在完成实习成果后，集中参加实习收获交流会，通过交流和讨论扩充知识，加大收获，增强实习效果，同时也将对参加实习答辩有所帮助。

(3)参加实习答辩。施工实习完成后，每个学生必须参加施工实习答辩。答辩一般分两部分：第一部分为学生自己讲述施工实习的成果要点及心得体会；第二部分为由学生回答答辩教师提问。在答辩前，学生应认真做好答辩的准备工作，要全面总结，适当复习。全面总结就是对施工实习全过程进行总结。由于施工实习时间较长、工作紧张，各个学生往往是只参与了工程施工中的某一部分，因此应在答辩前对工程施工全貌贯穿起来总结，对实习中的不足要做到心中有数，努力弥补。适当复习是指对实习过程中遇到的基本知识、基本技能和技术措施，应进行复习巩固，特别是对于遇到的难点、创新点要认真分析。答辩前还要写好汇报提纲，提纲的标题要醒目，条理要清楚，重点要突出。答辩时，要克服紧张情绪，控制讲述时间。回答问题时，要注意所提问题的核心，简明、准确地大胆回答。对不懂的问题，可以虚心请教，切忌不懂装懂。

(4)实习成绩评定。施工实习应进行严格的考核并评定成绩。评定成绩的主要依据是施工实习成果的质量、施工实习态度和完成的工作量以及在施工实习过程中的主动性和创造性。

对于在施工实习中严重违纪和弄虚作假，抄袭他人实习成果的学生，则不予答辩，并以不及格论处。

施工实习的成绩评定，一般有两种计分制，一种是五级分制(优、良、中、及格、不及格)，另一种是百分制，作为考查课成绩通常用前者。两种计分制，均多采用“结构分”(或称组合分)，即总分由平时分、实习成果分及答辩分所组成，大体的比例为4:3:3。有的学校在中期检查时给出中期成绩，这样各部分的比例为3:1:3:3，即平时分占30%、中期检查分占10%、实习成果分占30%、答辩分占30%，四项评分之和即为学生施工实习总评定分。

附：施工实习大纲

道路桥梁工程技术专业施工实习大纲

1. 实习的性质和目的

施工实习是道路桥梁工程技术专业教学计划中极为重要的教学环节，是学生在校学习期间理论联系实际、增长实践知识的主要手段和方法之一。在实习中，学生以施工工程师和项目经理助手的身份参加现场的施工和管理工作，使其将在学校所学到的理论知识与公路工程的生产实践相结合，学习综合运用所学到的知识解决生产实践中遇到的问题，并验证、巩固和深化所学的理论知识，培养分析问题和解决问题的能力。通过亲身参加施工组织管理工作和参加一定的专业劳动，对学生系统了解专业概况，加深对专业理论知识的全面理解，顺利实现由学校到社会的过渡起着重要的作用，同时为其毕业后能尽快胜任工作打下一个良好的基础。

2. 实习选点要求

实习地点的选择是学生完成施工实习任务的重要条件之一，也是顺利完成实习任务的前提。实习单位应优先选择具有公路工程施工资质的施工企业，实习工程应优先选择高速公路，一级公路，大、中型桥梁等。在实习开始前(也可以利用假期)，实习学生应提前按实习大纲要求选择确定实习单位和实习工地。选择实习工地时，应注意工程进度的情况，尽可能地选择在工程进度处于主体结构或基础施工的高峰期。确定实习工地后，学生应及时与实习指导教师联系，汇报工地有关情况，经批准后，在教师指导下制订实习计划，开始实习。

3. 实习安排

按照教学计划，施工实习时间为13周左右。在实习期间，学生应按照实习计划的内容进行实习，以工程师助手的身份，在现场工程技术人员的指导下参加主要工种班组的作业实习和主要分部工程内、外业现场的施工管理实习。

4. 实习内容

(1)看懂所在实习工地的道路及结构物的施工图，了解工程的性质、规模、施工特点与施工条件等内容，了解不同工种的操作规范和规程。

(2)参与并了解工程开工前和施工中的各项准备工作，参与进入施工现场的材料、成品及半成品的验收工作。

(3)参加主要工种班组作业，参与工程关键部位的技术复核工作。

(4)参与有关施工组织、生产技术、图纸会审等会议，并做好会议记录；了解现场技术交底和单位工程交工资料整理的主要要求；搜集有关技术资料，写好施工实习日记。

(5)学习现场施工方案的编制方法，并了解如何对其技术、经济指标进行分析。

(6)学习现场施工进度计划的编制。

(7)学习现场施工总平面图的设计。

(8)学习掌握全面质量管理和安全生产的有关业务知识，参与工程质量的检查、评定、验收和质量事故的处理工作。

(9)参与施工概预算的编制工作。

5. 实习成果

学生在实习期间必须完成以下几项实习成果：

(1)按要求完成实习计划和实习日记。

(2)按要求完成施工实习总结报告。

(3)在施工现场自己完成的有关施工技术、施工组织管理、施工预算方面的方案、图纸和计算书等。

(4)有关新结构、新工艺、新技术和新材料的专题调研报告。

6. 实习纪律

(1)学生在实习期间必须认真完成实习大纲规定的实习内容。

(2)严格遵守国家法令法规和施工单位的规章制度，注意安全，杜绝一切事故。

(3)服从施工单位负责同志及实习指导人的领导。

(4)严格遵守所在单位的工作纪律，不迟到，不早退，不旷工。

(5)尊重工程技术人员及工人，虚心求教，搞好学校与实习单位的关系。

(6)实习期间一般不得请假，特殊情况需请假者，按照学校有关规定执行。

第二章

安全教育

安全教育是一项十分重要的实习准备工作，安全是实习中最需要注意的问题，学校和施工单位必须本着对实习学生高度负责的精神认真做好安全教育，提高他们的安全素质和自我防护能力，使实习学生在工地上做到“三不伤害”（即实习中不伤害别人、不伤害自己，同时自己不被别人伤害），这对于确保学生的人身安全和实习的正常进行至关重要。

学生到达施工实习单位后，必须接受“三级安全教育”，才能允许进入工作岗位。

一、公司（工程公司、工程处）级安全教育

实习学生进入施工实习单位后，在没有进入岗位之前，由企业劳资部门组织，安全管理部门选择教材，指派专业人员，按正规化的教育方式，对实习学生进行安全教育。其重点内容是：

（1）本企业的生产、工作性质，本单位的危险场所以及注意事项。

（2）安全生产法规及企业内部的规章制度和劳动纪律等。

（3）本企业容易发生的事故及典型事故案例的原因、后果。

二、项目经理部（工程队）级安全教育

由工程队安排进行，其重点内容包括：

（1）施工生产工艺、机电设施的性能、防范知识与注意事项。

（2）本队安全生产管理组织及人员分工情况。

（3）劳动保护法规、安全守则、劳动纪律。

通过项目经理部（工程队）级安全教育，使实习学生对作业环境、施工条件等有进一步的了解。

三、班组长及兼职安全员对实习学生进行上岗安全教育

其主要内容包括：

（1）施工作业的特点、生产任务及作业环境与内容。

（2）本队的危险作业部位、作业岗位以及各岗位的注意事项。

（3）班组人员分工情况、相互联系以及各自应负的岗位责任。

（4）生产中常用的机具、电器设备的性能、安全防护装置的作用和维护使用常识。

（5）常见事故预防及发生事故后应采取的紧急措施、事故报告程序等。

（6）岗位操作规程、各项规章制度以及职工守则、小组公约、劳动纪律。

（7）作业环境卫生与文明生产。

(8)个人防护用品的使用和保管。

岗位教育一般可采用座谈会或个别谈话的形式,以及结合现场实物进行。实习学生应对自己即将进入的岗位和从事的作业,在安全上有一个基本的感性认识,为进入生产岗位接受实际操作打下基础。

在工地经过"三级安全教育"后,学生应接受各级教育单位进行的考试和考评。考试成绩和考评结果要分别记入安全教育考核卡(详见表2-1)。对考试、考评不合格者,要重新进行安全教育和补考。

安全教育考核卡 表2-1

<table>
<tr><td>实习单位</td><td>姓名</td><td>性别</td><td>年龄</td><td>实习工种</td><td colspan="2">下工地时间</td></tr>
<tr><td></td><td></td><td></td><td></td><td></td><td colspan="2">年 月 日</td></tr>
<tr><td rowspan="2">教育培训</td><td colspan="3">三级安全教育</td><td rowspan="2">教育内容</td><td rowspan="2">考核成绩</td><td rowspan="2">受教育者</td></tr>
<tr><td>公司</td><td>项目</td><td>班组</td></tr>
<tr><td></td><td></td><td></td><td></td><td></td><td></td><td></td></tr>
<tr><td></td><td></td><td></td><td></td><td></td><td></td><td></td></tr>
<tr><td></td><td></td><td></td><td></td><td></td><td></td><td></td></tr>
<tr><td></td><td></td><td></td><td></td><td></td><td></td><td></td></tr>
<tr><td></td><td></td><td></td><td></td><td></td><td></td><td></td></tr>
</table>

在施工实习中将参与或接触到一些特种工种作业的学生,还应接受特种作业人员的安全教育。国家规定:电气、焊接、起重、锅炉、压力容器、车辆驾驶、爆破、瓦斯检验等几种作业为特种作业。因为在这些作业的过程中,潜伏着比其他作业更大的危险性和危害性,一旦操作失误,容易导致重大伤亡事故。因此,对从事特种作业的人员需要进行特殊的、严格的安全技术培训。特种作业人员的安全培训教育的基本要求如下:

(1)按专业性质选定教材,安排专业教员进行正规化培训。

(2)按劳动部门的有关规定,制订完整的、定期的教育培养计划,按一定的程序进行系统的理论知识教育和实际安全操作训练。

(3)新工人在本工种学徒期满后,必须定期参加上级劳动部门定期进行的安全教育。

第一节 安全教育的内容

安全教育的内容归纳起来包括三个方面,即安全知识教育、安全技能教育、安全意识教育。

一、安全知识教育

安全知识教育是要解决"应知"的问题,其内容包括安全生产技术知识和安全管理知识两个方面。

1. 安全生产技术知识教育

安全生产技术知识可分为一般安全生产技术知识和专业安全生产技术知识,前者是就全体实习学生而言,后者是就具体专业工种实习学生而言的。一般安全生产技术知识是指施工企业全体职工在进行生产活动时必须具备的最基本的安全知识。主要包括下列内容:

(1)施工现场安全生产的基本概况、生产方法和工艺流程。

(2)施工现场内作业环境中特别危险的部位和区域,高处作业的梯子、跳板(特别是“探头板”)、马道、架子、栏杆及安全网、高空坠物等,以及其他安全防护基本知识和注意事项。

(3)有关电器设备线路使用的基本常识。

(4)各种常用的机具及防护装置的使用常识和维护管理知识。

(5)对生产中有毒、有害物质的安全防护基本知识。

(6)施工企业中的消防知识。

(7)个人防护用品的使用保管知识。

(8)施工企业安全生产通则。

(9)伤亡事故报告、救护、现场保护、事故分析知识。

专业安全技术知识,是指从事专门作业的人员应具备的安全技术知识,它集中反映在专业安全技术操作规程中,如锅炉、变压器、高压容器、起重机械、电气、焊接等专业安全技术操作规程。因此,在进行安全教育时,应以各专业的安全技术操作规程为基础。

2. 安全管理知识教育

科学技术的现代化,正在促进传统的安全管理向科学管理转变。在转变的进程中,普及现代安全管理知识,掌握先进的安全管理方法,是搞好安全生产的重要手段。现代安全管理知识教育应以安全系统工程为核心,从以下几个方面人手:

(1)安全生产目标管理与技术。即目标管理的基本指导思想、作用,目标制订的依据以及管理方法等。

(2)事故管理与技术。即事故调查、统计及分析方法等。

(3)系统安全分析。即事故预测、预防技术(分析、评价、判断、决策)等。

(4)安全管理中的信息流通。

(5)电子计算机在安全管理中的应用与开发技术。

二、安全技能教育

安全技能教育是要解决“应会”的问题。从“知”到“会”,必须经过反复的、长期的训练,逐步形成习惯的条件反射式的准确操作姿势和作业动作。因此,安全技能教育是要在一定的条件下,经过较长时间的培训才能完成的,因此,安全技能教育应该贯穿于实习的全过程。

安全技能教育一般是在生产施工现场或试验室进行,对学生从操作方法、操作步骤、动作要领(姿势、力度、动作范围)等方面进行讲解和训练。在进行技能教育时可由指导者边讲边做示范动作。实习学生可根据所学的知识对照实物,边看边模仿,反复练习,也可以采取观看标准作业动作的分解动作挂图、录像带、各种施工作业记录电影、幻灯等方式。

三、安全意识教育

因嫌麻烦、图省事、抱着侥幸心理等而违反操作规程以至发生事故的教训实在太多了。这就说明,即使人人都知道、都会做的事情,并不等于人人都能做到,即使主观上愿意去做到,也并不一定保证时时、事事、处处都能做到。在思想上提高对安全生产重要性的认识,端正态度,使人人、时时、事事、处处想到和做到安全生产,这是施工实习管理工作中一项经常性的工作。

实习学生要在思想上重视安全工作,首先要从安全工作的意义、任务和内容 3 个方面进行。

1. 安全工作的内容、任务及目的和意义

实习学生应深刻认识到党和国家对安全工作的重视是对全体劳动者的关怀，认识到做好安全工作与社会主义现代化建设的关系，以及与个人、家庭、企业切身利益的关系等。

2. 安全生产方针、政策、法规

实习学生应了解安全生产的方针、政策以及有关安全法规和规章制度等，如"三大规程"、"五项规定"以及独立的劳动保护法规中的安全管理制度和各项标准。另外，还有专业性和地方性的安全规程和标准，企业中的规章制度等，都是约束人们行为的准则。实习学生应树立"安全就是法"的观念，增强搞好安全生产的自觉性。

3. 安全与生产的辨证关系

安全寓于生产之中，两者之间存在着密切的、不可分割的关系。如果没有生产，安全问题就不存在。相反，如果在生产中没有基本的安全条件，生产也将无法顺利、有效地进行。学生应从安全教育中列举的已往施工工地发生安全事故的严重后果中吸取教训，深刻认识到发生伤亡事故给生产和人民生命、国家财产所造成的巨大损失，从而提高搞好安全生产的自觉性和安全意识，表现为安全实习的行动。

（注：三大规程是指 1964 年 5 月 25 日国务院第 29 次会议通过的《工厂安全卫生规程》、《建筑安装工程安全技术规程》、《工人职员伤亡事故报告规程》。五项规定是指 1963 年 3 月 20 日国务院发布的《关于加强企业生产中安全工作的几项规定》中关于安全生产责任制、关于安全技术措施计划、关于安全生产教育、关于安全生产的定期检查、关于伤亡事故的调查与处理的规定。）

第二节　安全教育的形式和手段

学生施工实习的安全教育可以采取多种多样的形式和手段，加强实习学生印象，并逐步走向经常化、制度化、正规化、现代化，使安全教育效果不断提高。

一、安全教育的形式

1. 正规化课堂教育

课堂教育是一种最常用、最基本的教育形式。这种形式适于对实习学生进行实习动员以及组织集中实习的情况下使用。

2. 宣传鼓动

宣传鼓动形式包括标语、黑板报、广播、文娱节目等。在实习学生可广泛参与的活动中，采取宣传鼓动的形式进行安全教育是一种较为简便、灵活、行之有效的办法。其规模可大可小，生产、生活区域随时随地都可以进行，能起到警钟长鸣的作用。

3. 学术报告会

在日常生产中随时都会出现一些新的课题，为适应技术发展的需要，工地工程技术人员和学校指导教师可结合新课题组织专题学术报告会，传播新知识、新技术，使职工受到新的启发，开阔眼界，接受新事物，共同去研究解决安全工作中的新问题。同时还可提起学生专业兴趣，使自己掌握的安全技术知识得到深化。

4. 讨论会

当一次接受教育的人数不多，而且对所探讨的问题都有一定的见解时，可采取讨论会的方式。每个人充分发表自己的意见，通过讨论，辨明是非，统一认识，共同提高。讨论会的主持人,要求有一定的经验和能力,能正确引导,使讨论获得成功。同时,实习单位日常召开的安全生产动态分析会、专题研讨会等,都是以讨论方式进行的安全教育活动。

5. 问答式教育

可以在实习期间,在实习学生中开展安全知识竞赛活动,就是一种"问答式"的安全教育。通常在竞赛前给出复习提纲,划定竞赛范围,动员学生在竞赛前进行自学准备或作必要的辅导讲解,也可事先不作准备而临时抽查提问。这种教育形式生动活泼,参加人数多,吸引力强,对促进学生深入学习安全生产知识可起到积极的推动作用。

6. 个别教育

由于实习学生各自的理解能力、生活环境、性格、修养等存在一定的差异,因此,除进行同步、集体的教育外,还应根据实习学生个人的具体情况,有针对性地进行个别安全教育,特别要注意抓住实习学生思想动向进行教育。人的思想情绪容易受外界条件的影响和干扰,情绪上的波动往往产生行为上的失误。因此各级实习管理人员在工作中要经常对实习学生进行一人一事的思想教育工作,使他们在错综复杂的情况下冷静地采取措施,避免发生意外事故。在日常工作中特别要做好下列各种人员的思想工作:

(1)刚刚下工地独立操作的实习学生。

(2)违反劳动纪律者。

(3)工作粗心大意者。

(4)发生家庭不和或亲友病丧等意外,或受到批评、情绪不佳者。

(5)逢喜事而情绪过于激动者。

(6)责任心不强者。

(7)业余时间休息不够、精神倦怠者等。

二、安全教育的手段

随着安全教育内容的不断深化,安全教育手段不断改善,逐渐由传统教育向电化教学、多媒体教学过渡,如安全影视教育、安全操作纪录片、录像带、录音带以及幻灯片、计算机软件等,给安全教育工作开辟了新的途径。其优越性是:

(1)可以使安全教育逐步走向标准化的轨道。

(2)可以避免人的重复劳动,解决师资不足的矛盾。

(3)不受时间的限制,可以反复进行。

(4)方法简单,各级安全教育均可采用。

第三节　施工企业有关安全施工的规章制度

实习学生在实习工地必须遵守施工单位的各项规章制度,特别是有关安全施工的规章制度。现对施工企业的有关安全施工的部分规章制度进行介绍,提醒广大实习学生注意。

一、施工现场作业人员10项规定

(1)新招入民工必须经过"三级安全教育",考试合格后方准上岗。凡进入施工现场作业前应穿好工作服、戴好安全帽,并系好下领带及本工种有关其他防护用品。施工现场不准穿拖鞋、凉鞋、打赤脚、赤膊或穿短裤,不准带小孩和闲杂人员进入施工现场。

(2)在施工现场内行走,应注意来往车辆和各种警鸣信号,危险区域按安全提示标志所指定的路线行走,不准跨越正在运转的机电设备和起重卷扬的钢丝绳、拖拉绳和其他危险物。发现吊物过来,要及时避让,绝对不要在吊物下面停留、观望和穿行。

(3)在工作中遵守劳动纪律,不准擅自离开工作岗位,在施工作业中不准打闹、斗殴、睡觉,不准在上班前和工作中饮酒。在施工中与其他单位作业班组发生矛盾时,千万不能争吵、打架,要及时报告领导,以便作出妥善处理。

(4)工间休息时,不要在起重吊装作业区、土石方爆破作业区、高层建筑、烟囱作业区观望及在电器房、配电间、烘房、煤气炉和铁路旁等不安全的场所休息,不要在与本岗位工作无关的地方逗留。

(5)在施工现场的危险区域,如仓库、油库及易燃易爆场所,绝对禁止吸烟和动火作业。

(6)夜间作业,必须安装足够的照明设施,看不清的地方不要乱闯。

(7)任何人不准擅自乱动和拆除施工现场的各种管线、阀门、开关、电气线路、机电设备及各种安全防护设施,如脚手架钢管、跳板、井字架或门式架缆风绳,各种临时盖板和临边围栏等,以及各种安全标志,警示牌。

(8)施工现场的构件、材料堆放时,必须整齐、平稳,在坑、沟边缘及铁路枕木边缘 1.5m 以内不准堆放构件、材料。现场堆放的散料不准高于 1.5m,圆木、管材不得高于 2m,并两侧设挡板垫牢,拆除的模板、架子等和废料要及时清理外运。

(9)工作完成后,要及时清除作业场地的垃圾、余料,带班人清点人数,方可离开作业现场。

(10)施工现场作业人员,必须严格执行安全技术操作规程,不准违章操作,要自觉接受和服从现场安全监察执法人员监督检查。不准无理取闹,严重者可以辞退。

二、高处作业 10 项规定

(1)从事 2m 以上高处作业人员,必须定期体检,经医生诊断,凡患有高血压、心脏病、贫血病、癫痫病以及其他不适于高空作业的人员,不得从事高空作业。

(2)高处作业人员必须穿好工作服,袖口、领口、裤脚口要扎紧,戴好安全帽,禁止穿硬底鞋、带钉易滑鞋、凉鞋、拖鞋、高跟鞋等。高处作业使用的安全带,应拴挂在牢固可靠的挂点上或专用的安全绳索上,方准进行高处行走和作业。

(3)高处作业时,严禁在未固定好的构件和设施上行走或作业。屋面和高处作业平台应设防护栏杆。严禁坐在高处无护栏处休息。高处作业所用材料要堆放平稳,工具应随手放入工具袋内,上下传递物件禁止抛掷。

(4)高处作业应行走上下作业通道或爬梯,不准攀爬脚手架、起重吊臂、绳索,严禁搭乘运料的吊篮上下。

(5)遇有雷暴雨、大雪、大雾和六级以上(含六级,其风速 3.8m/s)大风等恶劣天气,应停止高处作业。轨道行走的塔式吊、门式吊等应夹紧夹轨器,高处的构件、材料等应固定牢靠。

(6)高处作业与地面联系,应设通信装置或联系信号,并有专人负责,不得盲目指挥,贸然行动,防止错误操作。

(7)登高作业的梯子必须坚固,梯子横档间距以 30cm 为宜,不得有缺档,不得垫高使用,使用时上端要靠牢,下端应采取防滑措施,立梯坡度以 75°为宜。禁止 2 人同时在梯子上作业,如需接长使用,应绑扎牢固。人字梯中间拉绳必须牢固。

(8)脚手架上下作业通道(斜道、跑道),应设扶手、栏杆、斜道,并设有防滑措施(防滑条间距为30cm),要保持通道通畅,如遇有冰、雨雪天气或泥水情况,要及时组织清除。

(9)严禁上下两层同时垂直作业,特殊情况必须垂直作业时,应在上下两层间设专用的防护棚或其他可靠的隔离措施,如无措施严禁作业。

(10)乘人用的施工电梯、罐笼、吊篮应设有可靠的安全保护装置,并经常检查维护,运行时严禁超载,严禁人货混装。

三、施工现场违章处罚10条

在施工现场作业,须遵守安全规章,确保自己和他人的生命安全,如有下列10条之一违章者则罚款5~50元。

(1)不戴合格的安全帽、不系紧下领带者。

(2)赤膊、赤脚、穿拖鞋、凉鞋、短裤施工者。

(3)高空作业不拴好安全带者。

(4)任意从高处向下抛掷物件者。

(5)用竹片、木棒代替电源插头或用铁(铜)丝代替保险丝者。

(6)乱动乱用电焊机、砂轮机、手动电动工具等电器者。

(7)无证进行烧电焊、开吊篮、机动翻斗车等特种作业者。

(8)随意攀爬脚手架、井架或钢结构支撑上下者。

(9)站在吊物上起吊或乘吊篮上下者。

(10)随意拆除孔、洞盖板或防护栏杆等安全设施者。

四、外来劳动力上岗作业100条不准

(1)不准招用患有贫血、癫痫、近视以及患有心理缺陷、生理缺陷的人员,不准招用童工。

(2)不准穿拖鞋、凉鞋、打赤脚、赤膊或穿短裤进入施工现场。

(3)不准擅自离开工作岗位,不准打闹、斗殴、工作时间睡觉。不准在班前或班中饮酒。

(4)不准用电灯泡和碘钨灯烘烤衣服、鞋袜等。

(5)不准在高压线附近搭设高处作业平台。

(6)不准在变压器、配电室、架空线路附近无防护设施情况下,进行绑扎脚手架、绑扎钢筋等作业。

(7)不准靠近天车的摩电道及滑线。

(8)不准走进变压器围栏内作业、休息。

(9)不准攀爬架空高压线铁塔。

(10)不准擅自乱动现场的各种开关和阀门。

(11)不准在没有取得动火证的情况下在有易燃易爆气体和粉尘的车间作业。

(12)不准带负荷拉闸。

(13)不准在电线上晾晒衣物。

(14)不准将电缆、电线在没加保护的情况下横拉路面。

(15)不准用小木棒将电线插入插座代替插头。

(16)不准将配电箱倒放在地上。

(17)不准拆除门式吊活动防护门。

(18)不准手推车等物品在门式吊吊篮上未放平稳前起吊。
(19)不准随意拆除门式吊缆风绳及固定门式吊立柱的水平拉杆。
(20)不准使用失灵的限位开关、无防坠装置的门式吊。
(21)不准使用报废的钢丝绳吊运物体。
(22)不准站在起吊的物件上上下。
(23)不准在运转的钢丝绳附近电、气焊作业。
(24)不准利用门式吊吊运500kg以上重物。
(25)不准在已发现门式吊导向滑轮出现严重磨损情况下继续使用。
(26)不准用门式吊吊运超长材料。
(27)不准利用吊车斜拉吊物。
(28)不准在无护栏处徒手提吊材料和物品。
(29)不准将吊运的手推车和其他构件在高处停留。
(30)不准随意拆除预留洞口、电梯井口,以及其他孔洞的防护盖板及栏杆。
(31)不准在无防护栏杆的屋檐边、沟边、坑边行走和作业。
(32)不准攀爬停在铁路上的车辆和从车辆底部穿越。
(33)不准慌张无望横穿铁路。
(34)不准在铁路中间行走、逗留和休息。
(35)不准在上下通道、梯道堆放材料和物品。
(36)不准盲目进入未经检查的地沟、地坑、地下室和窨井内。
(37)不准在拆除工程中边拆边清作业。
(38)不准掏洞或采用挖边脚的方法挖土。
(39)不准在地槽深坑及高堆土坡下方休息。
(40)不准在墙顶上行走或站立。
(41)不准在脚手架外砍砖。
(42)不准在无通风情况下在封闭环境内作业。
(43)不准在光线暗淡处作业。
(44)不准使用无外壳接地的电器设备。
(45)不准使用胶质线和花线作为小型机具动力电源线。
(46)不准使用无安全防护罩的机电设备。
(47)不准戴手套进行电钻作业。
(48)不准戴手套打眼和抡大锤。
(49)不准在搅拌机料斗提升时清理底部料坑。
(50)不准未用水降温、降尘情况下使用石料切割机。
(51)不准在潜水泵工作时,下水移动泵体。
(52)不准在没切断电源的情况下,转移潜水泵。
(53)不准使用无安全阀、压力表的喷浆机、压实机。
(54)不准使用无防护罩的切割机,在使用切割机时应放下防护罩。
(55)不准不戴防护眼镜使用除锈机。
(56)不准未关闭风管闸阀拆卸风枪。
(57)不准一人操作蛙式夯。

(58)不准无证操作四轮机动车(蹦蹦车)。
(59)不准搭乘四轮机动车。
(60)不准装载超过车斗宽度的材料和物件。
(61)不准在液压反铲移动臂半径范围内通过或停留。
(62)不准将射钉枪面对人操作。
(63)不准电焊机"一机多用"。
(64)不准使用没有安装防火装置的乙炔气瓶。
(65)不准将乙炔瓶横放地上,必须站立使用。
(66)不准未拔插头,修理电动工具。
(67)不准把铁锹伸入搅拌机和灰机内清料。
(68)不准使用皮带传动的无防护保护的机具。
(69)不准擅自离开正在运转的机电设备。
(70)不准在未夯实的回填土上搭设脚手架。
(71)不准用有弯曲变形、裂纹等缺陷的钢管搭设脚手架。
(72)不准拆除脚手架与墙体的连接杆。
(73)不准超扭管卡螺栓,防止螺栓金属疲劳产生断裂。
(74)不准使用有夹砂、气孔、裂纹的管卡。
(75)不准使用钢模板当脚手板。
(76)不准脚手板超出小横杆 20cm。
(77)不准混凝土手推车通过的跳板头摆动。
(78)不准随意拆卸脚手架上屏障篾片、安全立网。
(79)不准擅自松开脚手架的剪刀撑、斜撑。
(80)不准在拆除脚手架时随意向下抛掷钢管、管卡等。
(81)不准在没有安全带、保护绳的悬挂式活动脚手架上作业。
(82)不准使用未经安全检查的活动脚手架。
(83)不准立杆的接头在同一截面,必须错开。
(84)不准脚手架铺设跳板留有空挡,必须满铺跳板。
(85)不准单排脚手架长超过 15m。
(86)不准使用断裂、锈蚀、变形的钢跳板。
(87)不准用整片倾倒方法拆除脚手架。
(88)不准在封闭的环境内勾兑油漆。
(89)不准在工具房存放汽油、溶剂。
(90)不准在油漆工序中动火作业。
(91)不准任意切割密封容器。
(92)不准在高温天气于下风处用热沥青勾兑冷底子油。
(93)不准未戴防毒口罩进行油漆墙裙作业。
(94)不准未戴防尘口罩操作风动工具。
(95)不准用氧气吹除乙炔气管内杂物。
(96)不准未穿防护鞋、脚套、未戴长帆布手套从事热沥青作业。
(97)不准用水灭沥青火焰,必须使用灭火机。

(98)不准使用泡沫灭火器扑灭电气设备失火,应使用四氯化碳、二氧化碳灭火器。

(99)不准在建筑物、电杆、铁塔、铁道、支架、架空管道附近挖土,如需要应有防护措施。

(100)不准在无人监护的情况下用绳索向高作业处吊物。

第四节　施工现场常见安全事故急救常识

在施工生产作业中,可能会发生各类工伤事故,当然这些事故应以预防为主,但是为了及时、正确地做好事故现场急救工作,每个人都应知道一些最常用的现场急救常识,使工伤者能及时得到救护。现场急救的原则是“先救命、后治伤”。常见的工伤现场急救方法如下。

一、止血

较小伤口用纱布绷带压迫包扎即可。较大的动脉出血,要用手指、手掌紧压伤口附近出血血管的近心端(靠心脏的一端),使血管被压于骨上闭合,达到止血。并以口罩、纱布、棉衣或布类做成垫子放在创口上,然后加压包扎或在肢体弯曲处如肘弯、膝处加垫,而后尽量屈曲肢体进行捆扎达到压迫止血。在上述措施均不能止血的紧急情况下采用止血带方法,选用弹性好的橡皮带将肢体抬高,用一只手指压止血,局部垫上敷料或毛巾、衣服等软织物,将止血带一头用嘴咬住,另一只手从伤肢下插进,由内侧拉过止血带在伤口近心端绕肢体两周,放松止血的手,至伤口无出血时打结固定。

二、包扎

应用绷带、纱布、三角巾或就地取用毛巾、手绢、被单、布块、衣服等,对各种伤口清创处理后,或无条件清创的伤口进行包扎,以达到保护伤口、减少感染、压迫止血、减轻疼痛、固定敷料或夹板的目的,在包扎时应注意伤口不要用水冲洗。

三、骨折处理

骨折分闭合性骨折和开放性骨折 2 种。

1. 怎样确定闭合性骨折

症状:伤后软组织肿胀,皮下淤血;伤后局部压痛及叩击痛明显;伤后肢体局部畸形、功能障碍;伤后肢体有异常活动,可听到骨擦音或有骨擦感。

2. 骨折固定注意事项

(1)骨折欲做固定时,要注意伤者全身情况,当呼吸心跳骤停时,要立即抢救生命。

(2)有大出血者要先止血。

(3)有开放性骨折时,局部要做清洁消毒处理,用消毒或干净布将创口包好。

(4)已暴露在外的骨头严禁送回组织内。

(5)应用止痛、镇静药以免过于疼痛引起休克。

3. 骨折固定

(1)使用固定物,必须将骨上、下两个关节固定位。

(2)上肢固定时,肢体要呈屈肘状,保持功能位。

(3)下肢固定时,肢体要伸直绑。

(4)固定物与肢体接触处,应垫毛巾、纱布软织物等,尤在关节、骨骼突出处更需垫软物保护。

(5)夹板固定上、下肢时,应露出指、趾,便于观察。

4.胸腰椎骨骨折

(1)表现:伤后腰背疼痛、局部压痛,畸形脊柱屈伸活动障碍,甚至合并下肢瘫痪等症状。

(2)固定方法:伤员病情多为严重,禁止乱加搬动。可按三人搬运法轻巧平稳地在保持脊柱安定状态下,将伤者移至硬板上俯卧,胸上部稍垫高,两小臂枕于头下,用绷带固定送至医院抢救。如用帆布担架,伤员应俯卧,以免脊柱屈曲,造成脊柱损伤瘫痪。

5.颈椎骨骨折

(1)表现:同脊柱骨折,仅是骨折后瘫痪位置较高,有时可使呼吸肌麻痹,致伤者死亡。

(2)固定方法:禁止乱加搬动,应有专人牵引固定头部并将伤员仰卧抬上担架或垫有软织物的木板上,头两侧垫以沙袋或衣物、被卷,防止头部扭转前屈,以免造成颈椎损伤引起截瘫。

6.头部骨折

(1)表现:常有不同程度的头皮血肿,严重时出现呕吐、昏迷、球结膜出血、耳内流液等症状。

(2)固定方法:用绷带、三角巾或衣物等软织物作无夹板包扎固定。

四、搬运伤员

搬运伤员时,应根据不同的伤情和地形,采用不同的运送方法,并准备途中必要的救护力量和器材,尽可能应用速度快、振动小的运输工具,以避免扩大伤势,减少伤者痛苦。

(1)上肢骨折的伤员,由救护人托住固定息肢,让其自行行走。

(2)下肢骨折用担架抬送。

(3)脊柱骨折伤员,用门板或其他硬板作担架,用三角巾或其他宽布带将伤员绑在担架上。搬运伤员上担架时,由3~4人分别用手平托伤员头、胸、骨盆及脚部,动作一致轻放到担架上。颈椎骨折、高位胸椎骨折的伤员在搬运时,要有专人牵引头部,伤员仰卧在担架上,并将沙袋或枕头垫在头颈部两侧,避免晃动以造成骨折移位、损伤骨髓。

(4)昏迷病人,头部可稍垫高并转向一侧,以免呕吐物吸入气管。

(5)上止血带的伤员,每隔40~60min放松止血带一次,每次约1~2min。

(6)抽搐伤员,上下齿间垫塞纱布或缠上纱布的筷子,以免咬伤舌头。

(7)途中发现伤者呼吸心跳骤停时,要做人工呼吸和胸外心脏按摩。

(8)担架和床要固定住,防止车开动或刹车时碰伤。

五、眼伤处理

当眼睛被碎屑、铁渣等所伤,要立即送医院治疗,切不要用手、手帕、毛巾、口罩及其他物件揩擦眼睛。化学物质进入眼睛应及时在受伤现场用清洁水冲洗,或将伤员的眼浸入水盆10min,连续做睁、闭眼动作,同时拉开眼皮并频频摇头,然后再送医院作进一步处理。

六、烧烫伤处理

(1)尽快移去热源,剪开或脱去被火燃烧或沸水浸渍的衣服。

(2)对轻度烧、烫伤的创面,可立即用清洁水浸洗,有止痛、消肿效果。

(3)对重度烧、烫伤的创面,如大片水泡、皮肤、肌肉、骨骼焦黑且面积较大时,绝对不能在创面上涂紫药水或膏类药物，以免影响观察与处理。可用清洁布类裹住创面，及时转运。

(4)伤员口渴时，可饮热茶水或淡盐水，但绝不能使伤员在短时间内服饮大量白开水，因为大量饮水可导致脑水肿。

(5)如伤员在转运途中出现休克或呼吸、心跳停止时，应及时予以人工呼吸或胸外心脏按摩。

七、触电处理

(1)触电急救的要点是动作迅速，救护得法，切不可惊慌失措，发现有人触电，首先应尽快地使触电者脱离电源。

(2)应立即将电源开关或插销断开，如找不到电源开关，可用周围一切可利用的绝缘物如木棒、竹竿、塑料棒等将触电者接触的电线挑开，救护者千万不能用手直接去拉电源线和伤员。

(3)防止触电者脱离电源后可能摔伤，特别是当触电者在高处的情况下，应采取防摔伤措施。

(4)当触电者脱离电源后，应根据触电者的具体情况迅速救护。

①如触电者伤势不重，神志清醒，但有心慌、四肢发麻、全身无力；或者触电者在触电过程中曾一度昏迷但已清醒过来，应使触电者安静休息，不要走动，严密观察，请医生诊治或送往医院。

②如触电者伤势较重，已失去知觉，但心脏跳动和呼吸还存在，应使触电者舒适、安静地平卧，周围不围人，使空气流通，解开他的衣服以利呼吸，如天气寒冷要注意保温，并速请医生诊治或送往医院。

③如触电者伤势严重，呼吸停止或心脏跳动停止或二者都已停止，应立即施行人工呼吸和胸外挤压，并速送医院。应当注意，急救应尽快地进行，不能间断，在送往医院的途中，也不能中止急救。

八、一氧化碳中毒的防治

含碳物质不完全燃烧时均可造成一氧化碳中毒，一氧化碳是无色、无臭、无味的气体，经呼吸道进入血液，能阻碍组织对氧的利用，造成机体缺氧。

(1)急性一氧化碳中毒开始时，可有头痛、头晕、恶心、无力等症状，中毒程度加重后可出现意识模糊，甚至昏迷。

(2)对一般中毒较轻者，只需离开污染区，到空气新鲜的地方，就会很快好转，无需特殊处理。

(3)对中毒较重者，立即将中毒者移到新鲜空气处，注意保温和安静，如有呕吐物应清除，以防阻塞呼吸道。如呼吸衰竭时应立即进行人工呼吸，或气管插管、人工加压给氧，直至出现自动呼吸。

九、中暑的防治

中暑是由于高温、日晒引起的一种急性疾病。夏天天气炎热，工人在露天工作时受到烈日暴晒，或在高温作业环境下工作时受到高温危害，常常会引起中暑。劳动强度大，过度疲劳，出汗过多且补充的水分及盐分不足或不及时，睡眠不足或业余时间休息不好，上班前未进餐等原因都可能引起中暑。

(1)中暑的先兆症状有头晕、头痛、眼花、耳鸣、心悸、脉搏频弱、恶心、四肢乏力、注意力不集中、动作不协调等,如不迅速脱离高温环境,上述症状将加剧,皮肤干燥无汗,体温在40℃以上,甚至突然晕倒或出现热痉挛,对人体造成极大的危害。

(2)对一般中暑者急救:立即离开高温环境,转移到阴凉通风处休息,并解开衣服,呈平卧姿势,同时让患者喝清凉饮料。

(3)对体温过高中暑者急救:将水袋放在中暑者的头部、两腋下等处,用冰水(或30%~50%酒精)擦身,用在凉水中浸湿的毛巾包上冰块擦额部和全身,开启风扇吹向患者。还可让病人喝清凉饮料和凉开水,服用"十滴水"、人丹和其他降温药物。

十、人工呼吸和胸外心脏按摩

1. 口对口人工呼吸

施行人工呼吸前,应将病者身上妨碍呼吸的衣领、上衣、裤带等解开,清除口腔内的假牙、血块、黏液等以免堵塞呼吸道。将病人仰卧,使其头部尽量后仰(最好用一只手托在病者颈后),救护人员站或跪在一旁,直接口对口,自己先深吸一口气然后口对口将气吹入,同时将病人的鼻孔捏住观察病人的胸部是否隆起,吹气完毕将捏鼻孔的手松开,用手压胸部帮助病人呼气,一般成人每分钟14~16次,儿童每分钟16~20次,这样反复有节律地进行,以维持病人的有效呼吸。

2. 胸外心脏按摩

胸外心脏按摩主要是为暂时帮助心脏工作,使压出去的血液重新流回来,以维持血液循环。方法是把病人平放仰卧在硬板床上,将一手掌放在病人胸骨下段两乳之间的部位,另一手与之交叉重合,伸直肘关节、双手,根部适度用力,有节奏地带有冲击性地向下压,使胸骨压陷3cm左右,帮助心脏把血液排出去,形成心脏收缩。然后手放在原处放松不动,解除压力使胸骨复原,形成血压舒张使血液回流到心脏。如此一压一松,反复有节律地进行。成人每分钟60次左右,儿童每分钟80~100次,挤压时用力要均匀,不能用力过猛,以免造成肋骨骨折及软组织损伤。应当指出:心脏跳动和呼吸是相互联系的,心脏跳动停止了,呼吸很快就会停止;呼吸停止了,心脏跳动维持不了多久,一旦呼吸和心脏都停止了,应当同时进行口对口人工呼吸和胸外心脏按摩。如果现场仅一人抢救,两种方法应交替进行,每次吹气2~3次,再挤压10~15次,而且吹气和挤压的速度都应当提高一些,以不降低抢救效果。要坚持不断,切不可轻率中止。

第三章

公路工程施工测量实习

第一节　公路工程施工测量概论

一、公路工程施工测量的依据

公路工程施工测量是公路工程建设中的一项重要工作。在接受公路施工任务后,从开工到竣工以及公路施工过程中都要进行一系列的施工测量。

所谓公路工程施工测量,就是在公路施工过程中,利用现代测量技术和仪器设备,依据交通运输部颁发的有关公路施工技术规范和经过批准的公路施工设计文件、图纸,在公路施工过程中指导施工队伍进行公路铺筑的测量工作。实际上公路工程施工测量就是普通测量技术在公路工程施工中的应用。

公路工程按施工顺序分为公路路基施工、公路底基层施工、公路基层施工和公路路面施工。为了确保公路施工质量,交通部(现已改为交通运输部)发布了《公路路基施工技术规范》(JTG F10—2006)和《公路路面基层施工技术规范》(JTJ 034—2000)(以下简称《规范》)。这两种规范中有关施工测量的规定条款,就是公路工程施工测量的重要依据,公路工程施工测量必须按照这些规定条款执行。

下面摘录规范中有关施工测量的规定条款,以便在公路工程施工测量工作中执行。

1. 控制性桩点,应进行现场交桩,并保护好交桩成果

(1)各级公路的平面控制测量等级应符合表 3-1 的规定。

平面控制测量等级　　表 3-1

公路等级	平面控制网等级
高速公路、一级公路	一级小三角、一级导线、四级 GPS 控制网
二级公路	二级小三角、二级导线
三级及三级以下公路	三级导线

(2)三角测量技术要求应符合表 3-2 的规定。

三角测量技术要求　　表 3-2

等　级	平均边长(m)	测角中误差(″)	起始边边长相对中误差	最弱边边长相对中误差	三角形闭合差(″)	测回数	
						DJ_2	DJ_6
一级小三角	500	±5.0	1/40 000	1/20 000	±15.0	3	4
二级小三角	300	±10.0	1/20 000	1/10 000	±30.0	1	3

(3)导线测量技术要求应符合表3-3的规定。

导线测量技术要求　　表3-3

等级	附合导线长度(km)	平均边长(m)	每边测距中误差(mm)	测角中误差(″)	导线全长相对闭合差	方位角闭合差(″)	测回数	
							DJ_2	DJ_6
一级	10	500	17	5.0	1/50 000	$\pm 10\sqrt{n}$	2	4
二级	6	300	30	8.0	1/10 000	$\pm 16\sqrt{n}$	1	3
三级	—	—	—	20.0	1/2 000	$\pm 30\sqrt{n}$	1	2

(4)四级GPS控制网的主要技术参数应符合表3-4的规定。

四级控制网技术参数要求　　表3-4

等级	每对相邻点平均距离 d(m)	固定误差 a(mm)	比例误差系数 b(10^{-6})	最弱相邻点点位中误差 m(mm)
四级	500	≤10	≤20	50

注:每对相邻点间最小距离应不小于平均距离的1/2,最大距离不宜大于平均距离的2倍。

(5)各级公路的水准测量等级应符合表3-5的规定。

水准测量等级　　表3-5

公路等级	水准测量等级	水准路线最大长度(km)
高速公路、一级公路	四等	16
二级及二级以下公路	五等	10

(6)公路高程测量应采用水准测量。在水准测量确有困难的地段,四、五等水准测量可以采用三角高程测量。采用三角高程测量时,起讫点应为高一个等级的控制点。

(7)水准测量精度应符合表3-6的规定。

水准测量精度要求　　表3-6

等级	每公里高差中数中误差(mm)		往返较差、附合或环线闭合差(mm)		检测已测测段高差之差(mm)
	偶然中误差	全中误差	平原微丘区	山岭重丘区	
三等	±3	±6	$\pm 12\sqrt{L}$	$\pm 3.5\sqrt{L} \pm 15\sqrt{L}$	$\pm 20\sqrt{L_i}$
四等	±5	±10	$\pm 20\sqrt{L}$	$\pm 6.0\sqrt{L} \pm 25\sqrt{L}$	$\pm 30\sqrt{L_i}$
五等	±8	±6	$\pm 30\sqrt{L}$	$\pm 45\sqrt{L}$	$\pm 40\sqrt{L_i}$

注:1.计算往返较差时,L为水准点间的路线长度(km)。

2.计算附合或环线闭合差时,L为附合或环线的路线长度(km)。

3.n为测站数,L为检测测段长度(km)。

(8)路基施工与隧道、桥梁施工共用的控制点,应分别满足《公路隧道施工技术规范》(JTJ 042—1994)、《公路桥涵施工技术规范》(JTJ 041—2000)的规定。

(9)路基施工期间应根据情况对控制桩点进行复测。季节性冻土地区,在冻融以后应进行复测。

(10)其他方面应符合《公路勘测规范》(JTG C10—2007)的规定。

2.导线复测

(1)导线测量精度应符合表3-3的规定。

(2)原有导线点不能满足施工需要时,可增设满足相应精度要求的附合导线点。

(3)同一建设项目内相邻施工段的导线应闭合,并满足同等级精度要求。

(4)对可能受施工影响的导线点,施工前应加以固定或改移,从开工至竣工验收的时段内应保证其精度。

3. 水准点复测与加密

(1)水准点测量精度应符合表3-6的规定。

(2)沿路线每500m宜有一个水准点。在结构物附近、高填深挖路段、工程量集中及地形复杂路段,宜增设水准点。临时水准点应符合相应等级的精度要求,并与相邻水准点闭合。

(3)当水准点有可能受到施工影响时,应进行处理。

4. 中线放样

(1)路基开工前,应进行全段中线放样并固定路线主要控制桩,高速公路、一级公路宜用坐标法进行测量放样。

(2)中线放样时,应注意路线中线与结构物中心、相邻施工段的中线闭合,发现问题应及时查明原因,进行处理。

(3)设计图纸和实际放样不符时,应查明原因后进行处理。

5. 路基放样

(1)路基施工前,应对原地面进行复测,核对或补充横断面,发现问题时,应进行处理。

(2)路基施工前,应设置标识桩,对路基用地界、路堤坡脚、路堑坡顶、取土坑、护坡道、土堆等的具体位置标识清楚。

(3)对深挖高填路段,每挖填3~5m或者一个边坡平台(碎落台)应复测中线和横断面。

(4)高速公路和一级公路施工中,高程控制桩间距不宜大于200m。

(5)施工过程中,应保护好所有控制桩点,并及时恢复被破坏的桩点。

每项测量成果必须进行复核,原始记录应存档。

二、施工测量的任务

公路工程属于线形工程。所谓公路线形,是公路的面貌形象,它是由直线和曲线以及路面宽度、路堑、路堤等平面和高程要素组成的。

为了保证公路线形,在公路施工过程中,施工测量技术人员须按照公路设计文件提供的"逐桩坐标表"和路面中桩设计高程,用导线测量技术和水准测量技术以及放样技术来实现。

公路工程施工测量的任务就是用导线测量方法加密线路平面控制施工导线点,用坐标放样方法来控制公路的线形外观,用水准测量加密线路施工高程控制水准点,用水准测量(放样)方法来控制线路的纵向坡度和横向路拱坡度。

三、施工测量的工作内容

根据公路工程施工程序及进度,公路工程施工测量的工作包括以下内容。

1. 施工前

(1)根据公路初测导线点,在施工标段现场,结合线路实际情况加密公路施工导线点。

(2)根据公路初测水准点,在施工标段现场,结合线路实际情况加密公路施工水准点。

2. 施工过程中

(1)根据施工标段加密的施工导线点,在施工过程中用坐标放样等方法标定线路中桩、边桩等平面点位,以监控线路线形。

(2)根据施工标段加密的施工水准点，在施工过程中采用水准测量(放样)方法标定线路中桩、边桩高程等，以监控施工中挖填高度和线路纵向高低以及横向坡度。

3. 在施工结束后(竣工)

根据规范质量标准和道路设计的要求，用经纬仪、全站仪、水准仪、塔尺、钢尺等仪器工具检测路基路面各部分的几何尺寸。

四、施工测量对技术人员的要求

准确的施工测量是保证公路施工顺利进行的关键。这要求测量人员不仅能适应公路施工专业的特殊性，同时自身必须具备以下素质方面的条件，才能满足公路工程施工的要求。

(1)必须具备一定的测量专业知识和实际操作能力；能独当一面，独立处理公路施工中遇到的有关测量方面的问题；在艰苦复杂的条件下，都能保证公路施工进度和质量要求。

(2)具备一定的路桥施工知识和排水、防护工程施工知识，能够协助公路施工员处理路桥、涵洞、通道、排水系统、边坡防护工程等施工中遇到的系列问题。

(3)公路工程施工大部分是在野外进行的，条件、环境都比较艰苦，要求测量人员身体健康，能适应野外生活，适应各种恶劣的气候，能吃苦、不怕累，能够在艰苦环境下坚持工作，有敬业精神。

(4)要敢于负责，并勇于承担责任，忠诚守信，廉洁奉公，对于施工中出现的虚假、以次充好等不良行为，要敢于制止，从而确保公路工程的质量。

(5)必须具备高度的责任心。公路工程施工测量所做的工作是公路施工的基础依据，测量工作过程中的任何一点疏忽和差错，都将影响施工的进度和质量，造成返工事故，所以施工测量员必须要有高度的责任心，工作中要胆大心细，经常校核，发现问题，及时纠正。

(6)现代公路工程施工机械化程度高，施工速度、进度都很快，因此要求施工测量员必须及时放样。因此，施工测量员必须会操作现代先进测量设备全站仪以及可编程的现代小型科学计算机，并要求具有熟练操作水准仪的技能。

五、公路工程施工测量中常用的符号、单位

公路测量符号宜采用汉语拼音字母，有特殊要求时可采用英文字母，一个公路项目应使用同一种表示形式。测量符号宜参照表3-7执行，控制测量的等级宜添加于测量符号之后。

公路测量符号和图式 表3-7

名　　称	汉语拼音或我国习惯符号	英文符号	图式	备　　注
三角点	SJ	TAP	△	
GPS点	G	GPS	▲	
导线点	D	TP	■	
水准点	BM	BM	□	
图根点	T	RP	□	
横坐标	x	x		
纵坐标	y	y		
高程	H	EL		

续上表

名　称	汉语拼音或我国习惯符号	英文符号	图式	备　注
方位角	α	α		在 α 后以下标形式表示其方向
东	E	E		
西	W	W		
南	S	S		
北	N	N		
左	L	L		（左）
右	R	R		（右）
交点	JD	IP		（交点）
转点	ZD	TMP		（转点）
圆曲线起点	ZY	BC		（直圆点）
圆曲线中点	QZ	MC		（曲中点）
圆曲线终点	YZ	EC		（圆直点）
路线起点	SP	SP		
路线终点	EP	EP		
曲线公切点	GQ	PCC		（公切点）
反向平曲线点	FGQ	PRC		（反拐点）
第一缓和曲线起点	ZH	TS		（直缓点）
第一缓和曲线终点	HY	SC		（缓圆点）
第二缓和曲线起点	YH	CS		（圆缓点）
第二缓和曲线终点	HZ	ST		（缓直点）
变坡点	SJD	PVI		（竖交点）
竖曲线起点	SZY	BVC		（竖直圆点）
竖曲线终点	SYZ	EVC		（竖圆直点）
竖曲线公切点	SGQ	PCVC		（竖公切点）
反向竖曲线公切点	FSGQ	PRVC		（反竖拐曲点）
比较线标记、匝道标记	A、B、C、…	A、B、C、…		冠于比较线、匝道里程桩号和控制点编号前
公里标记	K	K		
左偏角	$\alpha_{左}$	α_{L}		
右偏角	$\alpha_{右}$	α_{R}		
曲线长	L[illegible]	L		包括圆曲线长、缓和曲线长
圆曲线长	L_{Y}	L_{c}		L
缓和曲线长	L_{s}	L_{h}		
平、竖曲线半径	R	R		
平、竖曲线切线长	T	T		包括设置缓和曲线所增加的切线长
平、竖曲线外距	E	E		平曲线外距包含设置缓和曲线所增外距
缓和曲线角	β	β		

续上表

名　　称	汉语拼音或我国习惯符号	英文符号	图式	备　　注
缓和曲线参数	A	A		
校正值(两切线长与曲线长度的差值)	J	D		含设置缓和曲线所引起的变化
改线、改移、差错改正	G	R		冠在里程桩号前
超高值	h_c	H_s(或 e)		
超高缓和长度	l_c	L_r		
加宽缓和长度	L_j	k		
路基宽度	B	B		
路基加宽度	B_j	B_w		
路面加宽度	b_j	b_w		
流量	Q	Q		
流速、设计速度	v	v		
设计水位	SW	DWL		(设位)
历史最高洪水位	GW	HWL		(高位)
多年平均洪水位	PW	MFL		(平位)
历史最高流冰水位	BW	HIWL		(冰位)
历史最高潮水位	CW	HTWL		(潮位)
通航水位	HW	NWL		(航位)
普通水位	TW	OWL		(通位)
测量时水位	LW	SWL		(量位)
地下水位	DW	UWL		(地位)
设计高程	DEL	DEL		
用地界	YDJ	R/W(ROW)		(用地界)
面积	A	A		
填高	T	F		(填)
挖深	W	C		(挖)
填面积	A_T	A_F		
体积	V	V		
长	L	L、l		
宽	B、b	B、b		
高	H、h	H、h		
厚	d、δ	d、δ		
直径	D、ϕ	D、ϕ		
半径	R、r	R、r		

第二节　公路工程施工测量前的准备工作

一、相关资料收集

通常情况下,公路施工测量应收集的设计文件图表主要有:

(1)公路平面总体设计图即路线平面图(路线地形图上设计的公路平面形状图)。

(2)路线纵断面图。

(3)路基横断面图。

(4)路面横断面结构图(也叫路面结构图)。

(5)路基设计表。

(6)直线、曲线及转角表。

(7)埋石点成果表(包括导线点成果表、水准点成果表)。

(8)逐桩坐标表。

(9)路基标准横断面图。

二、现场勘察

在施工队伍进驻施工现场后,测量技术人员应全面熟悉设计图表文件,在此基础上还应到施工标段现场勘察核对,主要内容包括:

(1)搞清施工标段路线起点里程桩和终点里程桩的实地位置以及该标段四周的地貌概况,以确定取土、弃土运输便道的位置及制订临时排水措施等。

(2)对照路线设计纵断面及横断面图查看沿线地形,搞清挖方、填方地段。

(3)查看公路沿线平面控制导线点位、交点点位和高程控制水准点的实地位置完好程度,各点通视情况能否满足放样需要。

(4)查看公路设计定测时的中线桩点位情况,为恢复中桩做准备。

(5)考察该施工标段沿线应加密的施工导线点、施工水准点的实地位置,并拟订联测已知导线点、水准点的方案。

(6)考察沿线盖板涵、通道、圆管涵、桥梁等附属构造物实地现状,拟订放样方案。

三、熟悉设计图表

1. 相关图表的内容

(1)熟悉公路平面总体设计图。

(2)熟悉公路线纵断面图。

(3)熟悉路线纵断面图上竖曲线、超高缓和曲线的形式。

(4)熟悉路基横断面图。

(5)熟悉路面横断面结构图。

(6)熟悉路基设计表。

(7)熟悉埋石点成果表。

(8)熟悉直线曲线及转角表。

(9)熟悉逐桩坐标表。

2. 熟悉各种图表的要点

经过对各种图表的分析,一定要掌握以下要点:

(1)路面宽度、路基施工宽度、底基层施工宽度、基层施工宽度等。

(2)线路纵坡度、横坡度、填方边坡坡度、挖方边坡坡度等。

(3)变坡点所在地桩号、高程。

(4)竖曲线要素:半径、切线长度及外距、相邻直线的纵坡等。

(5)圆曲线要素:半径、切线长度、曲线长度、外距以及直圆、曲中、圆直的桩号及坐标值。

(6)缓和曲线起、终点桩号及坐标值,超高段设定的最大横坡度。

(7)施工段的已知导线点、水准点编号及实地位置可利用程度。

(8)该施工段的线形:直线还是曲线。

(9)该施工段全长,挖、填方段起终点里程桩号。

(10)路面结构层各层的厚度。

(11)该施工段内交点桩号、坐标、交点间距、交点边(切线)方位角,线路转角。

(12)该施工段线路"逐桩坐标值"等。

(13)该施工段线路中线中桩里程桩号、地面高程、设计高程及填、挖高度等。

四、施工测量的仪器设备及材料准备

1. 公路施工测量的仪器

(1)全站仪:用于导线测量,坐标放样。

(2)水准仪:用于水准测量,高程放样。

(3)经纬仪配测距仪:用于导线测量,坐标放样。

(4)对讲机:用于放样联络。

(5)经纬仪配视距尺(水准标尺):用于路基施工初期点的放样,路堑边坡堑顶放样等。

2. 公路施工测量的量具

(1)量具:钢尺(30~50m)、皮尺(30~50m)、小钢尺、fx—4500PA 计算机。

(2)标尺:水准尺(双面)一对或塔尺(3m 或 5m)、尺垫、坡度尺(控制边坡)。

3. 公路施工测量的材料

竹签、铁钉(钢钉)、记号笔(油性)、粉笔、石灰、红布(或红塑料袋)、铁锤、油漆、细绳、凿子等。

4. 测量仪器的检验校正

测量仪器使用前应进行检验、校正,特别是水准仪使用前,一定要进行水准管轴平行于视准轴的检验、校正。

5. 其他准备

(1)施工进度一览图。路基施工时,为了及时掌握和了解施工进展情况,便于监控挖填工作量,可绘一张较大比例尺的"施工进度一览图"。"施工进度一览图"的绘制,实际上就是"路线纵断面图"的放大。根据施工标段路线的长度确定纵向比例尺,一般以 1:1 000 为宜;横向比例尺,因为要明显表示挖填方高度,宜用大比例,一般采用 1:50 为宜。

(2)施工标段控制点图。为了方便施工测量工作的进行,可绘制施工标段"控制点图"。坐标采用设计图样的坐标系统,图的大小根据施工标段长度选用比例尺。一般情况下,施工段长 500m,宜用 1:500 比例尺;1~2km 宜用 1:1 000 比例尺;2km 以上采用 1:2 000 比例尺。

(3)施工天气一览图。公路工程施工受气候影响很大,气候直接影响工程进度。为了按期竣工,必须抓紧在好天气时加快施工。

(4)施工日志。是施工全过程的重要记录,内容有施工单位名称、标段范围、日期、天气、工作内容、机械台班、车辆运输台班、人工台班、测量工作项目、工程进度以及大事记等。

第三节　施工测量导线点的复测和加密

一、施工导线点的选点要求

(1)通视良好。实际测量中,施工导线点位一般都选在路堑堑顶的适当位置以及路线结构物附近,不易受施工干扰的地方。所布设的导线点既要保证导线点间能够通视,又要保证能够通视路线上中桩、边桩及坡脚桩,以便于放线,不需转站。

(2)点位桩要埋设牢固,便于保护。从施工初始到工程竣工,施工导线点使用频繁,路面每一层结构面都要反复使用。

(3)施工导线点位的密度,应能满足施工现场放样需要。施工导线点间距在 400 ~ 800m 为宜。

(4)点位桩编号要醒目,易识别。

(5)便于仪器架设,方便观测员操作。

二、加密施工导线点的原则

(1)公路工程施工测量与其他测量工作一样,同样必须遵循由高级到低级的原则,即必须从设计单位提供的导线点到施工导线点。

(2)施工导线点的坐标系统必须与设计单位提供的导线点的坐标系统一致。

(3)施工导线起终点必须是设计单位提供的导线点,测定结果的限差,应符合规范要求。

(4)施工导线的测量精度必须满足施工放样精度,公路施工放样精度是依据规范规定的验收限差确定的。

(5)施工导线点的密度应满足施工放样的需要。放样点若距控制点远,则放样不方便,并且误差也大。放样时应一站到位,放样视距不宜超过 500m。

三、施工导线点的测设

1. 测设方案

适用于公路工程加密施工导线点的方案有:

(1)附合导线。

(2)闭合导线。

(3)支导线。

当施工标段只有一组起始数据时,可考虑选用闭合导线;当施工标段有两组起始数据时,可考虑选用附合导线;当有特殊需要,可考虑选用支导线。

2. 测设方法

导线测量实际上就是测量相互连接折线的夹角和边长,简单地说就是测距和测角。

3. 测量精度

施工导线点是施工放样的依据，只有保证了施工导线点的精度，才能保证施工放样的精度。规范规定："土(石)方路基中线允许偏差为50mm"。控制点的精度越高，则放样的精度就越高，若控制点的精度低，则放样的精度就低。但把控制点的精度定得过高，就会增加控制测量的工作量；反之，就可能造成施工质量事故。

为了减小测量误差对放样点的影响，可适当增加控制点密度，缩小控制的距离；在测量施工控制导线时，必须满足规范对导线点的测量精度。

4. 近似平差计算

施工导线的计算，就是依据起算数据和观测要素，通过近似平差，求得导线边的方位角和导线点的平面坐标 x、y 值，从而获得公路施工沿线基本平面的控制测量成果。

(1)导线方位角计算公式

$$T_{i-(i+1)} = T_{(i-1)-i} + \beta_i - 180° \tag{3-1}$$

式中：$T_{i-(i+1)}$——导线前一边的方位角(即所求边的方位角)；

$T_{(i-1)-i}$——导线后一边的方位角(即已知边的方位角)；

β_i——导线点的水平角(即观测角)。

导线前一边的方位角等于后一边的方位角加上导线点的左角减去180°。

(2)导线点坐标 x、y 计算公式

$$\begin{aligned}&\text{纵坐标：}x_i = x_{i-1} + \Delta x_{(i-1)-i}\\&\text{横坐标：}y_i = y_{i-1} + \Delta y_{(i-1)-i}\end{aligned} \tag{3-2}$$

式中：Δx——纵坐标增量，$\Delta x = D \times \cos T$($D$ 为导线边长，T 为该导线边方位角)；

Δy——横坐标增量，$\Delta y = D \times \sin T$($D$ 为导线边长，T 为该导线边方位角)。

导线上任一点的坐标 x、y 值等于后一点的坐标 x、y 值加上坐标增量。

由于观测角和边长不可避免地存有测量误差，所以计算结果就有角度闭合差和纵、横坐标闭合差。消除这些误差，就是对观测角和坐标增量进行改正，这种改正工作就叫做导线测量平差计算。导线平差计算有严密平差和近似平差两种方法。公路施工导线测量采用近似平差方法。所谓导线测量近似平差，是将角度闭合差平均分配于各观测角，然后用平差角和导线边长(平距)计算坐标增量，再对坐标增量进行改正，最后求得各导线点的最后坐标。导线平差的目的，就是为了消除测角、测边误差，并在平差后进一步提高测量精度。

(3)角度闭合差的计算公式

①附合导线角度闭合差的计算公式。

$$f_\beta = T_{起} + \sum\beta_i - n \times 180 - T_{终} = T_{起} - T_{终} + \sum\beta_i - n \times 180 \tag{3-3}$$

或用下式：

$$f_\beta = T_{终计} - T_{终已} \tag{3-4}$$

式中：$T_{起}$——附合导线已知起始边的方位角；

$\sum\beta_i$——附合导线所有观测角(左角)之和；

$T_{终已}$——附合导线已知附合(终)边的方位角：$T_{终计} = T_{起} + \sum\beta_{左} - n \times 180$；

n——附合导线观测角个数。

②闭合导线的角度闭合差计算。

内角闭合差：

$$f_\beta = \sum\beta_i - (n-2) \times 180 \tag{3-5}$$

外角闭合差：

$$f_{\beta} = \sum \beta_{i} - (n+2) \times 180 \tag{3-6}$$

式中：　$\sum \beta_{i}$——闭合导线实测的9个内角(或外角)总和；

n——测角个数；

$(n-2) \times 180$——闭合导线内角理论值；

$(n+2) \times 180$——闭合导线外角理论值。

(4)观测角改正数的计算公式

导线测量近似平差法观测角改正数是将角度闭合差再以相反的符号平均分配到各观测角中,即：

$$V_{\beta} = -f_{\beta}/n$$

$$\sum V_{\beta} = -f_{b} \tag{3-7}$$

(5)坐标增量闭合差的计算公式

对于闭合导线其纵横坐标增量的理论值应为0：

$$\sum \Delta x_{理} = 0$$

$$\sum \Delta y_{理} = 0 \tag{3-8}$$

由于导线边长测量的误差,坐标增量计算值总和$\sum \Delta x_{计}$与$\sum \Delta y_{计}$一般不等于0,其值称为坐标增量闭合差：

$$f_{x} = \sum \Delta x_{计}$$

$$f_{y} = \sum \Delta y_{计} \tag{3-9}$$

对于附合导线其纵横坐标增量的理论总和等于终点与起点的坐标差值：

$$\sum \Delta x_{理} = x_{终} - x_{起}$$

$$\sum \Delta y_{理} = y_{终} - y_{起} \tag{3-10}$$

由于测边测角有误差,所以算出的坐标增量总和$\sum \Delta x_{计}$、$\sum \Delta y_{计}$与理论值不相等,其差值即为坐标增量闭合差：

$$f_{x} = \sum \Delta x_{计} - \sum \Delta x_{理} = \sum \Delta x_{计} - (x_{终} - x_{起})$$

$$f_{y} = \sum \Delta y_{计} - \sum \Delta y_{理} = \sum \Delta y_{计} - (x_{终} - x_{起}) \tag{3-11}$$

(6)坐标增量改正数V_{x}、V_{y}的计算公式

导线测量近似平差计算坐标增量改正数V_{x}、V_{y}是按边长比例将增量闭合差反号分配到各增量中。导线任一边的增量改正数：

$$V_{x} = -f_{x}/\sum D \times D_{i}$$

$$V_{y} = -f_{y}/\sum D \times D_{i} \tag{3-12}$$

因此：

$$\sum V_{x} = -f_{x}$$

$$\sum V_{y} = -f_{y} \tag{3-13}$$

(7)导线测量的精度评定

导线测量近似平差结果的精度评定指标如下：

①导线测角中误差。附(闭)合导线测角中误差：

$$m''_{\beta计} = \pm \sqrt{(f_{\beta}^{2}/n)N} \tag{3-14}$$

式中：f_{β}——附(闭)合导线的角度闭合差；

n——导线折角个数；

N——附合(或闭合)导线的条数。

独立复测支导线的测角中误差:

$$m_{\beta计} = \pm \sqrt{[\Delta T^2/(n_1 + n_2)]/N} \tag{3-15}$$

式中:ΔT——两次测量的方位角之差;

n_1、n_2——复测支导线第一次和第二次测量的角数;

N——复测支导线条数。

②导线全长绝对闭合差f:

$$f = \sqrt{f_x^2 + f_y^2} \tag{3-16}$$

③导线的全长相对闭合差$1/T$:

$$1/T = f/[D] = 1/([D/f]) \tag{3-17}$$

式中:$[D]$——导线边长的总和。

第四节 施工测量水准点的复测和加密

一、加密水准点的目的

加密水准点的目的就是为了方便施工中的高程放样,并保证高程放样精度。实践说明,在公路施工过程中,繁复而大量的工作是测量路线中桩、边桩等桩位高程,施工中,挖方段、填方段高度每天都在变化着。由于中桩、边桩等桩位易被破坏(挖掉或填掉),这就要求施工测量员必须在施工中随时掌握挖、填方的高度,以确保挖、填方工作的顺利进行,防止不必要的超填超挖或欠填欠挖,避免造成不必要的损失。

在施工标段增设加密合理的水准点位,既能很方便地就近控制路线的高程,又能保证施工精度。实践证明,公路勘察设计阶段所布设水准点的分布和密度都不能满足施工现场的需要,所以施工单位必须根据该作业段的实际需要、实际地形来加密水准点。加密的水准点称为施工水准点。

二、选点要求

(1)施工水准点的密度。施工水准点的密度要保证只架设一次仪器就可以放出或测量出所需要的高程。实践说明,在一个测站上水准测量前后视距最好控制在80m,超过80m则要转站才能继续往前测,如果多次转下去,误差便会增大,因此为了保证测量精度,施工水准点间距最好在160m范围内,在纵坡较大地段,水准点间距可根据实际地形缩短。

(2)在重要结构物附近,宜布设2个以上的施工水准点。放样时,用一点放样,另一点检查,从而保证放样高程的准确性。

(3)施工水准点位布设地点。公路施工实践中,加密施工水准点位通常是布设在填方路段两侧20m范围内的田坎,与挖方段交接的山坡脚(适宜高填方)等易于保存的地方。当路基工程施工完毕,挖方段的排水沟或坡脚砌体也已施工完毕,水准点位可布设在水泥抹面上。埋设好的水准点要做点标记,方便以后使用。

(4)施工水准点应埋设牢固,并要妥善保护。实践证明,施工水准点自开工到竣工验收都在发挥作用,所以点位一定要牢固。用大木椿做点位桩时,要打深打牢,并用水泥加固,椿顶上钉一铁钉，测水准时标尺立在钉上。

(5)施工水准点位编号要醒目、清晰、易识别。施工中多用“公里数 + 号码”来编号，例如K80 + 100 左 - 1、K120 + 135 右 - 2 等，并把高程用红漆写在点号旁边，这样就能很明显地知道该点是控制哪一段的，并可校核所用点高程是否用错。

三、水准点的测设

1. 加密施工水准点的原则

(1)加密施工水准点须遵循由高级到低级的原则，即必须从设计单位提供的水准点到施工水准点。

(2)施工水准点高程系统必须与设计单位提供的高程系统相一致，不得自行选择高程系统。

(3)施工水准点的起终点必须是设计单位提供的水准点，测定结果的限差应符合规范要求。

(4)施工水准点的测量精度必须满足高程放样精度要求。高程质量标准见表 3-8 和表 3-9。

土(石)方路基允许偏差 表 3-8

项　次	检查项目	允许偏差	
		高速公路、一级公路	其他等级公路
1	纵断高程(mm)	10、-30	10、-50
2	平整度(mm)	30	50
3	横坡(%)	±0.5	±0.5

公路路面质量标准 表 3-9

工程种类	项　目	质量标准		
		高速公路	一级公路	其他等级公路
底基层	纵断高程(mm)	+5、-15	+5、-15	+5、-20
	平整度(mm)	15	15	20
	横坡度(%)	±0.3	±0.3	±0.5
基层	纵断高程(mm)	+5、-10	+5、-10	+5、-15
	平整度(mm)	10	10	15
	横坡度(%)	± 0.3	±0.3	±0.5

(5)施工水准点的密度应能满足高程放样的需要。

2. 施工水准点的测量方案

选择施工水准点的测量方案，应考虑以下因素：

(1)施工标段已知水准点的利用情况，前后相邻标段水准点的分布情况。

(2)施工标段挖方段、填方段情况。

根据施工规范，结合实际测量经验，适用于公路工程加密水准点的施工方案有：

(1)附合水准路线。

(2)闭合水准路线。

(3)复测水准路线,即往返测水准路线。

3. 施工水准点的测量方法

施工水准点的高程用水准测量方法测定。水准测量就是利用水准仪、水准尺或塔尺(公路施工测量常用的尺子)测定点间高差的方法。只要知道一点的高程,就可计算出另一点的高程。公路施工测量采用向前法和复合水准测量法,而最常用的是向前法,它是用水准仪进行高程放样的主要方法,而复合水准测量仅用于建立施工标段高程控制系统。

图 3-1 是一条附合水准测量路线,图中 BMC—47 是起始已知水准点,BMC—48 是终止已知水准点。其间 1、2、3 各点是转点,K90 + 1、K90 + 2 和 K91 + 1 是欲加密的施工水准点。只要测出 BMC—47 和转 1 点的高差,再测出转 1 点和转 2 点的高差……然后,通过平差计算,就可算出线路各点的高程。

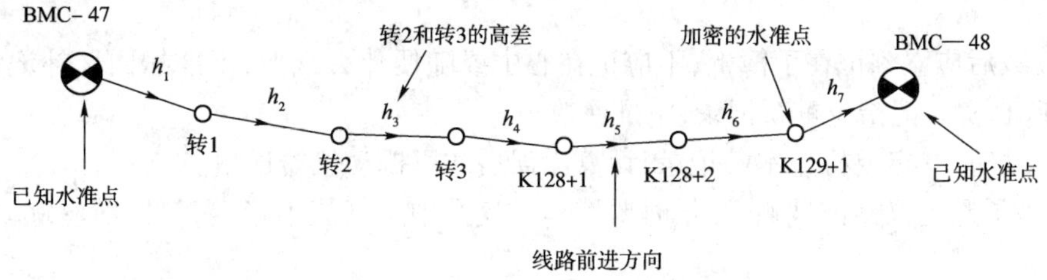

图 3-1　附合水准线路示意图

图 3-2 是一条闭合水准路线,图中 BMC—49 是该线路起点,又是终点,即由该点出发,中间经过许多点又回到该点。只要测出各段高差,然后经过平差计算就可算出各点高程。

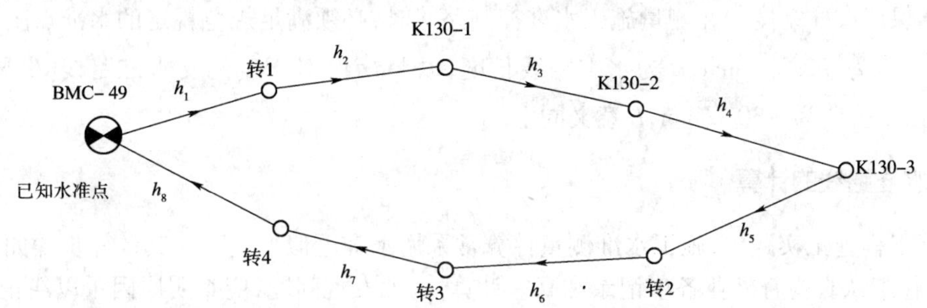

图 3-2　闭合水准路线示意图

图 3-3 是一条复测支水准路线。图中 BMC—49 是已知水准点,从此点出发向外支转 1、转 2、K129—3、K129—2 各点,此时可往返测出各点之间高差,然后通过计算就可得出各点高程。为了保证观测质量,所测往返值较差不得大于 5 mm。

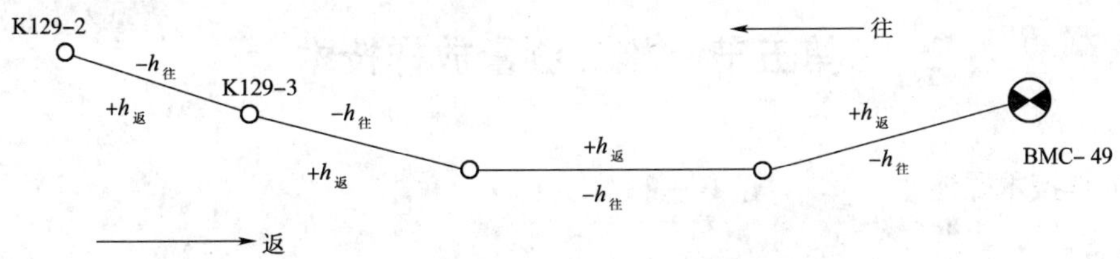

图 3-3　复测支水准路线示意图

4. 水准测量的注意事项

(1)用复合法测量线路施工控制水准点高程时,每测站应尽量将仪器架在两点中间,在这种情况下读数可消除地球曲率和折光的影响。

(2)仪器要安装稳妥,在松散地方架设仪器,脚架一定要踩牢。来回走动照准标尺读数时不要碰动脚架。架设仪器应尽量避免骑腿,随时检查脚腿螺旋有没有拧紧。

(3)测设施工控制水准线路,最好使用一对3m双面水准尺。可当站校核所测两点高差是否正确。

(4)扶尺员一定要把尺子立在点位上,并且要立垂直,为避免尺子前倾后仰、左右歪斜,可在尺边挂垂球控制。

(5)读数时,一定要用微倾螺旋使附合气泡两个半边气泡吻合,读数时要果断、要稳、要准,而且不准凑数。用自动安平水准仪读数时,一定要使圆气泡居中。

(6)转点要选在坚硬牢固的路缘石等处,如用尺垫一定要踩牢,转动尺面时要提起尺子。

(7)用塔尺进行水准测量时,一定要每节到位,测量过程中要经常检查抽出的尺有没有降落。

(8)读数后应立刻记在手簿上,不应记在心中或随便什么纸上,不准靠回忆补记。记录要整洁、清晰、真实。记错应重新记录,不准涂改。

(9)转站时,一定要检查本站记录,计算无误后才可挪动仪器迁站。

(10)为了避免仪器被日晒,测量时要撑伞。夏季中午气流不稳定,仪器横丝跳动,不宜进行水准测量。

5. 施工水准点的测量精度

为了满足高程放样精度,我们可以适当合理地增加施工水准点的密度,应保证只架设一次仪器,就能放出或测出所需点的高程,这样,水准控制点与放样点距离不超过80m,既方便放样操作又能保证放样精度。在测量施工水准控制路线时,必须满足规范规定的水准点闭合差:高速、一级公路为 $+20\sqrt{L}$ mm,L 为水准路线长度,以km计,对于复测支水准路线,L 取单程长度;二级以下公路为 $+30\sqrt{L}$mm,L 意义同上。

四、水准路线的计算

公路工程施工实践中,施工水准测量计算常采用水准近似平差法。其计算步骤如下:

(1)仔细认真检查外业各项记录和高差计算值,如发现问题,应查明原因予以纠正。

(2)绘制外业测量水准线路草图,在草图上注明已知水准点名及高程,注明各相邻点间的实测高差和距离,标明水准线路测量往返测方向。

(3)在草图上进行水准线路平差计算。

(4)编制水准点成果表。

第五节　施工测量放样技术

一、放样技术概述

1. 定义

公路工程施工测量放样技术就是应用普通测量中的放样方法,把设计图纸上公路线形的位置、形状、宽度和高低在施工现场标定出来,以作为施工的依据。在公路施工过程中,放样技术都发挥着重要作用。它对保证施工进度和工程质量起着重要作用。放样工作中的任何疏忽或精度不够,都必将影响施工的进度和质量,造成工程返工及经济损失。因此公路施工测量人员必须具有高度的责任心和熟练的放样操作技术。

2. 放样前的准备工作

为了保证放样精度,满足施工需求,在放样前,施工测量员必须熟悉和掌握设计图表中有关线路平面位置和高程的数据,编制本标段放样已知导线点成果表,放样点位中桩、边桩坐标及高程表,然后结合施工现场条件和施工单位现有测量仪器的情况,选择合适的放样方法。

二、施工测量平面位置放样技术

1. 全站仪"坐标放样"测量技术

(1)仪具与材料准确

①全站仪、棱镜及测杆。

②对讲机两部,fx—4500 PA 或 fx—4800 型计算机。

③锤子、竹签、红布条或红塑料条、油性号笔、铁凿子、小钢尺、铁钉或钢钉、测伞等。

(2)放样资料准备

①施工标段导线点成果表(包括设计单位提供的导线成果及自己加密的施工导线点成果)。

②直线、曲线及转角成果表。

③依据"路面横断面结构图"计算的各层路面的宽度。

④编制放样点的坐标值表,即将用 fx—4500 PA 型计算机坐标程序计算的施工所需的中桩、左右边桩坐标值编制成表,方便在测站上输入计算机。

⑤编制放样作业图,图上应注明测站点、后视点以及该测站控制放样的范围。

(3)操作方法与步骤

全站仪坐标法放样的操作方法视仪器类型不同而略有差异,具体操作方法可查阅仪器说明书。

2. 经纬仪配合测距仪用极坐标法放样点位技术

(1)仪具与材料准备

①经纬仪、测距仪。

②棱镜、测杆。

③对讲机、fx—4500 PA 或 fx—4800 型计算机。

④铁锤、凿子、木桩、红布条(或红塑料袋条)、油性记号笔、小钢尺、铁钉(或钢钉)、测伞等。

(2)放样资料准备

①导线点成果表。

②放样点数据表,即放样点边长、角度计算表。

③编制放样作业图,图上应注明测站点,后视导线点以及测站点控制放样的范围;如果技术熟练,放样经验丰富,也可将此步骤省略。

(3)操作方法与步骤

①在测站点(施工导线点)安置经纬仪,对中、精确整平。

②精确照准后视导线点,将后视点方向设置成 $0°00'00''$。

③拨转放样点方向水平角值。

④指挥扶立棱镜者在放样点方向上安置棱镜并照准。

⑤用测距仪照准棱镜并测平距,计算实测平距与放样值之差,指挥棱镜在放样点方向前后

移动，当实测平距与放样值之差为零时，测杆底部尖端即为放样点的位置，然后指挥打桩、写里程桩号、扎红布条。第一个放样点结束，接着依同法放出以下各点。

⑥在上述第④步完成后，亦可按下法操作：用测距仪照准棱镜后，用测距仪遥控器向测距仪输入放样点的距离放样值，然后按测距仪放样键，则测距仪显示值等于实测值减放样值，如果显示值为正，则指挥棱镜在放样点方向向后移动；如果显示值为负，则指挥棱镜在方向线上向前移动；直至显示值为零，则测杆下部尖端就是该点桩位。

三、经纬仪视距法放样技术

1. 仪具与材料准备

(1)经纬仪。

(2)视距尺或水准标尺、塔尺、30～50m 钢尺。

(3)fx—4500 PA 或 fx—4800 型计算机。

(4)铁锤、凿子、竹签、红布条或红塑料袋条、油性记号笔、小钢尺等。

(5)测伞。

2. 放样资料准备

(1)导线点成果表。

(2)放样点成果表，即放样点边长、角度计算表。

(3)编制放样作业图，图中应注明测站点、后视点、放样点。

3. 经纬仪视距法的平距、高程计算公式

(1)视距法平距计算公式：

$$D = KL\cos 2E = 100\mathrm{ABS}(A - B)\cos 2E \tag{3-18}$$

式中：K——仪器乘常数，光学经纬仪 $K=100$；

L——上下丝在标尺上所截取的分划数值，$L=A-B=\mathrm{ABS}(A-B)$，A 为上丝读数，B 为下丝读数；

E——竖直角，在读取 L 时，仪器中丝位置竖盘测得的垂直角；

ABS——绝对值符号。

(2)视距法高差计算公式：

$$h = \frac{1}{2}KL\sin^2 E + I - T \tag{3-19}$$

或

$$h = D\tan E + I - T \tag{3-20}$$

式中：I——仪器高，用小钢尺量，读数至毫米位；

T——觇高，在读取 L 时的中丝读数，可直接读至毫米位。

4. 操作方法步骤

(1)将经纬仪安置在施工导线点上，精确对中整平，如一并进行高程放样，则要量取仪器高。

(2)照准后视导线点，将后视方向设置成 0°00′00″。

(3)拨转放样点方向水平角值。

(4)指挥立尺员在放样点方向上立视距尺，读记上、中、下三丝读数，并读记中丝垂直角。

(5)用计算机“视距法平距、高差计算程序”计算实测平距与放样值之差，指挥视距尺在望

远镜照准方向上前、后移动，一直到实测平距与放样值之差为零时，标尺底部中点即为放样点的位置，指挥打桩，编写里程桩号，扎红布条。

四、经纬仪钢尺偏角法放样技术

1. 偏角法圆曲线放样方法

(1)仪具与材料的准备

①经纬仪。

②钢卷尺。

③fx—4500PA 型计算机。

④铁锤、凿子、竹签、红布条或红塑料条、油性记号笔、小钢尺、测伞。

(2)放样资料的准备

①交点里程桩号及坐标值、曲线起终点里程桩号及坐标值。

②交点、曲线起终点位实地考察，若点位损坏，则应恢复。

③编制偏角法放样数据表。

④编制偏角法放样作业图，图中应注明测站点、后视点以及放样点拨角方向。

(3)方法步骤

用经纬仪钢尺偏角法放样圆曲线上各点平面位置，是把一条圆曲线分成两个半圆曲线来进行操作的，即 ZY 至 QZ 及 YZ 至 QZ。下面以 ZY 点设站放至 QZ 点为例说明，如图 3-4 所示。

①在 ZY 点设站，照准交点，置水平度盘为 0°00′00″。

②拨偏角 $\delta_{起}=\angle 1$，自 ZY 点起，指挥量尺员在望远镜视线方向上用钢尺量取 $l_{起}$ 得曲线上 1 点，打桩写号。

③拨总偏角∠2，指挥钢尺零点对准 1 点，量取 l 长度与视线相交得 2 点。

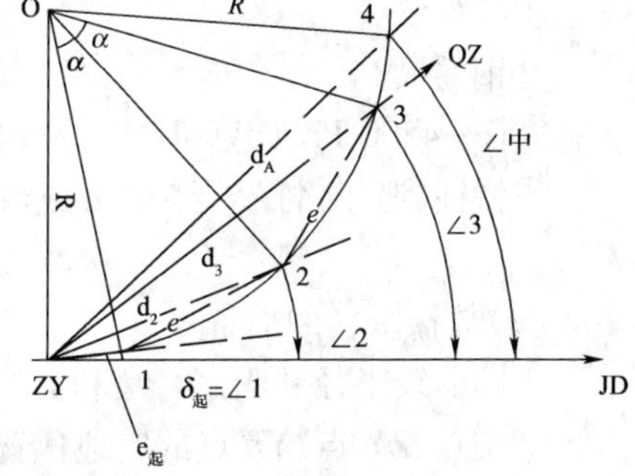

图 3-4　经纬仪钢尺偏角法圆曲线放样示意图

④同法可测出其余各点，一直放到 QZ 点。

⑤将仪器搬至曲线另一端 YZ 点，同上法放另一半曲线，此时应注意拨角方向与前半曲线相反。

⑥当从 ZY 点及 YZ 点向 QZ 点测设曲线时，由于放样误差的影响，由 ZY 点放的 QZ 与由 YZ 点放的 QZ 不在同一点上，其偏距 f 称为闭合差，若沿线路方向(纵向)闭合差 f_x 小于 1/2 000，沿曲线半径方向(横向)闭合差 f_y 小于 10cm 时，可根据曲线上各点到 ZY 点(或 YZ 点)的距离，按长度比例进行分配。

2. 偏角法放样有缓和曲线圆曲线的方法

(1)仪具与材料的准备同圆曲线放样。

(2)放样资料的准备同圆曲线放样。

(3)放样方法步骤。

①由 ZH 点放至 HY 点的操作方法步骤：缓和曲线部分放样是将经纬仪架设在 ZH 点上，置水平度盘为 0°00′00″，照准 JD 切线方向，然后逐点拨转缓和曲线上各点偏角值，与相关距离相交获得缓和曲线上各点平面位置，具体操作方法步骤与圆曲线放样基本相同。

②由 HY 点放至 QZ 点的操作方法步骤：圆曲线部分的测设，首先是 HY 点切线的设置。

现场作业中，常用下述方法设置 HY 点的切线，如图 3-5 所示。

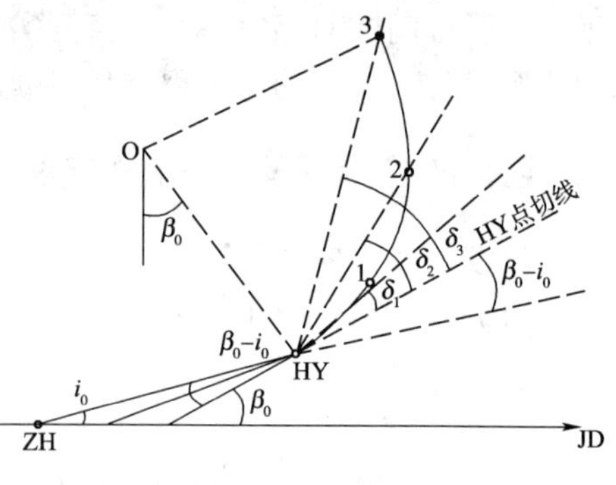

图 3-5　缓圆点切线的位置

将经纬仪安置在 HY 点，置水平度盘为(β_0-i_0)，后视 ZH 点，将水平制动钮固定，纵转望远镜，度盘读数为 0°00′00″时，望远镜视线方向即为 HY 点的切线方向。注意(0°00′00″)正拨、反拨，当曲线在切线左侧为反拨，应置度盘为 $360°-(\beta_0-i_0)$，后视照准 ZH 点；曲线在切线右侧为正拨，置度盘为(β_0-i_0)，后视 ZH 点。

用上述方法设置 HY 点切线方向后，即可按圆曲线放样操作方法步骤，逐点拨转总偏角，并以相应距离与各点偏角方向相交获得曲线上其余各点，直至 QZ 点。半条曲线放完后，仪器迁至 HZ 点，用上述方法放出圆曲线的另一半，应特别注意的是，偏角的拨转方向、切线的设置方向均与前半条曲线相反。当从 HY 点及 YH 点放到 QZ 点时，应检查其闭合差，并进行分配调整。

3. 经纬仪钢尺切线支距法放样技术

(1)仪具与材料的准备

①经纬仪。

②钢卷尺。

③fx—4500 PA 计算机。

④铁锤、凿子、竹签、红布条或红塑袋条、油性记号笔、小钢尺、铁钉或钢钉、测伞、直角木尺。

(2)放样资料的准备

①圆曲线半径、圆心角，缓和曲线长度。

②交点、ZY 点、YZ 点的实地位置。

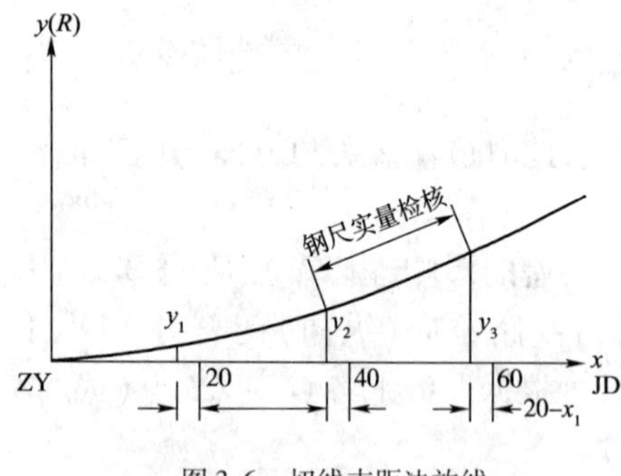

图 3-6　切线支距法放线

③编制放样点数据表，即把根据切线支距法计算公式计算的曲线上各放样点的 x_i、y_i 值编制成表，便于现场查取数据。

④编制放样示意图，图上应标明设站点，切线方向以及各放样点的 x、y 值。

(3)放样操作方法(图 3-6)

①在直角坐标原点 ZY 设站，照准 JD 点，即设置 ZY 点的切线方向，自 ZY 点起置钢尺于切线上。

②自 ZY 点起沿钢尺(切线方向)按 l_i 量出 20m、40m、……直至 QZ 点里程，并用带红布条的钢钉临时标出各点位置。

③从以上各点退回 l_i-x_i，得出曲线上各点至切线的垂足，用竹签临时标定。

④在各点处过垂足用直角尺作切线的垂线，在曲线的方向上量出相应 x_i、y_i 值，得曲线上各点，如果精度要求高，并且 y_i 较长，可在垂足处架设经纬仪，0°时照准 ZY 点或 JD 点，拨转 90°，在视线方向上量取弦值获得曲线上各点位，并打竹签固定。

⑤同样方法由 YZ 点起放出曲线的另一半。

⑥用钢尺实量曲线上相邻点的距离与 x_i 比较以进行检核。

五、施工测量点位高程放样技术

1. 水准前视法测定点位高程放样技术

(1)仪具与材料准备

①水准仪。

②塔尺、小钢尺。

③fx—4500 PA 计算机。

④测伞、油性记号笔、托尺板。

(2)资料的准备

①已知水准点成果表，表中除点名及高程外，还应详细注明点位所在地，以便寻用。

②施工标段线路中桩设计高程及左、右边桩设计高程表。

③"前视法"外业测量记录簿，簿中项目应有后视已知水准点高程、后视读数、前视读数、计算的实测高程、设计高程、桩号里程、左中右位置、观测员、观测时间、填挖高度等，注意：桩位设计高程应事先填入表中，这样每测一桩位高程，便可立即判定该桩挖填高度。

④编制施工标段竖曲线变坡点图，如图 3-7 所示。

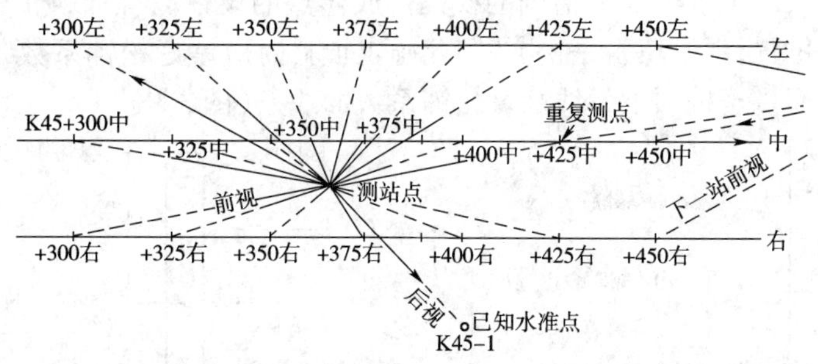

图 3-7　前视法一个测站点上测定线路桩位高程示意图

(3)操作方法步骤

①设站，将水准仪安置在最佳视距范围(仪器距待测点，后视点 80m 内)，并且不影响施工及汽车运输，又便于观测的地方，见图 3-7 中测站点。

②后视已知水准点 K45－1，读数并记录，并将已知水准点高程、后视标尺读数输入计算机中计算。

③前视待测点 K45＋325 左，读数并记录，同时输入计算机，即可算出该点高程并记录。

④继续前视待测点 K45＋325 中及右，读数并记录，同时输入计算机，算出 K45＋350 中及右高程并记录。

⑤扶尺员前进至 K45＋350，观测员继续前视读数并记录，输入计算机算得高程，不过此时照准标尺读数依次为 K45＋350 的右、中、左桩。

⑥同上述操作，直至观测至 K45＋425 左、中、右。

⑦最后再一次照准后视已知水准点，读取后视读数与开始时后视读数比较，若相等或差值不大于 2 mm 则说明起算后视读数正确。

⑧上述一个测站观测完毕，若要立即提供桩位挖填高度，指导施工，则应在测站上观测过程中，或观测结束立即计算出 $\pm h = H_{设} - H_{实}$，为"＋"则填，为"－"则挖。

⑨用油性记号笔在桩位竹签上画出加了松铺高的填方高，若为挖，则在竹签上写明该桩位

的下挖深度。

⑩上述工作完毕，迁至下一测站。

2. 公路施工高程放样方法

(1)用点位地面实测高程进行高程放样方法步骤。

①用前视法测出待放样点地面高程，称为地面实测高程 $H_{测}$。

②计算待放样点设计高程 $H_{设}$ - 实测高程 $H_{测} = V$。

③依据 V 值在待放样点上的竹桩侧面画线或写数。一般情况下，V 值为正，表示该点位应填 V 值，才可达到该点设计高程，用画线法在竹桩侧面表示；当 V 值为负，则表示该点需下挖 V 值后，才可达到测点设计高度，画线并写数在竹桩侧面表示(图 3-8)。

④由于填料为松方，所以应考虑松铺系数 i。

(2)用点位桩顶实测高程进行高程放样方法步骤。

①用前视法测出待放样点的竹(木)桩顶面的高程，称作桩顶实测高程 $H_{顶}$。

②计算待放样的设计高程 $H_{设}$ - 桩顶实测高程 $H_{顶} = V$ 值，V 为" + "由桩顶上量，V 为" - "由桩顶下量。

③依据 V 值在待放样点上竹(木)桩侧面画线或写数，表示待放样点设计高程位置。

④上述③小钢尺由桩顶下量 V 值画的线是待放样点的设计高程面，公路施工中是指经碾压后应达到的设计位置，由于填料是松方，因此施工填料时应考虑松铺系数，所以在竹(木)桩侧面还应画上由地面量至桩顶下量线高 × 松铺系数的线条(图 3-9)。

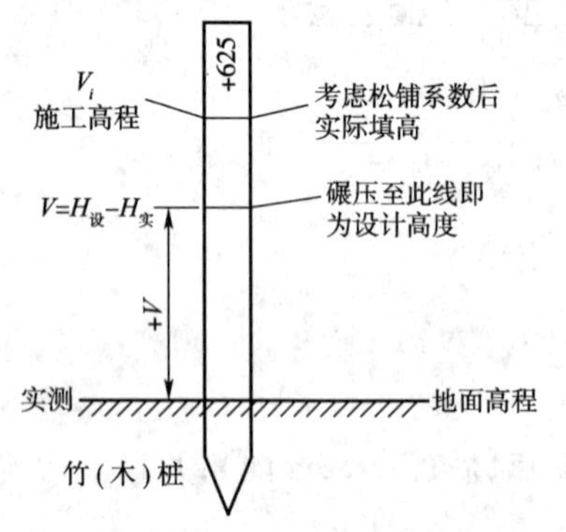

图 3-8　桩上画线表示放样高度

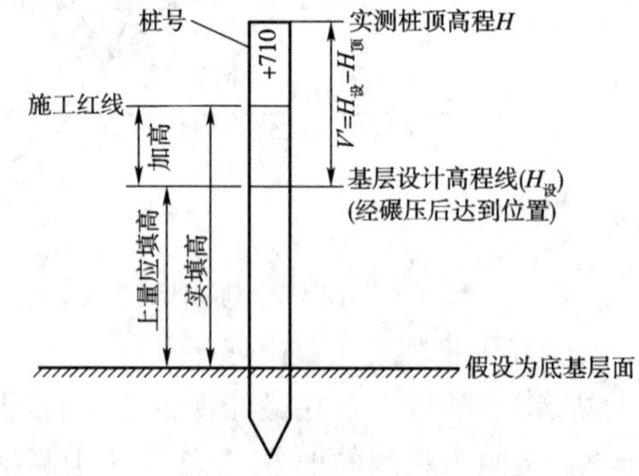

图 3-9　桩顶测高进行高程放样示意图

(3)用待放样点"视线高"进行高程放样。

①"视线高"放样的依据。

a. 待放样点的设计高程。

b. 已知水准点的高程(施工中称为后视点)。

c. 已知水准点的标尺读数(称为后视读数)。

②计算"视线高"的公式。

根据公式：

$$H = Z + C - D \tag{3-21}$$

式中：Z——已知水准点高程；

C——已知水准点上标点的读数；

D——待放样点尺上的读数。

假令 H 为待放样点上的设计高程，则待放样点上水准尺的读数(即前视读数) D_i：

$$D_i = Z + C - H_{i设} \tag{3-22}$$

式中:Z——已知水准点高程;

C——已知水准点水准尺读数(即后视读数);

$Z + C$——仪器的视线高;

$H_{i设}$——待放样点的设计高程。

③一个测站上"视线高"法高程放样的方法步骤。

a. 设站:照准后视点,读取水准尺读数 C;开机,选择"视线高"计算程序,输入后视点高程 Z 和后视读数 C。

b. 用程序计算待放样点视线高 D:确定待放样点桩号,将其设计高程 H 输入程序,计算机立即可算出前视标尺读数 D。

c. 前视照准放样点水准尺,指挥立尺员沿点位上竹(木)桩侧面上下移动水准尺,同时托尺员应用小托板紧紧托住尺底部,跟着尺子上下移动,当尺上读数为 D 时,停止移动,此时拿走标尺、在托板固定处画红线,则此红线即表示待放样点设计高程。

d. 为了检核所画红线是否正确,则令托板靠在红线处,令标尺立其上,读取标尺读数 D' 与计算之 D 比较,若 $|D - D'| \leq 2\text{mm}$,则表示正确,可转入下一待放样点。

e. 计算下一个放样点的前视标尺读数,此时计算机中 Z、C 值不变,只要输入下一个待放点的设计高程就可算出下一个待放点的前视标尺读数。

f. 同上述方法步骤,放出其他待放样点设计高程位置。

④放完一个施工段后,回过头来再画松铺系数加高红线,也可一边放线,一边画加高红线。

第六节　施工测量放样数据计算

一、施工平面位置放样数据计算

1. 极坐标法平面位置放样数据计算

(1)计算依据

公路施工设计图表会提供每隔一定距离的中桩点坐标,但是边桩和施工需要的加桩,则需自己计算。总之,用极坐标法放样点的平面位置,必须依据设计单位提供的"导线点坐标"和"逐桩坐标表"计算出相关点位间的距离和角度。

(2)计算方法

已知导线点坐标和待放样点的坐标,计算其间距和方位角,采用坐标反算方法。

坐标方位角计算公式:

$$\tan T'_{导-放} = \frac{y_{放} - y_{导}}{x_{放} - x_{导}} = \frac{\Delta y_{放-导}}{\Delta x_{放-导}} \tag{3-23}$$

按下式计算夹角 β_i(图 3-10):

$$\beta_i = T'_{导-放} - T_{I-II} \tag{3-24}$$

如果直接用方位角放样方向线,则可用 β_i 测量角度检查所放方向正确性。即:

$$\beta_i = \beta_{测} \tag{3-25}$$

导线点至待放样点之间的距离用下式计算:

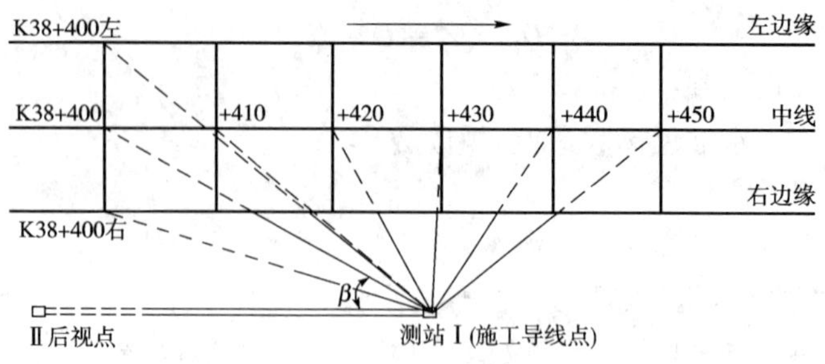

图 3-10　极坐标法放样示意图

$$D = \frac{y_{放} - y_{导}}{\sin T_{导-放}} = \frac{x_{放} - x_{导}}{\cos T_{导-放}} = \sqrt{(\Delta y_{放-导})^2 + (\Delta x_{放-导})^2} \tag{3-26}$$

应用式(3-23)计算的 T 值,根据 Δy、Δx 所在象限来判断方位角,判断方法见表 3-10。

根据 Δy、Δx 所在象限判断方位角　　表 3-10

直线方向线	Δy	Δx	方位角	备　注
象限Ⅰ10°~90°	+	+	$T = T'$	0° x；270° + + + 90°；y；− − + −；180°
象限Ⅱ 90°~180°	+	−	$T = 180° - T'$	
象限Ⅲ180°~270°	−	−	$T = 180° + T'$	
象限 Ⅳ270°~360°	−	+	$T = 360° - T'$	

2. 坐标法平面位置放样数据计算

(1)计算依据

坐标法放样是对坐标放样测量的习惯叫法,是利用先进的全站仪在实地设定其坐标值为已知的待放样点。这里的关键词是"坐标值为已知的点",因此,公路施工放样前,必须预先准备好待放样点的坐标值。

现代公路设计应用计算机进行辅助计算时,由设计单位提供的施工设计图表,如"直线、曲线及转角表"、"导线点坐标"及"逐桩坐标表"等均给出了交点、导线点的坐标,直线及曲线也给出每隔一定距离的中线桩位坐标值以及曲线要素。所以,可根据施工需要计算出加桩及左右边桩的坐标值。

(2)计算方法

直线线路上点的坐标简单易算,施工中常用 fx—4500PA 计算机程序计算直线、曲线上点位中桩及边桩坐标的方法。

3. 偏角法、切线距法测设曲线数据计算

(1)偏角法平面放样数据计算

①偏角计算公式。圆曲线的偏角就是弦线和切线的夹角,以 δ 表示,偏角在几何上被称为弦切角,弦切角等于弧(弦)所对应的圆心角的一半。

$$\delta = \frac{\varphi}{2} = \frac{l}{2R}\frac{180°}{\pi} = 28.647\ 9\frac{l}{R} \tag{3-27}$$

式中:l——弧长,一般为 10m、20m、25m;

R——圆曲线的半径;

φ——圆心角,$\varphi = \frac{l}{R}\frac{180°}{\pi} = 57.295\ 8\frac{l}{R}$;

δ——偏角,当圆曲线上各点等距离时,即 $l = l_1 = l_2 = l_3 = l_n$ 时,则 $\delta_1 = \delta_2 = \delta_3 = \delta_n = \delta$,但

曲线的起点 ZY(或终点 YZ)不是整数,所以在曲线两头就出现小于等距离 l 的弧长,这时计算偏角时,应分别算出曲线起点第一段的偏角 $\delta_{起}$ 和曲线终点最后一段的偏角 $\delta_{终}$。

$$\delta_{起} = 28.6479\frac{l_{起}}{R}$$

$$\delta_{终} = 28.6479\frac{l_{终}}{R} \tag{3-28}$$

②曲线上各点的总偏角计算。

$$\begin{aligned}
\angle 1 &= \delta_{起} \\
\angle 2 &= \delta_{起} + \delta = \angle 1 + \delta \\
\angle 3 &= \delta_{起} + 2\delta = \angle 2 + \delta \\
\angle 4 &= \delta_{起} + 3\delta = \angle 3 + \delta \\
&\cdots \\
\angle n &= \delta_{起} + (n-1)\delta = \angle(n-1) + \delta
\end{aligned} \tag{3-29}$$

③弦长计算。偏角计算中 l 为弧长,而放样量距打桩需用弦长。当曲线各点间距离相等时,弦长用 $D=2R\sin\delta$ 计算;当曲线起终点偏角为 $\delta_{起(终)}$,则弦长用 $D=2R\sin\delta$ 计算(因为圆曲线的半径 R 通常都比较大,相对来说,弧长比较小,故认为弦长与弧长相等)。

(2)缓和曲线上各点的偏角值计算

①计算范围。

a. 缓和曲线上各点偏角是指缓和曲线上任一分点 K 与 ZH 点或 HZ 点的连线相对于切线的偏角。

b. 缓和曲线上各点的偏角计算范围是指:ZH 点至 HY 点和 HZ 点至 YH 点。

②计算公式:

$$i_{k} = \frac{l_{k}^{2}}{6Rl_{0}} \cdot \frac{180^{\circ}}{\pi} = 57.29578\frac{l_{k}^{2}}{6Rl_{0}} \tag{3-30}$$

式中:i_k——缓和曲线上任意一点的偏角值;

l_k——缓和曲线上任一分点 K 与 ZH(或 HZ)点的连线的长度(m);

R——圆曲线的半径(m);

l_0——缓和曲线长度(m)。

当 l_k 为 ZH 点至 HY 点或 HZ 点至 YH 点长度时,用公式计算得 $i_k = i_0$:

$$i_{0} = \frac{1}{3}\beta_{0}\frac{180^{\circ}}{\pi} = \frac{l_{0}180^{\circ}}{6R\pi} = 57.29578\frac{l_{0}}{6R} \tag{3-31}$$

$$\beta_{0} = \frac{l_{0}}{2R} \tag{3-32}$$

(3)切线支距法平面放样数据计算

①计算范围。

直角坐标法进行曲线平面位置放样的计算范围:

a. 对于没有缓和曲线的圆曲线,计算范围是整条圆曲线。

b. 对于有缓和曲线的圆曲线,计算范围是分两部分进行(即圆曲线和缓和曲线两部分)。缓和曲线计算范围是 ZH 点至 HY 点、HZ 点至 YH 点;圆曲线计算范围是 HY 点至 QZ 点再至 YH 点。

②计算公式。

利用先进的科学计算机可以很方便准确地计算出直角坐标法放样所需的任一 i 点的 x、y 值。

a. 圆曲线直角坐标法公式：

$$
\begin{aligned}
x_i &= l_i - \frac{l_i^3}{6R^2} + \frac{l_i^5}{120R^4} \\
y_i &= \frac{l_i^2}{2R} + \frac{l_i^4}{24R^3} + \frac{l_i^6}{720R^5}
\end{aligned}
\tag{3-33}
$$

式中：l_i——曲线上任一点 i 距离 ZY(或 YZ)点的弧长(m)，$l_i = |i$ 点的里程桩号 − ZY(或 YZ)点的里程桩号$|$；

R——圆曲线半径(m)。

b. 缓和曲线直角坐标法公式：

$$
\begin{aligned}
x_i &= l_i = \frac{l_i^5}{40R^2 l_0^2} + \cdots \\
y_i &= \frac{l_i^3}{6Rl_0^2}
\end{aligned}
\tag{3-34}
$$

式中：l_i——缓和曲线上任一点 i 距 ZH(或 HZ)点的曲线长(m)，$l_i = |i$ 点的里程桩号 − ZH(或 HZ)点的里程桩号$|$；

R——圆曲线半径(m)；

l_0——缓和曲线长度(m)，l_0 − |ZH 点的里程桩号 − HY 点的里程桩号| = |HZ 点的里程桩号 − YH 点的里程桩号|。

二、施工高程放样数据计算

1. 线路直线、圆曲线高程放样数据计算

(1)计算依据

设计图上的线路直线段是前后相邻变坡点之间的距离；圆曲线是直圆(ZY)点到圆直(YZ)点之间的距离。计算线路直线段、圆曲线段上任一中桩设计高程的依据是线路直线变坡点的里程、变坡点的高程及纵坡度，而计算边桩设计高程的依据是中桩设计高程、中桩至边桩的距离及横坡度(路拱)。当该施工标段没有变坡点时，经常采用该标段起点或终点里程桩号、相应高程及纵坡度为起算数据。

(2)计算范围

图 3-11 是设计图上表示相邻纵坡段的连接示意图。图中 K68 + 160、K68 + 530、K68 + 820 是前、中、后三个变坡点，其相应高程分别是 124.380m、127.120m、121.430m。连接相邻纵坡段的是三条竖曲线，由于竖曲线上的设计高程需另行计算，所以计算相邻纵坡段设计高程时，必须弄清楚计算范围。

由图 3-11 知，中间变坡点前纵坡段计算范围是 290.77 ~ 452.40 这一直线段，即前竖曲线终点里程桩至中间竖曲线起点里程桩之间的 161.63m；中间变坡点后纵坡段计算范围是 607.60 ~ 727.83这一直线段，即中间竖曲线终点里程桩至后竖曲线起点里程桩之间的 120.23m。

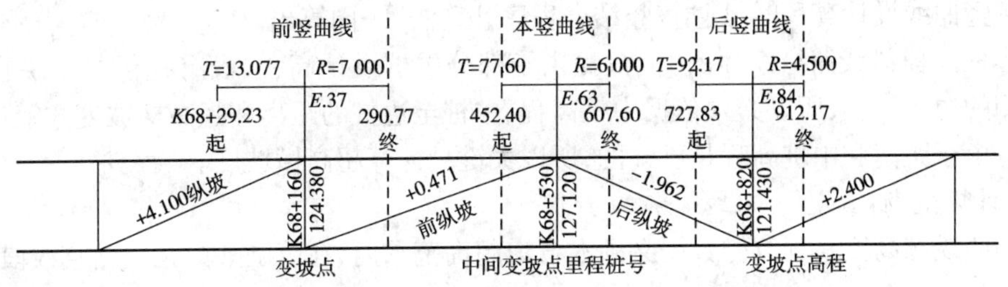

图 3-11 线路相邻直线圆曲线设计高程计算范围图示(单位:m)

弄清了纵坡段的计算范围,还必须弄清前纵坡及后纵坡的坡度大小。

(3)计算公式

中桩设计高程计算公式:

$$H_{中} = H_{变} + |M - N|I \tag{3-35}$$

左右边桩设计高程计算公式:

$$H_{左} = H_{右} = H_{中} + bE \tag{3-36}$$

式中:$H_{变}$——变坡点高程;

M——变坡点里程桩号;

N——任一点里程桩号即所求点桩号;

I——纵坡度,上坡取正,下坡取负;

b——半幅路宽度;

E——路拱。

2. 竖曲线段高程放样数据计算

(1)计算依据

竖曲线是连接相邻不同坡段的曲线,因此在计算竖曲线上任意一点的高程时,就不能像直线、平曲线那样只要知道了纵坡度和距离就可算出所求点高程。在此情况下,要计算竖曲线上中桩高程,除要依据变坡点里程桩号和高程、相邻坡段纵坡度外,还要知道竖曲线的半径。计算竖曲线边桩高程时,则须知道竖曲线中桩高程、中桩至边桩距离。

(2)计算范围

计算竖曲线上各点高程时,只能在竖曲线范围内计算,竖曲线外则是直线或平曲线。(其依据是竖曲线切线长度 T 和变坡点里程桩号,这些数据是从“路线纵断面图”上获取的。)

例如,××公路,×段有一凹形竖曲线,变坡点的里程桩号是 K129+450,竖曲线切线长度 T=263m,则该竖曲线的范围应是:

竖曲线起点=K129-450-263=K129+187

竖曲线终点=K129+450+263=K129+713

(3)计算公式

实践测量中,计算竖曲线上各点设计高程时,视所使用的计算工具不同而选用不同的计算方法。

3. 缓和曲线超高段高程放样数据计算

(1)计算依据

①中桩高程:设计单位在“线路纵断面图”上提供了每隔一定距离的中桩高程。施工中根据施工需要经常要加桩,因此要计算中桩设计高程。缓和曲线超高段的中桩设计高程的计算,

可在计算竖曲线设计高程时,用“直竖结合程序计算法”一同算出。

②边桩高程:“线路纵断面图”上只提供了部分中桩设计高程,没有提供与中桩在同一横断面两侧的边桩高程,所以必须依据中桩高程、中桩至边桩的距离和超高横坡度才能计算出边桩高程。由于距离和中桩高程是已知的,所以关键是计算超高横坡度。

(2)计算范围

计算曲线超高段高程放样数据必须在弯道超高范围内,在范围外则是线路直线段。

(3)计算公式

缓和曲线超高段计算超高横坡度公式:

$$I = \mathrm{ABS}(B - A)(E + D)/C - E \tag{3-37}$$

$$I = \mathrm{ABS}(B - A) \times 2E/Q - E$$

$$I = [\mathrm{ABS}(B - A) - Q](D - E)/(C - D) + E \tag{3-38}$$

式中:I——缓和曲线内任一横断面超高横坡度;

B——缓和曲线超高段内任一点里程桩号;

A——缓和曲线起点 ZH 或终点 HZ 的里程桩号;

E——直线段路拱坡度,输入时不考虑符号,取正值;

D——最大超高段设定的最大超高横坡度,取正值;

C——缓和曲线长度(m);

ABS——绝对值符号;

Q——缓和曲线起(终)点至超高变坡临界面距离,$Q = 2E/(E + D)C$。

第七节　路基施工测量

一、路基施工测量的任务

公路工程路基施工测量的任务是:

(1)按照设计要求,在施工现场监控线路的外貌形状:直线形、曲线形、超高形等。

(2)按照设计要求,在施工现场监控路基宽度、坡脚、堑顶。

(3)按照设计要求,在施工现场监控线路高低起伏、纵坡、横坡,指导挖、填高度,使其达到设计高程,从而可以避免盲目施工及超填超挖、欠填欠挖。

二、测量前的准备工作

为了路基施工顺利进行,确保工程质量,在路基施工前,必须在熟悉设计文件各种图表后,彻底弄清以下几点:

(1)施工标段起、终点里程桩号。

(2)施工标段直线、圆曲线、竖曲线、缓和曲线、超高段的起终点里程桩号,以及曲线的各种元素、交点的里程桩号及其 x、y 坐标值。

(3)施工标段挖方段、填方段里程桩号。

(4)施工段路宽、纵坡、横坡、挖方边坡比、填方边坡比等。

(5)线路变坡点里程桩号、变坡点高程等。

(6)施工段各结构物里程桩号,以及线路中线与结构物主轴线之间的几何关系。

三、挖方路堑的施工测量

1. 挖方路堑施工测量的作用

挖方路堑的施工测量应根据挖方路堑的施工特点和施工进度进行作业。

(1)挖方前应指导在线路征地轮廓线内进行场地清理。

(2)挖方初期主要是控制路堑堑顶轮廓线条、下挖深度。

(3)挖方中期主要是控制路堑边坡坡度、下挖深度。

(4)挖方后期主要是控制路堑边坡下坡脚及碎落台宽度和高度、路堑内路基的宽度和高度,使挖方路基达到设计要求的宽度、高度,使挖方边坡达到设计要求的边坡比。

2. 挖方路堑施工测量的资料准备

(1)挖方段的施工导线点、水准点成果表。

(2)挖方段的中桩、边桩坐标数据表或极坐标法放样数据表。

(3)挖方段的中桩、边桩设计高程表。

(4)挖方路基横断面图及纵断面图。

3. 熟悉挖方"路基横断面图"

图 3-12 为挖方路基标准横断面图。由图知挖方路基横断面的要素是:左边堑顶及右边堑顶,左边坡比及右边坡比,左坡脚及右坡脚,左碎落台及右碎落台,左边沟及右边沟,路面总宽度及半幅宽度,路面中桩挖深。挖方在高度大于 8m 时,在路堑高度 8m 处设 2.0m 宽平台。

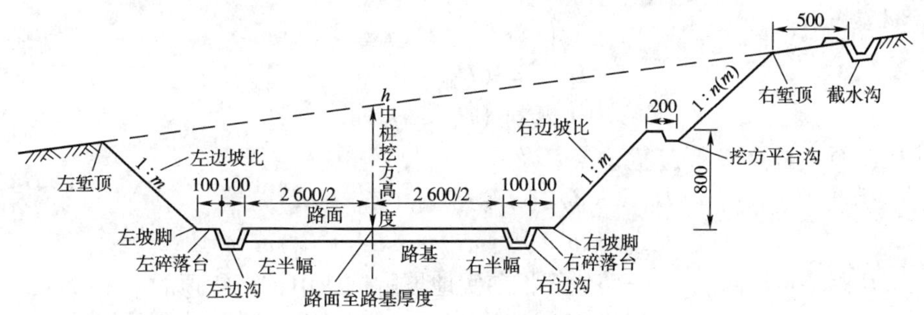

图 3-12　挖方路基横断面图(尺寸单位:cm)

4. 挖方路堑施工测量的仪具和材料

(1)全站仪或经纬仪配合测距仪,或经纬仪、水准仪。

(2)棱镜及棱镜杆、水准塔尺或水准标尺。

(3)fx—4500PA 型计算机。

(4)30 ~ 50m 钢尺及皮尺、3m 小钢尺。

(5)竹桩(木桩)、油性记号笔、红布条或红塑料袋条、铁锤、钢凿、铁钉、石灰、拉绳等。

(6)自制坡度尺、多功能坡度尺。

5. 挖方路堑施工测量的实施

(1)路堑施工初期的测量工作

①根据"路基横断面图"征地界桩数据,计算出线路左右两侧用地界桩 x、y 坐标值,用全站仪坐标法(或其他方法)放出其实地位置,并示以明显醒目的标志,以指导线路场地清理作业。

②场地清理后,在实地标定出挖方路基的中桩、左右边桩。

③在边坡、中桩延长线上标定出路堑坡脚桩，如有条件亦可根据中桩至坡脚桩的距离，计算出坡脚的坐标 x、y 值，用全站仪放出路堑坡脚桩。

④在用放样方法标定边桩、坡脚桩的同时，应测出边桩、坡脚桩的实地高程，或用水准测量方法测出其高程，如条件允许，可用经纬仪视距法测定。

⑤根据计算公式，可求出中桩（或边桩）至路堑堑顶桩的平距或坡脚至堑顶桩的平距，从而在实地标定出堑顶桩。

（2）用中桩（或坡脚桩）标定路堑堑顶的计算

①挖方路堑堑顶放样数据计算公式。

a. 平坦地面路堑堑顶放样数据计算公式。

从实地路堑坡脚点 A 及 G 标定堑顶点 P 和 Q（图 3-13）：

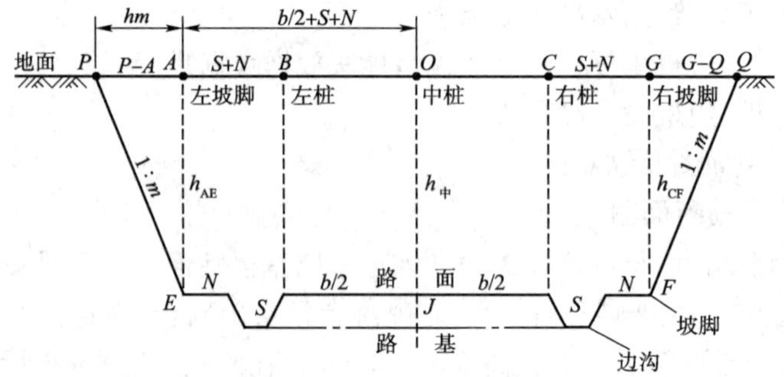

图 3-13　平坦地区路堑

$$D_{A-P} = (H_A - H_E)m$$

$$D_{G-Q} = (H_G - H_F)m \tag{3-39}$$

从实地路堑中桩点 O 标定堑顶点 P 及 Q：

$$D_{O-P} = b/2(S+N) + (H_O - H_J)m$$

$$D_{O-Q} = b/2(S+N) + (H_O + H_J)m \tag{3-40}$$

式中：D_{A-P}、D_{G-Q}、D_{O-P}、D_{O-Q}——路堑开挖前实地坡脚桩或中桩至堑顶的平距（m）；

m——路堑边坡坡度；

H_A、H_G——路堑开挖前原地面放样坡脚桩处实测高程（m）；

H_E、H_F——路堑坡脚点（路面）设计高程；

H_O——路堑开挖前原地面放样中桩处实测高程；

H_J——路堑路面中桩设计高程，$H_O - H_J = h_{中}$ 中亦可从“路基横断面”上抄取；

$(S+N)$——路堑路面边沟及碎落台设计宽度；

$b/2$——半幅路面设计宽度。

b. 倾斜地面路堑堑顶放样数据计算公式（图 3-14）。

从实地路堑坡脚点 A 及 G 标定堑顶点 P 和 Q：

下坡方向：$$D_{A-P} = mh_{AE} - mh_1$$

上坡方向：$$D_{G-Q} = mh_{GF} - mh_3 \tag{3-41}$$

式中：D——路堑开挖前实地坡脚桩至堑顶的平距；

m——路堑边坡坡度；

h_{AE}——路堑开挖前原地面坡脚点 A 实测高程 H_A 与该坡脚点（路面）设计高程 H_E 之差，

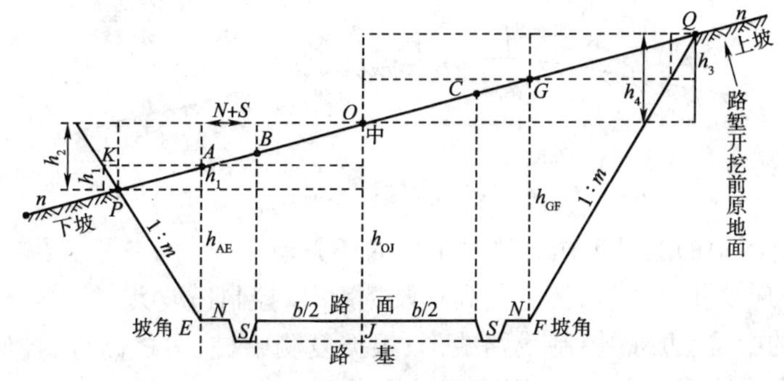

图 3-14 倾斜地面路堑断面图

$h_{AE}=H_A-H_E$；

h_{GF}——路堑坡脚点原地面实测高程 H_G 与该坡脚点路面设计高程之差，$h_{GF}=H_G-H_F$；

h_1——路堑原地面坡脚点 A 实测高程 H_A 与路堑堑顶点 P 实测高程 H_P 之差，$h_1=H_A-H_P$，由于 P 点未知（待定点），所以 h_1 亦未知，实践中，可从“路基横断面图”中量取，在放出 P 点后实测其高程，重新核定 P 点位置（图 3-14）；

$h_3=H_Q-H_G$，其意义与 h_1 同理。

从实地路堑中桩 O 标定堑顶点 P 和 Q：

$$
\begin{aligned}
D_{O-P} &= \frac{1}{1+mn}[b/2+(S+N)+mh_{OJ}]\text{（下坡方向）}\\
D_{Q-O} &= \frac{1}{1-mn}[b/2+(S+N)+mh_{OJ}]\text{（上坡方向）}
\end{aligned}
\tag{3-42}
$$

式中：D_{O-P}、D_{Q-O}——中桩至左右堑顶之平距（m）；

$b/2$、$(S+N)$——意义同前；

h_{OJ}——挖方路堑中桩处下挖深度（m），可以从“路基横断面图”上抄取，或按 $H_{O实测}-H_{J设}=h_{OJ}$ 计算；

m——挖方路堑边坡坡度；

n——挖方路堑某横断面开挖前的原地面坡度，n 为未知，可从原路面各桩位实测高程求得。

②挖方路堑堑顶放样的实用方法及操作步骤。

a. 利用“路基横断面图”量取挖方路堑堑顶放样数据——中桩至堑顶的平距，用 fx—4500PA 型计算机坐标计算程序计算出堑顶 x、y 坐标值，用全站仪直接放出堑顶桩位置。

“路基横断面图”常采用的比例尺为 1∶200、1∶400 等。在这种大比例尺横断面图上量出的路堑堑顶放样数据，可满足路堑堑顶放样精度。

b. 利用“路基横断面图”量得的中桩至堑顶之平距，用皮尺自中桩沿坡脚桩方向量出这个平距，定出堑顶第一次位置，然后用水准仪测出其实地高程，通过计算比较，在实地调整堑顶位置。

(3)挖方施工进行中的测量工作

①在堑顶设立醒目标志。实践中常采用的方法是：

a. 放石灰线。

b. 拉红草绳。

c. 插小红旗或扎红布条、插树枝等，如图 3-15 所示。

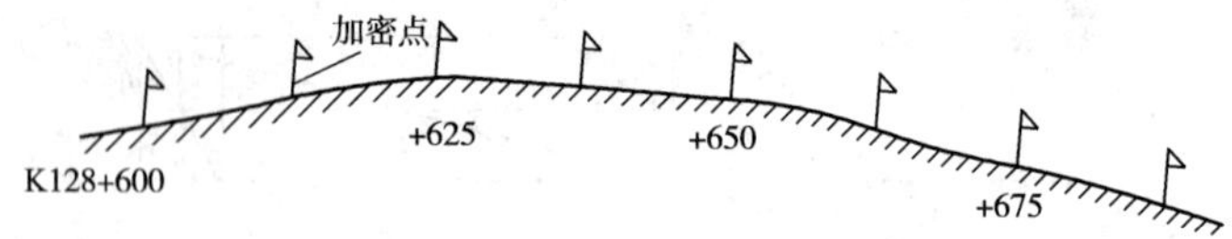

图 3-15　在堑顶设立醒目标志

②路堑下挖过程中的测量工作。测量工作的任务是：

a. 每挖深5m应复测中线桩，测定其高程及宽度，以控制边坡大小。

b. 根据恢复的中桩、边桩，控制线路线形；根据复测中桩、边桩高程，控制下挖深度；书面告知挖掘机操作人员路宽界限、下挖深度数据并提醒注意。复测中、边桩高程应在恢复中、边桩平面位置时，用全站仪或经纬仪配合测距仪同时测出，如果有必要，也可用水准仪测定。

c. 根据实地坡脚处实测高程及坡脚桩设计高程，用式(3-43)计算实地坡脚点至边坡面的平距 D。

$$D = (H_{实} - H_{脚设}) \cdot m \tag{3-43}$$

d. 检控边坡面坡度及平整度。

e. 根据挖渠进行挖方边坡平台放线。水准仪视线高法进行挖方路堑平台放样。经纬仪视距法进行路堑平台放样。皮尺斜距法进行路堑平台放样。

(4)路堑施工后期的测量工作

①恢复桩位，实测高程，计算下挖高度，指导施工作业。

②预留路堑边坡“碎落台”。

③路堑路基“零挖方”作业。

此测量工作任务是：

①恢复线路中桩、左右边桩。

②进行恢复桩位实地高程测量。

③根据路基设计高程、桩位实测高程，将路基施工高程用油性号笔标记在桩位(竹或木桩)的侧面以指导施工，此时的作业称为“零挖方”作业。

四、填方路堤的施工测量

1. 填方路堤施工测量的作用

填方路堤的施工测量应根据填方路堤的施工特点和施工进度进行作业。

(1)填方前应指导路基底原地表的清理工作在路基轮廓线内进行。

(2)填方初期主要是控制路堤坡脚及路堤分层填筑的宽度。

(3)填方中期主要是控制路堤边坡坡度以及上填各层次的路基宽度。

(4)填方后期主要是控制路基的宽度和高度，使填方路堤达到要求的宽度和高度，使填方路堤边坡坡度比达到设计要求。

2. 填方路堤施工测量的资料准备

(1)填方段的施工导线点、水准点成果表。

(2)填方段的中桩、左右边桩坐标数据表或极坐标法放样数据表。

(3)填方段的中桩、左右边桩设计高程表。

3. 熟悉填方路堤的“横断面图”

填方路堤的横断面要素是：路基以上各结构层(底基层、基层、面层)的厚度，横坡(路拱)，路基的宽度,路基两侧边坡及坡度比,以及路堤坡脚、路基(或路面)中桩、左右边桩填土高度,坡脚外侧的护坡道及排水沟。

4. 填方路堤施工测量的仪具和材料

填方路堤施工测量的仪具和材料与挖方路堑施工测量相同。

5. 填方路堤施工测量的实施

(1)路堤施工初期的测量工作

测量任务主要是控制填方坡脚,必须做以下工作:

①在实地标定出填方路堤的中桩、左右边桩。

这里需要重复的是:路基的宽度是根据路面的宽度,路面以下至路基面的各结构层(例如底基层、基层、路面)的厚度,以及边坡比计算而得的。

②在放样中、边桩的同时,测出其桩位实地高程。

③通过计算,求得边桩至边坡坡脚的平距,再实地标定出填方最底层坡脚桩。

(2)用中、边桩标定坡脚桩的计算公式及标定坡脚桩的方法

①填方路堤坡脚点放样数据计算公式。由于填方实地地面坡度不同,在计算填方路基边坡脚放样数据时,应区分平坦地面、倾斜地面。

a. 平坦地面(图 3-16),填方坡脚放样数据计算公式为:

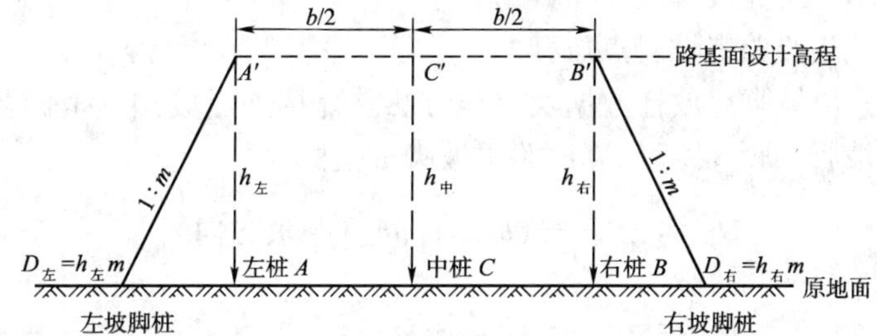

图 3-16　平坦地面路基放样坡脚桩

$$D_{左} = D_{右} = b/2 + hm \tag{3-44}$$

式中:$D_{左}$、$D_{右}$——填方路基中桩至左右坡脚桩的距离,若从路基边桩算起,则 $D_{左} = D_{右} = hm$;

b——路基宽度;

m——填方路基边坡坡度比;

h——填土高度,实际上应为填方路基边坡设计高程与边坡实地高程之差。

b. 倾斜地面(图 3-17),填方坡脚放样数据计算公式为:

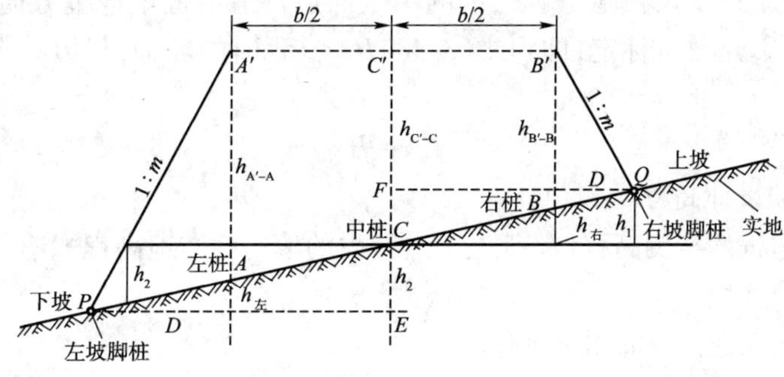

图 3-17　倾斜地面填方路堤坡脚放样

$$D_{左} = b/2 + h_{中} m + h_2 m(\text{下坡})$$

$$D_{右} = l/2 + h_{中} m - h_1 m(\text{上坡}) = b/2 + (h_{中} - h_1)m \tag{3-45}$$

式中：$D_{左}$、$D_{右}$——填方路基中桩至左、右坡脚桩的距离；

$h_{中}$——路堤中桩填土高度；

h_1——路堤中桩与右坡脚桩实测高程差；

h_2——路堤中桩与左坡脚桩实测高程差。

如用边桩放样坡脚桩，则按下式计算：

$$D_{左} = h_{A'-A}m + h_{左} m = (h_{A'-A} - h_{左})m(\text{下坡})$$

$$D_{右} = h_{B'-B}m - h_{右} m = (h_{B'-B} - h_{右})m(\text{下坡}) \tag{3-46}$$

式中：$D_{左}$、$D_{右}$——符号意义同上；

$h_{A'-A}$、$h_{B'-B}$——左、右边桩填土高度；

$h_{左}$、$h_{右}$——左、右边桩实测高程与左、右坡脚桩实地高程之差；

m——边坡比。

②填方路堤坡脚点放样方法步骤。

a. 图解法求取填方路堤坡脚点放样数据。

b. 用皮尺量距法进行路堤坡脚点放样。

c. 解析法求取路堤坡脚点放样数据及放样方法。计算路堤坡脚点坐标及放样方法；用公式计算路堤中桩至坡脚平距，然后计算出路堤坡脚桩坐标。

$$D_{左} = \frac{1}{1 - mn}(b/2 + mh)(\text{下坡方向})$$

$$D_{右} = \frac{1}{1 + mn}(b/2 + mh)(\text{上坡方向}) \tag{3-47}$$

式中：m——边坡坡度；

b——路面宽(m)；

h——某里程桩(中桩)处的填土高度(m)；

n——横断面 POC 的原地面坡度。

d. 填方路堤坡脚放样的实用方法及步骤。施工初始，场地清理后及时放出中桩、边桩的实地位置；根据图中所量边桩至坡脚的平距，用皮尺自中桩沿中桩至边桩方向线标定路堤原地面的坡脚桩；当填高 1 ~ 2m(估计)时，恢复中、边桩，同时测出边桩实地高程；用式(3-48)计算边桩至坡脚桩的平距；用皮尺在施工进行中的填土面边桩沿中桩至边桩方向线(目估)，量出由式(3-48)计算的 D，用竹桩标定，即为式(3-48)$H_{测}$ 高程时的坡脚；每填一定高度，重复上述操作。

$$D = (H_{设} - H_{测})m \tag{3-48}$$

式中：$H_{设}$——边桩的设计高程(路基)；

$H_{测}$——同一边桩的实测高程(路基施工进行中的填土面实地高程)；

m——路堤边坡坡度。

(3)填方路堤施工进行中的测量工作

①在路堤坡脚原地面设立醒目标志。

②路堤上填过程中的测量工作。

工作任务是：

a. 协助现场施工员，控制填土厚度，保证填压精度。

b. 每填筑高5m应复测中线桩，测定其高程及宽度，以控制边坡的大小。

c. 根据复测的中桩、边桩，控制线路线形，根据其复测的高程，控制上填高度；告知现场施工员路宽界限、重新标定的坡脚线及上填高度数据。

d. 用坡度尺检控边坡坡面坡度及平整度。在路堤填筑过程中，应用坡度尺检控路堤边坡修整，使其达到设计的边坡比。通常情况下路基填土高 H 小于8m时，边坡坡率为1:1.5；如填土高 H 大于8m时，8m上部坡率为1:1.5，其下部为1:1.75。

e. 根据填土高度，进行路堤边坡平台放线。公路施工设计图要求，如8m < 填土高 H < 12m，不设填方平台；如12m < 填土高 H < 20m，在变坡处(8m处)设置1.5m宽填方平台。所以，在路堤上填过程中，应对平台放线。

(4)路堤施工后期的测量工作

①填方路堤"零填方"施工测量。测量必须做好下述工作：

a. 复放中桩、边桩平面位置，在其点旁打竹桩标志。

b. 用水准前视法测出其实地高程，如测桩旁地面高程，可在打桩时，在桩旁固定一小石子，测高时，尺立小石上，以方便量高画线。

c. 计算填土高度：$\pm h_{填} = H_{设} - H_{实}$。

d. 计算施工高程：$h_{施} = h_{填} Z$。

式中，Z 为松铺系数，其值应由试验确定，或根据多年的施工实践掌握。

e. 将施工高程醒目地标志在点位桩的侧面，实践中常采用红色(或黑或蓝色)油性笔将施工高程线条画在桩的侧面。通常情况下，画2条线，下条线是路基设计高程，上条线是填土高度，经推平碾压后路基面应处在下条线位置。

②填方路堤边坡整修的测量工作。当填方路堤路基面达到设计高程位置，应及时对路堤两侧边坡整修，要做如下测量工作：

a. 复放左、右边桩平面位置。

b. 用水准前视法测出所放桩位实地高程。

c. 计算：$D_i = (H_{i设} - H_{i实})m$（式中 m 为路堤边坡坡度，此时因路基已达到设计标准高程，所以 $D_i \leqslant 0.10m$）。

d. 将路基设计高程画在桩位侧面。

e. 将根据 D_i 确定的路基边缘线用石灰线明显标出。

f. 根据桩位画线及石灰线，进行路堤边坡整修，在人工或挖掘机整修边坡时，应用坡度尺检控，使其边坡坡面与设计坡度一致。

五、路基工程完工后的测量工作

1. 交(竣)工验收项目

交(竣)工验收时，应由施工单位会同施工监理人员，按设计文件要求对以下项目进行检查、验收。

(1)路基的平面位置。

(2)路基宽度、高程、横坡和平整度。

(3)边坡坡度及边坡加固。

(4)边沟和其他排水设施的尺寸及底面纵坡。

(5)防护工程的各部尺寸及位置。

(6)填土压实度和表面弯沉。

(7)取土坑、弃土堆、护坡道、截水沟、渗水井等位置和形式。

(8)隐蔽工程记录。

2. 检查验收中的测量工作

公路施工的检查验收,实践中是以施工监理人员为主,以施工单位测量人员为辅进行的。施工测量人员应做的工作主要有:

(1)复放路基全线的中桩、左右边桩的平面位置,编写里程桩号,进行线路外形尺寸自我检查。检查内容为:自检中线偏位和自检路基实度。

(2)用水准前视法实测所放桩位实地高程,与路基设计高程比较,进行线路高程位置自我检查。检查内容为:纵断面高程检查、横断面高程检查、路基面平整度检查。

(3)验收检查时,协助施工监理人员进行工作。

第八节　底基层、基层、路面施工测量

一、测量任务

(1)控制线路外形尺寸,满足设计单位对路基以上各结构层的平面位置要求。

(2)控制线路纵断高程、横断高程(横坡度)、路层厚度、路面平整度,满足设计单位对路基以上各结构层的高程位置要求。

二、准备工作

1. 仪具与材料

(1)全站仪或经纬仪配合测距仪、水准仪。

(2)棱镜及测杆、塔尺、对讲机。

(3)30m 或 50m 钢尺、3m 小钢尺。

(4)fx—4500PA 型计算机。

(5)竹桩或钢杆、油性记号笔、粉笔、铁锤、钢钉、凿子、拉绳、测伞等。

2. 资料准备

(1)设计图

①路面横断面结构图。

②路线纵断面图。

(2)已知成果收集(与路基施工测量员交接)

①施工段导线点成果表及实地勘察。

②施工段水准点成果表及实地勘察。

③直线曲线及转角表。

④逐桩坐标表。

(3)施工放样数据准备

①准备施工标段中桩、左右边桩坐标放样数据表。

②准备施工标段中桩、左右边桩高程放样数据表。

(4)绘制有关图件、方便施工测量作业

①编制施工标段竖曲线变坡点图。此图可以在施工现场方便地检查计算任一里程桩号的高程。

②绘制施工进度图。将每日完成工作量填绘其上,有利于及时掌握了解施工进度,方便安排工作。

③绘制施工标段控制点图。将施工标段沿线已知的导线点、水准点展绘其上,便于施工放样安排工作,对施工段的放样目标了然于胸。

三、上面层施工测量的实施

1. 上面层施工测量的外业工作

(1)恢复中桩、左右边桩。规范要求直线段每 15 ~ 20m 设一桩,曲线段每 10 ~ 15m 设一桩,并在两侧边缘处设指示桩。

(2)进行水平测量,用明显标志标出桩位的设计高程。

(3)严格掌握各结构层的厚度和高程,其路拱横坡应与面层一致。

2. 上面层中桩、边桩平面位置放样方法

上面层各结构层中桩、边桩放样,实践中常采用全站仪坐标法或经纬仪配合测距仪极坐标法。实践中,底基层所放桩位常采用竹桩(木桩)标示;基层、面层由于其表面坚硬,在放样进行中,可先用钢钉标出其位置,然后用钢钎标示。上面层施工,对于设有中央分隔带的,在放样时可一并放出分隔带边桩,也可在放出中桩、边桩后,在中、边桩连线上用皮尺(基层、面层应用钢卷尺)量距法加设分隔带边桩。

(1)线路直线段皮尺(或钢尺)交会法加桩。直线段皮尺(或钢尺)交会法加桩,实际上就是几何中“解直角三角形”。我们知道,在直角三角形中三边之间的关系为:

$$a^2 + b^2 = c^2 \tag{3-49}$$

式中:a——假设为线路两中桩之平距(m);

b——假设为线路中桩至边桩距离,即半幅路宽(m)。

图 3-18 是某公路中一段直线段。放样时只放出了中线每隔 20m 的桩位,如图中 K128 + 020、K128 + 040 ……其间 10m 桩及左右边桩需自己放出。图中半幅路宽为 12.75m,可用下述方法步骤进行。

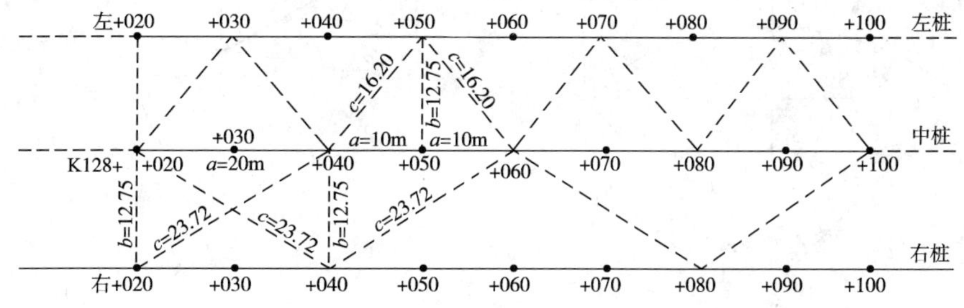

图 3-18　直线段人工放样(单位:m)

①计算 c。

令 $a = 20\text{m}, b = 12.75\text{m}$,则 $c = 23.72\text{m}$。

②实地放桩(图 3-18 右半幅)。

a. 甲置尺于 +020 中桩，使尺读数为 23.72m。

b. 乙置尺于 +060 中桩，使尺读数为 23.72m。

c. 丙将两尺 0 端重合，套于钢钎上，手提钢钎均匀用力，同时拉紧两根皮尺（或钢尺），使甲乙丙构成等腰三角形，而钢钎则恰好位于两腰交点处，此时钢钎下尖端即为 +040 右边桩桩位，用竹桩标志。

d. 甲乙丙三人持尺同时前进，甲置尺于 +040 中桩，乙置尺于 +080 中桩，甲、乙均使尺读数为 23.72m。

e. 丙手提钢钎，均匀用力同时拉紧两根皮尺（或钢尺），则钢钎下尖端即为 +060 右边桩桩位。

f. 重复上述操作，同法放出 +080、+100……以及左边桩 +040、+060、+080、+100……

g. 直线段起点，终点边桩可用下法放出：

以 K128 +020 为例，甲置尺于 +020 中桩，使尺读数为半幅路宽 12.75m；乙置尺于 +040 中桩，使尺读数为 23.72m；丙手提钢钎，两手同时均匀用力拉紧两根皮尺（或钢尺），则钢钎下尖端即为 +020 右（或左）边桩桩位。

h. 当右（或左）边桩放出 20m 间距桩位后，则另半幅边桩也可用同法放出。

（2）线路曲线段中央纵距法加桩。图 3-19 中，已知半径 R、弦长 C（即曲线上 AB 两点之间的平距，在公路线路曲线段上就是两相邻桩位之间的平距），则只要求得 J 值，就可定出 AB 弧长的中点 K。在 RtΔOBM（或 RtΔOAM）中：

$$J^2 = R^2 - (C/2)^2$$

①计算中央纵距 y。

$$y = R - \sqrt{R^2 - (C/2)^2} = R - \sqrt{(R + C/2)(R - C/2)} \tag{3-50}$$

式中：R——曲线半径（m）；

C——相邻两里程桩之间的平距。

②实地放桩（图 3-20）。

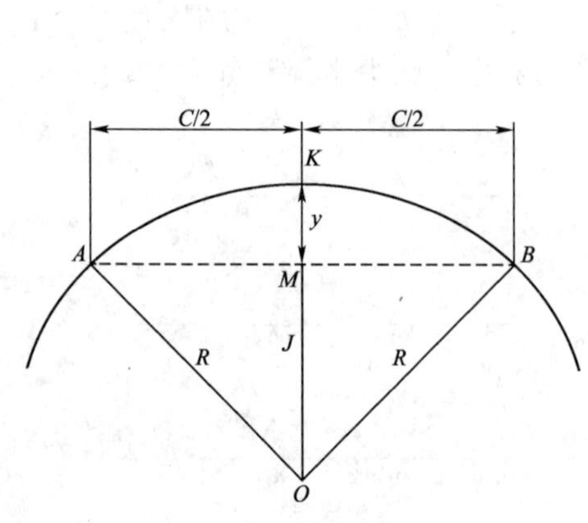

图 3-19 曲线中央纵距概念

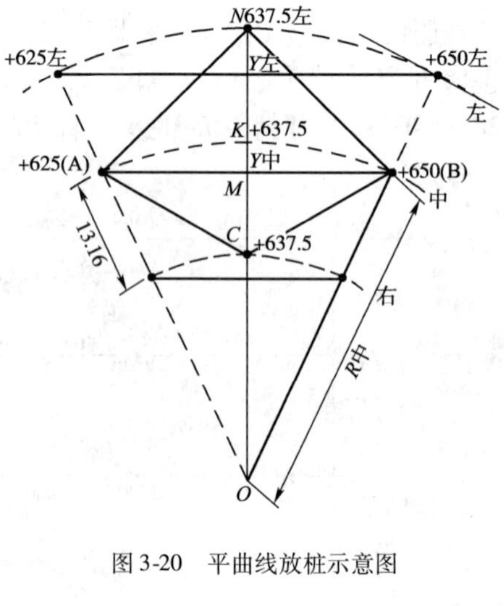

图 3-20 平曲线放桩示意图

a. 甲置尺于 +625 中桩，使尺读数为 0m。

b. 乙置尺于 +650 中桩，此时尺读数应为 25.00m。

c. 丙于 +625 ~ +650 尺中点读数 12.50m 处，用小钢尺在尺垂线 MK 方向上量 $y_{中}$ =

0.015m,即为加桩 +637.5 桩位。

d. 线路中线、左边线需加桩之处,都用同法放出。

e. 用"穿线法"定出右边桩,例如 K128 +625,置尺 0 端于 +625 左边桩,使尺沿 +625 中桩方向线上在尺读数为 13.16 ×2 =26.32m 处打桩即为 +625 右边桩。

当实地曲线段只放出中桩桩位时,例如上例中只放出了 K128 +625,K128 + 650 等中桩,此时只要计算出 CB(或 CA)、AN(或 BN),就可用尺长交会法放出左、右边桩。

在图 3-20 中,连接 BC(或 AC),过 O 作 $OM \perp AB$,垂足为 M,$BM = AM = 25/2 = 12.5\text{m}$;$y_{中} = 0.015\text{m}$。$NK = KC = 13.16\text{m}$(半幅路宽 $B/2$),则

$$CM = b/2 - y_{中} = 13.16 - 0.015 = 13.145(\text{m})$$

在 ΔBCM 中,有

$$CB = \sqrt{MB^2 + MC^2} = \sqrt{12.5^2 + 13.14^2} = 18.14(\text{m})$$

同理:$AC = \sqrt{AM^2 + MC^2} = 18.14(\text{m})$

以上为内圆曲线计算放样数据 CB(或 AC)公式。

外圆曲线计算放样数据 AN(或 BN)公式为:

$$AN = \sqrt{AM^2 + MN^2} = \sqrt{12.5^2 + (13.16 + 0.015)^2} = 18.16\ (\text{m})$$

整理成通用公式如下:

外圆曲线:$BN = AN = \sqrt{(AB/2)^2 + \left(\dfrac{B}{2} + y_{中}\right)^2}$

内圆曲线:$BC = AC = \sqrt{(AB/2)^2 + \left(\dfrac{B}{2} - y_{中}\right)^2}$

式中:AB——曲线上两相邻中桩点间平距,一般为等距 10m、20m、25m 等;

$B/2$——半幅路宽,B 为路宽;

$y_{中}$——前述中央纵距,$y = R - \sqrt{(R + AB/2)(R - AB/2)}$。

(3)现场补桩。上面层施工之前放好左、中、右各桩位后,在施工进行中,常因汽车压坏桩、推土机推掉或人为毁桩等原因需要现场立即补桩,在这种情况下应根据现场桩位间几何关系进行补桩。

3. 上面层桩位设计高程放样方法

(1)上面层各结构层铺筑前设计高程放样方法

公路工程上面层各结构层铺筑前设计高程放样,在施工实践中常采用的方法有:

①实测点位地面高程,进行设计高程放样。

②实测点位桩顶高程,进行设计高程放样。

③用放样点"视线高法"进行设计高程放样。

(2)后边施工前边桩放样方法

现代公路施工,由于机械化程度高、进度很快,施工现场不可能从容放样。宜采用"视线高法"直接将设计高程放到点位桩侧,并根据实地填高加放松铺厚度。

(3)上面层各结构层施工中的跟踪测量

跟踪测量就是紧跟在上面层各结构层摊铺作业后面的水准测量。它能及时发现摊铺过程中的超填欠填,及时指导路面整修,使其达到设计高程。操作步骤的方法如下:

①当上面层摊铺一定距离,路面经碾压几遍基本定型后方可进行跟踪测量。

②在压路机碾压进行中，用皮尺拉距放出预测的点位，用扎红绳标记的铁钉标志，通常情况下设中央分隔带的全幅路宽测 6 点，不设分隔带的全幅路宽测 5 点，具体间距根据要求而定。

③在跟踪测量前，应事先计算出预测点位的设计高程，填入跟踪测量记录表中，表中部为预测点桩号及其设计高程，左为左半幅跟踪测量记录，右为右半幅跟踪测量记录。

④跟踪测量实施。

a. 将水准仪安置在施工段适当处，照准后视已知水准点塔尺读数，记录在跟踪测量记录表中。

b. 当压路机暂停后，立即用水准前视法测记碾压段预测点塔尺读数(前视读数)。

c. 测读完毕，通知压路机继续碾压，并立即计算预测点实地高程和超填欠填数据抄录纸上，交给施工人员，立即进行人工整修。

d. 人工整修过的地方经碾压后，再测一次实地高程，如还超限，则再整修，直至符合精度要求。

4. 上面层施工结束时的测量工作

(1)恢复中、边桩平面位置。

(2)进行中、边桩施工高程放样。

(3)在施工过程中，应对线路外形进行日常维护，外形维护的测量频度和质量标准列于表 3-11 中。

外形维护的测量频度和质量标准 表 3-11

种类	项目		频度	质量标准	
				高速和一级公路	一般公路
底基层	纵断高程(mm)		一般公路每 20 延米一点，高速公路和一级公路每 20 延米一个断面，每断面 3 ~ 5 个点	+5	+5
				-15	-20
	厚度(mm)	均值	每 1 500 ~ 2 000$m^2$6 个点	-10	-12
		单个值		-25	-30

第四章

结构物工程实习

结构物在公路工程当中占有很大的一部分比例，通常所说的结构物包括桥涵、隧道以及服务区建筑等，本章主要按照结构物当中的钢筋工程实习、水泥混凝土工程实习及模板工程三方面进行论述。

第一节 钢筋工程实习

一、钢筋的现场检查验收与管理

1. 钢筋的分类、识别与外观检查

(1)钢筋的分类与识别

①分类

钢筋按化学成分分为：碳素钢钢筋(含碳量小于0.25%称低碳钢钢筋，含碳量为0.25%～0.6%称为中碳钢钢筋，含碳量大于0.6%称高碳钢钢筋)和普通低合金钢钢筋。

钢筋按生产工艺分为：热轧钢筋，热处理钢筋，冷加工钢筋，碳素钢丝，刻痕钢丝及钢绞线。

钢筋按外形分为：光面钢筋，变形钢筋(螺纹、人字纹、月牙纹)，钢丝和钢绞线。

钢筋按强度等级分为：Ⅰ、Ⅱ、Ⅲ、Ⅳ、Ⅴ级钢筋，Ⅰ～Ⅳ级为热轧钢筋，Ⅴ级为热处理钢筋。

钢筋按直径分为：钢丝(3～5mm)，细钢筋(6～10mm)，中粗钢筋(12～20mm)，粗钢筋(大于20mm)。

钢筋按供应形式分为：盘圆或盘条钢筋(直径6～9mm，盘重应不小于35kg，允许每批中有5%的盘数不足35kg，但不得小于25kg，每盘钢筋应由整条钢筋盘成)和直条钢筋(直径10～40mm，通常长度为6～12m)。

钢筋按其在构件中的作用分为：受力钢筋(包括受拉钢筋、受压钢筋和弯起钢筋等)，构造钢筋(包括分布钢筋、架立钢筋和箍筋等)。

②钢筋的识别

各类钢筋的常用符号及各级钢筋的外形比较，分别见表4-1和表4-2。

公路工程常用钢筋的符号 表4-1

钢筋种类	符号	钢筋种类	符号
Ⅰ级钢筋	A	冷拉Ⅰ级钢筋	A^l
Ⅱ级钢筋	B	冷拉Ⅱ级钢筋	B^l
Ⅲ级钢筋	C	冷拉Ⅲ级钢筋	C^l

续上表

钢筋种类	符号	钢筋种类	符号
热处理钢筋	D^t	刻痕钢丝	A^k
冷拔低碳钢丝	A^b	钢绞线	A^j
碳素钢丝	A^s		

各级钢筋外形比较 表 4-2

级别	代号(牌号)	符号	直径(mm)	钢筋外形	涂色标记
Ⅰ	3 号钢	A	6 ~ 40	圆	红
Ⅱ	20 锰硅	B	8 ~ 40	人字纹	—
Ⅲ	25 锰硅	C	8 ~ 40	人字纹	白

变形钢筋的外形如图 4-1 所示。

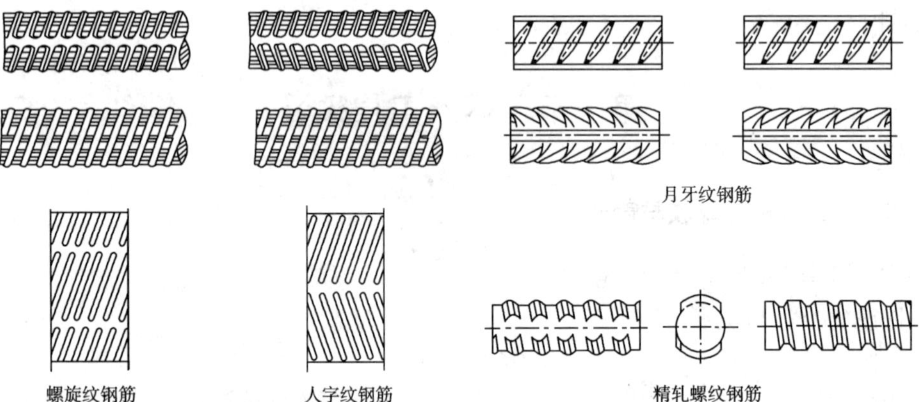

图 4-1 变形钢筋的外形

(2)钢筋的外观检查

钢筋的外观必须进行检查,如表面不得有裂缝、结疤、折叠、分层、夹杂、油污,并不得有超过横肋高度的凸块,钢筋外形尺寸应符合有关规定。钢筋外观检查每捆(盘)均进行。

2. 钢筋的检验与管理

(1)钢筋的检验

①检验拟用钢筋是否有出厂合格证明书及试验报告单,每捆(盘)钢筋均应有牌号。

②钢筋运至加工或施工现场时,应按炉罐(批)号及直径分批验收。验收内容包括查对标牌、外观检查,并按有关标准规定抽取试样做机械性能试验,经验收合格后方可使用。

③热轧钢筋的检验。在每批钢筋中任意抽出 2 根试样钢筋,一根试件做拉力试验(测定屈服点、抗拉强度、伸长率),另一根试件做冷弯试验。4 个指标中如有一个试验项目结果不符合该钢筋的机械性能所规定的数值时,则另取双倍数量的试件对不合格的项目做第二试验,如仍有一根试件不合格,则该批钢筋不予验收。如对钢筋质量有疑问时,除做机械性能检验外,还需进行化学成分分析。

④钢筋在加工使用过程中,如发生脆断、焊接性能不良或机械性能异常时,应进行化学成分检验或其他专项检验。

⑤对国外进口钢筋,应特别注意机械性能和化学成分的分析。

(2)钢筋的保管

钢筋运到施工现场后，必须保管得当，否则会影响工程质量，造成不必要的浪费。因此，在钢筋堆放、保管工作中，一般应做好以下工作：

①应有专人认真验收入库钢筋，不但要注意数量的验收，而且对进库的钢筋规格、等级、牌号也要认真地进行验收。

②入库钢筋应尽量堆放在料棚或仓库内，并应按库内指定的堆放区分品种、规格、等级等堆放。

③每垛钢筋应立标签，每捆（盘）钢筋上应扎有标牌。标签和标牌应写有钢筋的品种、等级、直径、技术证书编号及数量等。钢筋保管要做到账、物、牌（单）三相符，凡库存钢筋均应附有出厂证明书或试验报告单。

④如条件不具备时，可选择地势较高、土质坚实、较为平坦的露天场地堆放，并应在钢筋垛下用木方垫起或将钢筋堆放在堆放架上。

⑤堆放场地应注意防水和通风，钢筋不应和酸、盐、油等一类物品一起存放，以防腐蚀钢筋。

⑥钢筋的库存量应和钢筋加工能力相适应，周转期应尽量缩短，避免存放期过长，使钢筋发生锈蚀。

二、钢筋加工

1. 钢筋调直、除锈、下料切断与弯曲成型

（1）钢筋调直

钢丝的人工调直：在工程量少，设备不易解决的地方可采用蛇形管调直钢丝，如图4-2所示。

钢筋的调直：有人工调直和机械调直2种，对于直径在12mm以内的盘圆钢筋，一般用绞磨、卷扬机或调直机。用绞磨拉直钢筋的基本操作方法是：首先将盘圆钢筋搁在放圈架上，用人工将钢筋拉到一定长度切断，分别将钢筋两端夹在地锚和绞磨端的夹具上，推动绞磨，即可将钢筋基本拉直。但有时为减少劳动强度，提高效率，可用卷扬机代替绞磨作为动力。对于直径在12mm以上直条状钢筋，可采用锤直、扳直（图4-3）和调直机（图4-4）进行调直。此外，钢筋调直可利用冷拉进行，若冷拉只是为了调直，则应注意控制冷拉率，或拉到钢筋表面的氧化铁皮开始剥落为止。

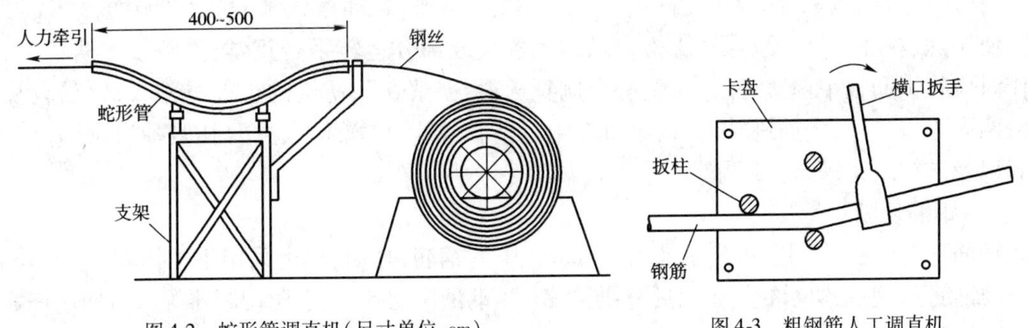

图4-2　蛇形管调直机（尺寸单位：cm）

图4-3　粗钢筋人工调直机

（2）钢筋除锈

经过冷拉的钢筋，一般不必再进行除锈。如钢筋锈蚀不很严重的浮锈，可用麻袋布拭擦；如钢筋锈蚀较严重，可采用人工除锈（用钢丝刷、砂盘）、喷砂除锈、酸洗除锈或电动除锈（图4-5、图4-6、图4-7）。

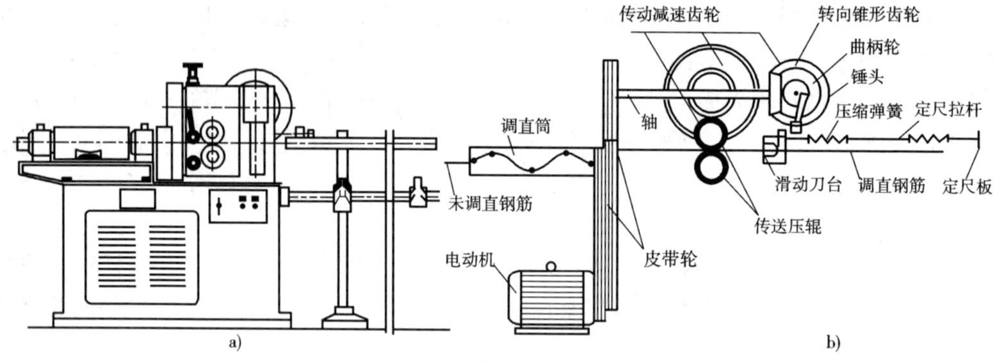

图 4-4　钢筋调直机及其工作原理

a) TQ4—8 钢筋调直机；b) 钢筋调直机工作原理

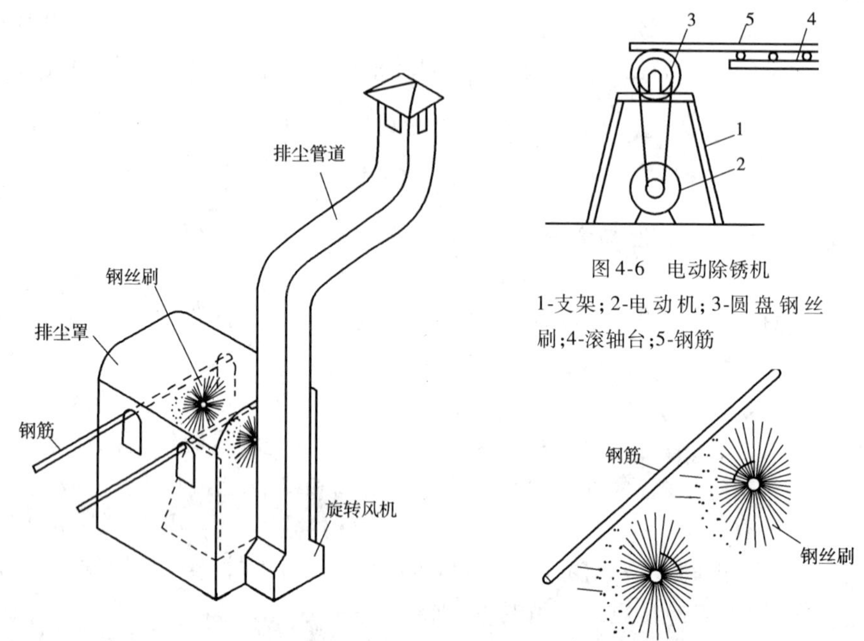

图 4-6　电动除锈机

1-支架；2-电动机；3-圆盘钢丝刷；4-滚轴台；5-钢筋

图 4-5　固定式钢筋除锈机

图 4-7　组合式钢筋除锈机工作原理

使用除锈机的操作要点是：①检查除锈机各组成部分运转是否正常，是否设置防护罩；②操作时应将钢筋放平握紧，操作人员必须侧身送料，严禁在除锈机的正前方站人，钢筋较长时应由两人进行操作，钢筋刷转动时，不可在附近清扫锈尘；③操作人员要扎紧袖口，戴好口罩、手套以及防护眼镜等防护用品。

(3) 钢筋切断

钢筋下料切断可采用切断机(直径 40mm 以下的钢筋)切断，也可采用手工切断(直径 16mm 以下的钢筋)。手工切断的主要工具有：断线钳、手动液压切断机、手压切断器等。曲柄连杆式钢筋切断机传动系统如图 4-8 所示。切断机技术性能及每次可切断钢筋的根数见表 4-3。

切断机技术性能及每次可切断钢筋的根数　　表 4-3

型号	可切断钢筋直径 (mm)	每分钟切断次数 (次/min)	钢筋直径 (mm)	6	8	10	12	14 ~ 16	18 ~ 20	22 ~ 40
JG—40	6 ~ 40	32 ~ 35	每次切断根数	12	8	6	4	3	2	1

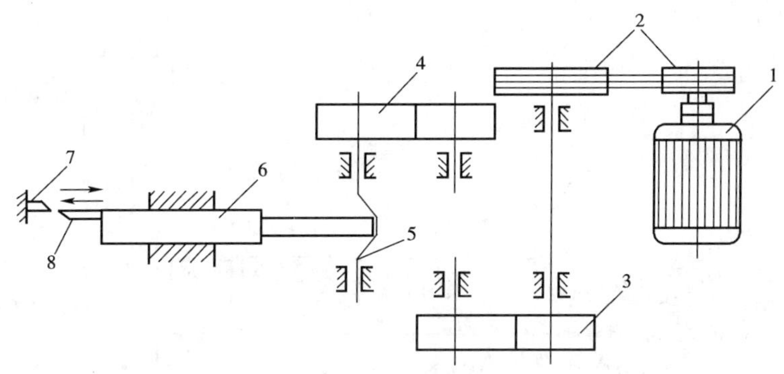

图 4-8　曲柄连杆式钢筋切断机传动系统

1-电动机;2-皮带轮;3、4-减速齿轮;5-偏心轴;6-连杆;7-定刀片;8-动刀片

①钢筋切断机的操作要点及安全注意事项。

a. 使用前应检查切断机刀片安装是否正确、牢固,润滑油是否充足,空车试运转正常后,再进行操作。

b. 钢筋切断应在调直后进行,断料时应将钢筋拉紧,在活动刀片向后退时,迅速将钢筋送入刀口(为保证断料正确,钢筋应与刀口垂直),以防伤人。

c. 长度在 300mm 以下的短钢筋,不准直接用手送料,可用长钳子夹住送料。

d. 禁止切断机械性能规定范围外的钢材(如型钢)以及超过刀片硬度或烧红的钢筋。

e. 切断钢筋后,不得用手直接抹除或用嘴吹遗留在机身上的铁末、铁屑,而应用毛刷清扫。

f. 在进行钢筋切断时,由于钢筋切断机冲切刀片的作用,钢筋会发生大幅度的摆动,使操作人员比较费力,还容易发生钢筋末端摆动伤人事故。为避免这种情况发生,可在钢筋切断机刀口两侧机座上,安装两个角铁挡杆(图 4-9)。

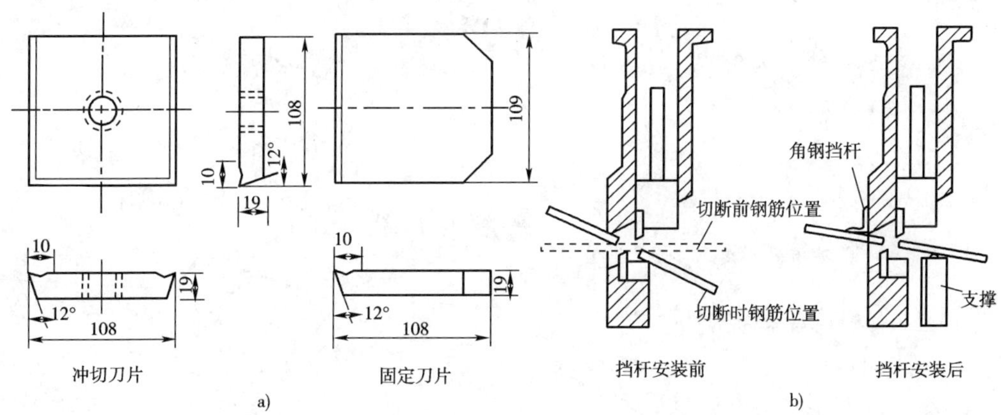

图 4-9　钢筋切断机角铁挡杆安装(尺寸单位:cm)

a)固定刀片和冲切刀片;b)钢筋切断机的角钢挡杆

g. 切断钢筋的长度尺寸应力求准确,其允许偏差应根据钢筋具体情况,符合有关规定。

②钢筋切断前的准备。

a. 断料前要复核配料单,并严格按配料单进行剪切,先断长料,再断短料。

b. 固定刀片与冲击刀片的水平间隙以 0.5 ~1mm 为宜,间隙过大,切断端头容易出现马蹄形(弯头)。调整水平间隙时,应首先用手扳动皮带轮,看间隙是否合适,不应在未调整好前启动电动机,以防刀片相撞,损坏刀片和钢盘切断机床身。如在操作过程中发现水平间隙发生变化，应及时停车调整。

c. 操作方便，量料准确，应准备工作台（图 4-10）。

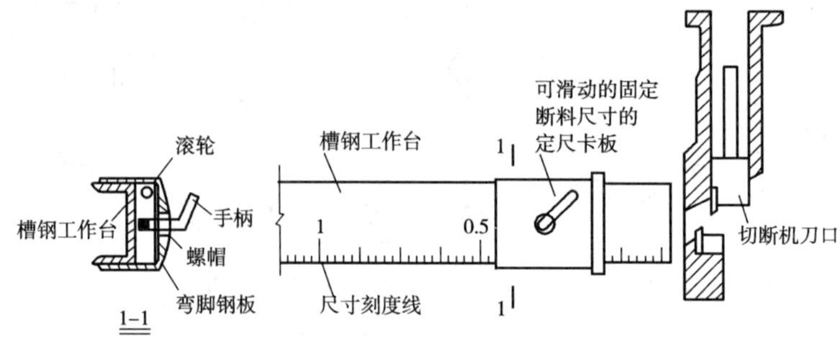

图 4-10　切断机工作台和定尺卡板

（4）钢筋弯曲成型

将已切断配好的钢筋，弯曲成所要求的形状尺寸，是一道技术性较强的工作。弯曲成型方法分手工弯曲成型和机械弯曲成型 2 种。

①手工弯曲成型。

a. 工具和设备。

工作台：当弯曲细钢筋时，工作台台面尺寸为 4 000mm × 800mm（长 × 宽），可用 100mm 厚的木板钉制；当弯曲粗钢筋时，工作台面尺寸为 8 000mm × 800mm（长 × 宽），可用 200mm × 200mm 厚木方拼成，工作台高度以 900 ~ 1 000mm 为宜，工作台也可用槽钢拼制。工作台要求稳固牢靠，避免在操作时发生晃动。

手摇扳：由一块钢板底盘、扳柱（钢筋柱）和扳手组成（图 4-11）。

卡盘和钢筋扳子如图 4-12 所示。

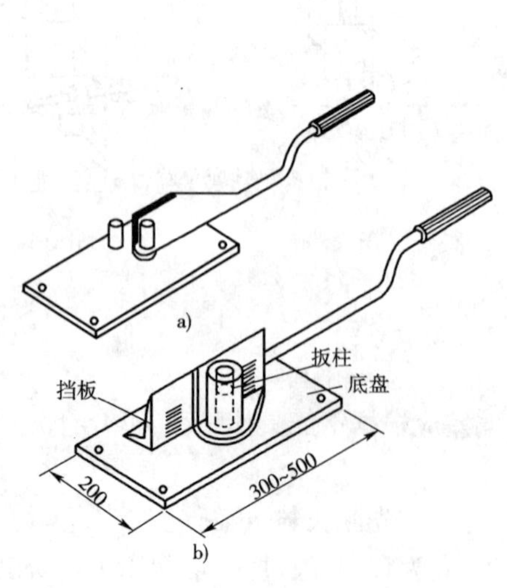

图 4-11　手摇扳（尺寸单位：mm）

a）弯单筋手摇扳手；b）弯多筋手摇扳手

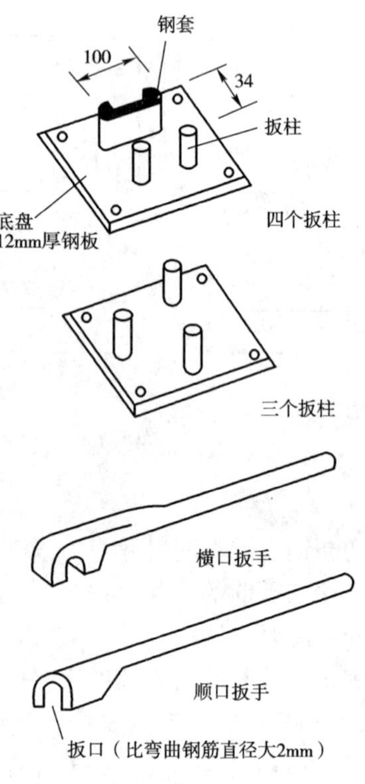

图 4-12　卡盘和扳子（尺寸单位：mm）

b. 操作要点。

i. 钢筋弯曲前要熟悉其规格尺寸，确定弯曲顺序，避免在弯曲时将钢筋反复调转，影响工效。

ii. 画线：就是在钢筋弯曲前，将钢筋的各段长度尺寸画在钢筋上（必须考虑到钢筋中间弯钩的量度差值和末端弯钩的增加值）。当弯曲钢筋形状比较复杂时，可以先在工作台上放出实样，然后用扒钉钉在工作台上控制钢筋的各个弯转角，以保证钢筋的形状正确、平面平整。

iii. 弯制钢筋时，扳子必须托平，不可上下摆动，以免发生翘曲现象；起弯时用力要慢，以防扳子脱扳；结束时要稳，保证弯曲角度。

iv. 为避免操作时扳子端部不碰到扳柱，扳子与扳柱间必须有一定的距离，即扳距（图 4-13），扳距大小见表 4-4。

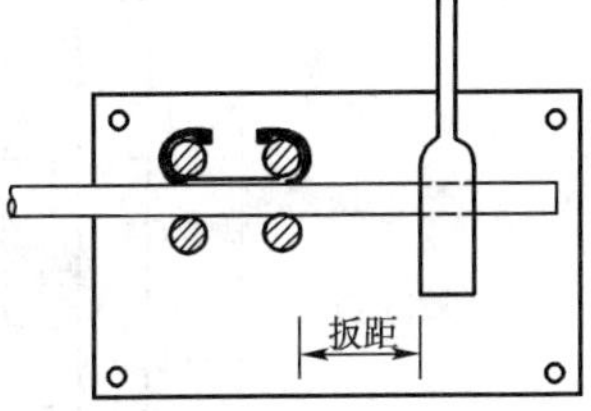

图 4-13　扳子与扳柱的距离

扳距参考表

表 4-4

弯曲角度	45°	90°	135°	180°	备　注
扳距	1.5～2.0d	2.5～3.0d	3.0～3.5d	3.5～4.0d	d 为弯曲钢筋直径

c. 钢筋人工弯曲成型举例（图 4-14）。

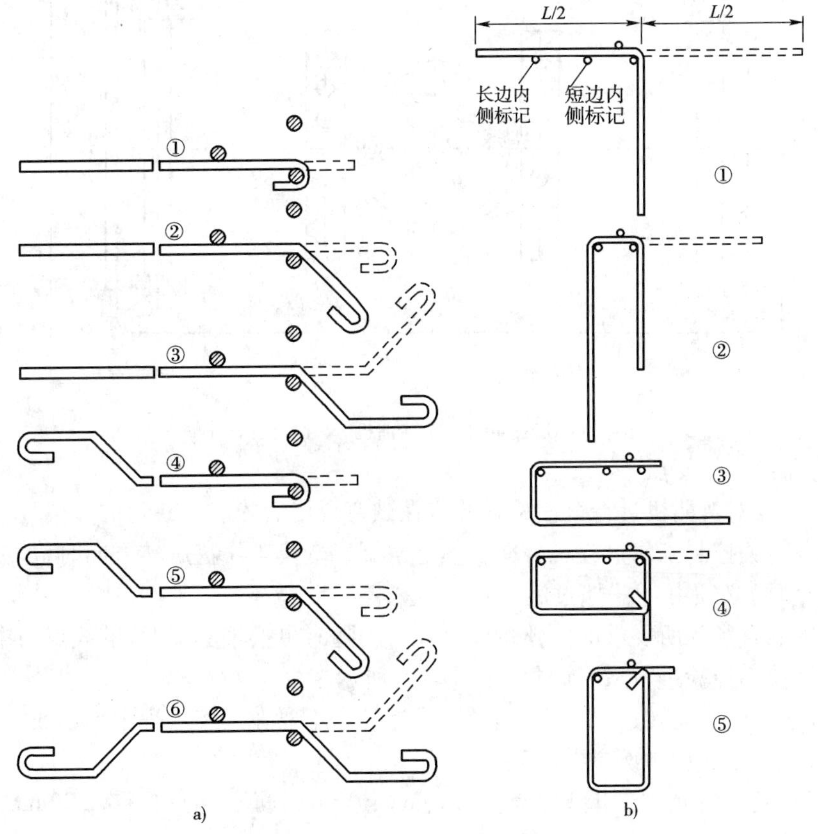

图 4-14　钢筋人工弯曲成型举例

a）弯曲钢筋成型步骤；b）箍筋成型步骤

②机械弯曲成型。

弯曲机可弯直径 40mm 以下的钢筋，弯曲角度可在 180°范围内任意调节，GJ7—40 型钢筋弯曲机如图 4-15 所示。

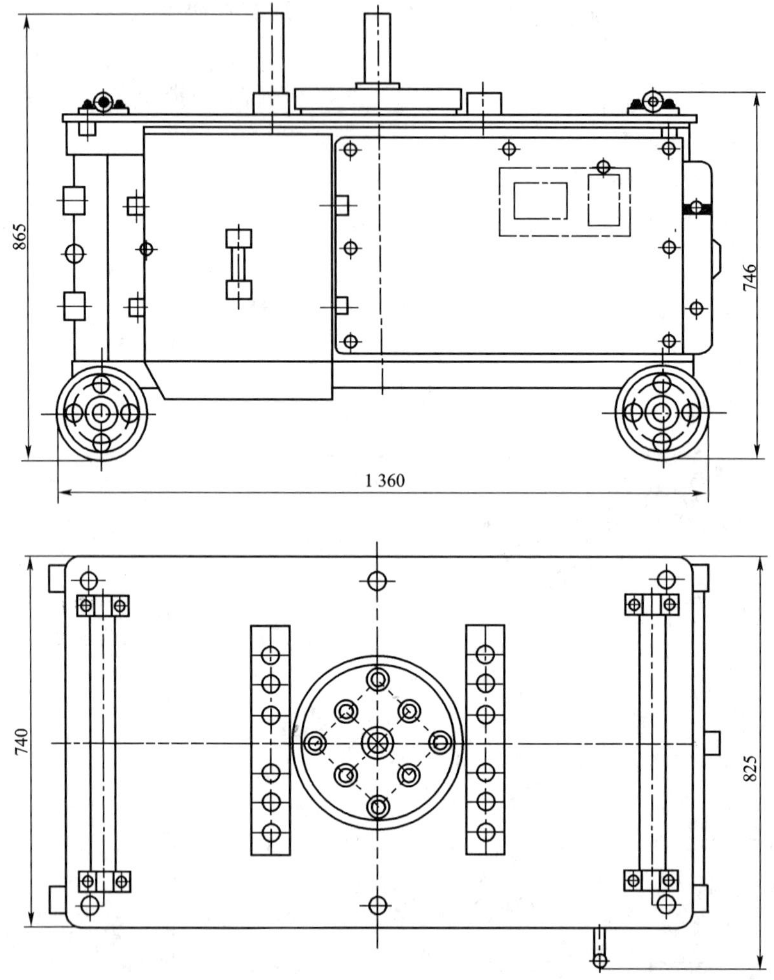

图 4-15　GJ7—40 型钢筋弯曲机(尺寸单位:mm)

a. 钢筋弯曲机操作要点。

ⅰ. 操作前,要对弯曲机进行全面检查并应在试弯合格后才能正式弯曲。

ⅱ. 对倒顺开关控制工作盘旋转方向要熟练掌握。变换工作盘旋转方向时,操纵开关从顺至倒(或由倒至顺)必须由“停”挡过渡,不得跨越“停”挡。

ⅲ. 根据钢筋直径和所要求的圆弧弯曲直径大小随时更换轴套,划线的线点与中心轴边缘的距离,应根据使用经验进行适当调整,如图 4-16 所示。

ⅳ不允许在弯曲机运转过程中更换芯轴,成型轴也不要在运转过程中加油或清扫。

b. 钢筋机械弯曲成型举例(图 4-17)。

c. 钢筋弯曲成型后允许偏差为:全长 ±10mm,弯起钢筋弯起点位移 ±20mm,弯起高度 ±5mm,箍筋边长 ±5mm。

③钢筋质量检查。

a. 钢筋形状正确,平面上没有翘曲不平现象。

b. 钢筋末端弯钩的净空直径不小于钢筋直径的 2.5 倍。

c. 钢筋弯曲处不得有裂缝,因此对Ⅱ级及Ⅱ级以上的钢筋不得弯过头再弯回来。

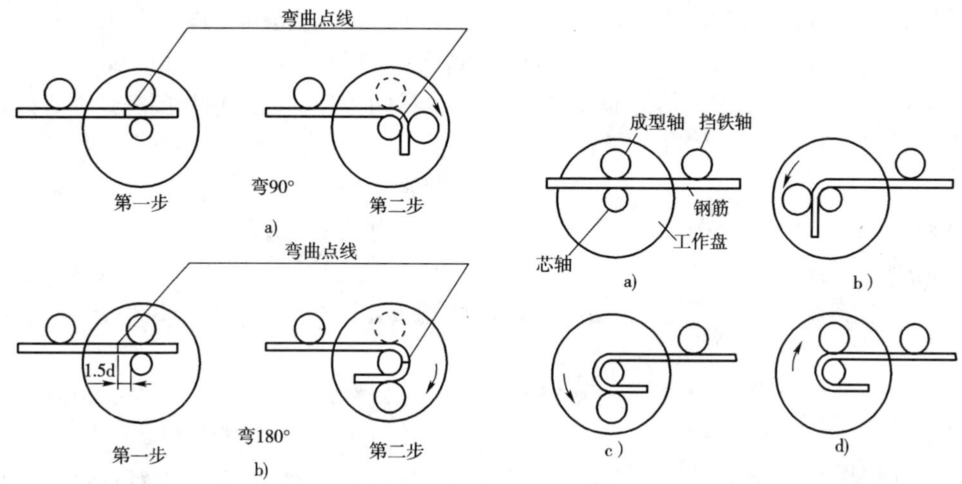

图 4-16　弯曲点和芯轴关系

图 4-17　钢筋弯曲机工作示意

2. 钢筋的焊接

钢筋的焊接方法有闪光对焊、电弧焊、电渣压力焊和电阻点焊等。

(1)闪光对焊

钢筋的闪光对焊是利用对焊机使两段钢筋接触,通以低电压的强电流,把电能转化为热能,当钢筋加热到接近熔点时,施加压力顶锻,使两根钢筋焊接在一起,形成对焊接头。UN1 系列对焊机如图 4-18 所示。

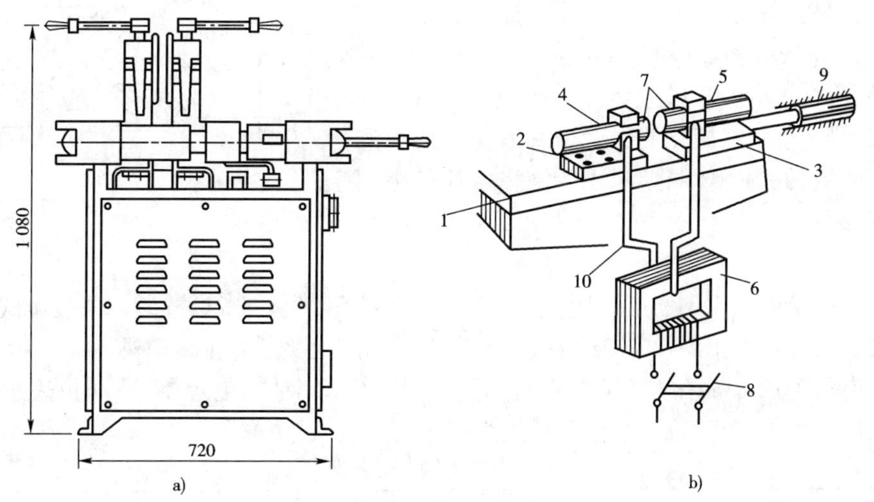

图 4-18　UN1 系列对焊机(尺寸单位:mm)

a)外形;b)工作原理

1-机身;2-固定平板;3-滑动平板;4-固定电极;5-活动电极;6-变压器;7-待焊钢筋;8-开关;9-加压机构;10-变压器次级线圈

对焊是钢筋接头焊接中成本低、质量好、效率高的一种焊接方法,适用于Ⅰ~Ⅳ级钢筋,对于预应力钢筋也广泛适用。

①闪光对焊分类。

a. 连续闪光焊。先将钢筋夹入对焊机的两极中,闭合电源,然后使钢筋端面轻微接触,促进钢筋间隙中产生闪光,接着继续将钢筋端面逐渐移近,新的触点不断生成,即形成连续闪光过程。当钢筋烧化完规定留量后,以适当压力迅速进行顶锻挤压即形成焊接接头,至此完成整个连续闪光焊接过程。连续闪光对焊一般适用于焊接直径在25mm以下的钢筋。

b. 预热闪光焊。是在连续闪光焊前，增加一个钢筋预热过程，即使2根钢筋端面交替地轻微接触和断开，发出断续闪光使钢筋预热，然后再进行闪光和顶锻。预热闪光焊适宜焊接直径大于25mm并且端面比较平整的钢筋。

c. 闪光—预热—闪光焊。是在预热闪光焊之前再增加一次闪光过程，使不平整的钢筋端面闪成较平整的端面。此法适宜焊接直径大于25mm，并且端面不够平整的钢筋。

②对焊注意事项。

a. 对焊钢筋端头如有弯曲，应予调直或切除，端头约150mm内如有铁锈、污泥、油污等应清除干净。

b. 夹紧钢筋时，应使两钢筋端面的凸出部分相接触，以利均匀加热和保证焊缝与钢筋轴线相垂直。

c. 钢筋焊接完毕后，应待接头处由白红色变为黑红色才能松开夹具，平稳地取出钢筋，以免引起接头弯曲。当焊接后张预应力钢筋时，应在焊后趁热将焊缝周围毛刺打掉，以便钢筋穿入预留孔道。

d. 焊接场地应有防风、防雨雪措施，以免接头区骤然冷却发生脆裂。当气温较低时，接头部位可适当用保温材料予以保温。

(2)电弧焊

电弧焊包括手工电弧焊、自动埋弧焊和半自动埋弧焊3种。此处主要介绍手工电弧焊。

手工电弧焊的原理如图4-19所示，它由夹有焊条的焊把、电焊机、焊件和导线等组成。打火引弧后，在涂有药皮的焊条端和焊件间产生电弧，使焊条中的焊丝熔化，滴落在被电弧吹成的焊件熔池中，同时在熔池周围形成保护气体，在熔化的焊缝金属表面形成熔渣，使空气中的氧、氮等气体与熔池中的液体金属隔绝，避免形成易裂的脆性化合物，焊缝冷却后即把焊件连成一体。

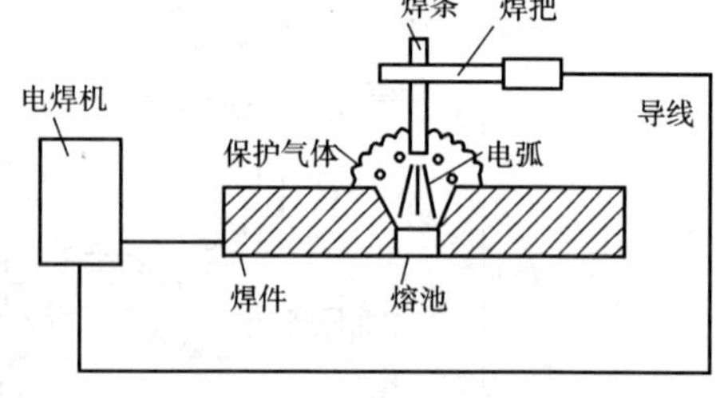

图4-19 手工焊原理

电弧焊广泛应用于钢筋搭接接长、焊接钢筋骨架、钢筋与钢板的连续以及装配式结构接头焊接等处。电弧焊的主要设备是弧焊机，工地上常用的主要是交流弧焊机。

钢筋电弧焊接时焊条牌号见表4-5。其中"结"表示钢结构电焊条，后两位表示焊缝金属抗拉强度的最小值，第三位数字表示药皮类型。

钢筋电弧焊接时焊条牌号 表4-5

项　次	钢筋级别	搭接焊、帮条焊熔槽帮条焊	坡　口　焊
1	Ⅰ级	结42X	结42X
2	Ⅱ级	结50X	结55X
3	Ⅲ级	结50X	结55X

①电弧焊接头的主要形式。

a. 搭接焊。主要适用于直径为10～40mm的Ⅰ～Ⅲ级钢筋及5号钢钢筋，其接头形式如图4-20所示。

b. 帮条焊。适用范围同搭接焊，其接头形式如图4-21所示。

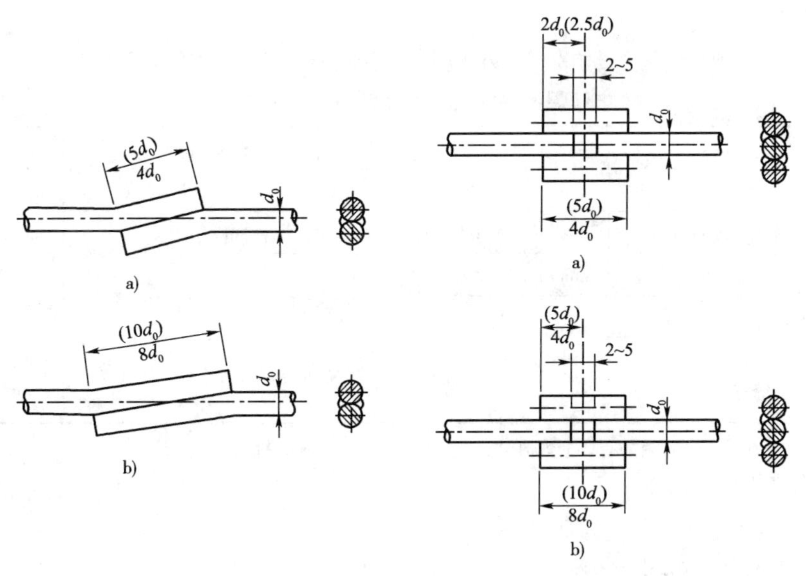

图 4-20　搭接接头

a）双面焊缝；b）单面焊缝

图 4-21　帮条接头

a）双面焊缝；b）单面焊缝

搭接焊、帮条焊焊缝尺寸如图 4-22 所示，其中 h 为焊缝高度，b 为焊缝宽度，d 为焊接钢筋直径。

c. 坡口焊。坡口焊接头多用于装配式框架结构现浇接头、直径 16 ~ 40mm 的 Ⅰ ~ Ⅲ级钢筋及 5 号钢钢筋中，其接头形式如图 4-23 所示。

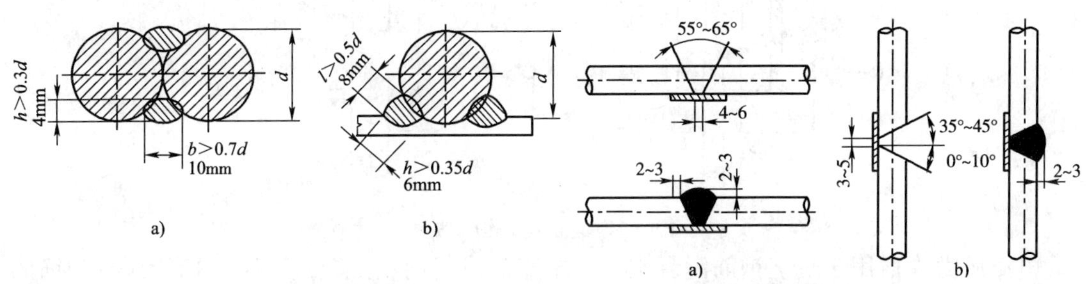

图 4-22　焊缝尺寸示意

a）钢筋接头；b）钢筋与钢板接头

4-23　钢筋坡口接头（尺寸单位：mm）

a）坡口平焊；b）坡口立焊

②电弧焊注意事项。

a. 帮条尺寸、坡口角度、钢筋端头间隙以及钢筋轴线等均应符合有关规定。

b. 焊接接地线应与钢筋接触良好，防止因起弧而烧伤钢筋。

c. 带有垫板或帮条的接头，引弧应在钢板或帮条上进行；无钢板或帮条的接头，引弧应在形成焊缝部位，防止烧伤主筋。

d. 根据钢筋级别、直径、接头形式和焊接位置，选择适宜的焊条直径和焊接电流，保证焊缝与钢筋熔合良好。

e. 焊接过程中及时清渣，保证焊缝表面光滑平整，加强焊缝时应平缓过渡，弧坑应填满。

③外观检查。

钢筋电弧焊接头外观检查结果，应符合下列要求：

a. 焊缝表面平整，不得有较大的凹陷、焊瘤。

b. 接头处不得有裂纹。

c. 咬边深度、气孔、夹渣等数量与大小以及接头偏差不得超过表4-6的规定。

电弧焊钢筋接头尺寸和缺陷的允许偏差　　表4-6

项次	偏差名称	单位	允许偏差值	项次	偏差名称	单位	允许偏差值
1	帮条对焊接头中心的纵向偏移	mm	0.50d	6	焊缝长度	mm	-0.50d
2	接头处钢筋轴线的偏角	度	4	7	横向咬边深度	mm	0.5
3	接头处钢筋轴线的偏移	mm	0.1d(3)	8	焊缝表面上气孔和夹渣在长2d的焊缝表面上（对坡口焊为全部焊缝上）	个 mm^2	2 6
4	焊缝高度	mm	-0.05d				
5	焊缝宽度	mm	-0.10d				

注：1. 允许偏差值在同一项目内如有2个数值时，应按其中较严的数值控制。

2. d为钢筋直径。

d. 坡口焊焊缝的加强高度为2～3mm。

外观检查不合格的接头，经修补或补强后，可提交二次验收。

(3)电渣压力焊

电渣压力焊是利用电流通过渣池的电阻热将钢筋端部熔化后施加压力使钢筋焊接的，其工作原理如图4-24所示。

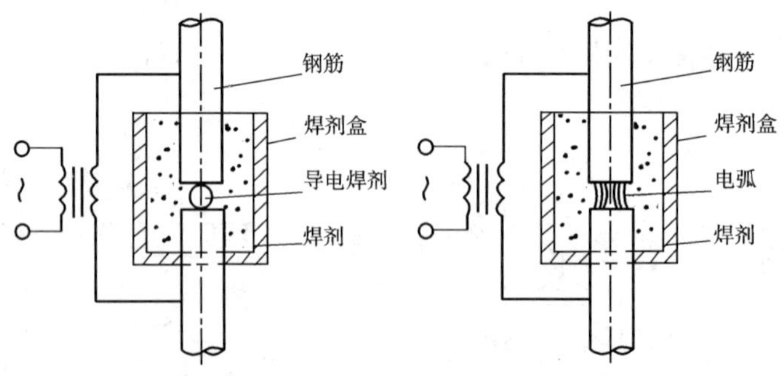

图4-24　电渣焊工作原理

电渣压力焊适用于现浇钢筋混凝土结构中竖向或斜向（倾斜度在4∶1的范围内）钢筋的连接。

①电渣压力焊操作要点。

a. 施焊前先将钢筋端部150mm范围内的铁锈、杂质刷净，然后用焊接夹具的上钳口（活动电极）、下钳口（固定电极）分别将上、下钢筋夹牢。

b. 两根钢筋接头处放一铁丝小球（钢筋端面较平整而焊机功率又较小时）或导电剂（钢筋较长、直径较大，且钢筋端部较平整时）或电弧（钢筋直径较小，而焊机功率较大，但钢筋端部较为粗糙时），然后在焊剂盒内装满焊剂。注意，钢筋端头应在熔剂盒中部，上、下钢筋的轴线应处于一直线上。

c. 施焊时，接通电源使小球（或导电剂或电弧）、钢筋的端部及焊剂相继熔化，形成渣池，维持数秒后，方可用操纵压杆使钢筋缓缓下降，以免接头偏斜或接合不良，熔化量达到规定数值（用标尺控制）后，切断电路，用力迅速顶压，挤出金属熔渣和熔化金属，形成坚实的焊接接头。待冷却1～3min后打开熔剂盒，卸下夹具。

②质量检查。

a. 取样数量和方法：钢筋电渣压力焊接头的外观检查应逐个进行；强度检验时，从每批产品中切取 3 个试件进行拉力试验；在一般构筑物中，每 300 个同类型接头（同钢筋级别、同钢筋直径）作为一批；在现浇钢筋混凝土框架结构中，每一楼层中以 300 个同类型接头作为一批，不足 300 个时，仍作为一批。

b. 外观检查：要求接头四周焊包均匀，无裂缝，钢筋表面无明显烧伤等缺陷；上、下钢筋的轴线偏移不得超过 $0.1d$（d 为钢筋直径），同时不大于 2mm；接头处弯折不大于 4°；对外观检查不合格的接头，应将其切除重焊。

c. 拉力试验：钢筋电渣压力焊接头拉力试验结果，3 个试件均不得低于该级别钢筋的抗拉强度标准值，如有一个试件的抗拉强度低于规定数值，应取双倍数量的试件进行复验，复验结果仍有一个试件强度达不到上述要求，则该批接头即为不合格品。

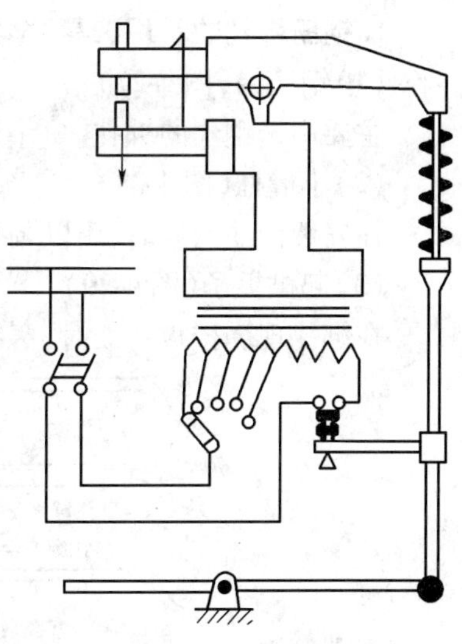

图 4-25　点焊机的基本构造原理

（4）电阻点焊

电阻点焊适用于Ⅰ、Ⅱ级钢筋和冷拔低碳钢丝，采用点焊的方法加工钢筋网片和钢筋骨架。当焊接不同直径的钢筋，其较小钢筋的直径小于 10mm 时，大小钢筋直径之比不宜大于 3；若较小钢筋的直径为 12 ~ 14mm 时，大小钢筋直径之比不宜大于 2。

点焊机的基本构造如图 4-25 所示，手动点焊网片生产线如图 4-26 所示。

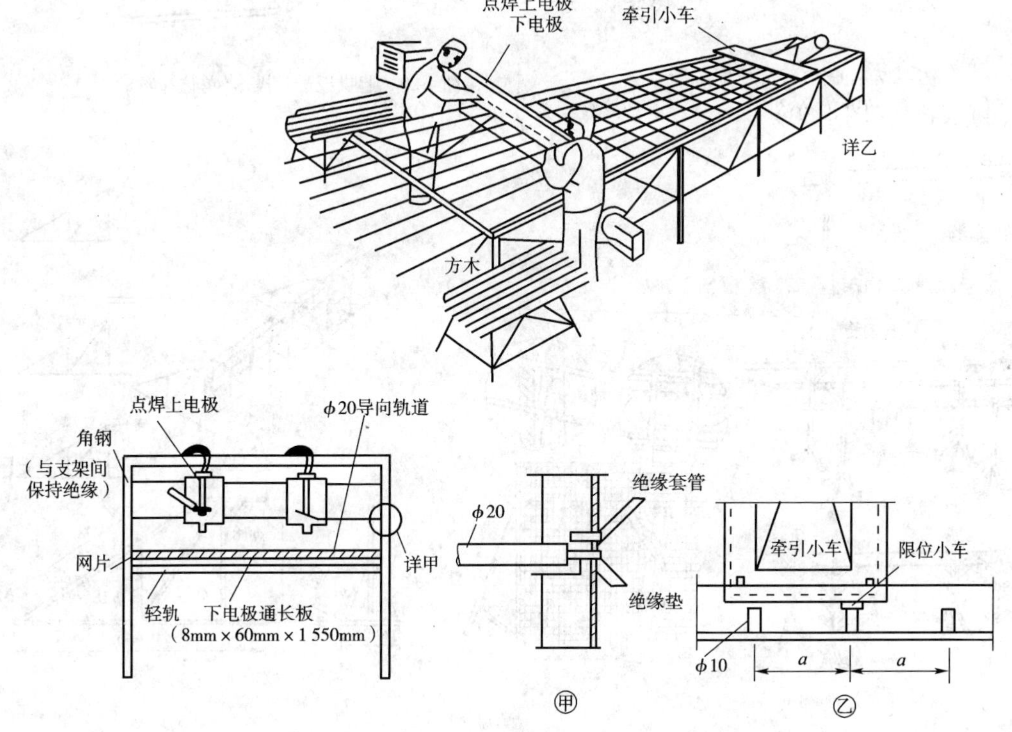

图 4-26　手动点焊网片生产线

点焊机整个工作过程为：接通电源，踏下脚踏板，带动压紧机构使上电极压紧被焊接钢筋，同时断路器接通电流，电流经变压器次级线圈引到电极，产生点焊作用；放松脚踏板，松开电极，断路器随着杠杆下降，断开电流，点焊焊接过程即结束。

三、钢筋的绑扎与安装

1. 钢筋绑扎的常用工具

(1)钢筋钩(图4-27)

主要用于钢丝的绑扎。

(2)小撬杠(图4-28)

在安装钢筋网架时，用以调整钢筋间距，矫直钢筋的部分弯曲，以及垫保护层垫块。

(3)起拱扳子(图4-29)

在绑扎现浇楼板钢筋时，弯制楼板弯起钢筋的专用工具。

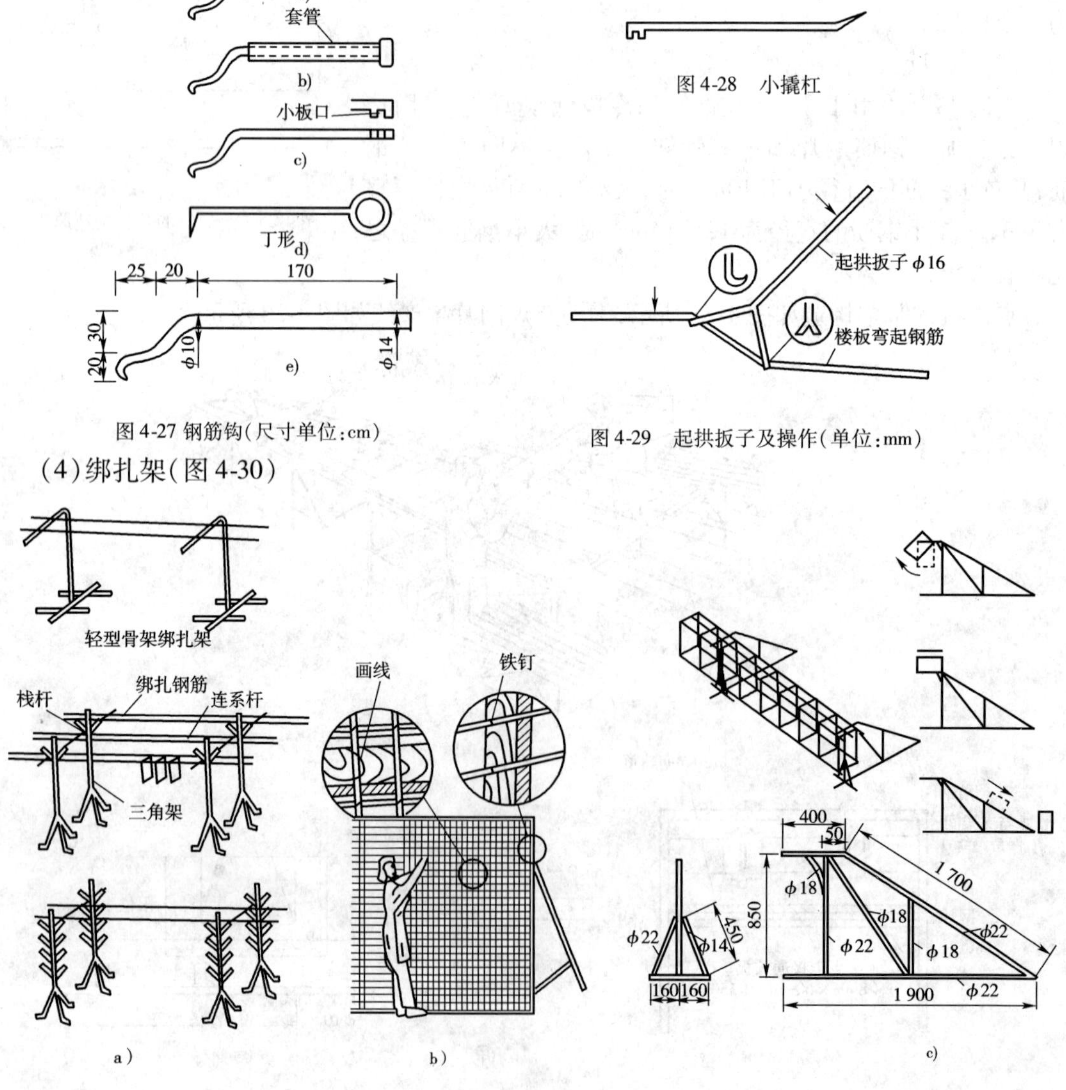

图4-27 钢筋钩(尺寸单位:cm)

图4-28 小撬杠

图4-29 起拱扳子及操作(单位:mm)

(4)绑扎架(图4-30)

图4-30 钢筋绑扎架(单位:尺寸以cm计,余以mm计)

为提高绑扎钢筋效率,绑扎钢筋骨架必须要用钢筋绑扎架。

2. 钢筋绑扎的基本操作方法

(1)钢筋绑扎的基本操作方法见表4-7。

钢筋绑扎的基本操作方法　　表4-7

名　称	绑　法
一面顺扣	
十字花扣	
反十字花扣	 
兜扣	 
缠扣	
反十字缠扣	
套扣	

(2)适用范围

①一面顺扣用于平面上扣量多、不易移动的构件,如底板、墙壁等。一面顺扣的主要特点是操作简单、方便,绑扎效率高,通用性强。

一面顺扣操作法的步骤是:将切断的绑扎线在中间弯成180°弯,并将每束绑扎线理顺,使每根铁丝在绑扎操作时容易抽出。绑扎时,将手中的铁丝靠近绑扎点的底部,另一只手拿钢筋钩,食指压在钩的前部,用钩尖端钩着铁丝底扣处,并紧靠铁丝开口端,绕铁丝扭转两圈半。在绑扎时铁丝扣伸出钢筋底部要短,并用钩尖将铁丝扣锤紧,这样可使铁丝扎得更牢,且绑扎速度快,效率高。

②十字花扣主要用于要求比较牢固处，如平板钢筋网和箍筋处绑扎。

③反十字花扣用于梁骨架的箍筋和主筋的绑扎。

④兜扣适用于梁的箍筋转角处与纵向钢筋的连接及平板钢筋网的绑扎。

⑤缠扣可防止钢筋下滑，主要用于墙钢筋网和柱箍，一般绑扎墙钢筋网片每隔1m左右应加一个缠扣，缠绕方向可根据钢筋可能移动情况来确定。

⑥套扣用于梁的架立筋与箍筋的绑扎处，绑扎时往钢筋交叉点插套即可。

上述各种绑扎法与一面顺扣相比较，绑扎速度慢、效率低，但绑扎点要牢固，在一定间隔处可以使用。

3. 钢筋绑扎的要求

①钢筋的交叉点应采用铁丝扎牢，常用绑扎铁丝的规格是20～22号，绑扎钢筋网片一般用单根铁丝，绑扎梁柱钢筋骨架时则用双根铁丝。当绑扎直径12mm以下钢筋时，宜用22号铁丝，绑扎直径14mm以上钢筋时宜用20号铁丝。绑扎铁丝的长度一般用钢筋钩拧2～3转后，铁丝出头长度留20mm左右为宜。

②板和墙的钢筋网，除靠近外围两行钢筋的相交点全部绑扎外，中间部分交叉点可间隔交错扎牢，双向受力的钢筋，必须全部扎牢。

③梁和柱的箍筋除设计有特殊要求外，应与受力钢筋垂直设置。箍筋弯钩叠合处，在柱中应按四角错开绑扎，不要绑扎在同一根主筋上；在梁中应沿受力钢筋方向，交错绑扎在不同的架立筋上，箍筋弯钩应放在受压区。

④箍筋转角与钢筋的交接点均应绑扎，但箍筋平直部分和钢筋的交接点可成梅花式交错绑扎。

⑤为防止骨架发生歪斜变形，绑扣应采用八字形绑扎法（分左右方向扎扣）。

⑥在柱中竖向钢筋搭接时，角部钢筋的弯钩平面与模板面的夹角，对矩形柱应为45°角，对多边形柱应为模板内角的平分角，圆形柱钢筋的弯钩平面应与模板的切平面垂直，中间钢筋的弯钩平面应与模板面垂直。如柱截面较小，为避免振动器碰到钢筋，弯钩可放偏一些，但与模板所成角度不得小于15°。

⑦绑扎时必须先将接头绑好，不允许接头和横筋一起绑扎。

⑧在大面积网片绑扎时，为防止歪斜，不应从头到尾逐个绑扎，而应隔十几个交叉点绑一个，但四周交叉点应多绑扎，找直后再进行全部绑扎。

⑨在条件允许的情况下，应尽量采用预制钢筋网（骨）架，然后再将预制钢筋网（骨）架放入模板内（图4-31）。但钢筋网（骨）架在预制时，应注意网（骨）架外形尺寸的正确，特别是组成多边形的钢筋骨架，更要注意多边形的各个内角和各边长是否正确，避免在入模安装时发生困难；无条件预制骨架安装时，采用现场绑扎。

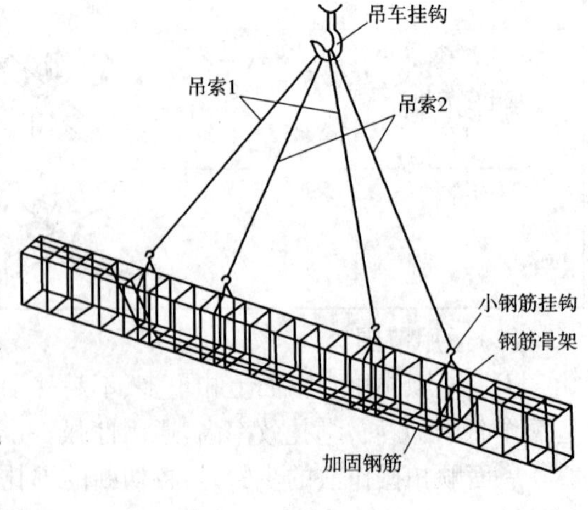

图4-31　钢筋骨架吊升

⑩钢筋绑扎前，首先应根据不同的构件确定相应的绑扎顺序，特别是在一些钢筋种类、编号、数量多、形状复杂、高程层叠的结构中，更应结合具体情况，逐个编号，并按顺序绑扎，以免

错绑、漏绑或钢筋穿不进去造成返工，以至造成人力、材料的浪费并影响工期。

4. 钢筋绑扎接头的要求

①搭接长度的末端距钢筋弯折处，不得小于钢筋直径的 10 倍，也不宜放在构件最大弯矩处。

②在受拉区内，Ⅰ级钢筋应在末端做弯钩。

③下列钢筋的末端可不做弯钩：

a. 2、3 级钢筋。

b. 焊接网（骨）架中的Ⅰ级钢筋。

c. 直径小于 12mm 的受压Ⅰ级钢筋的末端以及轴心受压构件中任意直径的受力钢筋的末端可不做弯钩，但搭接长度不应小于钢筋直径的 30 倍。

④钢筋搭接处，应在中心和两端用铁丝扎牢，如图 4-32 所示。

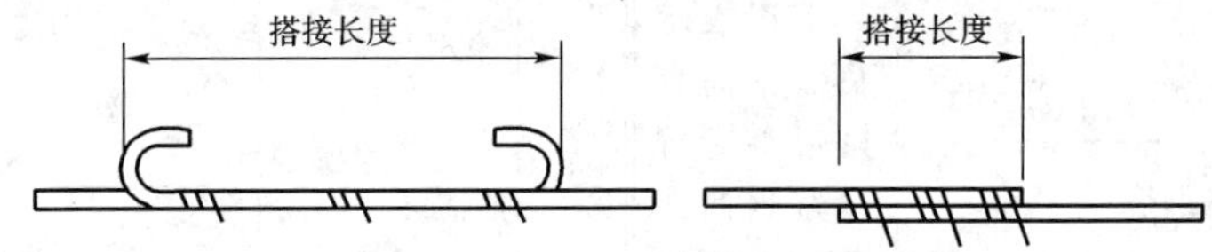

图 4-32　钢筋的搭接绑扎

⑤受拉钢筋绑扎接头的搭接长度应符合表 4-8 的规定，受压钢筋的绑扎接头的搭接长度为表 4-8 中数值的 0.7 倍。

受拉钢筋绑扎接头的搭接长度　　表 4-8

项　次	钢筋类别		混凝土强度等级		
			C20	C25	≥C30
1	Ⅰ级钢筋		35d	30d	25d
2	月牙纹	Ⅱ级钢筋	45d	40d	35d
3		Ⅲ级钢筋	35d	50d	45d
4	冷拔低碳钢丝		300mm		

注：1. 当Ⅱ、Ⅲ钢筋直径 $d>25$mm 时，其受拉钢筋的搭接长度应按表中数值增加 5d 采用。

2. 当螺纹钢筋 $d\leqslant 25$ mm 时，其受拉钢筋的搭接长度应按表中数值减少 5d 采用。

3. 当混凝土在凝固过程中受力钢筋易受扰动（如滑模施工）时，其搭接长度宜适当增加。

4. 在任何情况下，纵向受拉钢筋的搭接长度不应小于 300mm；受压钢筋的搭接长度不应小于 200mm。

5. 轻骨料混凝土的钢筋绑扎接头搭设长度应按普通混凝土搭接长度增加 5d（冷拔低碳钢丝增加 50mm）。

6. 当混凝土的强度等级低于 C20 时，Ⅰ、Ⅱ级钢筋最小搭接长度应按表中 C20 的相应数值增加 10d；Ⅲ级钢筋不宜使用。

7. 有抗震要求的钢筋，其搭接长度应增加，对一级抗震等级相应增加 10d；对二级抗震等级相应增加 5d。

8. 两根直径不同钢筋的搭接长度，以细钢筋的直径为准。

⑥各受力钢筋之间的绑扎接头位置应相互错开，在同一截面内绑扎接头的钢筋截面面积占受力钢筋总截面面积的百分比，在受压区中不得超过 50%，在受拉区中不得超过 25%，不在同一截面中的绑扎接头，中距不得小于搭接长度的 1.3 倍。

⑦在绑扎钢筋骨架中非焊接的搭接接头长度范围内，当搭接钢筋为受拉时，其箍筋的间距不应大于 5d（d 为受力筋的最小直径），且不大于 100mm；当搭接钢筋为受压时，其箍筋间距不应大于 10d，且不大于 200mm。

⑧轴心受拉和小偏心受拉杆件中的钢筋接头，均应焊接；普通混凝土中直径大于 22mm 的

钢筋和轻骨料混凝土中直径大于20mm的Ⅰ级钢筋及直径大于25mm的Ⅱ、Ⅲ级钢筋的接头，均宜采用焊接；对轴心受压和偏心受压柱中的受压钢筋，当直径大于32mm时，应采用焊接。

5. 基础、柱、梁、板、墙、屋架及框架结构钢筋的绑扎安装

(1)钢筋绑扎前的准备工作

①熟悉图纸。施工平面图是钢筋安装的依据。首先看施工总说明及建筑施工图，其次看结构平面图，主要是搞清构件的编号、数量、平面位置以及这些构件的图号。如果是标准图还需要把图集号、图号搞清楚。构件详图的配筋图是看图的重点，必须看清弄懂。看配筋图时，要将配筋立面图和配筋剖面图、钢筋明细表对照起来看，搞清楚每个构件中每个编号钢筋的直径、种类、形状、数量、位置、高程等。钢筋图例如表4-9所示。

钢筋图例 表4-9

序号	名称	图例	说明	序号	名称	图例	说明
1	无弯钩的钢筋端部	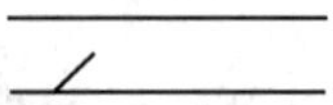	下图表示长短钢筋投影重叠时可在短钢筋的端部用45°短画线表示	5	无弯钩的钢筋搭接		
2	带半圆形弯钩的钢筋端部			6	带半圆弯钩的钢筋搭接		
3	带直钩的钢筋端部			7	带直钩的钢筋搭接		
4	带丝扣的钢筋端部	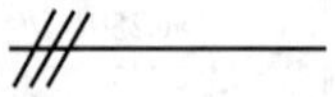		8	套管接头	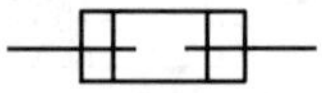	

②核对钢筋配料单。要在熟悉图纸过程中核对成品钢筋的钢号、直径、形状、尺寸和数量是否与配料单相符，有无错配、漏配的钢筋，如有应纠正增补。

③确定钢筋安装顺序及施工方法，明确进度要求。

④机具的准备。准备绑扎用铁丝、绑扎工具、绑扎架等。

⑤准备控制混凝土保护层用的水泥砂浆垫块。水泥砂浆垫块的厚度应等于保护层厚度。垫块的平面尺寸：当保护层厚度≤20mm时，为30mm×30mm；保护层厚度>20mm时，为50mm×50mm。当在垂直方向使用垫块时，可在垫块中埋入20号铁丝。

(2)基础钢筋的绑扎安装

①钢筋的绑扎四周两行钢筋交叉点应每点扎牢，中间部分交叉点可相隔交错扎牢，但必须保证钢筋不移位。双向主筋的钢筋网应将全部钢筋相交点扎牢。绑扎时应注意相邻绑扎点的铁丝扣要呈八字形，以免网片歪斜变形。

②基础底板采用双层钢筋时，在上层钢筋网下面应设置钢筋撑脚或混凝土撑脚，以保证钢筋位置正确。

钢筋撑脚的形式与尺寸如图4-33所示，每隔1m放置一个。其直径选用：当板厚$h\leq30$cm时，为8~10mm；当板厚$h=30\sim50$cm时，为12~14mm；当板厚$h>50$cm时，为16~18mm。

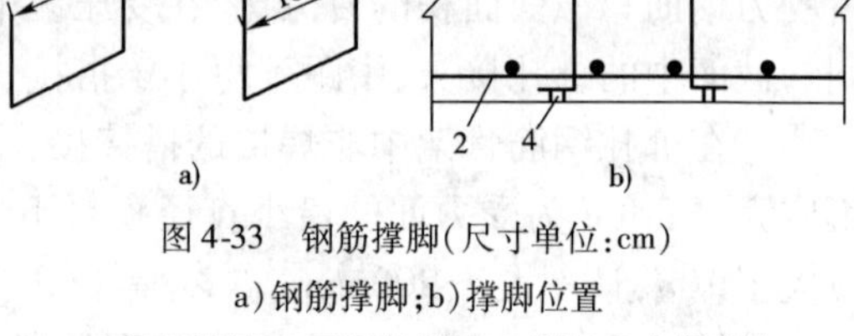

100
100
a)
1
3
2
4
b)

图4-33 钢筋撑脚(尺寸单位：cm)
a)钢筋撑脚；b)撑脚位置
1-上层钢筋网；2-下层钢筋网；3-撑脚；4-水泥垫块

③钢筋的弯钩应朝上，不要倒向一边，但双层钢筋网的上层钢筋弯钩应朝下。

④独立柱基础为双向弯曲，其底面短边的钢筋应放在长边钢筋的上面。

⑤现浇柱与基础连接用的插筋，其箍筋应比柱的箍筋缩小一个柱筋直径，以便连接。插筋位置一定要固定牢靠，以免造成柱轴线偏移。

条形基础施工顺序：

先绑扎底板网片后绑扎条形骨架。

立马架、摰钢筋→套箍筋→纵筋、弯起钢筋、箍筋就位→绑扎→抽出马架→连接网片→画底板网片间距→摆放下铁→绑扎→检查后填写隐蔽工程记录。

独立基础施工顺序：

检查垫层尺寸、核对基础轴线→清扫垫层→按基础轴线画钢筋位置线→摆放钢筋（从中间向两边分）→绑扎（先在长边方向钢筋两端绑上两根上面钢筋，以固定纵向钢筋，铺摆其他横向钢筋）→插筋处理（插筋下端用 90°弯钩与基础钢筋进行绑扎）→检查后填写隐蔽工程记录。

箱形基础施工顺序：

检查垫层尺寸、核对基础轴线→清扫垫层→底板钢筋绑扎划分档标志（用色笔从中间向两边划出底板钢筋纵横标志，有放射性钢筋按钢筋放射性分档标志）→摆下层钢筋（按分档标志摆放）→绑扎下层钢筋→垫砂浆垫块→绑墙、柱伸入底板插筋（将预留墙、柱插筋按弹好的墙、柱位置分档摆放）→摆放钢筋支架→绑扎上层钢筋→检查后填写隐蔽工程记录→墙、柱钢筋绑扎（在浇筑底板后进行，将准备好的箍筋一次套在伸出钢筋上，然后立竖筋，绑或焊好接头，再在竖筋上标档，然后按档从上往下绑扎箍筋）→墙体钢筋绑扎→附加钢筋绑扎（洞口、转角处钢筋）→垫保护层垫块→检查后填写隐蔽工程记录→顶板钢筋绑扎（墙、柱浇筑后进行，方法同底板钢筋）。

（3）柱钢筋的绑扎安装

①柱中的竖向钢筋搭接时，角部钢筋的弯钩应与模板成 45°角，中间钢筋的弯钩与模板成 90°角。如果用插入式振捣器浇筑小型截面柱时，弯钩与模板的角度不得小于 15°角。

②箍筋的接头（弯钩叠合处）应交错布置在四角纵向钢筋上，箍筋转角与纵向钢筋交叉点均应扎牢（箍筋平直部分与纵向钢筋交叉点可间隔扎牢），绑扎箍筋时，绑扣相互间应呈八字形。

③下层柱的钢筋露出楼面部分，宜用工具式柱箍将其收进一个柱筋直径，必须在绑扎梁的钢筋之前，先行收缩准确。

④框架梁、牛腿及柱帽等处的钢筋应放在柱的纵向钢筋内侧。

预制柱施工顺序：

立横杆（下柱 2 根、牛腿 1 根、上柱 1 根）→铺立纵向钢筋→画线（把柱箍间距用粉笔画在纵向钢筋上）→套下柱及牛腿部分的箍筋→抽换横杆→绑下柱钢筋→绑牛腿部分钢筋→绑上柱钢筋→套上柱箍筋→抽取横杆（从下柱一端逐步抽取）→骨架入模→绑扎钢筋→安放垫块→检查后填写隐蔽工程记录。

现浇柱施工顺序：

检查插筋→清理（把插筋上的铁锈、水泥浆等污垢及基层清扫干净）→套入箍筋→摆放高凳或搭设架子→立主筋（先立柱子四周主筋，再立其余主筋，与插筋接头绑好，绑扣要向里，便于移动箍筋）→绑扎钢筋→安放垫块→检查后填写隐蔽工程记录。

柱端箍筋加密区长度取矩形截面长边尺寸(或圆形截面直径)、层间柱净高 $l/6$ 或 500mm 三者中的最大值。

(4)梁与板钢筋的绑扎安装

①纵向受力钢筋采用双层排列时,两排钢筋之间应垫直径不小于 25mm 的短钢筋,以保持其设计距离。

②箍筋的接头(弯钩叠合处)应交错布置在两根架立筋上,其余同柱。

③板的钢筋网绑扎与基础相同,但应注意板上部的负筋,防止被踩下,特别是雨篷、挑檐、阳台等悬臂板,要严格控制负筋位置,以免拆模后断裂。

④板、次梁与主梁交叉处,板的钢筋在上,次梁的钢筋居中,主梁的钢筋在下,当有圈梁或梁垫时,主梁的钢筋在上。

⑤框架节点处钢筋穿插十分稠密时,应特别注意梁顶面主筋间的净距要有 30mm,以利灌注混凝土。

现浇梁施工顺序(钢筋在模内绑扎法):

在模板侧帮画好箍筋间距→放箍筋、摆主筋→穿次梁弓铁和立筋→绑扎架立筋(架立筋和箍筋用套扣法绑扎)→绑扎主筋→垫保护层垫块→检查后填写隐蔽工程记录。

钢筋骨架预制绑扎,如图 4-34 所示。

梁端箍筋加密区长度:抗震等级为 1 级时,取 $2h$ 或 500mm 二者中较大值;抗震等级为 2 ~ 4 级时,取 $1.5h$ 或 500mm 二者中较大值(h 为梁高)。

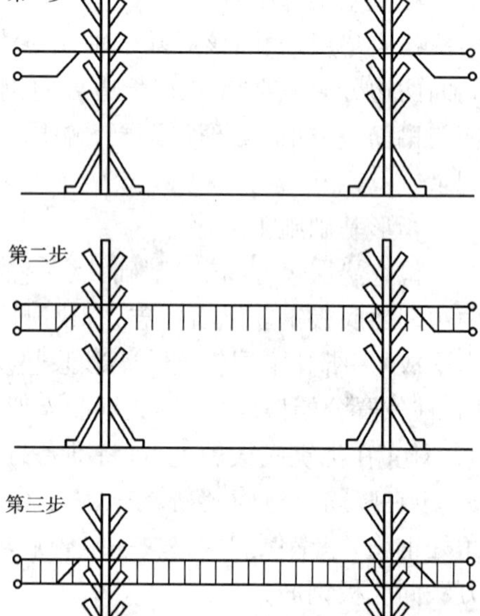

图 4-34 钢筋骨架预制绑扎顺序

现浇板施工顺序:

准备工作(清扫模板上的污物,弹线或用粉笔在模板上画好主筋和分布筋间距)→摆放下层钢筋(先摆受力筋,后摆分布筋;弯钩朝上,若弯钩高度超过板面,则应将弯钩放斜,甚至放倒,以免造成露钩)→绑扎下层钢筋→摆放与绑扎负弯起钢筋→摆放钢筋支架或马凳→摆放和绑扎上层钢筋网→垫保护层垫块→检查后填隐蔽工程记录。

(5)墙板钢筋的绑扎安装

①墙(包括水塔壁、烟囱筒身、池壁等)的垂直钢筋每段长度不超过 4m(钢筋直径≤12mm)或 6m(钢筋直径 >12mm),水平钢筋每段长度不宜超过 8m,以利绑扎。

②墙的钢筋网绑扎同基础,钢筋的弯钩应朝向混凝土内。

③采用双层钢筋网时,在两层钢筋间应摆设撑铁,以固定钢筋间距。

墙板施工顺序:

整理伸出钢筋(清锈及污物)→绑扎钢筋及钢筋网(双层钢筋网,先绑先立模板一侧的钢筋;在横筋长度范围内先立 2 ~ 4 根竖筋,圆钢弯钩背朝模板,与伸出钢筋绑扎牢;用色笔画好横筋分档标志,在下部及齐胸处各绑一根横筋固定位置,在齐胸处横筋上画竖筋分档标志,然后依次绑扎竖筋,最后由上往下安放绑扎其余横筋)→点焊(或绑扎)钢筋网片→垫保护层垫块→检查后填写隐蔽工程记录。

(6)框架结构钢筋的绑扎安装

框架结构绑扎安装的一般顺序是:先绑柱,其次是主梁、次梁、边梁,最后是楼板钢筋。绑扎方法同前述梁、板、柱。

6. 钢筋安装完毕后的检查

钢筋安装完毕后应进行检查验收,检查内容为:

①钢筋的级别、直径、根数、间距及位置是否与设计图纸相符,特别是要检查负筋位置。

②检查钢筋的接头位置及搭接长度是否符合规定。

③检查钢筋绑扎是否牢固,有无松动变形现象。

④检查保护层是否符合要求。

⑤钢筋表面是否清洁(有无油污、铁锈、污物)。

⑥钢筋位置的允许偏差是否符合规定。

7. 钢筋安装中的安全技术

①在高空绑扎和安装钢筋时,不要把钢筋集中堆放在模板或脚手架的某一部位,以保安全,特别是悬臂构件,更要检查支撑是否稳固。

②不要在脚手架上随便放置工具、箍筋或短钢筋,避免放置不稳下落伤人。

③在高空安装预制钢筋骨架和绑扎圈梁钢筋时,不允许站在模板或墙上操作,操作地点应搭设脚手架,严禁操作人员抬钢筋在墙上行走。

④应尽量避免在高空修整、扳弯粗钢筋,在必须操作时,要系好安全带,选好位置,人要站稳,防止脱手伤人。

⑤绑扎烟囱、水池等筒式结构,不准踩在钢筋骨架上操作或上下行走。

⑥安装钢筋时不要碰撞电线,避免发生触电事故。

⑦在雷雨时,必须停止露天操作,预防雷击钢筋伤人。

四、钢筋锥螺纹接头

钢筋锥螺纹接头是一种能承受拉、压两种作用力的机械接头。其特点是工艺简单、连接速度快、不受钢筋含碳量和有无花纹的限制、不污染环境、无明火作业、接头质量安全可靠,可节约大量的钢材和能源,是20世纪80年代初国外开发研究的新技术,已广泛应用于抗震、防爆要求很高的建筑物。国内虽然起步较晚,但发展迅速,并成功地应用于高层建筑、地铁车站、电站等建筑的基础、墙、梁、柱、板等构件,取得了明显的技术、经济和社会效益。

钢筋锥螺纹接头就是把钢筋的连接端加工成锥形螺纹(简称丝头),通过锥螺纹连接套,把两根带丝头的钢筋,按规定的力矩值连成一体的钢筋接头。

适用范围:钢筋直径为16~40mm的Ⅰ、Ⅱ级钢筋连接。

1. 钢筋锥螺纹接头的应用

(1)钢筋锥螺纹接头性能等级的选用应符合下列规定:

①混凝土结构中要求充分发挥钢筋强度或对接头延性要求较高的部位应采用A级接头。

②混凝土结构中钢筋受力较小且对接头延性要求不高的部位可采用B级接头。

注:根据钢筋锥螺纹接头的基本受力性能将其分为A、B两级。两种接头检验项目相同,只是B级接头比A级接头检验指标偏低,这是因为B级接头的使用部位比A级严,A级使用部位宽。

(2)设置在同一构件内同一截面受力钢筋的接头位置应相互错开。在任一接头中心至长度为钢筋直径的35倍的区段范围内,有接头的受力钢筋截面面积占受力钢筋总截面面积的百分率应符合下列规定:

①受拉区的受力钢筋接头百分率不超过50%。

②在受拉区的钢筋受剪力较小的部位,A级接头的百分率不受限制。

③接头应避开有抗震设防要求的框架梁端和柱端的箍筋加密区;当无法避开时,接头应采用A级接头,且接头百分率不应超过50%。

④受压区和装配式构件中钢筋受力较小部位,A级和B级接头百分率可不受限制。

(3)考虑到本接头的构造特点,严禁在接头处弯曲;如需要弯曲成型,必须在接头以外10倍钢筋直径以外进行,避免破坏接头的连接强度。如施工需要弯曲钢筋,可以先弯钢筋再连接,接头可选用单向或双向可调节头。

(4)不同直径钢筋连接时,根据结构的受力要求,一次连接钢筋直径之差不宜超过2级。

(5)钢筋连接套的混凝土保护层厚度宜满足《混凝土结构设计规范》(GB 50010—2002)中受力钢筋混凝土保护层最小厚度的要求,且不得小于15mm。连接套之间的横向净距不宜小于25mm。

2. 施工规定

(1)施工准备

①鉴于钢筋套丝、现场质量检验、钢筋连接方法、力矩扳手(连接和检查钢筋接头紧固程度的扭力扳手)的使用、接头的质量要求与检验等均有专门的技术要求,所以凡参与接头施工的操作人员、技术管理人员和质量管理人员,均应参加技术规程培训,操作工人应经考核后持证上岗。

②钢筋应先调直再下料。为了保证套丝质量,减少套丝机和梳刀的损坏,钢筋下料时,应做至切口断面垂直于钢筋轴线,不得有马蹄形和挠曲,不得用气割下料。

③提供锥螺纹连接套应有产品合格证,两端锥孔应有密封盖,套筒表面应有规格标记。进场时,施工单位应进行复验。

(2)钢筋锥螺纹加工

①加工的钢筋锥螺纹的锥度、牙形、螺距等必须与连接套的锥度、牙形、螺距一致,且经配套的量规检测合格。

鉴于国内现有的钢筋锥螺纹接头的技术参数不同,其套丝机、螺纹锥度、牙形、螺距等也不一样,为此施工单位采用时要特别注意,对技术参数不一样的接头决不能混用,避免出现质量问题。检查加工质量用的牙形规、卡规或环形规、锥螺纹塞规均应由提供钢筋连接技术的单位配套提供。

②加工钢筋锥螺纹时,应采用水溶性切削润滑液;当气温低于0℃时,应掺入15%~20%的亚硝酸钠。不得用机油作润滑液或不加润滑液套丝。

③操作人员应按加工质量检验方法的要求逐个检查钢筋丝头的外观质量。

④钢筋锥螺纹丝头质量好坏直接影响连接质量,为此要求在工人自检的基础上,按每种规格钢筋的加工批量10%,且不少于10个进行随机抽检。决不允许使用牙形撕裂、掉牙、牙瘦、小端直径过小、钢筋纵肋上无齿等不合格丝头连接钢筋。查出一个不合格丝头,则应重检该批丝头,对不合格的丝头可切去一部分,再重新加工出合格丝头,并及时填写检验记录,不得追记。

⑤为防止堆放、吊装搬运过程弄脏或碰坏钢筋丝头,要求经检验合格的丝头应加以保护。钢筋一端丝头应戴上保护帽,另一端可按表4-10规定的力矩值拧紧连接套,并按规格分类堆放整齐待用。

接头拧紧力矩值　　表4-10

钢筋直径(mm)	16	18	20	22	25～28	32	36～40
拧紧力矩(N·m)	118	145	177	216	275	314	343

(3)钢筋连接

①接头的质量和锥螺纹的加工质量有关。如果弄脏或碰伤钢筋丝头会影响接头的连接质量,为此连接钢筋时,钢筋和连接套的规格应一致,并确保钢筋和连接套的丝扣干净完好无损。

②采用预埋接头时,连接套的位置、规格和数量应符合设计要求。带连接套的钢筋应固定牢,连接套的外露端应有密封盖。

③必须用力矩扳手拧紧接头。力矩扳手是连接钢筋和检验接头质量的定量工具,可确保钢筋连接质量。为保证产品质量,力矩扳手应由具有生产计量器具许可证的加工厂加工制造,产品出厂时应用产品出厂合格证。

④力矩扳手的精度为±5%,要求每半年用扭力仪检定一次(考虑到力矩扳手的使用次数不一样,可根据需要将使用频繁的力矩扳手提前检定)。不准用力矩扳手当锤子或撬杠使用,要轻拿轻放,不许坐、踏,不用时把力矩扳手调到0刻度,以保持力矩扳手精度。

⑤连接钢筋时,应先将钢筋对正轴线后拧入锥螺纹连接套筒,再用力矩扳手拧到表4-10规定的力矩值,不得超拧。决不应在钢筋锥螺纹没拧入锥螺纹连接套筒时,就用力矩扳手连接钢筋,以免损坏接头丝扣造成接头质量不合格。为防止接头漏拧,每个接头拧到规定的力矩值后,一定要在接头上做标记,以便检查。

⑥力矩扳手使用一段时间后,精度有可能发生变化。为确保质检用的力矩扳手精度,规定质检用的力矩扳手与施工用的扳手分开使用,不得混用。

3. 接头型式检验

钢筋锥螺纹接头的型式检验应符合现行行业标准《钢筋机械连接通用技术规程》(JGJ 107—2003)的有关规定。

4. 接头施工现场检查验收

(1)工程中应用钢筋锥螺纹接头时,该技术提供单位应提供有效的型式检验报告。

(2)连接钢筋时,应检查连接套出厂合格证、钢筋锥螺纹加工检验记录。

(3)钢筋连接工程开始前及施工过程中,应对每批进场钢筋和接头进行工艺检验。

①每种规格钢筋母材进行抗拉强度试验。

②每种规格钢筋接头的试件数量不应小于3根。

③接头试验应达到现行行业标准《钢筋机械连接通用技术规程》(JGJ 107—2003)表3.0.5中相应等级的强度要求。计算钢筋抗拉强度时,应采用钢筋的实际横截面积计算。

(4)随机抽取同规格接头数的10%进行外观检查。应满足钢筋与连接套的规格一致,接头丝扣无完整丝扣(连续一圈的标准牙形)外露。如发现有完整丝扣外露,说明有丝扣损坏或有脏物进入接头丝扣,丝头小端直径超差或用了小规格的连接套;连接套和钢筋之间如有一圈明显的间隙,说明用了大规格的连接套连接了细钢筋。出现以上情况应及时查明原因,排除故障,重新连接钢筋。如接头已不能重新连接,可采用E50XX型焊条补强,将钢筋与连接套焊在一起,焊缝高度不小于5mm。当连接Ⅲ级钢筋时,应先做可焊性试验,经试验合格后,方可焊接。

(5)用质检的力矩扳手,按表 4-10 规定的接头拧紧值抽检接头的连接质量。抽验数量:梁、柱构件按接头数的 5%,且每个构件的接头数抽检数不得小于一个接头;基础、墙、板构件按各自接头数,每 100 个接头作为一个验收批,不足 100 个也作为一个验收批,每批抽验 3 个接头。抽检的接头应全部合格,如有一个接头不合格,则该验收批接头应逐个检查,对查出不合格接头应进行补强,并按要求填写接头质量检查记录。

(6)接头的现场检验按验收批进行。同一施工条件下的同一批材料的同等级、同规格接头,以 500 个为一验收批进行检验与验收,不足 500 个也作为一个验收批。

(7)对接头的每一验收批,应在工程结构中随机截取 3 个试件做单向拉伸试验,按设计要求的接头性能等级进行检查与评定,并按要求填写接头拉伸试验报告。

(8)在现场连续检验 10 个验收批,全部为单向拉伸试件,一次抽样全合格时,验收批接头数量可扩大一倍。

5. 钢筋加工质量检验方法

(1)锥螺纹丝头牙形检验。牙形饱满,无断牙、秃牙缺陷,且与牙形规的牙形吻合,牙纹表面光洁的为合格品(图 4-35)。

(2)锥螺纹丝头锥度与小端直径检验。丝头锥度与卡规或环规吻合,小端直径在卡规或环规的允许误差之内为合格(图 4-36)。

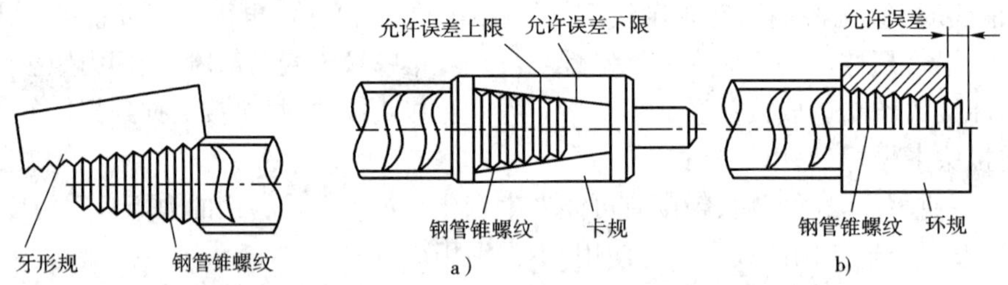

图 4-35 锥螺纹丝头牙形检验

图 4-36 锥螺纹丝头锥度与小端直径检验

(3)连接套质量检验锥螺纹塞规拧入连接套后,连接套的大端边缘在锥螺纹塞规大端的缺口范围内为合格(图 4-37)。

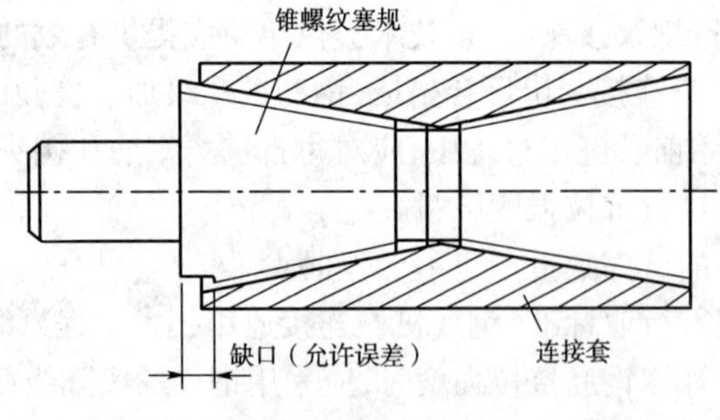

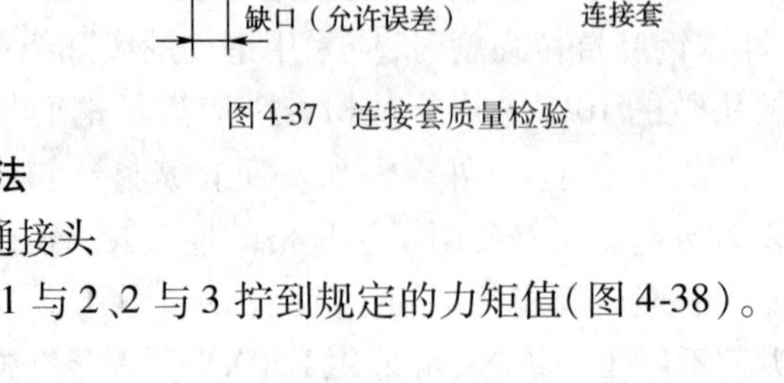

图 4-37 连接套质量检验

6. 常用接头连接方法

(1)同径或异径普通接头

分别用力矩扳手将 1 与 2、2 与 3 拧到规定的力矩值(图 4-38)。

(2)单向可调接头

分别用力矩扳手将 1 与 2、3 与 4 拧到规定的力矩值,再把 5 与 2 拧紧(图 4-39)。

(3)双向可调接头

分别用力矩扳手将1与2、3与4拧到规定的力矩值，且保持2、3的外露丝扣数相等，然后分别夹住2与3，把5拧紧（图4-40）。

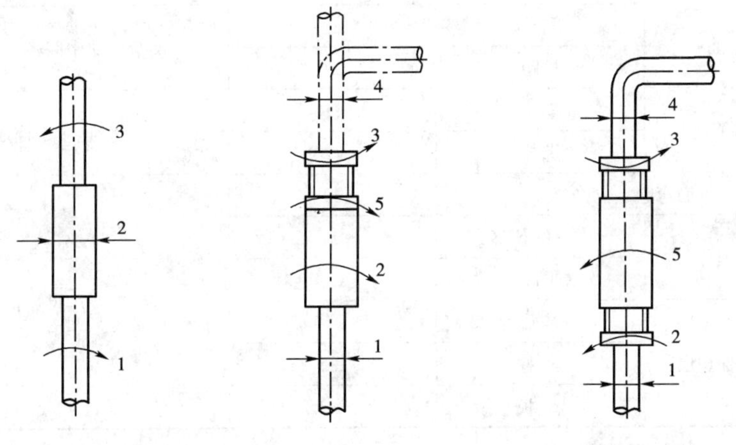

图4-38　同径或异径普通接头　　图4-39　单向可调接头　　图4-40　双向可调接头

五、钢筋隐蔽工程记录与质量检查

1. 钢筋隐蔽工程记录表（表4-11）

隐蔽工程验收记录表　　表4-11

验收日期　　年　　月　　日

工程名称		工程地点	建设单位			设计单位	施工单位
验收内容	分布分项工程名称	部位（轴线、高程）	规格	单位	数量	简图说明	
检查意见							
设计单位		建设（监理）单位		单位工程负责人			

2. 钢筋安装及预埋件位置的允许偏差和检验方法（表4-12）

钢筋安装及预埋件位置的允许偏差和检验方法　　表4-12

项次	项　目		允许偏差（mm）	检验方法
1	网的长度、宽度		±10	尺量检查
2	网眼尺寸	焊接	±10	尺量连续3档取其最大值
		绑扎	±20	
3	骨架的宽度、高度		±5	尺量检查
4	骨架的长度		±10	

续上表

<table>
<tr><th>项次</th><th colspan="2">项　目</th><th>允许偏差(mm)</th><th>检 验 方 法</th></tr>
<tr><td rowspan="2">5</td><td rowspan="2">受力钢筋</td><td>间距</td><td>±10</td><td rowspan="2">尺量两端中间各一点取其最大值</td></tr>
<tr><td>排距</td><td>±5</td></tr>
<tr><td rowspan="2">6</td><td rowspan="2">箍筋、构造筋间距</td><td>焊接</td><td>±10</td><td rowspan="2">尺量连续3档取其最大值</td></tr>
<tr><td>绑扎</td><td>±20</td></tr>
<tr><td>7</td><td colspan="2">钢筋弯起点位移</td><td>20</td><td rowspan="7">尺量检查</td></tr>
<tr><td rowspan="2">8</td><td rowspan="2">焊接预埋件</td><td>中心线位移</td><td>5</td></tr>
<tr><td>水平高差</td><td>+3，-0</td></tr>
<tr><td rowspan="3">9</td><td rowspan="3">受力钢筋保护层</td><td>基础</td><td>±10</td></tr>
<tr><td>梁、柱</td><td>±5</td></tr>
<tr><td>墙、板</td><td>±3</td></tr>
</table>

3. 质量检查主要项目与检查方法

(1)保证项目

①钢筋的品种和质量，焊条、焊剂的牌号、性能以及接头中使用的钢板和型钢均必须符合设计要求和有关标准的规定。进口钢筋须先经化学成分检验和焊接试验，符合有关规定后方可用于工程中。

检验方法：检验出厂质量证明书和试验报告。

②冷拉冷拔钢筋的机械性能必须符合设计要求和施工规范的规定。

检验方法：检查出厂质量证明书、试验报告和冷拉记录。

③钢筋的表面必须清洁，带有颗粒状或片状老锈，经除锈后仍留有麻点的钢筋严禁按原规格使用。

检验方法：观察检查。

④钢筋的规格、形状、尺寸、数量、间距、锚固长度、接头设置必须符合设计要求和施工规范的规定。

检验方法：观察或尺量检查。

⑤钢筋焊接接头、焊接制品的机械性能必须符合钢筋焊接及验收的专门规定。

检验方法：检查焊接试件试验报告。

(2)基本项目

①钢筋网片、骨架的绑扎和焊接质量应符合下列规定。

a. 绑扎。

合格：缺扣的数量不超过应绑扣数的20%，且不应集中。

优良：缺扣、松扣的数量不超过应绑扣数的10%，且不应集中。

b. 焊接。

合格：骨架无漏焊、开焊，钢筋网片漏焊、开焊不超过焊点数的4%，且不应集中；板伸入支座范围内的焊点无漏焊、开焊。

优良：骨架无漏焊、开焊，钢筋网片漏焊、开焊不超过焊点数的2%，且不应集中；板伸入支座范围内的焊点无漏焊、开焊。

检查数量：按梁、柱和独立基础的件数各抽查10%，但均不应少于3件；带形基础、圈梁每

30～50m抽查1处(每处3～5m),但均不少于3处;墙和板按有代表性的自然间抽查10%,礼堂、厂房等大间按两轴线为一间,墙每4m左右高为一个检查层,每面为1处,板每间为1处,但均不得少于3处。

检验方法:观察和手扳检查。

②弯钩朝向应正确。绑扎接头应符合施工规范的规定,其中搭接长度尚应符合以下规定。

合格:搭接长度均不小于规定值的95%。

优良:搭接长度均不小于规定值。

检查数量:同本项①款中的规定。

检验方法:观察或尺量检查。

③用Ⅱ级钢筋或冷拔低碳钢丝制作的箍筋,其数量、弯钩角度和平直长度均应符合以下规定。

合格:数量符合设计要求,弯钩角度和平直长度基本符合施工规范的规定。

优良:数量符合设计要求,弯钩角度和平直长度符合施工规范的规定。

检查数量:同本项①款中的规定。

检验方法:观察或尺量检查。

④钢筋的焊点与接头尺寸和外观质量应符合下列规定。

a. 点焊焊点。

合格:无裂纹、多孔性缺陷及明显烧伤,焊点压入深度符合钢筋焊接及验收的专门规定。

优良:焊点处熔化金属均匀,无裂纹、多孔性缺陷及烧伤,焊点压入深度符合钢筋焊接及验收的专门规定。

b. 对焊接头。

合格:接头处弯折不大于4°,钢筋轴线位移不大于0.1d(d为钢筋直径,单位:mm)且不大于2mm;无横向裂纹;Ⅰ、Ⅱ、Ⅲ级钢筋无明显烧伤,Ⅳ级钢筋无烧伤;低温对焊时,Ⅱ、Ⅲ、Ⅳ级钢筋均为无烧伤。

优良:接头处弯折不大于4°,钢筋轴线位移不大于0.1d且不大于2mm;无横向裂纹和烧伤,焊包均匀。

c. 电弧焊接头。

合格:帮条沿接头中心线纵向位移不大于0.5d;接头处弯折不大于4°;钢筋轴线位移不大于0.1d且不大于3mm;焊缝厚度不小于0.05d,宽度不小于0.1d,长度不小于0.5d;无较大的凹陷、焊瘤,接头处无裂纹;咬边深度不大于0.5mm(低温焊接咬边深度不大于0.2mm);帮条焊、搭接焊在长度2d的焊缝表面上,坡口焊、熔槽帮条焊在全部焊缝上气孔及夹渣均不多于2处,且每处面积不大于6mm^2;预埋件和钢筋焊接处,直径大于1.5mm的气孔或夹渣,每件不超过3个。

优良:帮条沿接头中心线的纵向位移不大于0.5d;接头处弯折不大于4°;钢筋轴线位移不大于0.1d且不大于3mm;焊缝厚度不小于0.05d,宽度不小于0.1d,长度不小于0.5d;焊缝表面平整,无凹陷、焊瘤;接头处无裂纹、气孔、夹渣及咬边。

d. 电渣压力焊接头。

合格:接头处弯折不大于4°,钢筋轴线位移不大于0.1d且不大于2mm;无裂纹及明显烧伤。

优良:接头处弯折不大于4°,钢筋轴线位移不大于0.1d且不大于2mm;焊包均匀,无裂纹及烧伤。

e. 埋弧压力焊接头。

合格:接头处弯折不大于4°,钢筋无明显烧伤;咬边深度不超过0.5mm,钢板无焊穿、凹陷。

优良:接头处弯折不大于4°;焊包均匀,钢筋无烧伤、咬边,钢板无焊穿、凹陷。

检查数量:点焊网片、骨架按同一类型制品抽查5%,梁、柱、桁架等重要制品抽查10%,但均不应小于3件;对有焊接头抽查10%,但不少于10个接头;电弧焊、电渣压力焊接头应逐个检查;埋弧压力焊接头抽查10%,但不应少于5件。

检验方法:用小锤、放大镜、钢板尺和焊缝量规检查,对焊应用刻槽尺检查。

六、钢筋工程易产生的质量通病分析与处理

1. 钢筋加工易产生的质量通病(表4-13)

钢筋加工易产生的质量通病　　表4-13

项次	质量通病	现　象	产生原因	预防措施	处理方法
1	剪断尺寸不准	①剪断尺寸不准; ②端部不平	①定尺卡板活动; ②刀片间隔过大	①拧紧定尺卡板的紧固螺栓; ②调整刀片间的水平间隙	根据钢筋所在部位和剪断误差情况决定是否可用或返工
2	箍筋不规范	①矩形箍筋成型后,转角不是90°; ②两对角线长度不相等	①没严格控制弯曲角度; ②多根钢筋同时弯曲时没有逐根对齐; ③箍筋边长过长	①注意操作方法控制弯曲角度; ②多根钢筋同时弯曲时,应在弯折处逐根对齐; ③控制箍筋边长尺寸	①对Ⅰ级钢筋,调直后重新返工(可返工一次); ②Ⅱ、Ⅲ级钢筋不得重新弯曲
3	成型尺寸不准	钢筋长度、弯曲角度不符合图纸要求	①下料不准确; ②画线方法不对或误差大; ③手工弯曲时,扳距选择不当; ④角度控制没有采取保证措施	①保证下料尺寸正确; ②画像准确; ③扳距适当; ④画出角度准线或采取扒钉作标志的措施	①误差不超过质量标准允许值且对结构无不良影响时,应尽量使用; ②返工
4	成型钢筋变形	钢筋成型时外形尺寸准确,但在堆放过程中发生扭曲、角度偏差	①地面不平; ②钢筋互相碰撞; ③往地面摔得过重; ④堆放过高被压弯; ⑤搬运次数多	①搬运、堆放要轻抬轻放; ②放置地点要平; ③按施工需要运至现场; ④避免不必要翻垛	①将变形者重新矫正; ②如变形过大,应检查弯折处是否有碰撞或局部出现裂缝,并根据具体情况处理

2. 钢筋安装易产生的质量通病(表 4-14)

钢筋安装易产生的质量通病　　表 4-14

项次	质量通病	现　象	产生原因	预防措施	处理方法
1	骨架外形尺寸不准	预制钢筋骨架无法放入模板内	①钢筋加工外形不准确; ②骨架中各号钢筋端部未对齐; ③绑扎时钢筋位置不对; ④骨架变形	①保证钢筋加工尺寸正确; ②将各号钢筋端部对齐; ③防止钢筋绑扎偏斜; ④防止钢筋骨架变形	将骨架外形尺寸不准的钢筋解开重新安装绑扎,不可用锤子敲击
2	骨架歪斜	钢筋骨架绑扎完后或堆放一段时间后及运输不当所产生的歪斜现象	①绑扎不牢; ②绑扣形式不当; ③绑扎点太稀; ④纵向构造钢筋、拉筋或附加箍筋太少; ⑤堆放骨架地面不平; ⑥骨架受压或相互碰撞	①正确选择绑扎形式,增加绑扣数量,绑扎要牢固; ②按规定设置纵向构造钢筋、附加箍筋或拉筋; ③堆放骨架地面要平整; ④轻抬轻放	根据骨架歪斜状况和程度进行修复或加固
3	绑扎钢筋网片斜扭	绑扎后的钢筋网片在搬运或安装工程中发生歪斜、扭曲现象	①搬运不当; ②堆放场地不平; ③绑扎点稀少; ④绑扎扣方向变换太少	①堆放场地要平整,运输时轻抬轻放; ②增加绑扣数量; ③采用八字形绑扎法	①将斜扭网片正直; ②增加绑点,绑扎要牢固; ③必要时增加斜拉筋
4	骨架吊装变形	钢筋骨架用吊车吊装入模时发生扭曲、弯折、歪斜等变形	①骨架本身刚度低; ②起吊后受到碰撞; ③骨架绑扎不牢	①加固钢筋骨架,增加其刚架或用铁扁担进行起吊; ②起吊要平稳; ③绑扎牢固,必要时可用电焊适当焊几点	变形骨架应在模板内或周围附近修整,变形过大的骨架应拆开,矫直后重新绑扎安装
5	同截面接头过多	同一截面内,受力钢筋接头过多,某截面面积占受力钢筋总截面面积的百分比超过规范规定的数值	①配料时没考虑钢筋长度; ②有些杆件中的钢筋接头不允许采用绑扎接头; ③没有按规定确定钢筋接头位置	①配料时,应根据原材料长度按下料单钢筋编号再划出几个搭配分号; ②不允许绑扎的接头均应焊接; ③按规定确定钢筋接头位置	①重新考虑设置方案; ②拆除骨架或抽出有问题的钢筋返工,也可采用加焊帮条的方法解决; ③将绑扎接头改为焊接接头
6	柱箍筋接头位置同向	柱箍筋接头位置方向相同,重复搭接	绑扎箍筋时疏忽	安装操作时,精力集中,按规定将接头位置错开绑扎	将同向的箍筋解开,调向,重新绑扎

续上表

项次	质量通病	现　　象	产生原因	预防措施	处理方法
7	露筋	构件拆模后发现混凝土表面有钢筋露出	①垫块过少或垫块滑移； ②钢筋受到振动器撞击，使绑扎松散，钢筋发生位移； ③钢筋尺寸不准或骨架外形尺寸偏大变形	①保证足够数量的垫块，为防止垫块滑移，可用绑线将垫块与受力筋绑在一起； ②振捣时，振动器不得撞击钢筋； ③控制钢筋成型尺寸及骨架外形尺寸	见钢筋混凝土有关内容
8	钢筋搭接长度与接头位置错误	绑扎后发现钢筋搭接长度不够，接头位置有错误	没有按规定进行绑扎	牢记钢筋搭接长度及接头位置的有关规定	将绑扎错误的钢筋改正
9	箍筋间距不一致	实际用箍筋数量与配料单上的数量不符	图纸上标注的箍筋间距为近似值，据此绑扎，则间距或根数会有出入	①先算好箍筋的实际分布间距； ②从构件中点向端部划线	适当增加1～2个箍筋

3. 钢筋焊接易产生的质量通病

各种焊接方法易产生的质量通病，分别见表4-15、表4-16、表4-17和表4-18。

闪光对焊易产生的质量通病　　表4-15

项次	质量通病	现　　象	产生原因	预防措施
1	未焊透	①接头镦粗变形量小； ②出现胀开现象； ③接头中有氧化膜	①焊接工艺方法使用不当； ②焊接参数选择不合适	①严格掌握连续闪光焊的使用范围； ②增加预热程度； ③顶锻应在足够大的压力下快速完成； ④确保带电顶锻过程
2	氧化	焊口周围局部或大片区域被氧化膜覆盖，受到强烈氧化失去金属光泽	①烧化过程不稳定，不强烈，不连续，速度慢； ②顶锻压力小、速度慢； ③顶锻留量过大	①保证烧化过程的连续性，且有必要的强烈程度； ②加快临近顶锻时的烧化速度； ③顶锻应在足够大的压力下快速完成； ④顶锻留量适当
3	过热	从焊缝或近缝区断口上可看到粗晶状态	①过分预热，预热时接触太轻，间歇时间短，焊口处热量过于集中； ②加热区域过宽，顶锻留量偏少； ③顶锻方法不对	①减少预热程度； ②控制预热接触时间、间歇时间； ③加快烧化速度，缩短焊接时间； ④控制顶锻时温度及留量； ⑤避免过多带电顶锻
4	脆断	钢筋接头无预兆的突然断裂	①淬硬脆断； ②过热脆断； ③烧伤脆断	①根据钢筋的可焊性来选择相应的焊接工艺； ②正确控制热处理程度
5	烧伤	钢筋与电极接触处，在焊接时产生熔化状态	①钢筋被夹紧部位不清洁； ②电极内表面有氧化物； ③夹紧力不够； ④导电面积不足	①清除钢筋被夹紧部位的铁锈和污物； ②清除电极内表面的氧化物； ③增加导电面积； ④夹紧钢筋

钢筋电弧焊易产生的质量通病 表4-16

项次	质量通病	现　象	产生原因	预防措施
1	咬边	在焊缝与钢筋边缘处被电弧烧成凹槽	①焊接电流过大，焊弧过长及角度不当； ②焊工操作不熟练	①选用合适的电流； ②操作时电弧不要拉得过长； ③焊条角度适当； ④掌握操作方法
2	未熔合	填充金属与母材之间彼此没有熔合在一起	①电流过小，焊速过高过快； ②热量不足或焊条偏于坡口之一侧； ③焊缝金属表面不清洁	①选用稍大的电流，放慢焊速； ②焊条角度及运条速度适当； ③保持熔池清洁； ④分清熔渣与铁水
3	焊瘤	正常焊箍之外多余的焊着金属	①熔池温度过高，金属凝固较慢，在铁水自重作用下下坠形成； ②在立、横、仰焊时，焊接电流过大，焊条角度及操作方法不当	①可利用焊条左右摆动和挑弧动作加以控制； ②适当减小焊接电流； ③焊条角度及运条速度适当； ④熟练掌握操作方法
4	未焊透	焊缝金属与钢筋之间有局部未熔合	①焊工操作不熟练； ②焊接电流过小，焊接速度过快，间隙过小，钝边过大	①焊工能熟练操作； ②控制坡口尺寸； ③焊接电流适当； ④对口间隙应大些（约为焊条直径），钝边则应小些（约为焊条直径的1/2左右）
5	夹渣	熔池中熔渣未浮出，存在于焊缝中	①操作技术不良； ②钢筋表面有铁锈或污物； ③焊条药皮渗入焊缝金属； ④熔渣未清理干净	①正确选择焊条与焊接电流； ②清除铁锈及污物； ③保证熔池清洁，分清渣与铁水； ④熟练掌握操作技术
6	气孔	熔池中的气体来不及逸出而停留在焊缝中的孔隙	①碱性焊条受潮，药皮变质或剥落；酸性焊条烘焙温度过高使药皮变质失效； ②焊接区域内脏物没清理； ③电弧强烈不稳定； ④焊接速度过快或空气湿度大	①碱性焊条应按说明书规定的温度和时间进行烘焙，不用药皮变质、偏心剥落、焊芯锈蚀的焊条； ②尽量减少熔池中产生气体的因素； ③在条件许可的情况下，适当加大焊接电流，降低焊接速度； ④熔池不宜过大； ⑤在开始引弧时，应将电弧拉长些，用电弧进行预热和逐渐形成熔池
7	裂纹	焊接接头纵向裂纹、横向裂纹、熔合线裂纹、焊缝根部裂纹、弧坑裂纹等	①焊条质量不合格（含锰量不足，含碳及硫偏高）； ②焊接应力过大； ③在低温下焊接时，定位焊缝易开裂； ④焊接参数选用不合理	①使用经质量检验合格的焊条，还应选择合理的焊接参数； ②选择合理的焊接顺序，减小焊接应力； ③选择温度适宜的焊接环境； ④尽量避免强行组装后进行定位焊，定位焊缝长度应适当加大

续上表

项次	质量通病	现　象	产生原因	预防措施
8	烧伤	钢筋表面局部有缺肉或凹坑	操作不慎,使焊条、焊把与钢筋非焊接部位接触,短暂地引起电弧后,把钢筋表面烧伤	①操作时,注意避免带电金属与钢筋相碰引起电弧; ②不得在非焊接部位随意引燃电弧; ③注意地线应与钢筋紧固连接
9	弧坑	由于焊条收尾时未填满弧坑而使焊缝在该处存有较明显的缺肉	焊接过程中突然灭弧引起弧坑过大	焊条在收弧处稍多停留一会,有时因停留时间过长会导致熔池温度过高,造成熔池过大或焊瘤,此时应采用几次断续灭弧焊来填满,但碱性直流焊条不宜采用此法,以防止产生气孔

钢筋电渣压力焊易产生的质量通病　　表 4-17

项次	质量通病	现　象	产生原因	预防措施
1	接头偏心	焊接接头其轴线偏移大于允许偏差值	①钢筋底部不直,夹持歪斜; ②夹具磨损,造成上下不同心; ③顶压时用力过大,使上钢筋晃动、移位; ④夹具过早放松	①把钢筋端部矫直; ②及时修理、更换夹具,使两钢筋夹持于夹具内,上下同心,焊接过程中上钢筋应保持垂直稳定; ③顶压用力适当; ④焊接结束后,应停留一会再卸夹具
2	咬边	焊缝与钢筋边缘处有凹槽	①焊接电流过大,钢筋熔化过快; ②顶压量小,上钢筋端头没有压入熔池中,或压入深度不够; ③通电时间长,停机晚	①适当降低焊接电流; ②适当缩短焊接通电时间,及时停机; ③适当加大顶压量
3	未熔合	上下钢筋结合面处没有很好熔化在一起	①上钢筋提升或下送速度过慢; ②焊接电流小或通电时间短; ③夹具出现故障	①提高钢筋下送速度; ②适当增大焊接电流,延迟断电时间; ③及时检查或更换夹具保证钢筋均匀下送
4	焊包不均	焊包大小不一或焊缝厚薄不匀	①钢筋端部不平,熔化量不足; ②采用铁丝圈引弧时,铁丝圈安放不正	①钢筋端部切平; ②铁丝圈放置正中; ③适当加大熔化量
5	气孔	在焊包外部或焊缝内部由于气体的作用形成小孔眼	①焊剂受潮,焊接过程中产生大量气体渗入熔池; ②接头处钢筋锈蚀或表面不清洁	①按规定烘焙焊剂; ②把钢筋端部铁锈、油污清理干净
6	烧伤	钢筋夹持处有许多斑点或小弧坑	①钢筋端部锈蚀严重; ②夹具内不清洁; ③钢筋未夹紧	①钢筋端部除锈; ②将夹具电极上的熔渣及氧化物清除干净; ③把钢筋夹紧后再施焊

续上表

项次	质量通病	现　　象	产生原因	预防措施
7	夹渣	焊缝中有非金属夹渣物	①通电时间短，过早进行顶压，熔渣无法排除； ②焊接电流过大或过小； ③焊剂选择不当； ④顶压力小	①选择合适的焊接电流和通电时间以及顶压时机； ②正确选用焊剂； ③适当增大顶压力
8	成型不良	①焊包上翻； ②焊包下流	①焊接电流大，通电时间短，上钢筋熔化量大，顶压力过大造成焊包上翻 ②焊剂泄露，熔化铁水失去约束，随焊剂泄露，造成焊包下流	①防止焊包上翻：适当减小焊接电流。增加通电时间，加压用力均匀适当； ②防止焊包下流：焊剂盒的下口及其间隙用石棉布(垫)封塞，防止焊剂泄露

钢筋电阻点焊易产生的质量通病　　　表 4-18

项次	质量通病	现　　象	产生原因	预防措施
1	焊点过烧	钢筋焊接区上下电极与钢筋表面接触处均有烧伤。焊点处钢筋星蓝黑色且毛刺较多	①电流过大； ②通电时间过长； ③钢筋表面不净，导电不良； ④电极表面不平； ⑤上下电极中心不对； ⑥继电器接触失灵	①降低变压器级数，缩短通电时间； ②控制电压升降在5%左右； ③清除钢筋表面铁锈污物； ④切断电源，校正电极； ⑤调节间隙，清理触点
2	焊点脱落	焊点周界熔化铁浆挤压不饱满，轻轻敲打即产生焊点分离	①电流过小，通电时间短； ②电极挤压力不足； ③压入深度不足； ④焊点强度低	①增加变压器级数，延长通电时间； ②加大弹簧压力或调大气压； ③调整两电极间距离，符合压入深度要求； ④清除钢筋表面铁锈油污
3	钢筋表面烧伤	钢筋与电极接触处在焊接时产生熔化状态	①钢筋表面不清洁； ②上下电极表面不平整； ③焊接时没有预压过程或预压力过小； ④通过电极时电流过大	①降低变压器级数； ②保证预压过程及适当的预压力； ③清除钢筋表面铁锈油污； ④清刷电极表面
4	焊点压陷深度过大或过小	焊点实际压陷深度超过焊接规范规定的上下限	①焊接电流愈大，焊点压陷深度也愈大，反之愈小； ②通电时间愈长，钢筋熔化愈大，焊点压陷深度也愈大，反之愈小； ③电极挤压力愈大，焊点压陷深度也愈大，反之愈小	正确选择焊接参数，控制焊接电流大小、通电时间长短、电极挤压力大小

第二节　模板工程实习

模板工程是混凝土工程的一个重要组成部分，它是保证新浇混凝土成型的工具，其费用占整个混凝土工程中的费用比重较大，所用的时间占整个混凝土施工工期的比重也较大。因此，在模板的设计和选择过程中，一定要注意模板的质量及其经济性，同时还要便于施工。具体地说，模板及支架系统必须满足以下要求：

(1)选材要因地制宜，就地取材，周转次数多，损耗少，成本低，尽量采用先进技术，选用新型模板材料。

(2)能够保证工程结构和构件各部分形状尺寸和相互位置的正确。

(3)具有足够的强度、刚度和稳定性，能可靠地承受新浇混凝土的自重和侧压力，以及在施工过程中所产生的荷载。

(4)构造简单，装拆方便，并便于钢筋的绑扎与安装，满足混凝土的浇筑和养护等工艺要求。

(5)接缝应严密，不得漏浆。

一、模板种类、规格及连接件

1. 模板种类

混凝土施工中所采用的模板，按其形式的不同可分为整体式模板、定型模板、工具式模板、翻转模板、滑动模板、胎模等。按其所用的材料不同可分为木模板、钢木模板、钢模板、铝合金模板、塑料模板、玻璃钢模板、钢框竹胶合模板、钢框胶合模板等。按模板的使用可分为散装模板、专用模板等。在目前工程实际中大量采用的模板有木模、钢模板、钢框竹胶合模板、钢框胶合模板等。最常用的还是木模、钢模板2种，本章主要介绍这2种模板。

2. 木模

木模主要利用木材制作而成。目前，由于保护生态环境的要求，我国可供采伐的木材资源受到限制。同时，木材具有易于加工的特点，因此，木模主要用于一些非标准设计、非模数设计的混凝土现浇构件和部位，如构造柱、基础、圆弧形的或其他不规则形状的梁、板、柱、墙等。木模相对其他材料的模板而言，它具有一次性投资小的特点。对于中小型施工企业，尤其是实力较弱的乡镇企业而言，木模仍然是一种主要施工用模板，它广泛应用于各类混凝土现浇构件或部位。随着保护生态环境意识的增强，可供采伐的木材储量进一步受到限制，木模的用量会逐步减少。

木模主要由板条和拼条组成，如图4-41所示。板条和拼条及其支撑系统由木材加工厂或现场木工棚制作，现场拼装而成。板条及拼条的长度、宽度、厚度等规格尺寸根据混凝土构件或部位的尺寸等而定，一般以2个人能搬动为宜，板条的厚度一般为25~50mm，宽度不超过200mm。拼条一般截面尺寸为(25~50mm)×(40~70mm)，它与板条垂直放置，其间距视所浇混凝土的侧压力及板条的厚度而定，一般为400~500mm。板条与拼条的连接一般采用钉子，钉子的长度一般为模板厚度的1.5~2.0倍。

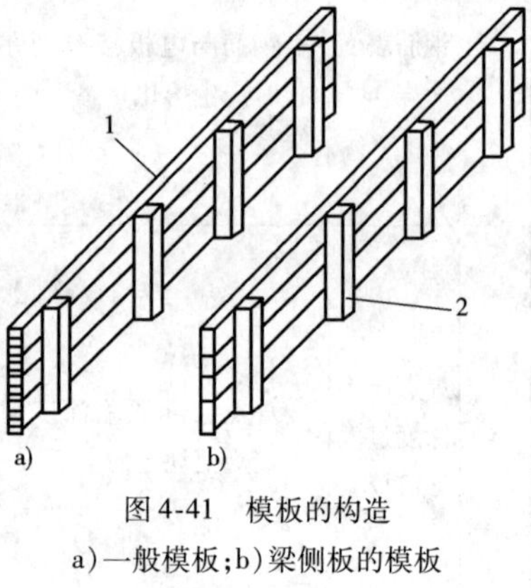

图4-41　模板的构造
a)一般模板；b)梁侧板的模板
1-板条；2-拼条

木模的支撑杆一般为圆木或钢管,圆木要求尾径不小于80mm,钢管可以利用搭设脚手架用的钢管。

在木模板的配置使用过程中应注意以下几个方面:

(1)木模板的配置要注意节约,考虑周转使用及拆模以后的适当改制使用。

(2)配制模板尺寸,要考虑模板拼装结合的需要,适当加长或缩短某部分长度。

(3)拼制模板时,板边要找平刨直,接缝要严密,不能漏浆。木料上有节疤、缺口等疵病的部位,应放在模板反面或者截去。每块板在横档处至少要钉2个钉子,第二块板的钉子要朝向第一块模板方向斜钉,使拼缝严密。

(4)直接与混凝土相接触的木模板宽度不宜大于20cm,工具式木模板宽度不宜大于15cm,梁和拱的底板,如采用整块木板,其宽度不加限制。

(5)混凝土面不做粉刷的模板,一般宜刨光,否则不必刨光。

(6)拼制完成后,不同部位的模板要进行编号,写明用途,分别堆放;备用的模板要遮盖保护,以免变形。

(7)模板堆放时应防止暴晒,以防模板变形。

3. 定型组合钢模板

定型组合钢模板是一种工具式模板,先在工厂按一定模数制作成各种尺寸的板块、角模、支承件、连接件,然后在施工现场根据混凝土构件或部位的不同组合成各种形状的梁、柱、板、基础等模板,也可以拼装成大模板、隧道台模等。

定型组合钢模板相对木模,它具有以下的优点:

(1)制作工厂化,节约材料。

(2)由于模板按一定的模数制作,因此模板的组装与拆卸比较方便,可以用人力装拆,安装工效高、组装灵活。

(3)模板的周转次数多,一套定型组合钢模可重复使用50~100次。

(4)模板工厂制作,精度很高。因此它能保证混凝土构件或部位的尺寸和形状正确。同时,能保证混凝土表面的光滑,也能使混凝土构件或部位的棱角分明整齐。定型组合钢模由钢模板、连接件、支承件组成。

钢模板分为平面模板(P)、阳角模板(Y)、阴角模板(E)、连接角模板(J)。平面模板由面板、边框、加劲肋组成。面板主要保证混凝土构件表面的平整,边框主要用于模板之间的连接,加劲肋主要用于增大面板的承载力。面板与边框一般采用轧制成型,加劲肋与面板、边框一般采用焊接连接。平面模板一般用P××××表示其规格,前两位数表示宽度,后两位数表示长度。阳角模板、阴角模板、连接角模板统称角模,它们主要用于平面模板的连接及形成要求较高的棱角,其中阳角模板用于要求较高的阳角,阴角模板用于要求较高的阴角,棱角要求不高时可用连接角模。

常用钢模板的规格编码见表4-19。

钢模板连接件有:U形卡、L形插销、钩头螺栓、对拉螺栓、紧固螺栓扣件等,利用这些连接件可以实现钢模板不同形状的连接,连接形状见图4-42。

U形卡主要用于模板的拼接。模板边框上都开有小孔,间距不大于300mm,一个小孔用一个U形卡将相邻两块模板拼接成一个整体,安装时一顺一倒相互错开。

L形插销杆插入钢模板端部横肋的插销孔内,增加两相邻模板接头处的刚度和保证接头处表面平整。

常用的钢模板的规格编码 表4-19

模板长度			模板长度(mm)											
			450		600		750		900		1 200		1 500	
			代号	尺寸	代号	尺寸	代号	尺寸	代号	尺寸	代号	尺寸	代号	尺寸
平面模板(代号P)	宽度(mm)	300	P3006	300×450	P3006	300×600	P3007	300×750	P3009	300×900	P3012	300×1 200	P3015	300×1 500
		250	P2504	250×450	P2506	250×600	P2507	250×750	P2509	250×900	P2512	250×1 200	P2515	250×1 500
		200	P2004	200×450	P2006	250×600	P2007	200×750	P2009	200×900	P2012	200×1 200	P2015	200×1 500
		150	P1504	150×450	P1506	250×600	P1507	150×750	P1509	150×900	P1512	150×1 200	P1515	150×1 500
		100	P1004	100×450	P1006	250×600	P1007	100×750	P1009	100×900	P1012	100×1 200	P1015	100×1 500
阴角模板(代号E)			E1504	150×150×450	E1506	150×150×600	E1507	150×150×750	E1509	150×150×900	E1512	150×150×1 200	E1515	150×150×1 500
			E1004	100×100×450	E1006	100×100×600	E1007	100×100×750	E1009	100×100×900	E1012	100×100×1 200	E1015	100×100×1 500
阳角模板(代号Y)			Y1004	100×100×450	Y1006	100×100×600	Y1007	100×100×750	Y1009	100×100×900	Y1012	100×100×1 200	Y1015	100×100×1 500
			Y0504	50×50×450	Y0506	50×50×600	Y0507	50×50×750	Y0509	50×50×900	Y0512	50×50×1 200	Y0515	50×50×1 500
连接角模(代号J)			J0.004	50×50×450	0.006	50×50×600	J0.007	50×50×750	J0.009	50×50×900	J0.012	50×50×1 200	J0.015	50×50×1 500

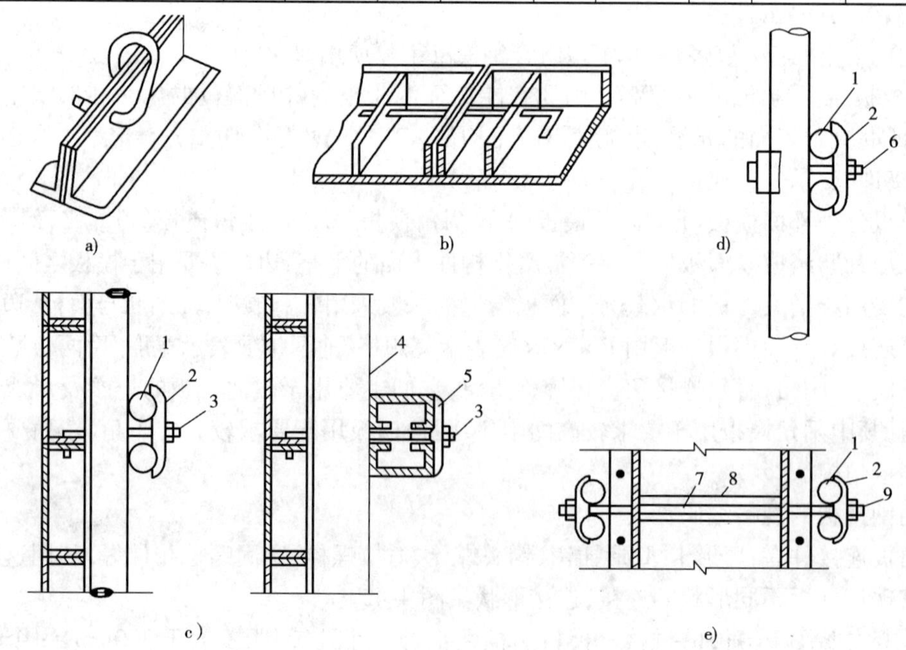

图4-42 钢模板连接

a)U形连接;b)L形插销连接;c)钩头螺栓连接;d)紧固螺栓连接;e)对拉螺栓连接

1-圆钢管钢楞;2-“3”形扣件;3-钩头螺栓;4-内卷边槽钢钢楞;5-蝶形扣件;6-紧固螺栓;7-对拉螺栓;8-塑料螺栓;9-螺母

钩头螺栓用于模板与内外钢楞的连接固定,安装间距一般不大于600mm。

紧固螺栓主要用于紧固内外钢楞,长度应与采用的钢楞尺寸相适应。

对拉螺栓用于连接墙壁两侧的模板,对拉装置的种类和规格尺寸可按设计要求和供应条件选用,其承载能力见表4-20。紧固螺栓扣件主要用于钢楞与钢模板或钢楞之间的扣紧,扣件有蝶形扣件和"3"形扣件,其中每种扣件又分大、小2种。扣件的选用要根据钢楞及钢模板的形状、规格选用。

对拉螺栓承载能力 表4-20

螺栓直径(mm)	螺母内径(mm)	净面积(mm^2)	容许拉力(kN)
M12	10.11	76	12.9
M14	11.84	105	17.8
M16	13.84	144	24.5
M18	15.29	174	29.6
M20	17.29	225	38.2
M22	19.29	282	47.9

钢模的支承件有:钢桁架、钢管支柱、四管支柱、钢筋托架、斜撑、钢楞等。

钢桁架主要用于支承梁或板的底模,它两端可支承在钢筋托具上、墙上、梁侧模板横档上、桁顶梁底横档上。使用钢桁架之前应进行强度和刚度的验算。常用的钢桁架制作尺寸如图4-43所示。a)图所示整榀式一个桁架的承载能力为30kN(均匀放置);b)图所示组合桁架可调整范围为2 500~3 000mm,一榀的承载能力为20kN(均匀放置)。

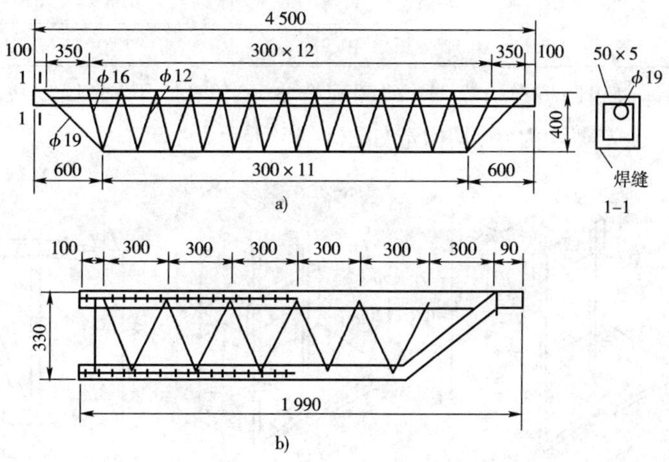

图4-43 钢桁架示意图(单位:尺寸以cm计,余以mm计)

a)整榀式;b)组合式

钢管支柱,又称琵琶撑,由内、外两节钢管制成,如图4-44a)所示。其高低调节距模数为100mm,支柱底部除垫块以外,均用木楔调整零数,以利于拆卸。另一种钢管支柱半身装有调节螺杆,能调节一个孔距间高度,使用方便,但成本较高,如图4-44b)所示。支架主要用来支承底模或钢桁架,在使用时应计算其承载力和变形。当单根支架承载力不够时,可采用四管支柱等,如图4-44c)所示。

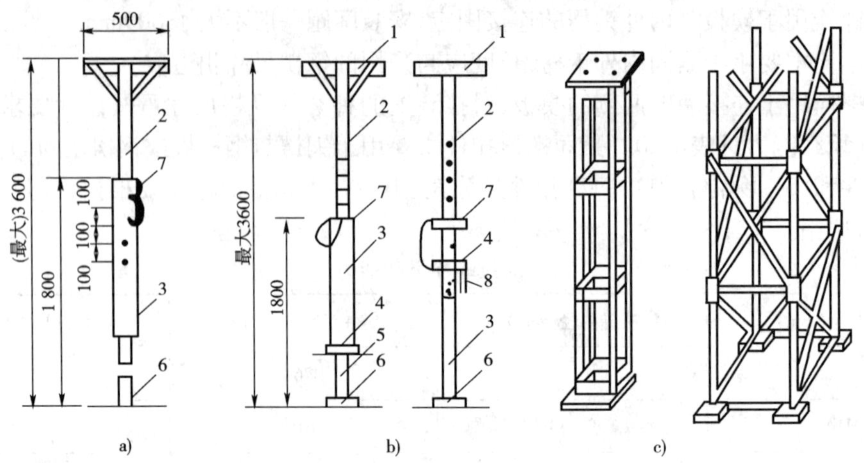

图 4-44　钢支架(尺寸单位:cm)

a)钢管支架;b)调节螺杆钢管支架;c)组合钢支架和风管井架

1-顶板;2-插管;3-套管;4-转盘;5-螺杆;6-底板;7-插销;8-转动手柄

单根钢管支架的容许承载力见表 4-21。

钢管支架立柱容许荷载　　表 4-21

横杆步距(cm)	ϕ48 ×3 钢管		ϕ48 × 3.5 钢管	
	对接	搭接	对接	搭接
	N(kN)	N(kN)	N(kN)	N(kN)
1.0	34.4	12.8	39.1	14.5
1.25	31.7	12.3	36.2	14.0
1.50	28.6	11.8	32.4	13.3
1.80	24.5	10.9	27.6	12.3

钢筋托具随墙体砌筑时安装在需要位置,配合支承桁架使用,节约支撑木料,也可打入砖墙灰缝中使用,但以预先砌入为好,其构造如图 4-45 所示。

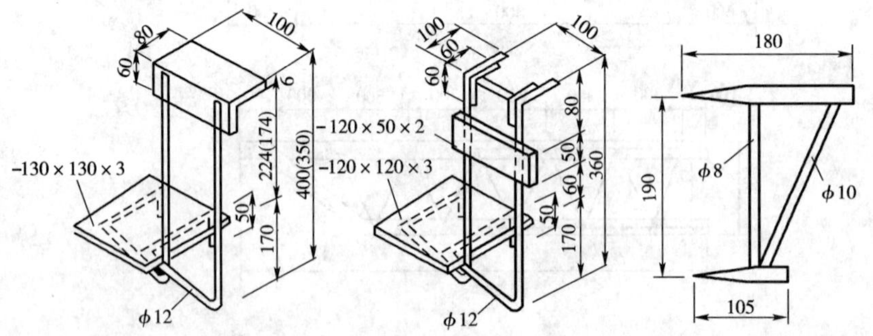

图 4-45　钢筋托具(单位:尺寸以 cm 计,余以 mm 计)

斜撑主要用来调整模板的垂直度和固定模板的垂直位置,构造如图 4-46 所示。

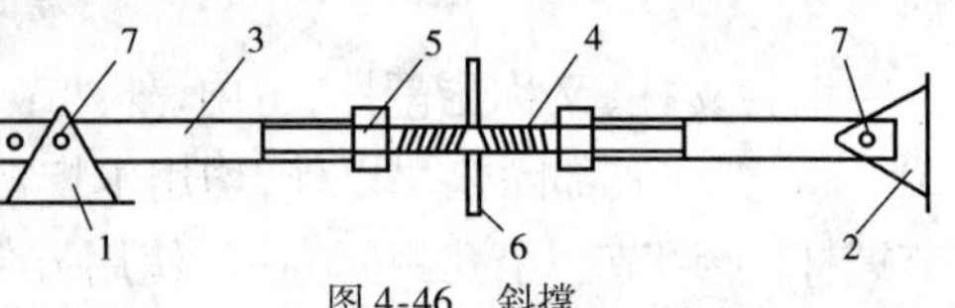

图 4-46　斜撑

1-底座;2-顶撑;3-钢管斜撑;4-花篮螺钉;5-螺帽;6-旋杆;7-销钉

钢楞,即模板的横档与立档,主要用来承受模板表面传来的荷载,也可以利用它加强模板结构的整体刚度及调整平直度,它分内钢楞与外钢楞 2 种。内钢楞配置方向与模板垂直,间距按荷载的大小及模板的力学性能决定，一般为700～900mm；外钢楞配置方向与内钢楞垂直，采用双根布置，间距可参照表4-22确定。钢楞可以由扁钢、钢管、矩形钢管、冷弯槽钢、内卷边槽钢等制作而成，具体规格及性能见表4-23。

外钢楞配置最大间距选用表（单位：cm） 表4-22

型 式	规格（mm）	侧压力（kN）						
		10	20	30	40	50	60	70
圆钢管	2－ϕ48×3.5	115	95	85	75	65	60	61
	2－ϕ51×3.5	117	100	90	80	73	66	
矩形钢管	2－□60×40×2.5	130	110	90	78	70	64	60
	2－□80×40×2.0		125	103	89	79	73	68
内卷边槽钢	2－80×40×15×3.0	159	133	120	102			100
	2－100×50×20×3.0		160	143	430	117	107	
槽钢	[2－8		160	145	135	125	120	115

注：1. 内、外钢楞均采用双根布置。
2. 内钢楞的间距为75cm。

外钢楞具体规格性质 表4-23

规 格（mm）		截面积（cm^2）	质 量（kg/cm）	截面惯性矩 I（cm^3）	截面最外抵抗矩 W（cm^3）
扁钢	－70×5	3.5	2.75	14.29	4.08
角钢	∟75×25×3.0	2.91	2.28	17.17	3.76
	∟80×35×3.0	3.30	2.59	22.49	4.17
钢管	ϕ48×3.0	4.24	3.33	10.78	4.49
	ϕ48×3.5	4.89	3.84	12.19	5.08
	ϕ51×3.5	5.22	4.10	14.81	5.81
矩形钢管	□60×40×2.5	4.57	3.59	21.88	7.29
	□80×40×2.0	4.52	3.55	37.13	9.28
	□100×50×3.0	8.64	6.78	112.12	22.42
冷弯槽钢	[80×40×3.0	4.50	3.53	43.92	10.98
	[100×50×3.0	5.70	4.47	88.52	12.20
内卷边槽钢	[80×40×15×3.0	5.08	3.99	48.92	12.23
	[100×50×20×3.0	6.58	5.16	100.28	20.06
槽钢	[8	10.24	8.04	101.30	25.30

梁卡具又称梁托具，可以用钢管或槽钢制作，主要用于固定矩形梁、圈梁的侧模，节约斜撑等材料，也可用于侧模上口的卡固定位，卡具构造如图4-47和图4-48所示。

柱箍可以用木材、角钢、扁钢、圆钢制作，构造如图4-49、图4-50、图4-51和图4-52所示。柱箍主要用在柱模上，保证柱模在浇灌混凝土时不发生模板变形的现象，柱箍的间距与模板的厚度、混凝土侧压力等有关，常为上稀下密，一般为500～700mm。

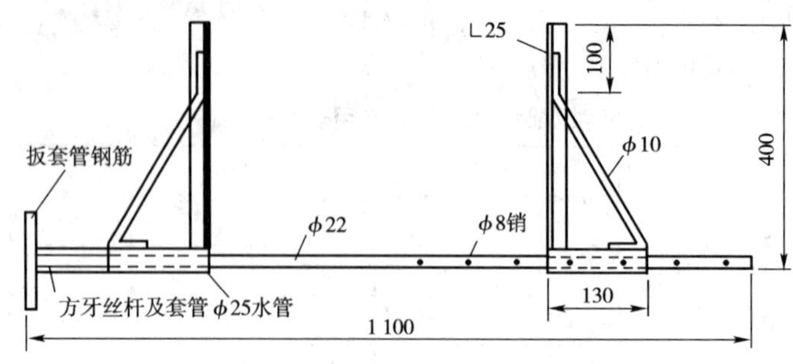

图4-47　钢管卡具（单位：尺寸以cm计，余以mm计）

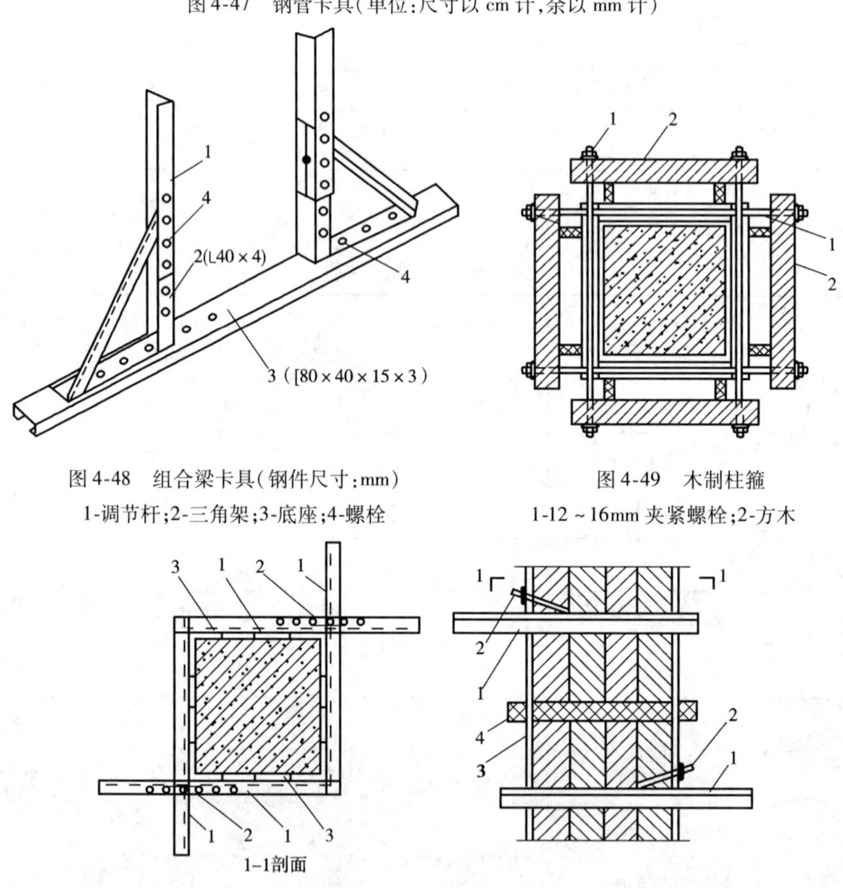

图4-48　组合梁卡具（钢件尺寸：mm）

1-调节杆；2-三角架；3-底座；4-螺栓

图4-49　木制柱箍

1-12～16mm夹紧螺栓；2-方木

图4-50　钢柱箍

1-∟50×4；2-12mm弯角螺栓；3-拼条；4-木箍

钢模板是一种工具式模板，在施工现场，应根据混凝土构件或部位的具体尺寸和规格来拼装。在拼装模板前，应绘制配板图，并标出钢模板的位置、规格型号及数量。在绘制配板图时应注意以下几点：

（1）优先采用通用规格及大规格的模板，它可以减少模板的种类、数量及块数，保证模板的整体性，减少装拆时间，加快施工进度。

（2）合理使用模板，充分利用不同规格模板之间的互补性，尽可能减少或不用木模嵌补。模板的长度方向应沿梁长度方向及柱高度方向布置，模板的接头位置应错开。模板排列时，尽量采用全部横排或全部竖排，防止横排和竖排同时存在的情况。

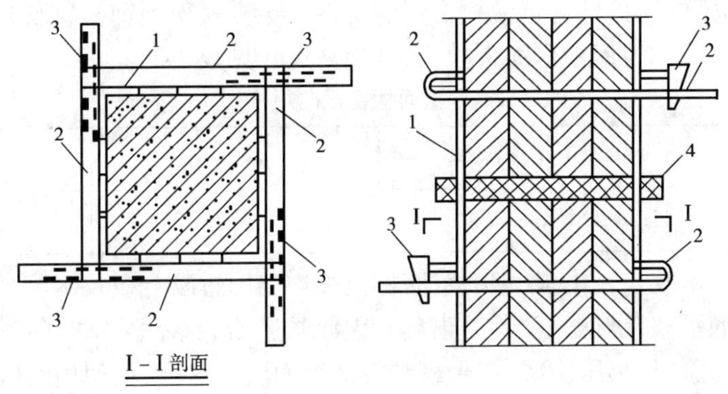

图 4-51　偏钢柱箍

1-木模；2-60mm×5mm 扁钢；3-钢板模；4-拼条

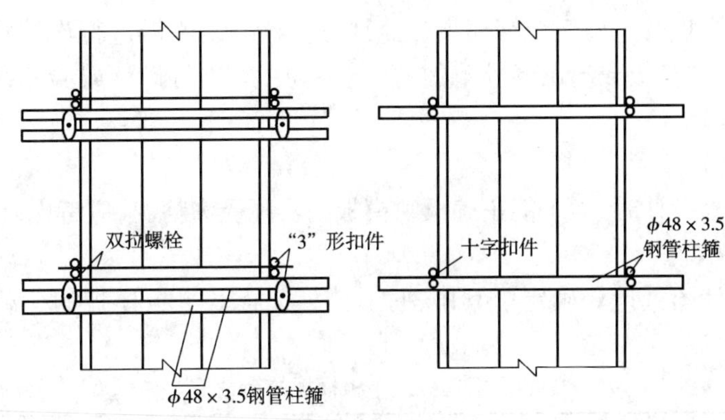

图 4-52　圆钢管柱箍（钢件尺寸：mm）

(3)合理使用角模。在转角没有特殊要求时，应尽量不采用阴角模板或阳角模板，少采用连接角模板。在柱头、梁口及其他短边转角处，也可用方木嵌补。

(4)应使支承件布置简单，受力合理。

4. 胶合模板

胶合模板有木胶合模板、竹胶合板、钢框胶合模板、钢框竹胶合模板等。木胶合模板的规格见表 4-24。竹胶合板有竹编胶合板、竹编表板竹帘芯胶合板、竹条胶合板 3 类，其规格尺寸见表 4-25，其中 2 000mm×1 000mm 最常用。厚度分薄型（2～6mm）及厚型（≥7mm）两类。其中用作混凝土模板的竹胶合板厚度通常为 12～18mm，常用的有 12mm 及 15mm 两类。

木胶合模板的规格　　表 4-24

长度(mm)	宽度(mm)	厚度(mm)
1 830	915	12.0,15.0,18.0
1 830	1 220	
2 135	915	
2 440	1 220	

竹胶合板的规格　　表 4-25

长度(mm)	偏差(mm)	宽度(mm)	偏差(mm)
1 830	+5	915	+5
2 000		1 000	
2 135		915	
2 440		1 220	
300		1 500	

木胶合板及竹胶合板有一个共同的弱点——模板边刚度不足。为克服这个弱点，在木胶合板及竹胶合板的四周设置钢框，增加其边框的刚度，同时在钢框上开设间距相同的小孔，便

于利用定型组合钢模的连接件进行模板之间的拼接。这样就得到钢框竹胶合板模板及钢框胶合板模板，这两种又统称为钢框覆面板模板，其规格尺寸见表4-26。

钢框覆面板模板的规格 表4-26

宽度(mm)	长度(mm)	框高(mm)	厚度(mm)
450,600,750,900	120,1 500,1 800	55,70	9,12

竹胶合板模板、木胶合板模板、钢框覆面板模板均利用竹胶合板及木胶合板与构件表面接触，保证构件表面的平整及形状、位置的正确。因此竹胶合板、木胶合板有一个覆面层。覆面层的做法有3类，即涂料、热压涂层、三聚氰胺浸渍纸面层。这样，在使用时既能满足模板的功能，又能保证模板能多次使用的要求。

二、主要结构的模板配板设计

常用的木拼板模板及定型组合钢模板，一般按经验配板，不需进行设计验算，但对重要结构的模板、特殊形式的模板或超出经验范围的一般模板，应进行设计或验算，以保证工程质量和施工安全，防止浪费。

1. 荷载及其组合

在进行模板配板设计时，为了能正确反映模板的实际受力情况，应考虑以下荷载。

(1)模板及支架自重

它根据模板设计图纸计算确定。其中，肋形楼板模板及平板模板的荷载，可参照表4-27确定。

肋形板模板及平板模板的荷载 表4-27

项次	模板构件名称	木模板(kN/m^2)	定型组合钢模(kN/m^2)
1	平板的模板及小楞的自重	0.3	0.5
2	楼板模板的自重(其中包括梁的模板)	0.5	0.75
3	楼板模板及其支架的自重(楼层高度4m以下)	0.75	1.1

(2)新浇混凝土自重

普通混凝土采用$24kN/m^2$，其他混凝土根据实际湿密度确定。

(3)钢筋自重

根据工程图纸确定，一般梁板结构每$1m^3$构件中钢筋的自重可按下列数值取用：

柱1.1kN，梁1.5kN。

(4)施工人员及施工设备的自重

①计算模板及直接支承模板的小楞时，均布荷载可取$2.5kN/m^2$，另应以集中荷载2.5kN再行验算，比较两者所得的弯矩值，取其大者采用。

②计算直接支承小楞结构构件时，均布荷载可取为$1.5kN/m^2$。

③模板单块宽度小于150mm时，集中荷载可分布在相邻的两块模板上。

④计算支架立柱及其他支承结构构件时，均布荷载可取$1.0kN/m^2$。

注：1. 对大型浇筑设备如上料平台、混凝土输送泵等，按实际情况计算。

2. 混凝土堆积料高度超过100mm以上者，按实际高度计算。

(5)振捣混凝土时产生的荷载

对水平面模板可取 $2kN/m^2$,对垂直面模板可取 $4kN/m^2$(作用范围在新浇混凝土侧压力的有效压头高度之内)。

(6)新浇混凝土对模板侧面的压力

采用内部振捣器时,新浇混凝土作用于模板的最大侧压力,可按下列公式计算,并取公式中的较小值:

$$F = 0.22\gamma_c t_0 \beta_1 \beta_2 v^{\frac{1}{2}} \tag{4-1}$$

$$F = \gamma_c H \tag{4-2}$$

式中:F——新浇混凝土对模板的最大侧压力(N);

γ_c——混凝土的重度(kN/m^3);

t_0——新浇混凝土的初凝时间(h),可按实测确定,当缺乏试验资料时,可采用 $t_0 = \frac{200}{T+15}$ 计算,T 为混凝土的温度;

v——混凝土的浇筑速度(m/h);

H——混凝土侧压力计算位置处至新浇筑混凝土顶面的高度(m);

β_1——外加剂影响修正系数,不掺外加剂时取1.0,掺具有缓凝作用的外加剂时取1.2;

β_2——混凝土坍落度影响修正系数,当坍落度小于30mm时取0.85,当坍落度为50~90mm时取1.0,当坍落度为110~150mm时取1.5。

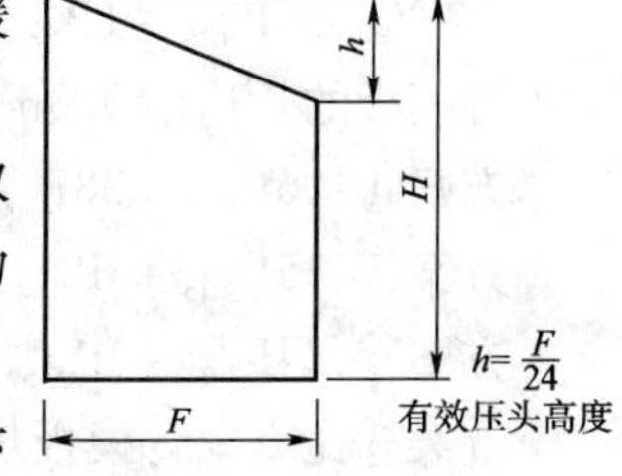

图4-53 侧压力的计算分图

混凝土侧压力的计算分图如图4-53所示,图中 h 为有效压头高度(m),可按 $h = \frac{F}{24}$ 计算。

(7)倾倒混凝土时产生的水平荷载(表4-28)。

倾倒混凝土时产生的水平荷载 表4-28

项　次	向模板中供料方法	水平荷载(kN/m^2)
1	用溜槽串筒或导管输出	2
2	用容量0.2及少于 $0.2m^3$ 运输器倾倒	2
3	用容量 $0.2 \sim 0.8m^3$ 的运输器倾倒	4
4	用容量大于 $0.8m^3$ 的运输器倾倒	6

注:作用范围在有效压头高度以内。

荷载计算以后,根据表4-29组合进行内力计算。

组合内力计算 表4-29

项　次	项　目	荷载类别	
		计算强度用	验算刚度用
1	平板和薄壳模板及其支架	1+2+3+4	1+2+3
2	梁和拱模板的底板	1+2+3+5	1+2+3
3	梁拱柱(边长≤300mm)墙(厚≤100mm)的侧面模板	5+6	6
4	厚大结构柱(边长>300mm)墙(厚>100mm)的侧面模板	6+7	6

2. 关于变形的规定

当验算模板及其支架的刚度时,其最大变形值不得超过下列允许值:

(1)结构表面外露的模板,为模板构件计算跨度的1/400。

(2)结构表面隐蔽的模板,为模板构件计算跨度的1/250。

(3)支架的压缩变形或弹性挠度,为形变的结构计算跨度的1/1 000。

此外,支架的立柱或桁架应保持稳定,并用撑拉杆件固定,风荷载的取值应符合专门的规定。

3. 倾覆验算

为防止模板及其支架在风荷载作用下倾覆,应从构造上采取有效的防倾覆措施。当验算模板及支架在自重及风荷载作用下的抗倾覆稳定性时,其安全系数不宜小于1.15。

【例题4-1】 某结构现浇钢筋混凝土板,厚100mm,其支模尺寸为3.3m×4.95m,净空高为4.5m,采用组合钢模及钢管支架支撑,要求作配板设计及模板结构布置与验算。

解:(1)配板方案

若模板以其长边沿4.95m的方向排列,配板有以下3种方案。

方案①:$33P_{3015}+11P_{3004}$,2种规格共44块;

方案②:$34P_{3015}+2P_{3009}+1P_{1515}+2P_{1509}$,4种规格共39块;

方案③:$35P_{3015}+1P_{3004}+2P_{1515}$,3种规格共38块。

若模板的长边沿3.3m的方向排列,配板又有以下3种方案。

方案④:$16P_{3015}+38P_{3009}+IP_{1515}+2P_{1509}$,4种规格共51块;

方案⑤:$35P_{3015}+IP_{3004}+2P_{1515}$,3种规格共38块;

方案⑥:$34P_{3015}+IP_{1515}+2P_{1509}+2P_{3009}$,4种规格共39块。

方案③比方案⑤模板规格少,同时又尽量采用通用规格模板,模板数量也少,比较合适。

现取方案③作模板结构布置及验算的依据。

(2)模板结构布置

其内外钢楞用矩形钢管60mm×44mm×2.5mm。钢楞截面抵抗矩 $W=14.58\text{cm}^3$,惯性矩 $I=43.78\text{cm}^4$,弹性模量 $E=2\times10^5\text{N/mm}^2$,内钢楞间距为0.75m,外钢楞间距为1.3m,内外钢楞交点处用 $\phi48\times3.5$ 钢管作支架,用搭接接长,各支柱间布置双向水平撑上下2道,并适当布置剪刀撑,结构布置图如图4-54和图4-55所示。

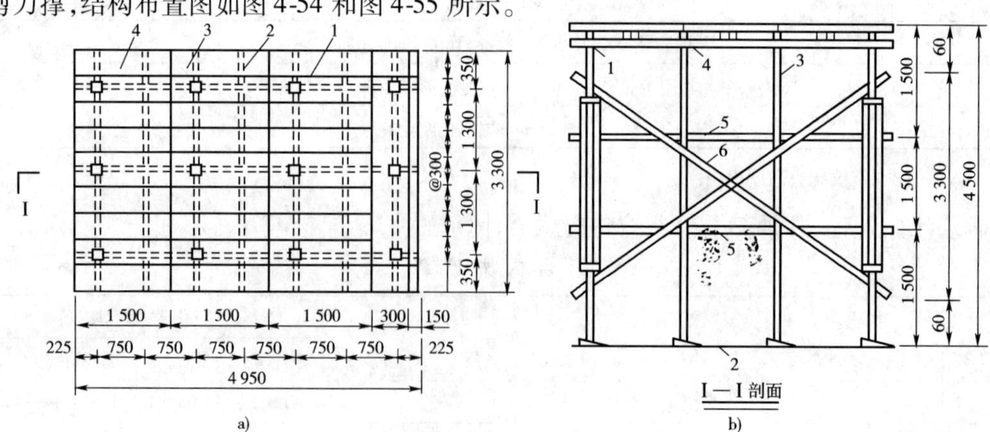

图4-54　盖板模板的配板及支撑(尺寸单位:mm)

a)配板图;b) I—I剖面

1-$\phi48\times3.5$钢管支柱;2-钢模板;3-内钢楞2□60×40×2.5;4-外钢楞2□60×40×2.5;5-水平撑$\phi48\times3.5$;6-剪刀撑$\phi48\times3.5$

(3)模板结构验算

①荷载计算:每平方米支承面模板荷载

模板及配件自重:500N/m²

新浇混凝土自重:2 500N/m²

钢筋自重:110N/m²

施工荷载:2 500N/m²

合计:5 610N/m²

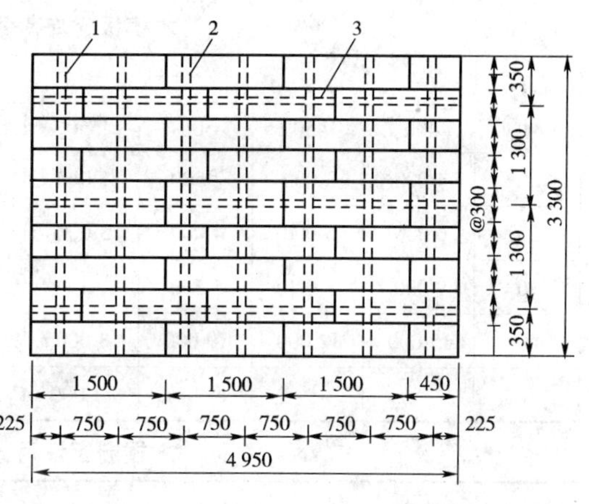

图 4-55　盖板模板按错缝排列的配板图(尺寸单位:mm)

1-钢模板;2-内钢楞 2□60 ×40 ×2.5;3-外钢楞 2□60 ×40 ×2.5

②内钢楞验算:内钢楞计算简图见图 4-56,悬臂 $a=0.35\text{m}$,内跨长 $l=1.3\text{m}$。

荷载:$g=5\ 610\times0.75=4\ 210\text{N/m}$

支点 A 弯矩:

$$M_{\text{A}}=\frac{1}{2}qa^2=\frac{1}{2}\times4210\times0.35^2=257.8\text{N}\cdot\text{m}$$

支点 B 弯矩:

$$M_{\text{B}}=\frac{1}{8}ql^2\left[1-2\times\left(\frac{0.35}{1.3}\right)^2\right]=760\text{N}\cdot\text{m}$$

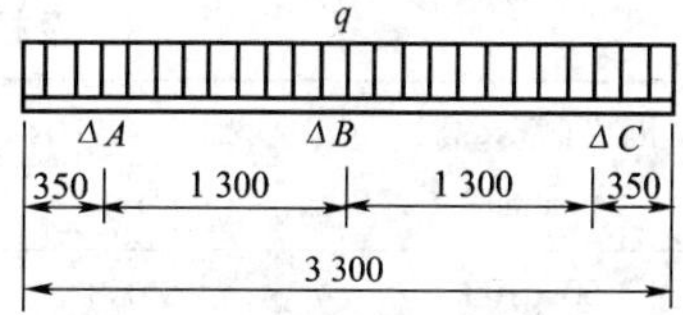

图 4-56　计算简图(尺寸单位:mm)

最大抗弯强度:

$$\theta=\frac{M_{\text{B}}}{W}=\frac{760\times10^3}{14.58\times10^3}=52.1\text{N/mm}^2<f=210\text{N/mm}^2$$

悬臂端挠度:

$$\delta=\frac{q'al^3}{48EI}\left[-1+6\left(\frac{a}{l}\right)^2+6\left(\frac{a}{l}\right)^3\right]$$

$$q'=(5\ 610-2\ 500)\times0.75=2\ 332\text{N/m}$$

故挠度为:

$$\delta=\frac{2\ 332\times0.35\times1.3\times10^9}{48\times2\times10^5\times43.76\times10^4}\left[-1+6\left(\frac{0.35}{1.3}\right)^2+6\left(\frac{0.35}{1.3}\right)^3\right]=0.19\text{mm}$$

跨内最大挠度,根据力学方法求出:

$$\delta=\frac{0.1ql^4}{24EI}=\frac{0.1\times2\ 332\times1.3^4\times10^9}{24\times2\times10^5\times43.76\times10^4}=0.317\text{mm}$$

$$\frac{\delta}{l}=\frac{0.317}{1\ 300}=\frac{1}{4\ 100}\left(<\frac{1}{400},\text{可}\right)。$$

(4)支柱验算

验算支柱时,模板及支架自重取 1 100N/m²,故水平投影面上每 1m² 的荷载为 1 100 + 2500 + 110 + 2 500 = 6 210N/m²,每一中间支柱所受荷载为 1.3 × 1.5 × 6 210 + 12 100N = 12.1kN。根据表 4-21,当采用 ϕ48 × 3.5 钢管,用扣件搭接接长,横杆步距为 1.5m 时,每根钢管的容许荷载为 13.3kN,大于支架支柱所受的荷载 12.1kN,故模板及支架安全。

4. 木模板设计参考数据

木模板设计参考数据见表 4-30 ~ 表 4-39。

木模板容许荷载参考表(单位:N/m^2) 表 4-30

板厚(mm)	支点间距(mm)									
	400	450	500	550	600	700	800	900	1 000	1 200
20	4 000	3 000	2 500	2 000						
25	6 000	5 000	4 000	3 000	2 500	2 000				
30	9 000	7 000	5 500	4 500	4 000	3 000	2 000			
40	15 000	12 000	10 000	8 000	7 000	5 000	4 000	3 000	2 500	
50			15 000	13 000	10 000	8 000	6 000	5 000	4 000	2 500

木搁栅容许荷载参考表(单位:N/m^2) 表 4-31

断面(宽×高)(mm)	跨 距						
	700	800	900	1 000	1 200	1 500	2 000
50×50	4 000	3 000	2 500	2 000	1 300	900	500

牵杠木容许荷载参考表(单位:N/m^2) 表 4-32

断面(宽×高)(mm)	跨 距					
	700	1 000	1 200	1 500	2 000	2 500
50×100	8 000	4 000	2 700	1 700	1 000	
50×120	11 500	5 500	4 000	2 500	1 500	
70×150	25 000	12 000	8 500	5 500	3 000	2 000
70× 200	38 000	22 000	15 000	9 500	8 500	3 500
100×100	16 000	8 000	5 500	3 500	2 000	
ϕ120	15 000	7 000	5 000	3 000	1 800	

木支柱容许荷载参考表(单位:N/m^2) 表 4-33

断面(宽×高)(mm)	高 度				
	2 000	3 000	4 000	5 000	6 000
80×100	35 000	15 000	10 000		
100×100	55 000	30 000	20 000	10 000	
150×150	200 000	150 000	90 000	55 000	4 000
ϕ80	15 000	7 000	4 000		
ϕ100	38 000	17 000	10 000	6 500	
ϕ120	70 000	35 000	20 000	15 000	10 000

基础木模用料尺寸参考表(单位:mm) 表 4-34

基础高度	木档间距(板厚25,振动捣固)	木档断面	附 注
300	500	50×50	
400	500	50×50	
500	500	50×75	平摆
600	400~500	50×75	平摆
700	400~500	50×75	平摆

矩形柱木模板用料参考表(用振动器捣固)(单位:mm)　　表4-35

柱孔断面	横档间距	横档断面	附注
	柱子模板厚50,门子板厚25		
300×300	450	50×50	
400×400	450	50×50	
500×500	400	50×75	平摆
600×600	400	50×75	平摆
700×700	400	50×100	平摆
800×800	400	50×100	平摆

梁模板用料参考表(单位:mm)　　表4-36

梁高	梁侧板(厚度不小于25)		梁底板(厚度40)	
	木档间距	木档断面	支承点间距	支承琵琶头断面
300	550	50×50	1 250	50×100
400	500	50×50	1 150	50×100
500	500	50×75(平摆)	1 050	50×100
600	450	50×75(立摆)	1 000	50×100
800	450	50×75(立摆)	900	50×100
1 000	400	50×100(立摆)	850	50×100
1 200	400	50×100(立摆)	800	50×100

注:1. 支柱用100mm×100mm方木或80~120mm圆木。

2. 琵琶头(梁高500mm以下)长度为梁高×2+梁底宽+300mm。

板模板用木料参考表(振动器捣固)(单位:mm)　　表4-37

混凝土板厚	搁栅断面	搁栅间距	底板板厚	牵杆断面	牵杆撑间距	牵杆间距
60~120	50×100	500	25	75×150	1 500	1 200
140~200	50×100	400~500	25	70×200	1 500~1 300	1 200

墙模板用工料参考表(单位:mm)　　表4-38

墙厚	模板厚	立档间距	立档断面	横档间距	横档断面	加固拉条
200以下	25	500	50×100	1 200	100×100	用8~10号铁丝或用ϕ12~16螺栓,间距不大于1m纵横排列
200以上	25	500	50×100	700	100×100	

板式楼梯木模板用料参考表(单位:mm)　　表4-39

斜搁栅断面	斜搁栅间距	牵杆断面	牵杠撑间距	底模板厚	统长顺带断面
50×100	400~500	70×150	1 000~1 200	20~25	70×150

三、主要结构模板的安装和拆除

在模板配板设计完成以后,可以进行模板安装。在模板安装之前,应先检查模板的质量、规格、数量是否符合要求,同时在模板安装之前应弹出模板位置。

1. 基础模板

(1)阶形基础模板(图4-57)

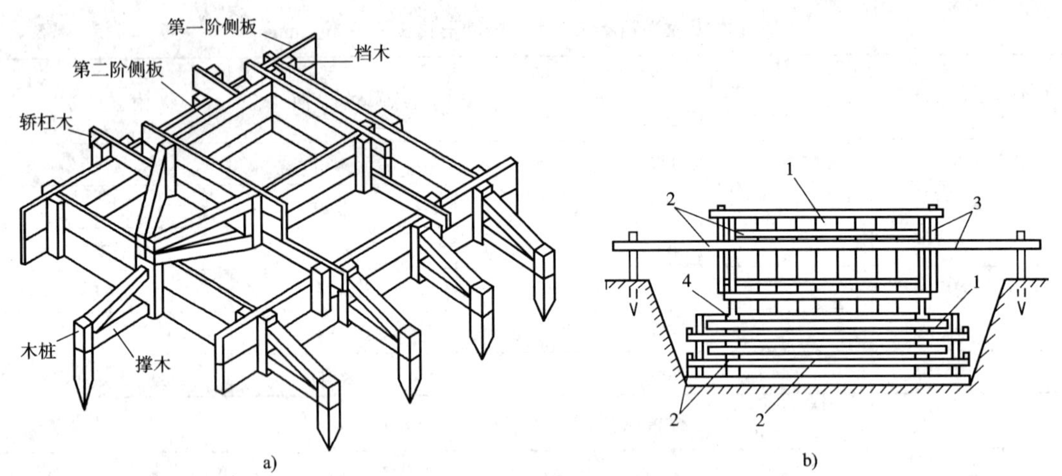

图 4-57　阶形基础模板

a)木模板;b)组合钢模板

1-钢模板;2-钢管(钢楞);3-定位杆 $\phi48$;4-混凝土垫块

模板安装、预埋件、预留孔洞的允许偏差和检验方法见表 4-40。

模板安装、预埋件、预留孔洞的允许偏差和检验方法　　表 4-40

<table>
<tr><th rowspan="2">项次</th><th rowspan="2" colspan="2">项　　目</th><th colspan="4">允许偏差(mm)</th><th rowspan="2">检 验 方 法</th></tr>
<tr><th>单层或多层</th><th>高层框架</th><th>多层大模</th><th>高层大模</th></tr>
<tr><td rowspan="2">1</td><td rowspan="2">轴线位移</td><td>基础</td><td>5</td><td>5</td><td>5</td><td>5</td><td rowspan="2">尺量检查</td></tr>
<tr><td>柱、墙、梁</td><td>5</td><td>3</td><td>5</td><td>3</td></tr>
<tr><td>2</td><td colspan="2">高程</td><td>±5</td><td>+2
−5</td><td>±5</td><td>±5</td><td>用水准仪或拉线或尺量</td></tr>
<tr><td rowspan="2">3</td><td rowspan="2">截面尺寸</td><td>基础</td><td>±10</td><td>±10</td><td>±10</td><td>±10</td><td rowspan="2">尺量检查</td></tr>
<tr><td>柱、墙、梁</td><td>+4
−5</td><td>+2
−5</td><td>±2</td><td>±2</td></tr>
<tr><td>4</td><td colspan="2">每层垂直度</td><td>3</td><td>3</td><td>3</td><td>3</td><td>用 2m 托线板检查</td></tr>
<tr><td>5</td><td colspan="2">相邻两板表面高低差</td><td>2</td><td>2</td><td>2</td><td>2</td><td>用直尺和尺量检查</td></tr>
<tr><td>6</td><td colspan="2">表面平整度</td><td>5</td><td>5</td><td>2</td><td>2</td><td>用 2m 靠尺或楔形塞尺检查</td></tr>
<tr><td>7</td><td colspan="2">预埋钢板中心线位移</td><td>3</td><td>3</td><td>3</td><td>3</td><td>拉线及尺量检查</td></tr>
<tr><td>8</td><td colspan="2">预埋管预留孔中心线位移</td><td>3</td><td>3</td><td>3</td><td>3</td><td rowspan="5">拉线及尺量检查</td></tr>
<tr><td rowspan="2">9</td><td rowspan="2">预埋螺栓</td><td>中心线位移</td><td>2</td><td>2</td><td>2</td><td>2</td></tr>
<tr><td>外露长度</td><td>+10
0</td><td>+10
0</td><td>+10
0</td><td>+10
0</td></tr>
<tr><td rowspan="2">10</td><td rowspan="2">预留洞</td><td>中心线位移</td><td>10</td><td>10</td><td>10</td><td>10</td></tr>
<tr><td>截面内部尺寸</td><td>+10
0</td><td>+10
0</td><td>+10
0</td><td>+10
0</td></tr>
</table>

(2)杯形基础模板(图 4-58、图 4-59、图 4-60)

(3)条形基础模板(图 4-61)

(4)施工要点

①安装模板前应先复查地基垫层高程及中心线位置,弹出基础边线;基础模板面高程应符合设计要求。

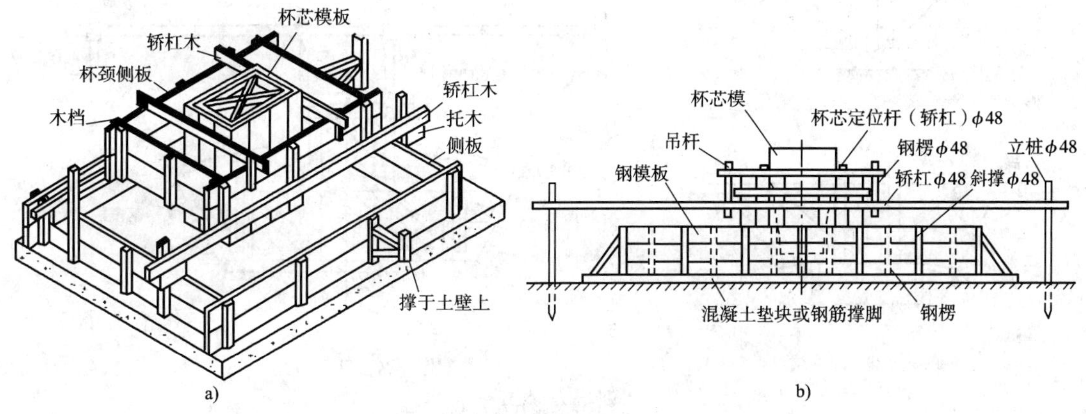

图 4-58　杯形基础模板

a）木模板；b）组合钢模板

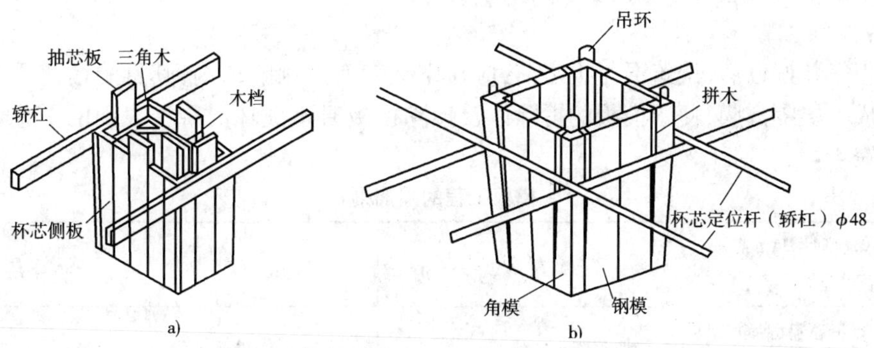

图 4-59　整体式杯芯模板

a）木模板；b）钢制杯芯模

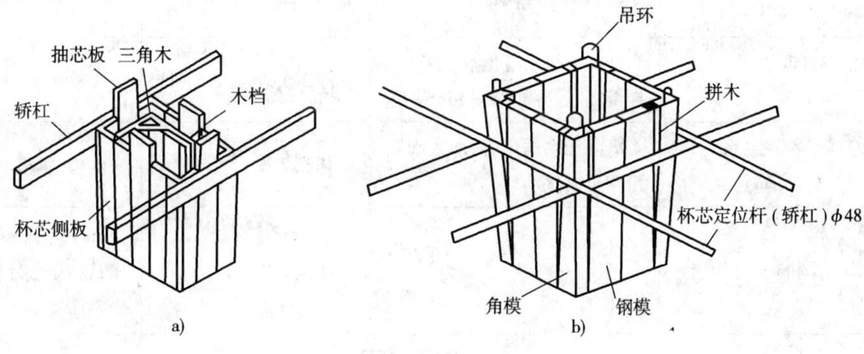

图 4-60　装配式杯芯模板

a）木模板；b）钢模板

②基础下段模板如果土质良好，可以用土模，但开挖基坑和基槽尺寸必须准确。

③杯芯模板要刨光，应直拼。如设底板，应使侧板包底板，底板要钻几个孔以便排气。芯模外表面涂隔离剂，四角做成小圆角，灌混凝土时上口要临时遮盖。

④杯芯模板的拆除要根据混凝土的凝固情况，一般在初凝前后即可用锤轻打，撬棒松动；较大的芯模，可用倒链将杯芯模板稍加松动拔出。

⑤浇捣混凝土时要注意防止杯芯模板向上浮升或四面偏移，模板四周混凝土应均匀浇捣。

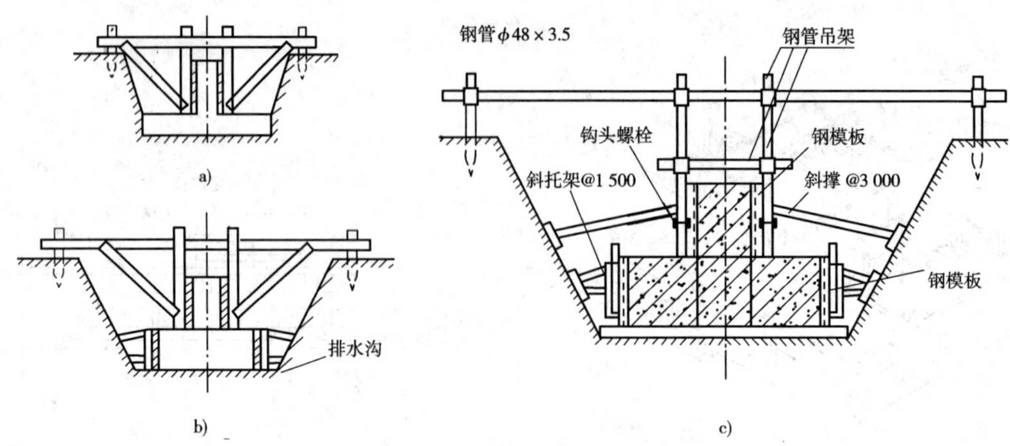

图 4-61　条形基础模板

a）土质较好，下半段利用原土削平不另支模；b）土质较差，上下两段均支模；c）钢模板

⑥脚手板不能搁置在基础模板上。

(5)隔离剂

在模板安装好以后，浇筑混凝土之前，应在模板表面涂刷隔离剂，其目的是使混凝土与模板表面形成一层隔离膜，便于模板的拆除以及拆除模板时不破坏混凝土表面的平整。常用的隔离剂见表 4-41。

模板工程的隔离剂　　表 4-41

序号	隔离剂种类与混凝土配合比(质量比)	配制要点	使用方法	备注(用于)
1	石灰膏: 滑石粉: 黏土: 皂粉 =1:0.5:3:0.075	加水调至糊状	均匀涂 1~2 次	胎模、台座
2	黏土: 皂脚: 水 =3:4:3	加水调至薄糊状	均匀涂 1~2 次	胎模、台座
3	皂脚: 水 =1:5~7	皂脚加热水溶化后，加热水拌至糊状，冷却 12~14h 使用	涂 2 次，间隔 0.5~1h	木模
4	皂脚: 滑石粉: 水 =1:1: 适量	皂脚加水诱化后，加入滑石粉调至糊状	稀涂 2 次	木模、钢模、胎模、台座
5	废机油		稀涂 2 次	木模、钢模、胎模、台座；以淡色为宜，防止污染钢筋
6	废机油: 滑石粉 =1:1	调至糊状	稠 1 次，稀 2 次	木模、钢模、胎模、台座；以淡色为宜，防止污染钢筋
7	柴油: 石蜡: 填充料 =1:(0.2~0.3):(~0.8)	碎石蜡加热溶化后，加柴油均匀搅拌，冷却后在使用时加入填充料(粉灰或滑石粉)拌和	冬季或多风天涂 1~2 次，夏季或阴湿天填充料后撒于柴油石蜡层上	木模、钢模、台座；不宜用于有水泥粉面的板面

续上表

序号	隔离剂种类与混凝土配合比(质量比)	配制要点	使用方法	备注(用于)
8	碱法纸浆黑液: 水: 机油=1: 10: 少量	按比例调匀	涂刷	预制构件生产
9	塔儿油: 煤油: 机油=1: 7: 1	先将机油与煤油混合均匀,再与塔儿油混合均匀	涂刷	木模、钢模
10	浮藻酸钠: 滑石粉: 洗衣粉: 水=1.5: 20 ~ 60: 1.5: 80	两日前将浮藻酸钠用水浸泡,化开后加滑石粉、洗衣粉及水搅拌	喷涂 1 ~ 2 次	钢模、大模板
11	甲基硅树脂: 乙醇胺: 酒精 1 000: 2 ~ 3: 适量	在磁杯内把乙醇胺用少量酒精稀释,经搅拌后倒入甲基硅树脂中继续搅拌均匀	涂刷	钢模,可重复使用 3 ~ 5 次
12	D—1 大竹防锈脱模剂	广西南宁大化生产	涂刷喷涂	钢模,涂刷有效脱模 2 次
13	石灰膏、纸筋灰、麻刀灰	调到适当稠度	在间隔支模、叠浇混凝土桩时,粉于混凝土地面及构件侧面厚 3 ~ 5cm	脱模效果好

2. 柱、墙模板

柱模板与墙模板相对其他模板而言,有以下特点:

①由于浇筑高度较大,因此,模板承受的侧压力也较大,为了保证在混凝土浇筑进程中模板的稳定,必须设置较多的紧固件,如柱模板必须设置足够的柱箍,墙模板设置足够的对拉螺栓等。

②模板不承受混凝土构件的重量,拆模的时间可以提前,模板的周转速度较快,模板的一次投入量可以减少。

③混凝土构件的位置精确度要求较高,同时构件表面的平整度也要求较高。因此,对模板的位置及表面平整度也要求较高,同时,它容易产生累计误差,支模板时一定要控制单个误差。

④墙模板可以利用大模板施工。

⑤墙柱预埋件较多,支模板时一定要考虑预埋件的位置。

(1)柱模板

柱子的形状有矩形柱、圆形柱,目前常用的柱模板有木模板以及定形组合钢模板。在支撑前,应先进行底部找平,然后进行柱模定位及柱模高程控制。柱模水平高程控制一般采用水准仪进行,如图 4-62 所示,标记高度比混凝土地面高 1m。

柱模定位固定方法如图 4-63 所示,可用固定模板卡件。

柱模采用木模制作时,柱箍上稀下密,间距 500 ~ 700mm,同时沿高度 2m 设浇筑孔。

柱模采用钢模时,具体做法如图 4-64 所示。

柱模采用胶合板模板时,一个侧面一块整体,如图 4-65a)、b)、c)所示。

在柱模施工时,要注意以下几个问题:

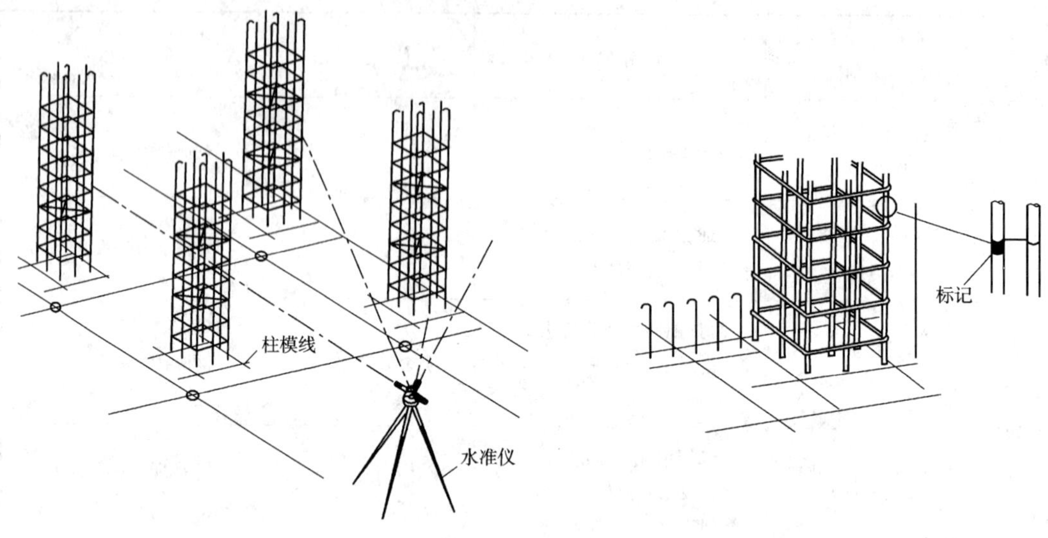

图 4-62　柱模水平高程标记

图 4-63　柱子的模板

1-内拼板；2-外拼板；3-柱箍；4-梁缺口；5-清理孔；6-木框；7-盖板；8-拉紧螺栓；9-拼条；10-三角木条

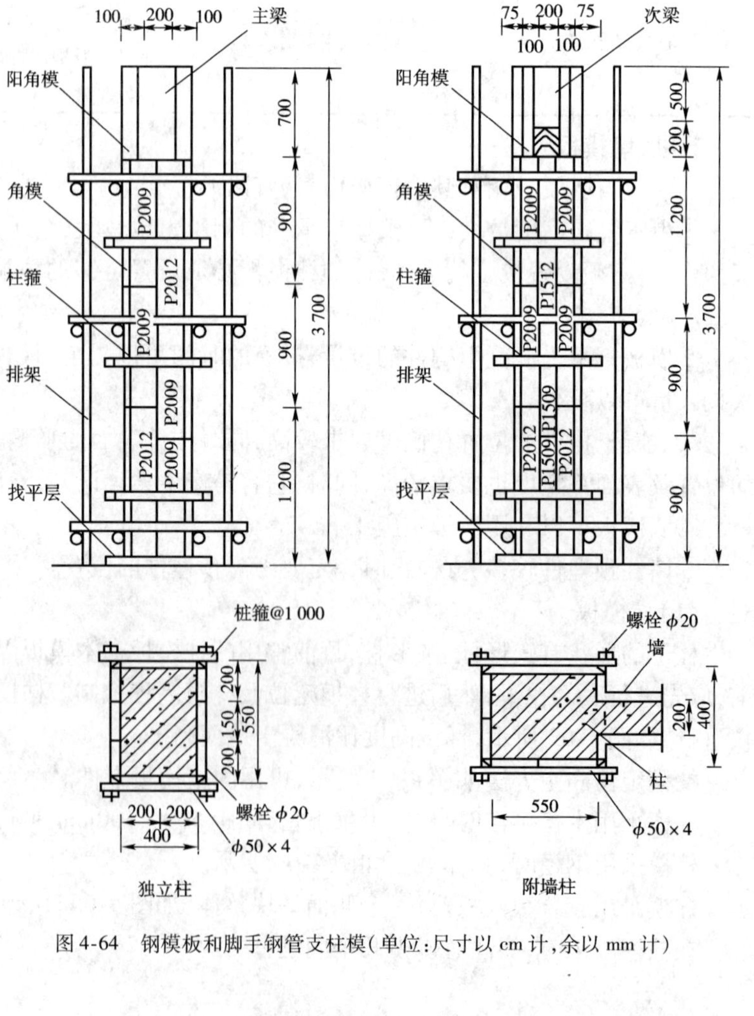

独立柱　　附墙柱

图 4-64　钢模板和脚手钢管支柱模（单位：尺寸以 cm 计，余以 mm 计）

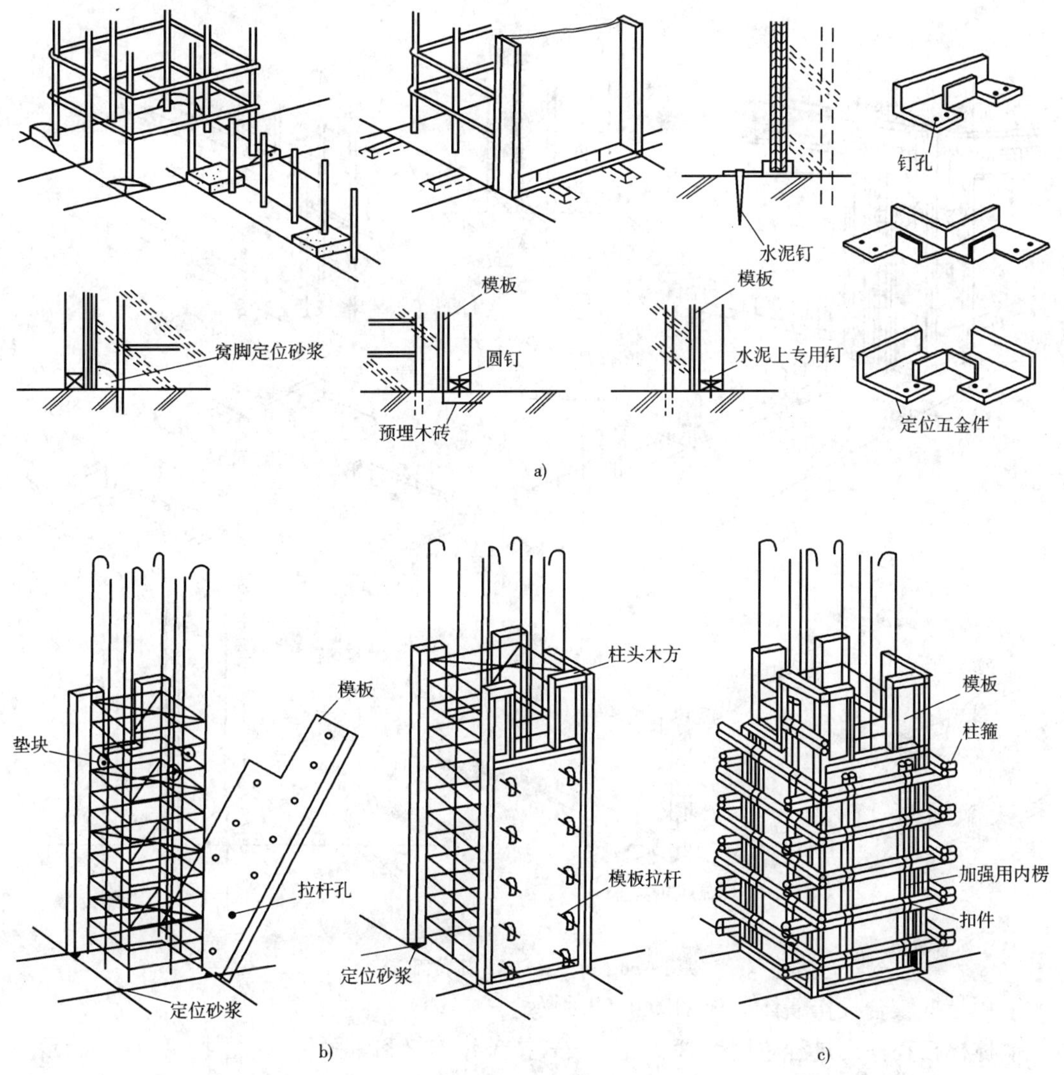

图 4-65　胶合板柱模板双层钢楞支模

①安装时先在基础面上弹出纵横轴线和四周边线，固定模板，调整高程，立柱头板。

②对通排柱模板应先装两端柱模板，校正固定，拉通长线校正中间各柱模板。

③柱模板宜加柱箍。柱箍可以用四根小方木制成或采用工具式柱箍，间距根据混凝土对模板的侧压力大小以及模板的承载能力而定。

④为了便于拆模，柱模板与梁模板连接时，梁模板宜缩短 2～3mm 并锯成小斜面。

(2)薄壁墙模板

薄壁墙模板一般采用大模板，这种模板需要设计计算，具体方法可参照“柱、墙模板”部分内容确定，墙模板也可以木模、带框胶合板模、组合钢模现场拼装。下面就现场拼装模板作相应的介绍。在墙模支模前应先对墙模板定位，在定位时，应预先找平基底，再隔一定距离做墙厚相同的导向砂浆（在门洞的两侧一定要有导向砂浆并抹光），也可以用特定的定位器完成模板的定位，具体如图 4-66 所示。

薄壁墙模板支模时，一般模板的长度方向与墙体的高度方向相同，其中使用组合钢模时，不足部分用拼木嵌补。采用木模作墙体模板一般较少，这主要因为木模板的承载力有限。

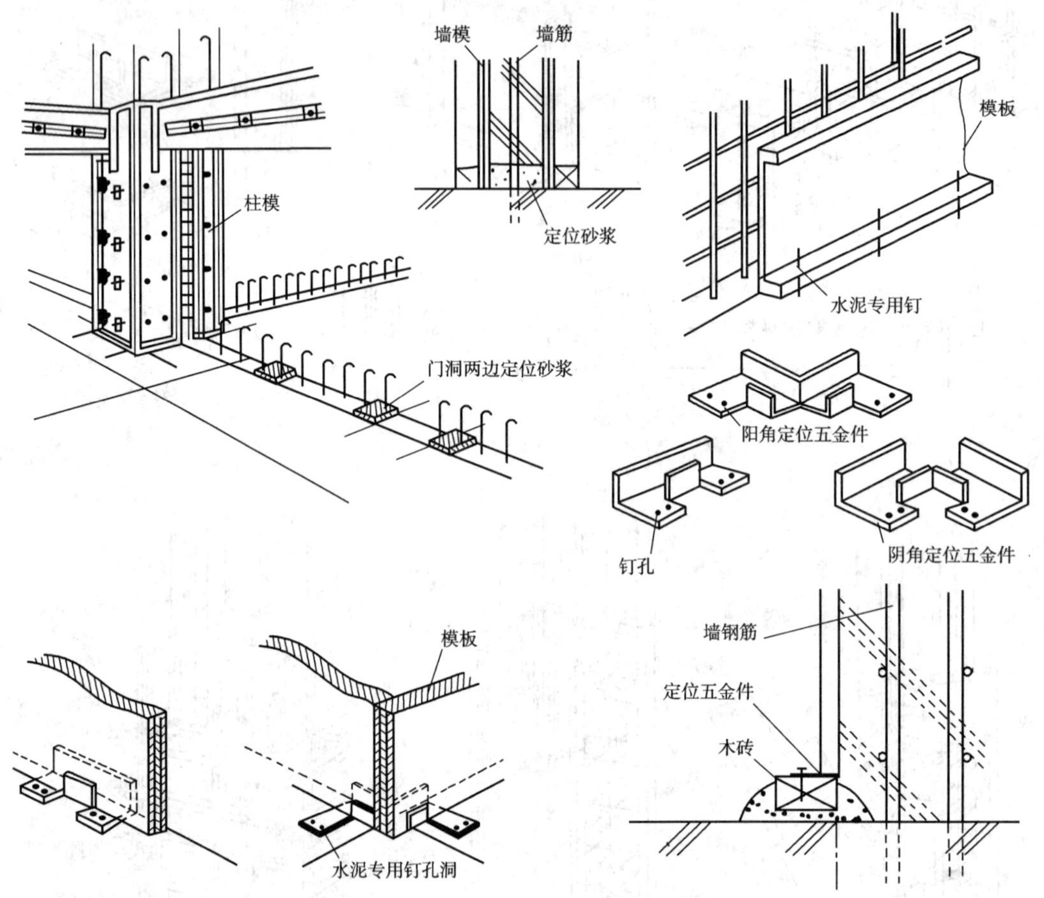

图 4-66　薄壁墙模板的定位固定

采用带框胶合板作墙体模板如图 4-67 所示。

墙体模板在使用过程中用钢管、螺栓、板式拉条作连接和紧固件,如图 4-67b)、c)所示。

采用组合钢模板作墙体模板如图 4-68 所示。

在墙体模板安装时应注意以下几个方面:

①先弹出中心线和两边线,选择一边先装,立竖档、横档及斜撑。安模板,在顶部用线锤吊直,拉线找平,撑牢钉实。

②待钢筋绑扎好后,墙基础清理干净,再竖立另一块模板,程序同上,但一般均应加撑头或对拉螺栓以保证混凝土墙体厚度。

③当采用先绑扎墙体钢筋,后支模时一般采用大模板施工工艺,即先设计并拼装一整片墙的模板,然后吊装到现场再安装。

3. 梁、板模板

梁、板模板,它可以用组合钢模板、木模板、钢框竹胶合模板、钢框胶合模板等现场拼装,它与其他构件的模板相比,具有以下特点:

①模板由底模、侧模、支承件 3 部分组成,其中底模及支承件为承重模板,它承受混凝土本身的重量。因此,它的拆除一定要待混凝土强度满足一定要求时才能进行。模板的滞留时间较长,周转的周期较长,模板的一次性投放量较大。

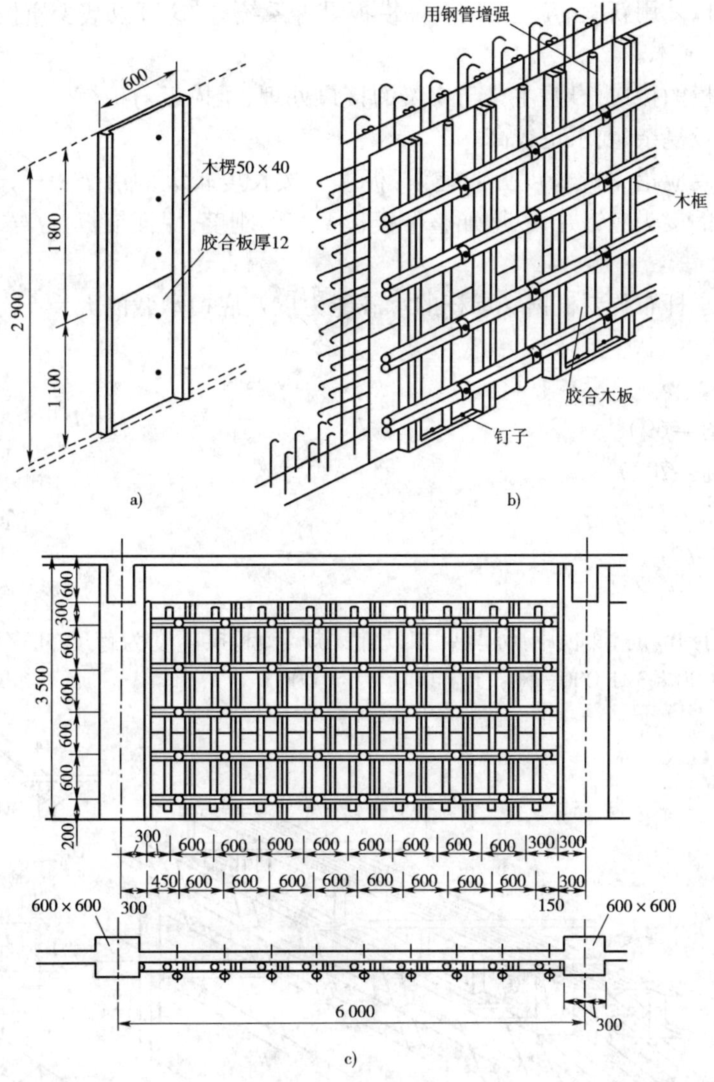

图4-67　带框胶合板薄壁墙模板安装，可用钢管增强（单位：尺寸以cm计，余以mm计）

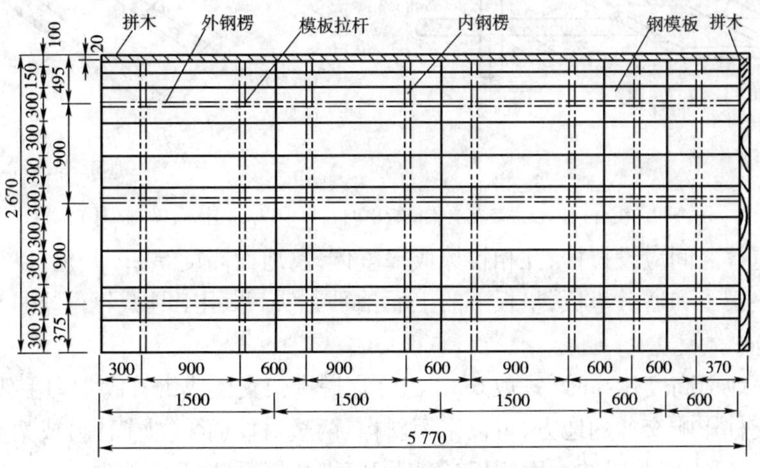

图4-68　组合钢模板薄壁墙模配板及背楞布置

②板模板可以采用新型的施工工艺,如模板早拆系统等,这可以减少模板的用量,加快施工进度,降低施工成本。

③梁模与柱模的接口处理、主梁与次梁的接口处理、梁模板与板模板接口处理等比较复杂,要求也较高。

④模板的长度应沿梁的长度方向铺设,板模应按长度较大的一个方向铺设。模板的接头应错开,以增加整个模板系统的刚度,保证模板系统的稳定性。

⑤模板的支承杆布置要根据支承杆的承载能力以及底模承载的大小计算确定。

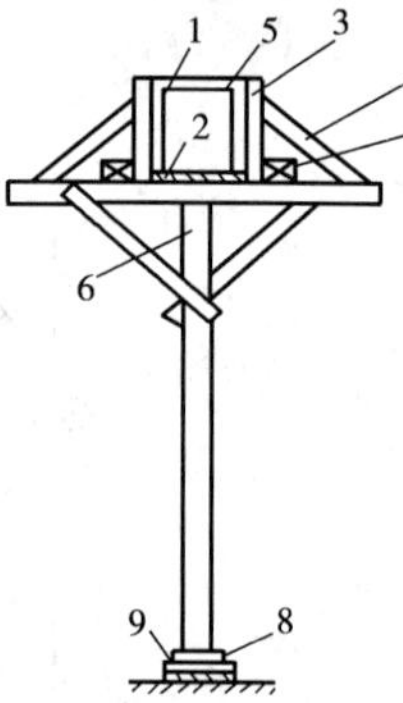

图 4-69 单梁木模板

1-侧模板;2-底模板;3-侧模拼条;4-夹木;5-水平拉条;6-顶撑;7-斜撑;8-木楔;9-木垫板

(1)梁模板

①矩形梁(图 4-69)。

②花篮梁(图 4-70)。

③框架梁(图 4-71)。

④圈梁(图 4-72)。

⑤施工要点

a. 梁跨度大于 4m 时,底板中部起拱,如设计无规定,起拱高度为跨度的 1/1 000 ~ 3/1 000,其中木模 1.5/1 000 ~ 3/1 000、钢模 1/1 000 ~ 2/1 000。

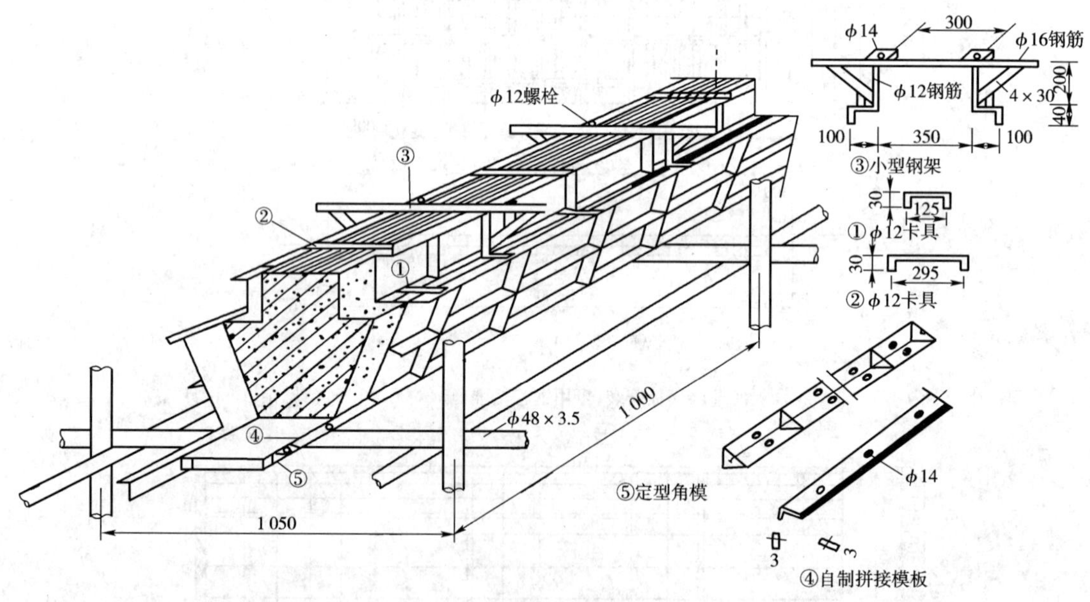

图 4-70 组合钢模板拼装花篮梁模板(单位:尺寸以 cm 计,余以 mm 计)

b. 支柱琵琶撑之间应设拉杆,互相拉撑成一整体,离地面高度 50cm 一道,以上每隔 2m 一道。支柱下均垫楔子和通长垫板,垫板下的土面拍平夯实,采用工具式钢管支柱时,也应设水平拉杆及斜拉杆。

c. 当梁底距地面高度过高时(一般 6m 以上)宜搭排架支模或钢管满堂脚手架式支撑。

d. 在架设支柱影响交通的地方,可以采用斜撑、两边对撑(俗称龙门撑)或架空支模。

e. 梁较高时,可先安装梁的一面侧板,等待钢筋绑扎好再装另一侧板。

f. 上、下层模板的支柱,一般应安装在同一条垂直线上。

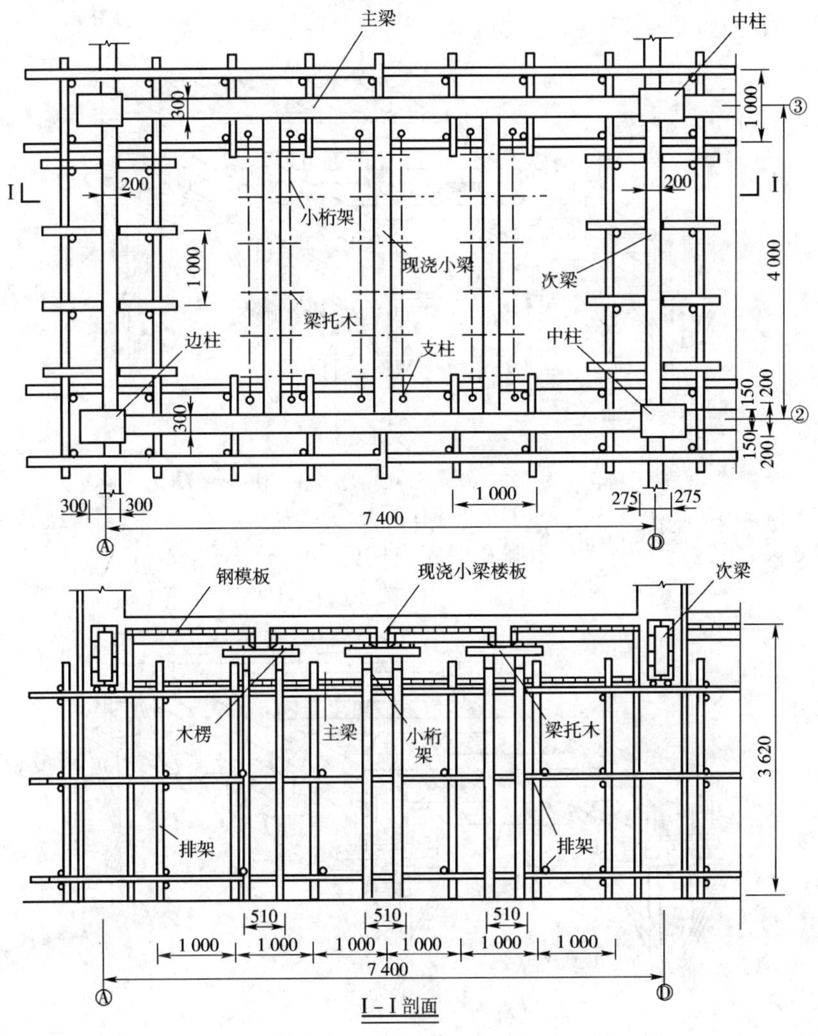

图 4-71　框架梁柱支模布置(尺寸单位:cm)

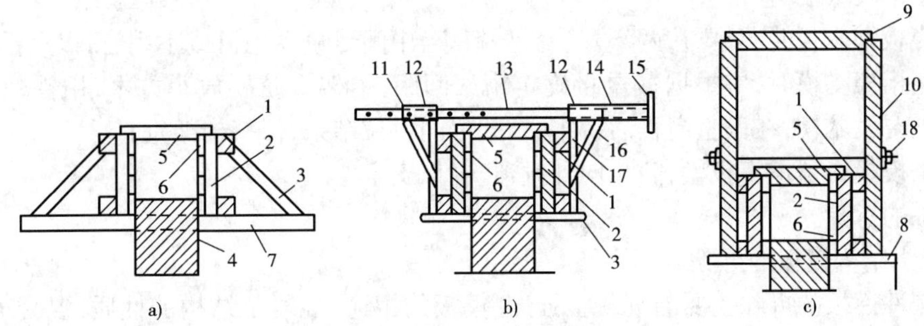

图 4-72　框架梁柱支模布置

a)挑扁担法;b)钢筋卡具倒卡法;c)木制卡具倒卡法

1-横档;2-拼条;3-斜撑;4-墙洞;5-临时撑头;6-倒模;7-扁担木 60mm × 120mm;8-ϕ10mm 钢筋;9-卡具横档;10-卡具立档;11-ϕ8mm销钉;12-ϕ12mm 钢管;13-ϕ22mm 钢筋;14-方牙丝杆及套管;15-板套管钢筋;16-ϕ10mm 钢筋;17-∟25mm × 3mm;18-ϕ10 ~ 12mm 螺栓

(2)板模板

①一般支模方法(图 4-73)。

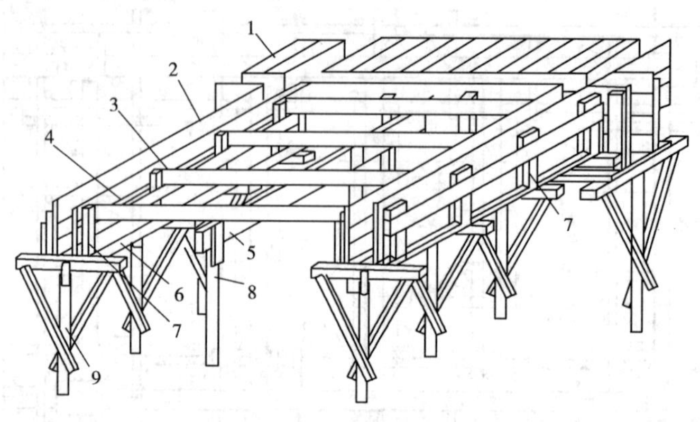

图 4-73　有梁板模的一般支撑方法

1-板模板;2-梁侧模板;3-搁栅;4-横档;5-牵杠;6-夹条;7-短撑木;8-牵杠撑;9-支柱(琵琶撑)

②桁架支模,用钢桁架代替木搁栅及梁底支柱(图 4-74)。

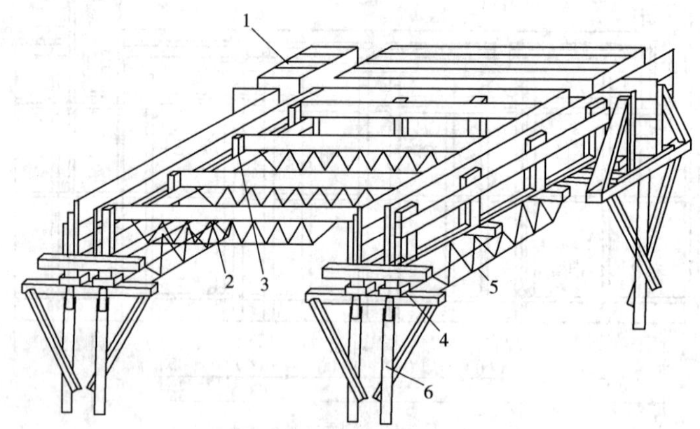

图 4-74　桁架支模

1-板模板;2-搁栅桁架;3-方木;4-木楔;5-梁底桁架;6-双肢支柱

(3)施工要点

①板模板铺木板时,只要在两端及接头处钉牢,中间尽量少用钉或不用钉,以利拆模。

②采用桁架支模时,应根据载重量确定桁架间距,桁架上弦要放小方木,用铁丝绑扎紧。两端支承处要设木楔,在调整高程后钉牢,桁架之间设拉结条,保持桁架垂直。

③挑檐模板必须撑牢拉紧,防止向外倾覆,确保安全。

4. 模板的拆除

(1)现浇结构模板的拆除

现浇构件模板的拆除主要与混凝土强度、模板的用途、混凝土结构的性质、混凝土硬化所需的时间等有关。模板拆除早,可以加快模板周转,节省模板的用量,降低工程成本,但若混凝土强度不够会导致混凝土开裂,影响结构使用,或者导致混凝土构件倒塌等严重事件。

①侧模的拆除。

侧模拆除时,混凝土的强度应保证构件或部位表面不受损坏,具体时间可参照表 4-42。

②底模及支撑的拆除。

底模及支撑不但起模板作用,还起承受钢筋混凝土自重及施工荷载等作用。因此,拆除底模及支撑必须待混凝土达到一定强度以后方可进行。拆除底模及支撑所需的混凝土强度,若设计有规定,按设计规定执行;若设计没有规定,可参照表4-43。

混凝土硬化时间 表4-42

水泥品种	混凝土强度等级	混凝土凝固的平均温度(℃)					
		5	10	15	20	25	30
		混凝土强度达到2.5MPa所需天数(d)					
普通水泥	C10	5	4	3	2	1.5	1
	C15	4.5	3	2.5	2	1.5	1
	≥C20	3	2.5	2	1.5	1	1
矿渣及火山灰质水泥	C10	8	6	4.5	3.5	2.5	2
	C15	6	4.5	3.5	2.5	2	1.5

拆除底模支撑所需混凝土强度 表4-43

结构类型	结构跨度(m)	按设计的混凝土强度标准值的百分率(%)
板	≤2	50
	2~8	75
	>8	100
梁拱壳	≤8	75
	>8	100
悬臂构件	≤2	75
	>2	100

拆除底模及支撑所需的时间可参照表4-44。

拆除底模及支撑所需混凝土硬化时间 表4-44

水泥强度等级及品种	混凝土达到设计强度标准值的百分率(%)	硬化时昼夜平均温度(℃)					
		5	10	15	20	25	30
32.5级通用水泥	50	12	18	6	4	3	2
	75	26	18	14	9	7	6
	100	55	45	35	28	21	18
42.5级通用水泥	50	10	7	6	5	4	3
	75	20	14	11	8	7	6
	100	50	40	30	28	20	18
32.5级矿渣及火山灰质水泥	50	18	12	10	8	7	6
	75	32	25	17	14	12	10
	100	60	50	40	28	24	20
42.5级矿渣及火山灰质水泥	50	16	11	9	8	7	6
	75	30	20	15	13	12	10
	100	60	50	40	28	24	20

(2)预制构件模板的拆模

①侧模:混凝土强度能保证不变形及棱角完整时,侧模可以拆除,同时,侧模应在应力张拉

前拆除。

②底模：当跨件跨度不大于4m时，在混凝土强度符合设计的混凝土强度标准值50%后，方可拆除底模及支撑。当跨件跨度大于4m时，在混凝土强度符合设计的强度标准值的75%后，方可拆除底模及支撑。底模应在结构构件建立预应力后拆除。

③芯模及预留孔洞的内模，在混凝土强度能保证构件和孔洞表面不发生坍陷和裂缝后，方可拆除。

(3)拆模时应注意的问题

①拆模时不要用力过猛过急，拆下来的模板要及时运走、清理。

②拆模程序一般应是后支的先拆，先支的后拆，先拆除非承重部分，后拆除承重部分。重大复杂模板的拆除，事前应制订拆模方案。

③拆除跨度较大的梁下支柱时，应先从跨中开始，分别拆向两端。

④定型模板，特别是组合式钢模板，要加强保护，拆除后逐块传递下来，不得抛掷。拆下来后，立即清理干净，板面涂料，按规格分类堆放整齐，以利再用。倘背面油漆脱落，应补刷防锈漆。

四、质量检查主要项目与检查方法

模板工程是钢筋混凝土工程的重要组成部分，它的质量好坏对钢筋混凝土的质量有很大的影响。对模板工程的质量要加强检查，保证模板工程的质量。

模板工程质量检查主要包括模板本身的质量检查、模板安装质量检查等。

模板本身质量检查主要是模板的规格、型号应满足模板的质量要求。如果模板的本身质量不满足要求，要组装成符合要求的模板及支架系统是比较困难的，因此，模板本身质量是确保模板工程质量的前提。模板本身的质量检查主要根据模板的不同类型及应用的模板技术规范进行。组合钢模的质量检查内容及要求如表4-45、表4-46、表4-47所示。

钢模板制作质量标准 表4-45

项目		要求尺寸(mm)	允许偏差(mm)
外形尺寸	长度	L	0~0.90
	宽度	B	0~0.70
	高度	55	±0.50
U形大孔	沿板长度的孔中心距		±0.60
	沿板宽度的孔中心距	22	±0.60
	孔中心与板面间距	75	±0.30
	孔中心与板端间距	13.8	±0.30
	孔直径		±0.25
凸棱尺寸	高度	0.3	+0.20~0.05
	宽度	4	±1.00
	边肋圆角	90°	ϕ0.5钢针通不过
两板端与两凸棱面的垂直度		90°	$d<0.5$
板面平面度			$f_1<1.00$
凸棱直线度			$f_2<0.50$
横肋	横肋、中纵肋与边肋的高度差		$\Delta<1.20$
	两端横肋组装位移		$\Delta<0.50$

续上表

项　　目		要求尺寸(mm)	允许偏差(mm)
焊缝	肋向焊缝长度	20	±5.00
	肋间焊缝高度	2.5	0 ~ +1.00
	肋与面板焊缝长度	10	0 ~ +5.00
	肋与面板焊脚高度	2.5	0 ~ 1.00
凸鼓的高度		1.0	+3.00 −0.20
防锈漆外观		涂刷均匀,不得漏涂、皱皮,脱皮,流淌	
角模的垂直度		90°	Δ≤1.00

钢模板配件制作质量标准

表 4-46

项　　目		允许偏差(mm)
U 形卡	卡口宽度 a	±0.5
	脖高 h	±1.0
	弹性半径 R	±1.0
	试验 50 次后的卡口残余变形	<1.2
扣件	高度	±2.0
	螺栓直径	±1.0
	长度、宽度	±1.5
	卡口长度	+2.0
支柱	钢管的不直度	<L/1 000
	插管上端最大振幅	<60.0
	顶板和底板的孔中心与管轴同轴度	±1.0
	销孔对管径的对称度	+1.0
	插管插入套管的最小长度	>280
桁架	上平面直线度	<2.0
	焊缝长度	±5.0
	销孔直径	±0.5
	两排孔之间平行度	±0.5
	长方向任意两孔中心距	±0.5
梁卡具	销孔直径	±0.5
	销孔中心距	±1.0
	立管垂直度	<1.5

钢模板及配件修复后的质量标准

表 4-47

项　　目		偏差(mm)
钢模板	板面平面度	<2.0
	凸棱直线度	<1.0
	边肋不直度	不得超过凸棱高度
配件	U 形卡卡口残余变形	<1.2
	钢楞及支柱不直度	<L/1 000

注:L——钢楞及支柱的长度。

模板安装质量检查主要包括模板及支架的强度、刚度及稳定性检查；拼装后模板缝宽、平整度等检查；模板安装和预埋件，预留孔洞的允许偏差检查等。

模板及支架必须具有足够的强度、刚度及稳定性，保证模板在施工过程的安全，其支架的支承部分必须有足够的支承面积。这可以根据模板的布置进行计算，现场观察或尺量检查。

拼装后模板缝应满足不漏浆的要求，模板表面应平整干净，减少与混凝土的黏结力。钢模板组装质量标准见表4-48。

钢模板组装质量标准 表4-48

序 号	项 目	允许偏差(mm)
1	两块模板之间的拼缝宽度	≤1.0
2	相邻模板面的高低差	≤2.0
3	组装模板面的平整度	≤2.5
4	组装模板面的长宽尺寸	±2.0
5	组装模板对角线长度差值	≤3.0

第三节 混凝土施工实习

混凝土工程施工包括配料、搅拌、运输、浇筑、养护等施工过程，如图4-75所示。各施工过程紧密联系又相互影响，任一施工过程处理不当都会影响混凝土的最终质量。而混凝土工程一般是建筑物的承重部分，因此，确保混凝土工程质量非常重要。要求混凝土构件不但要有正确的外形，而且要获得良好的强度、密实性和整体性。

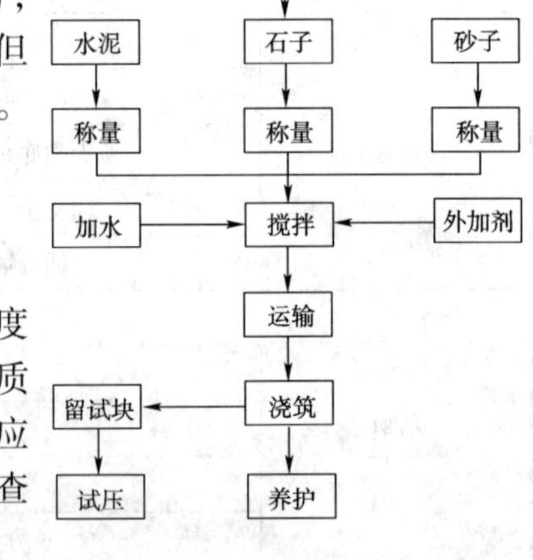

图4-75 混凝土工程施工过程示意图

一、混凝土组成材料的现场检验

1. 水泥

水泥进场时，必须有质量证明文件，并应对其品种、强度等级、包装(或散装仓号)、出厂日期等检查验收。对水泥质量有怀疑或水泥出厂超过3个月(快硬水泥为1个月)时，应复查试验，并按其试验结果使用。出厂水泥试验报告及复查时的试验报告见表4-49、表4-50所示。

水泥可以袋装或散装。袋装水泥每袋净重50kg，且不得少于标志重量的98%。水泥袋上应清楚标志：工厂名称、生产许可证编号、品种名称、代号、强度等级、包装年月日和编号以及“立窑”或“旋窑”两字。散装时应提交与袋装标志相同内容的卡片。

水泥在运输和储存时不得受潮和混入杂物。不同品种、不同强度等级的水泥应分别储存，不得混杂。储存水泥的仓库的屋顶、外墙不得漏水，袋装水泥时，地面垫板要离地30cm，四周离墙30cm，堆放高度一般不超过10袋，堆宽以5~10袋为限。散装水泥最好放置在专用的防潮筒仓内，如果没有这种设备，也应放在室内；在施工现场可用砌筑的水泥池或大木桶存放，并要严格采取防潮措施；临时露天堆放应用防雨篷布遮盖。

水泥储存期过长，会由于空气中的水汽、CO_2的作用而降低水泥的强度。在正常干燥环境中存放3个月，强度将降低10%~20%；存放6个月，强度将降低15%~30%。为此，水泥存放时间不应超过3个月(按出厂日期起算),若超过3个月,必须进行检验,重新确定强度等级。水泥应防止受潮结块,此外,使用水泥要做到先到先用,计划周密,不要积压。

出厂水泥试验报告 表4-49

品质		火山灰质硅酸盐水泥	火山灰质混合材掺加量			
出厂编号			出厂日期	年 月 日		
水泥 SO_2(%)			熟料中 MgO(%)		安定性	
初凝时间			终凝时间		细度	
生产方式		立窑 旋窑	水泥烧失量	立窑 旋窑		
28d强度	抗折	________ MPa	出厂强度等级 ________ MPa	实际强度等级 ________ MPa		
	抗压	________ MPa				

报告日期 年 月 日 化验室盖章:

水泥试验报告 表4-50

委托单位: 送样日期: 成型日期:____年____月____日

委托编号: 代表数量: 试验日期:____年____月____日

试验编号: 用 途: 报告日期:____年____月____日

水泥厂名牌号			品种		强度等级		出厂日期(批号)		
项目		标准		试验结果		项目		标准	试验结果
凝结时间	初凝	≥45min		时 分		细度(筛余)		≤15%	%
	终凝	≤12h		时 分		熟料中 MgO 含量		≤5%或6%	%
安定性沸者雷氏		必须合格				水泥中 SO_3 含量		≤3.5%或4%	%
强度试验结果		3d		7d		28d		强度等级评定 ①根据____天预报该水泥相当于____。 ②根据3d、7d、28d试验结果该水泥强度等级评为____	
		标准	实际	标准	实际	标准	实际		
抗压强度(MPa)									
抗折强度(MPa)									
备注									

2. 砂

砂子又称细集料,在混凝土中主要用于填充石子空隙,和石子共同起骨架作用。

砂应按同产地同规格分批验收。用大型工具(如货船、火车、汽车)运输的,以400ms或600t为一验收批;用小型工具(如马车等)运输的,以200m^3或300t为一验收批。不足上述数量者以一批论。砂的数量验收,可按重量或体积计算。

砂每验收批至少应进行颗粒级配、含泥量和泥块含量检验。当质量比较稳定、进料量又较大时,可定期检验。使用新产源的砂时,应由供货单位按有关标准规定的质量要求进行全面检验。砂的试验报告如表4-51所示。

砂在运输、装卸和堆放过程中,应防止离析和混入杂质,并按产地、种类和规格分别堆放。

3. 石子

石子又称粗集料,拌制混凝土用的石子分碎石与卵石。碎石是由各种硬质岩石(如花岗岩、辉绿岩、石灰岩、砂岩等)经轧碎、筛分而成;卵石为天然岩石风化而成,按其来源不同,又可分为河卵石、海卵石和山卵石。

普通砂试验报告

表 4-51

委托试验单位:______________ 委托编号:______________ 送样日期:______________

规 格 及 品 种:______________ 试验编号:______________ 报告日期:______________

试验项目	试验结果	筛孔尺寸(mm)	分计筛余		累计筛余(%)
			g	%	
比重		10.00			
密度(kg/m³)		5.00			
空隙率(%)		2.50			
吸水率(%)		1.25			
含泥量(%)		0.63			
有机物含量		0.315			
云母含量		0.16			
轻物质含量		细度模数			

碎石或卵石的试验样品应按同产地同规格分批验收。用大型工具(如火车、货船或汽车)运输的,以400m³ 或600t为一验收批;用小型工具(如马车等)运输的,以200m³ 或300t为一验收批。不足上述数量者以一验收批论。碎石或卵石的数量验收,可按重量计算,也可按体积计算。

碎石或卵石每验收批至少应进行颗粒级配、含泥量、泥块含量及针片状颗粒含量检验。对于重要或特殊工程,应根据工程要求,增加检验项目。如对其他指标的合格性有怀疑时,应予以检验。当质量比较稳定、进料量又较大时,可定期检验。当使用新产源的石子时,应由供货单位按有关标准规定的质量要求进行全面检验。石子的试验报告如表4-52所示。

碎石(卵石)试验报告

表 4-52

委托试验单位: 委托单编号: 试验编号: 规格品种:

单位工程名称: 试验日期: 报告日期: 产地:

试验项目	试验结果	筛孔尺寸(mm)	分计筛余(%)	累计筛余(%)
比重				
密度(kg/m³)				
空隙率(%)				
含水率(%)				
吸水率(%)				
含泥量(%)				
坚固性				
压碎值指标				
针片状颗粒含量				
试验规程:JTG E42—2005	结论:	最大粒径:	最小尺寸:	最大尺寸:

公章: 主任: 复核: 计算: 试验:

碎石或卵石在运输、装卸和堆放过程中,应防止颗粒离析和混入杂质(集料中严禁混入煅烧过的白云石或石灰块),并应按产地、种类和规格,分别堆放。堆料高度不宜超过5m,但对单粒级或最大粒径不超过20mm的连续粒级,堆料高度可以增加到10m。

4. 水

凡是一般能饮用的自来水及洁净的天然水,都可作为拌制混凝土用水。要求水中不含有能影响水泥正常硬化的有害杂质或油脂、糖类等。因此,污水、工业废水及pH值小于4的酸性水和硫酸盐含量(按SO_4^{2-}计)超过水重1%的水,均不得用于混凝土中;海水不得用于钢筋混凝土、预应力混凝土和有饰面要求的混凝土结构中。

5. 矿物质混合材料

为了降低水泥用量,改善混凝土的和易性,可在采用硅酸盐水泥或普通硅酸盐水泥拌制的混凝土中掺加矿物质混合材料。

矿物质混合材料的掺量,应根据它和水泥的品种以及对混凝土要求的强度和耐久性,通过试验确定,一般掺用量为水泥用量的5% ~20%。当混合材料为粉煤灰时,粉煤灰成品应符合表4-53的规定。

粉煤灰的技术指标 表4-53

序号	指标	级别		
		Ⅰ	Ⅱ	Ⅲ
1	细度(0.045mm方孔筛筛余,%),不大于	12	20	45
2	需水量比(%),不大于	95	105	115
3	烧失量(%),不大于	5	8	15
4	含水率(%),不大于	1	1	不规定
5	SO_3含量(%),不大于	3	3	3

粉煤灰应注意防雨防潮。在室外雨棚下存放以3个月为限,超时要进行检验。

工地上直接掺用粉煤灰的方法,可分为干法和湿法2种。干法即在拌和混凝土时,与水泥一齐加入;湿法系将粉煤灰加入水中,拌成浆状,然后按定量加入,但粉煤灰中的水分应计算到混凝土的总用水量内。

二、混凝土的制备

1. 混凝土的施工配料

施工配料必须加以严格控制。因为影响混凝土质量的因素主要有两方面:一是称量不准;二是未按砂、石集料实际含水率的变化进行施工配合比的换算。这样必然会改变原理论配合比的水灰比、砂石比(含砂率)及浆骨比。当水灰比过大时,混凝土黏聚性、保水性差,而且硬化后多余的水分残留在混凝土中形成水泡,或水分蒸发后留下气孔,使混凝土密实性差、强度低。若水灰比过小时,则混凝土流动性差,甚至影响成型后的密实性,造成混凝土结构内部松散,表面产生蜂窝、麻面现象。同样,含砂率减少时,则砂浆量不足,不仅会降低混凝土流动性,更严重的是将影响其黏聚性、保水性,产生粗集料离析,水泥浆流失,甚至溃散等不良现象。而浆骨比是反映混凝土中水泥浆的用量多少(即每1m混凝土的用水量和水泥用量),如控制不准,亦直接影响混凝土水灰比和流动性。所以,为了确保混凝土的质量,在施工中必须及时进行施工配合比的换算和严格控制称量。

混凝土的配合比是实验室根据混凝土的配制强度经过试配和调整而确定的,称为实验室配合比。实验室配合比所用砂、石都是不含水分的。而施工现场砂、石都有一定的含水率,且含水率大小随气温等条件不断变化。为保证混凝土的质量,施工中应按砂、石实际含水率对原配合比进行修正。根据现场砂、石含水率,调整后的配合比称为施工配合比。

设实验室配合比为水泥∶砂∶石 = 1∶x∶y,水灰比 W/C,现场砂、石含水率分别为 W_x、W_y,则施工配合比为水泥∶砂∶石 = 1∶$x(1+W_x)$∶$y(1+W_y)$,水灰比为 W/C 不变,但加水量应扣除砂、石中含的水量。

施工配料是确定每拌一次需用的各种原材料量,它根据施工配合比和搅拌机的出料容量计算(有关计算参见施工教材)。

为严格控制混凝土的配合比,原材料的数量应采用质量计量,必须准确。其质量偏差不得超过以下规定:水泥、混合材料为 ±2%;粗细集料为 ±3%;水、外加剂为 ±2%。各种衡器应定期校验,经常保持准确。集料含水率应经常测定,雨天施工时应增加测定次数。

2. 混凝土搅拌

混凝土的搅拌,就是将水、水泥和粗细集料进行均匀拌和及混合的过程。同时,通过搅拌还要达到使材料强化、塑化的目的。

(1)混凝土搅拌机

混凝土搅拌机按其搅拌原理分为自落式搅拌机和强制式搅拌机 2 类。

混凝土搅拌机以其出料容量(m^3)×1000 标定规格。常用的为 150L、250L、350L 等。

选择搅拌机型号,要根据工程量大小、混凝土的坍落度和集料尺寸等确定。既要满足技术上的要求,亦要考虑经济效果和节约能源。各种常见混凝土搅拌机如图 4-76、图 4-77、图 4-78、图 4-79 所示。

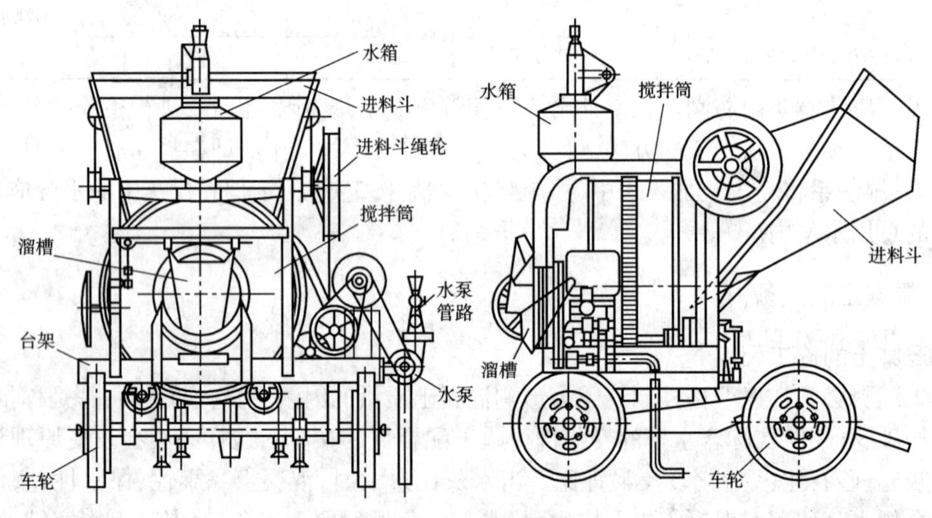

图 4-76　JG250 型鼓筒形搅拌机

(2)搅拌作业

为了获得均匀优质的混凝土拌和物,除合理选择搅拌机的型号外,还必须正确地确定进料容量、投料顺序及搅拌时间等。

搅拌好的混凝土要卸尽,在混凝土全部卸出之前,不得再投入拌和料,更不得采取边出料边进料的方法。

混凝土搅拌完毕或预计停歇 1h 以上时,应将混凝土全部卸出,倒入石子和清水,搅拌 5～10min,把黏在料筒上的砂浆冲洗干净后全部卸出。料筒内不得有积水,以免料筒和叶片生锈,同时还应清理搅拌筒以外积灰,使机械保持清洁完好。

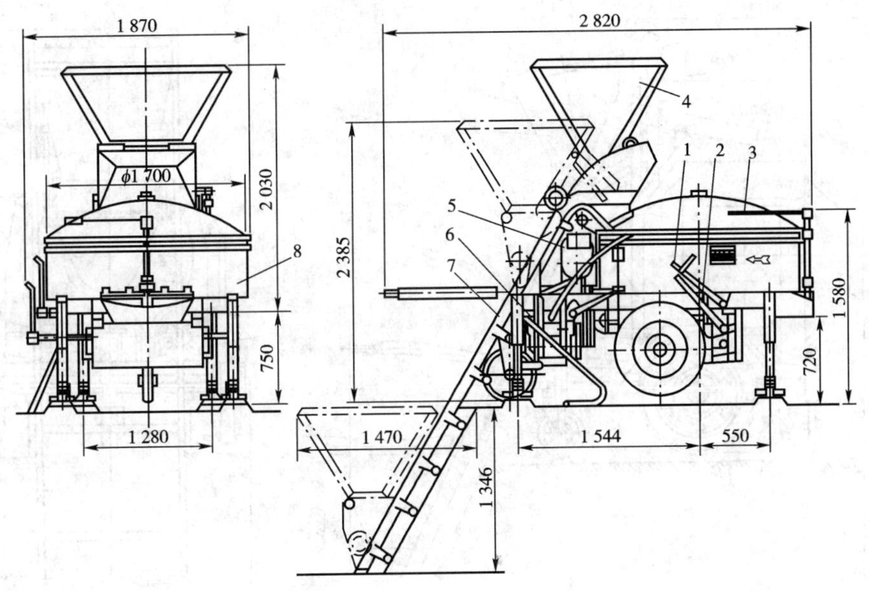

图 4-77　JQ250 型涡桨式搅拌机(尺寸单位:mm)

1-上料手柄;2-料斗下降手柄;3-出料手柄;4-上料斗;5-水箱;6-水泵;7-上料斗导轨;8-搅拌筒

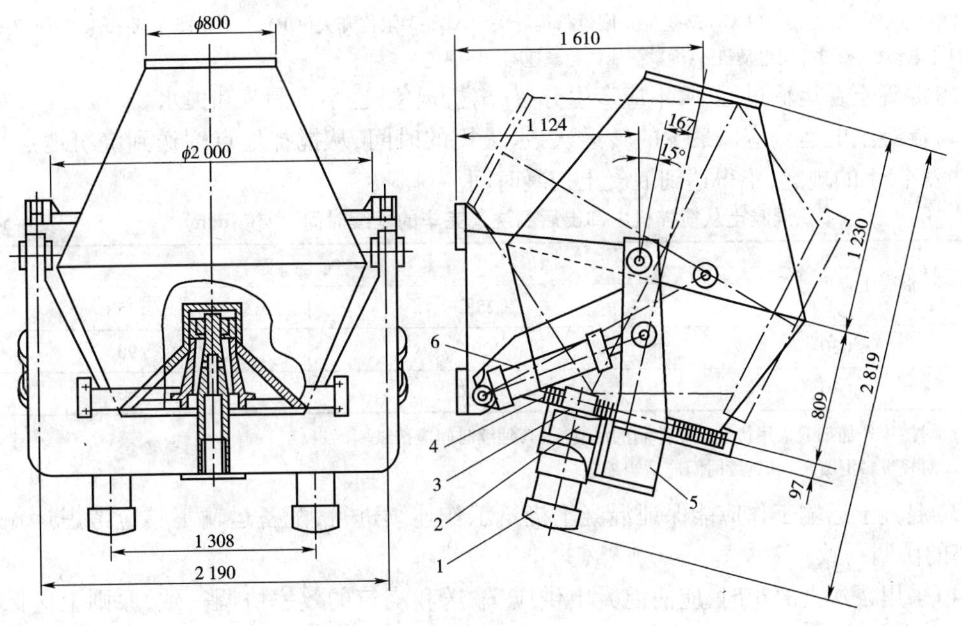

图 4-78　JF750 型锥形倾翻出料搅拌机(尺寸单位:mm)

1-发电机;2-减速器;3-小齿轮;4-大齿轮;5-倾翻气缸;6-倾翻机架

三、混凝土运输

1. 混凝土运输要求

混凝土自搅拌机中卸出后,应及时运至浇筑地点,为了保证混凝土工程质量,运输时应符合施工及验收规范。以下是有关规定:

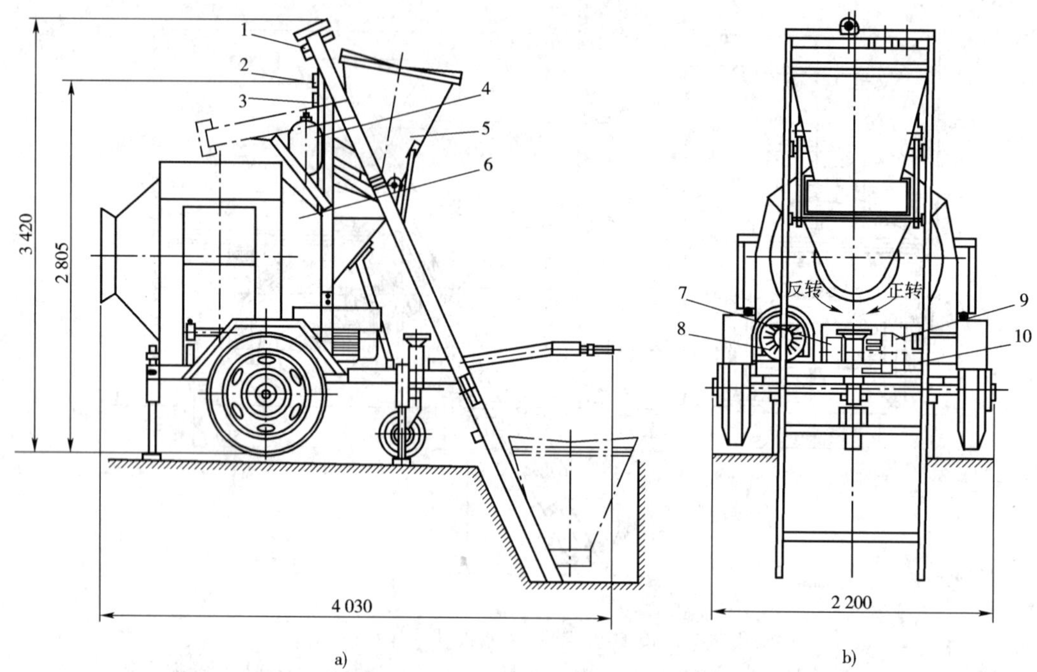

图 4-79　JZ350 型锥形反转出料搅拌机(尺寸单位:cm)

1-料斗下降终点行程开关(LXF);2-料斗上限位行程开关(LXZ);3-限位开关(OP);4-水箱;5-料斗;6-搅拌筒;7-提升料斗电动机;8-搅拌用电动机;9-行星摆线针轮减速器;10-绳轮

(1)混凝土在运输过程中,不应产生分层、离析现象,也不得漏浆和失水。

(2)混凝土的运输应以最少的转运次数、最短的时间,从搅拌地点输送到浇筑地点,且不宜超过表 4-54 的规定,不得达到混凝土初凝时间。

混凝土从搅拌机中卸出后到浇筑完毕的延续时间(单位:min)　　表 4-54

混凝土强度等级	气　温	
	<25℃	≥25℃
≤C30	120	90
>C30	90	60

注:1. 对掺用外加剂或采用快硬水泥拌制的混凝土,其延续时间应按试验确定。

2. 对轻集料混凝土,其延续时间应适当缩短。

(3)混凝土运输工作应能保证混凝土浇筑工作连续进行,配备运输工具应考虑运输与浇筑效率的协调一致。

(4)采用泵送混凝土时,应使混凝土供应、输送和浇筑的效率协调一致,原则上应保证泵送工作连续进行,防止泵的管道阻塞。

(5)转送混凝土时,应注意使拌和物能直接对正倒入装料运输工具的中心部位,如图 4-80 所示,以免集料离析。

2. 混凝土运输工具

混凝土运输分为地面运输、垂直运输和楼面运输 3 种。

地面运输工具有双轮手推车、机动翻斗车、混凝土搅拌运输车和自卸汽车。当混凝土需要量较大,运距较远或使用商品混凝土时,则多采用自卸汽车和混凝土搅拌运输车。混凝土搅拌运输车如图 4-81 所示,是将锥形倾翻出料式搅拌机装在载重汽车的底盘上。可以在运送混凝土的途中继续搅拌，以防止在运距较远的情况下混凝土产生分层离析现象，在运输距离很长时，还可将配好的混凝土干料装入筒内，在运输途中加水搅拌，这样能减少由于长途运输而引起的混凝土坍落度损失。混凝土搅拌运输车主要性能如表4-55所示。

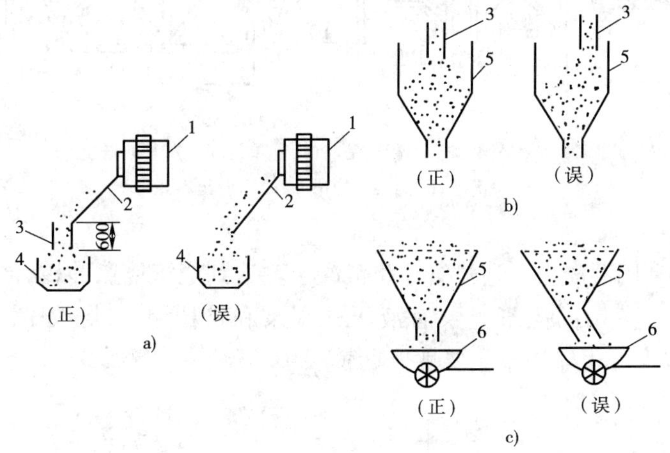

图4-80　混凝土运输作业的正误

a)混凝土由搅拌机倒入吊斗的正误情况；b)混凝土垂直落入漏斗的正误情况；c)混凝土由吊斗落入手推车的正误情况

1-搅拌机；2-溜槽；3-垂直管；4-吊斗；5-漏斗；6-手推车

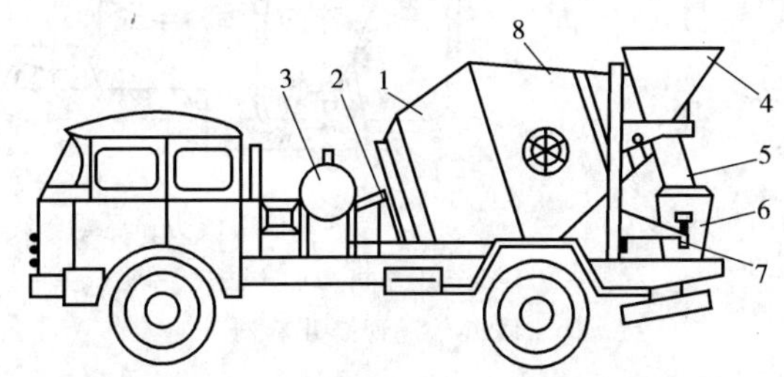

图4-81　混凝土搅拌运输车外形示意图

1-搅拌筒；2-轴承座；3-水箱；4-进料斗；5-卸料槽；6-引料槽；7-托轮；8-轮圈

混凝土搅拌运输车的主要性能　　　　表4-55

项　目	JBC—1.5C	JBC—3T	JBC—1.5E	TY—3000	FV112JML
拌筒容积(m^3)				5.7	8.9
额定装料容量(m^3)	1.5	3～4.5	1.5	3.0	5.0
拌筒尺寸(直径×长)(mm)				ϕ2 020×2 813	ϕ2 100×3 610
拌筒转速(r/min)运行搅拌	2～4	2～3	2～4	2～4	8～12
进出料搅拌	6～12	8～12	8～14	6～12	1～14
卸料时间(min)	1.3～2	3～5	1.1～2	2～4	2～5(3m^3)
最大行驶速度(km/h)	70				91
最小转弯半径(m)	9				7.2
爬坡能力(%)	20				26
外形尺寸(mm)(长×宽×高)				7 440～2 400～3 400	7 900～2 490～3 550
重量(空车)(t)				9.5	9.8
产地	一冶机械修配厂	一冶机械修配厂	一冶机械修配厂		日本三菱

混凝土垂直运输可用各种升降机、卷扬机、桅杆等，并配合采用吊斗(图4-82)等容器来装运混凝土。

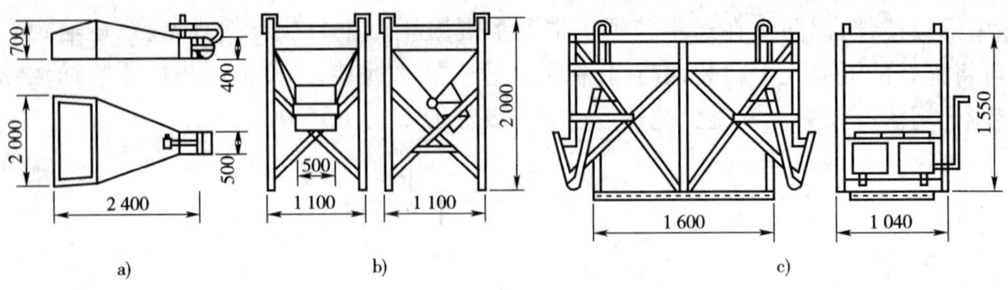

图 4-82 混凝土吊斗(尺寸单位:mm)

a)浇灌斗;b)高架方形吊斗;c)双向出料斗

3. 混凝土泵送

泵送混凝土是利用混凝土泵通过管道将混凝土输送到浇筑地点,以综合完成地面运输、垂直运输和楼面运输。常用的混凝土泵有液压柱塞泵和挤压泵 2 类,如图 4-83、图 4-84、图 4-85、图 4-86 所示,混凝土输送泵主要性能见表 4-56。

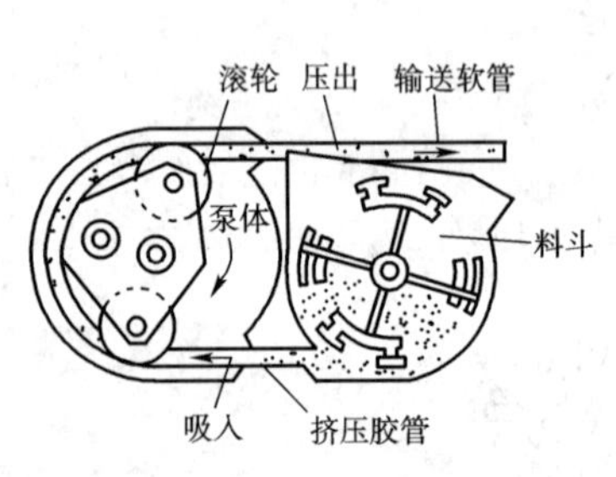

图 4-83 挤压式混凝土运输泵

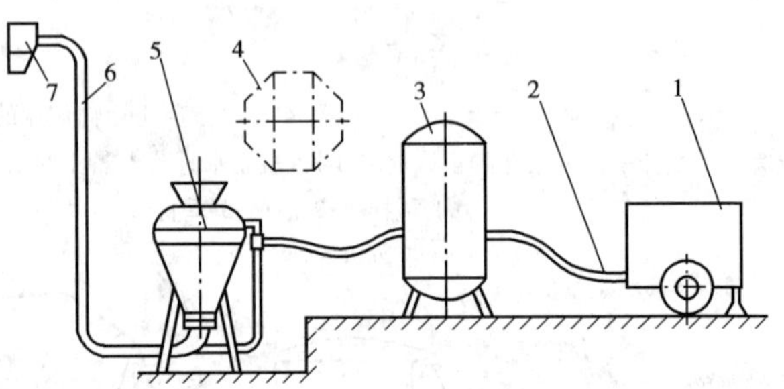

图 4-84 气力式混凝土泵整套设备

1-空气压缩机;2-送风管;3-储气罐;4-搅拌机;5-混凝土泵机体;6-输送管;7-出料器

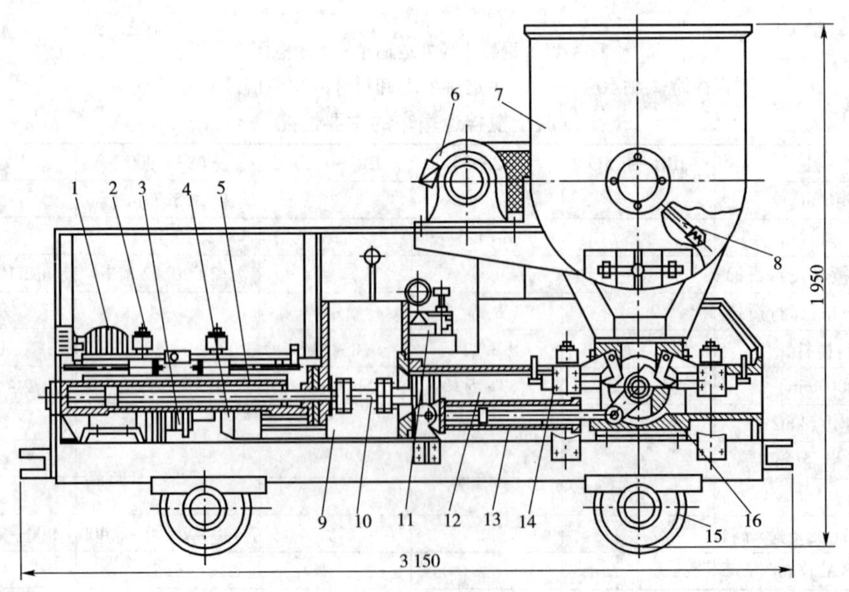

图 4-85 HB8 型柱塞式液压混凝土泵(尺寸单位:cm)

1-空气压缩机;2-主油缸行程阀;3-空压机离合器;4-主电动机;5-主油缸;6-电动机;7-料斗;8-叶片;9-水箱;10-中间接杆;11-操纵阀;12-混凝土泵缸;13-球阀油缸;14-球阀行程阀;15-车轮;16-球阀

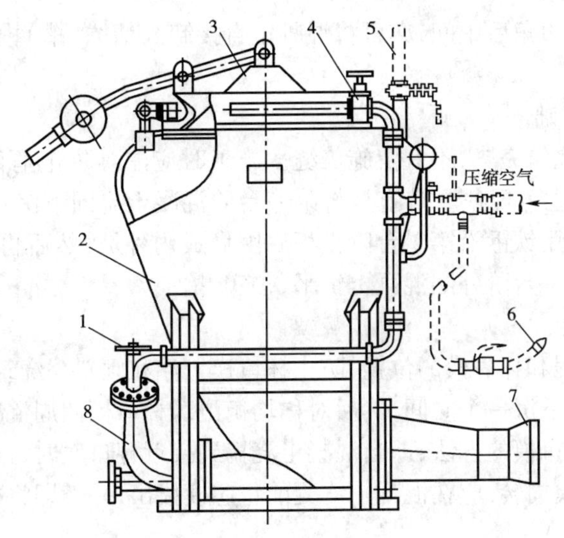

图 4-86　气力式混凝土泵体

1-进气阀;2-容器;3-钟形盖;4-截止阀;5-排气阀;6-空气喷嘴;7-出料口;8-进气弯头

混凝土输送泵的主要性能　　表 4-56

项　目			HB8	ZH 05	IPF —185B	DC —S115B	IPF —75B
型式					360°回转三段液压折叠式	360°回转全液压垂直三级伸缩	360°回转全液压三级伸缩
最大输送量(m^3/h)			8	6 ~ 8	10 ~ 85	70	10 ~ 75
最大输送距离(m)(水平×垂直)	输送管	ϕ100				270 × 70	250 × 55
		ϕ125			520 × 110	420 × 100	410 × 80
		ϕ150	200 × 30	250 × 40		530 × 110	600 × 95
粗集料的最大尺寸(cm)	输送管	ϕ100				25	25(砾石 30)
		ϕ125			40	40	30(砾石 40)
		ϕ150	40(卵石 50)	50		40	40(砾石 50)
混凝土坍落度容许范围(cm)			6 ~ 9	5 ~ 15	5 ~ 23	5 ~ 23	5 ~ 23
常用泵送压力(kg/cm^2)					47.1		38.7
布料杆工作半径(m)	输送管	ϕ100				17.7	17.4
		ϕ125			17.4	15.8	16.5
布料杆离地高度(m)	输送管	ϕ100				21.2	20.7
		ϕ125			20.7	19.3	19.8
外形尺寸(长×宽×高)(mm)					9 000 × 2 485 × 3 280	8 840 × 4 900 × 3 400	9 470 × 2 450 × 3 230
重量(t)						15.35	15.46
产地					湖北建筑机械厂	日本三菱	日本石川岛

四、混凝土结构分部工程浇筑施工

1. 基础浇筑施工

基础浇筑深度在 2m 以内时,混凝土可卸在基坑(槽)上部铺设的临时拌板上,再用铁锹往模板内浇筑，顺序是先边角后中间，亦可将混凝土直接卸入基坑(槽)内，但应保证混凝土能充满模板边角。

(1)浇筑台阶式基础

按台阶分层一次浇筑完毕，不宜留施工缝。施工时应注意防止垂直交叉处混凝土出现脱空、蜂窝(即吊脚、烂脖子)现象。措施是将第一台阶混凝土捣固下沉2~3cm后暂不填平，继续浇筑第二台阶时，先用铁锹沿第二台阶模板底圈做成内外坡，然后再分层浇筑，待第二台阶混凝土灌满后，再将第一台阶外圈混凝土铲平、拍实、拍平。

(2)浇筑杯形基础

应注意杯口底高程和杯口模的位置，防止杯口模上浮和倾斜。浇筑时，先将杯口底混凝土振实并稍停片刻，待其下沉一个时间，然后对称均衡浇筑杯口模四周混凝土。当浇筑高杯口基础时，宜采用后安装杯口模的方法，即当混凝土浇捣到接近杯口底时，再安装杯口模板，并继续浇捣。为加快杯口芯模周转，应在混凝土终凝前将芯模拔出，并随即将杯壁混凝土划毛。

(3)浇筑锥形基础

应注意斜坡部位混凝土的捣固密实，在用振动器振捣完毕后，再用人工将斜坡表面修正、拍平、拍实，使符合设计要求。

(4)浇筑现浇柱下基础

应特别注意柱子插筋位置的准确，防止移位和倾斜，在浇筑开始时，先满铺一层5~10cm厚的混凝土，并用捣钎捣实，使柱子插筋下端和钢筋网片的位置基本固定，然后再继续对称浇筑，并在浇筑下料过程中注意避免碰撞钢筋，有偏差应及时纠正。

(5)浇筑条形基础

应根据高度分段分层连续浇筑，一般不留施工缝，各段各层间应相互衔接，每段浇筑长度控制在2~3m左右，做到逐段逐层呈阶梯形向前推进。浇筑时应注意先使混凝土充满模板内边角，然后浇灌中间部分。

混凝土自高处自由倾落高度超过2m时，应设串筒、溜槽、溜管或振动溜管等下落，以保证混凝土不致发生离析现象。串筒布置应适应浇灌面积、浇灌速度和摊平混凝土的能力，间距一般应不大于3m，其布置形式可分为行列式和交错式2种，一般用交错式居多。串筒下料后，应用振动器迅速摊平并捣实，如图4-87所示。

对一些特殊部位，如地脚螺栓、预留螺栓孔、预埋管道等，浇灌时要控制好混凝土上升速度，使两边均匀上升，同时避免碰撞，以免发生歪斜或移位。对螺栓锚板及预埋管道下部的混凝土要仔细振捣，必要时采用细石混凝土。预留螺栓孔的木盒要在混凝土初凝后及时拔出，以免硬化后再拔时损坏预留孔附近的混凝土。对于大直径地脚螺栓，在混凝土浇灌过程中，宜用经纬仪随时观测，发现偏差及时纠正。

2. 大体积混凝土浇筑

大体积钢筋混凝土结构，特别是大型设备基础，因承受较大的设备和生产荷载，设计常要求一次连续浇筑完成。由于体积大，水泥水化热高，聚积在内部的热量不易散发，常使温度峰值很大，而混凝土表面则散热较快，使内外形成较大的温差，在结构内部产生压应力，表面产生拉应力，当拉应力超过混凝土的极限抗拉强度时，就会在混凝土表面产生裂缝。在混凝土降温阶段，混凝土逐渐散热冷却产生冷缩，加上混凝土硬化过程中本身的收缩，当受到基岩或厚大老混凝土垫层的约束，就会产生较大的收缩应力(拉应力)，如超过混凝土极限抗拉强度时，也会产生裂缝，有的常贯穿整个截面。因此，对大体积结构混凝土，浇灌前应进行温度应力计算，

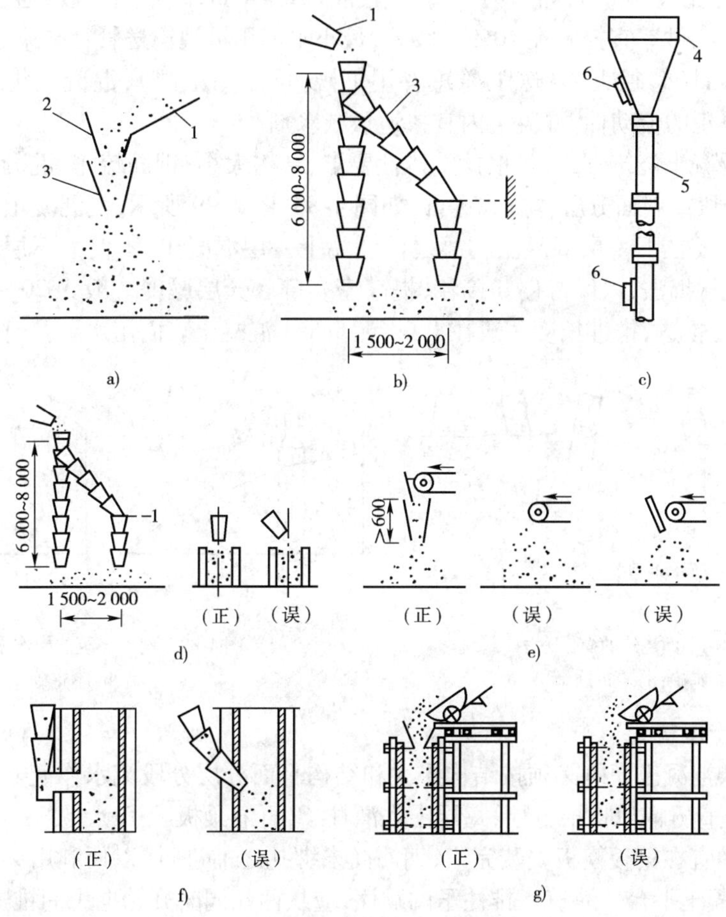

图 4-87　自高处倾落混凝土的方法（尺寸单位：mm）

a）溜槽；b）串筒；c）振动串筒；d）串筒浇灌混凝土方法；e）皮带机浇灌混凝土；f）侧向浇灌狭深墙壁；g）上部浇灌狭深墙壁

1-溜槽；2-挡板；3-串筒；4-漏斗；5-节管；6-振动器

以控制裂缝开展，并采取以下一些技术措施。

（1）选用低或中发热量的水泥（如矿渣水泥、火山灰质或粉煤灰水泥）配制的混凝土；选择良好级配的集料，严格控制砂、石含泥量；加强振捣提高密实度和抗拉强度；混凝土中掺加缓凝剂或缓凝型减水剂，减缓浇灌速度，以利散热和改善和易性，降低水灰比，减少水泥用量和水化热量，减少温度应力。

（2）加强混凝土养护，提高早期强度；做好保温养护，控制混凝土内外温差不超过 20～30℃；夏季采用低温水或冰水拌制混凝土，加强通风，降低浇灌温度，或在结构内部预埋冷却水管，通循环水降温；冬期施工采取护盖保温养护。

（3）大体积混凝土运输与浇筑方法应根据设备条件而定，可采用手推车、机动混凝土翻斗车、皮带运输机、窄轨矿车、栈桥等进行运输和浇筑；亦可采用翻斗汽车运输，用吊斗借起重机进行浇筑；在设备条件允许时，可采用混凝土泵车，配备多台混凝土搅拌运输车进行浇灌，更可有效降低劳动强度，提高效率。

（4）泵送混凝土必须具有很好的泵送性，集料最好采用卵石、自然级配砾石、粗集料，粒径与输送管径满足 $D>2.16d$ 的关系（式中 D 为输送管内径，d 为集料粒径）。一般碎石最大粒径与输送管直径之比宜为1∶3，卵石为1∶2.5，通常为2～4cm；砂宜用中砂，通过0.3mm筛孔的砂应不少于15%，砂率宜控制在40%～50%；最小水泥用量视输送管径与泵送距离而定，一般为280～300kg/m（管径大、泵送距离短者用下限，反之用上限）；混凝土坍落度宜为8～18cm，为增加混凝土的流动性，混凝土内宜掺适量减水剂。

（5）大体积混凝土浇筑方式，可根据整体性要求、结构大小、钢筋疏密、混凝土供应等具体情况，采用分层分段或斜面分层等方式进行，如图4-88、图4-89所示，使混凝土沿基础全高均匀上升。浇筑时，要在下一层混凝土初凝之前浇捣上一层混凝土，不使上下层之间产生施工缝，并宜采取二次振捣法，以保持良好接茬，提高密实度。分层厚度一般为20～30cm，浇灌宜采取踏步式的分层推进，推进长度一般在1.0～1.5cm。混凝土表面泌水要及时排出。

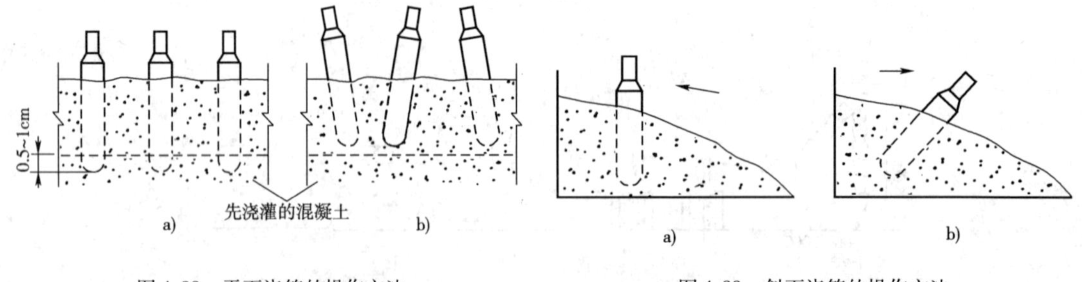

图4-88 平面浇筑的操作方法
a）正确；b）不正确

图4-89 斜面浇筑的操作方法
a）正确；b）不正确

3.框架混凝土浇筑

（1）多层框架混凝土灌筑必须按结构层次和结构平面分层分段流水作业。一般水平方向以伸缩缝分段，垂直方向以楼层分层，每层中先灌柱子，再灌梁板。

（2）柱子浇灌宜在梁板模板安装完毕、钢筋尚未绑扎之前进行，以便利用梁板模板稳定柱模并用作浇灌混凝土平台。灌筑一排柱子的顺序，应从两端同时开始向中间推进，不宜从一端推向另一端，以免因灌筑混凝土后，模板吸水膨胀而产生横向推力，累积到最后一根造成弯曲变形。

柱子应沿高度一次灌筑完毕。当柱截面在40cm×40cm以上且无交叉箍筋、柱高不超过3.5m时，可从柱顶直接浇灌；超过3.5m时需分段浇灌，每段高不超过3.5m（墙和隔墙每段不超过3m），或采用竖向串筒输送混凝土。当柱截面在40cm×40cm以内或有交叉箍筋时，应在柱模侧面开不小于30cm高的门子洞作浇灌口，装斜溜槽分段灌筑，每段高不超过2m，如图4-90、图4-91所示。

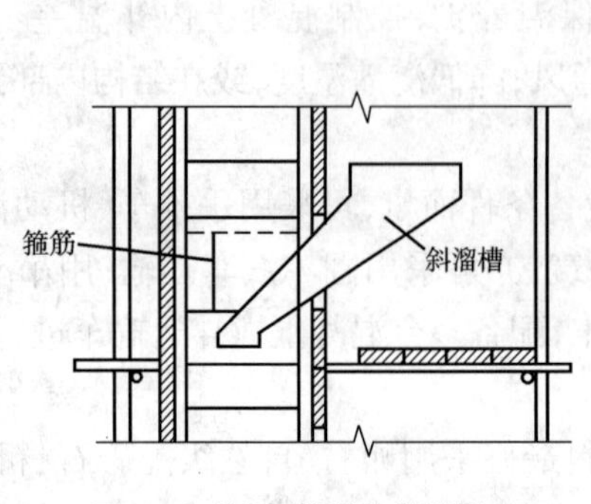

图4-90 从门子洞处浇灌混凝土

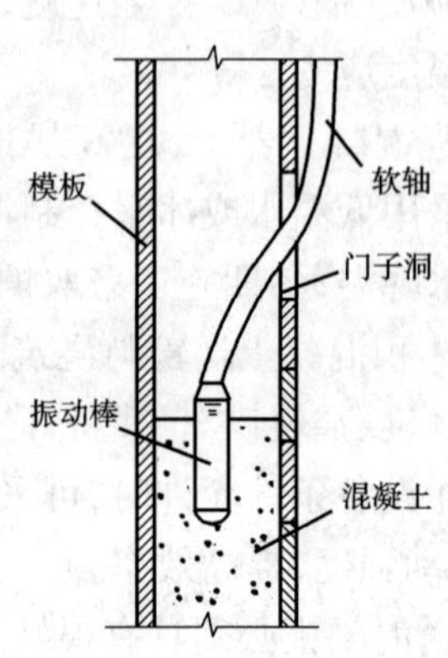

图4-91 从门子洞伸入振捣

(3)灌筑每层柱时,为避免柱脚部分产生蜂窝现象,在底部应先铺一层5~10cm厚减半石子混凝土或去石子水泥砂浆,以保证接缝质量。在灌筑抗剪墙、薄墙、深梁等狭深结构时,为避免结构上部由于大量泌水造成混凝土强度降低,宜在灌筑到一定高度后将混凝土水灰比适当调整。

(4)在灌筑钢筋较密集且上部钢筋较多的构件时,要加强振捣,以防石子被钢筋卡住,必要时该处可改用细石混凝土灌筑,与此同时,振动棒头可改用片式并辅以人工捣固。在梁端部,往往上部钢筋密集,应改用小直径振动棒,从弯起钢筋斜段间隙中斜向插入进行振捣。如图4-92所示。

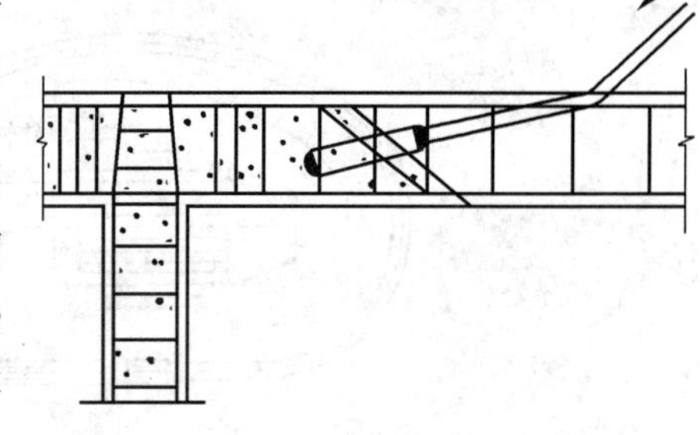

图4-92　梁端振捣方法

五、混凝土的振捣

混凝土灌入模板以后,由于集料间的摩阻力和水泥浆的黏结力,不能自行填充密实,其内部是疏松的,有一定体积的空洞和气泡,不能达到要求的密实度,而影响其强度、抗冻性、抗渗性和耐久性。因此,混凝土入模后,还需要经密实成型。混凝土密实成型途径有三:一是借助于机械外力(如机械振动)来克服拌和物的剪应力而使之液化;二是在拌和物中适当加水以提高其流动性,使之便于成型,成型后用离心法、真空抽吸法将多余的水分和空气排出;三是在拌和物中掺高效减水剂,使其坍落度大大增加,以自流浇筑成型,这是一种有发展前途的方法。目前现场常用机械振捣成型方法。

1. 机械振捣法成型

现场常用混凝土振捣机械按其工作方式分为内部振动器、表面振动器、外部振动器3种,如图4-93所示。

(1)内部振动器

常用内部振动器有电动软轴内部振动器和直联式内部振动器2种。电动软轴内部振动器由电动机、软轴、振动棒、增速器等组成。振动棒内振动子有偏心块式和行星式,如图4-94、图4-95所示。前者的振动频率为5 000~6 000次/分,后者的振动频率为12 000~15 000次/分,故后者振捣效果好,且构造简单,维修方便,其软轴转速比前者的软轴转速低,故使用寿命长,因而前者已逐渐被后者取代。

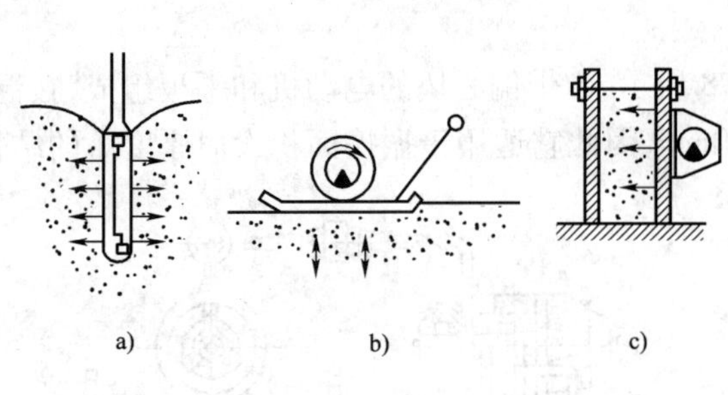

图4-93　振动器的原理图

a)内部振动器;b)表面振动器;c)外部振动器

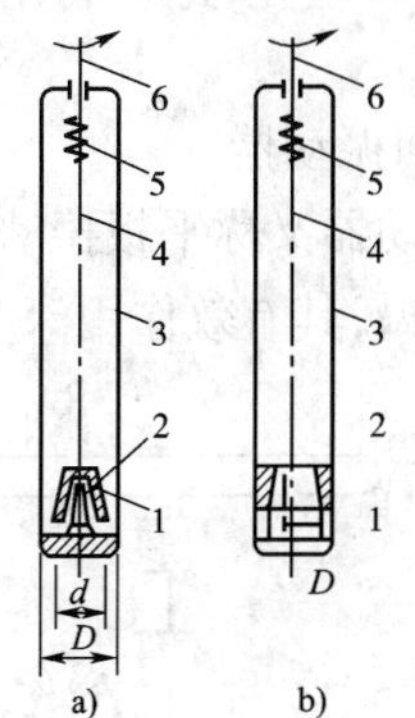

图4-94　行星滚锥式振动器原理图

a)内滚道式;b)外滚道式

1-滚锥;2-滚道;3-振动棒外壳;4-滚锥轴;5-挠性联轴节;6-驱动软轴

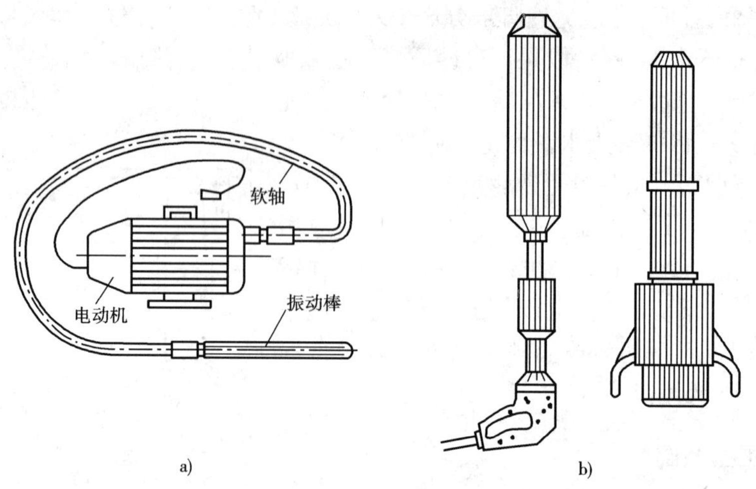

图 4-95　内部振动器

a)电动软轴内部振动器;b 直联式内部振动器

插入式振动器常用于振捣基础、柱、梁、墙及大体积结构混凝土。使用时,一般应垂直插入,并插到下层尚未初凝的混凝土中约 50 ~ 100mm(图 4-96),以使上、下层互相结合。操作时,要做到快插慢抽。如插入速度慢,会先将表面混凝土振实,与下部混凝土发生分层离析现象;如拔出速度过快,则由于混凝土来不及填补而在振动器抽出的位置形成空洞。振动器的插点要均匀排列,排列方式有行列式和交错式 2 种(图 4-97)。插点间距不应小于 $1.5R$(R 为振动器的作用半径)。振动器距模板不应大于 $0.7R$,应避免碰振钢筋、模板、吊环及预埋件等。每一插点的振捣时间一般为 20 ~ 30s,用高频振动器时不应小于 10s,过短不易捣实,过长可能使混凝土分层离析,一般振捣至混凝土表面呈现浮浆,不再显著下沉为止。

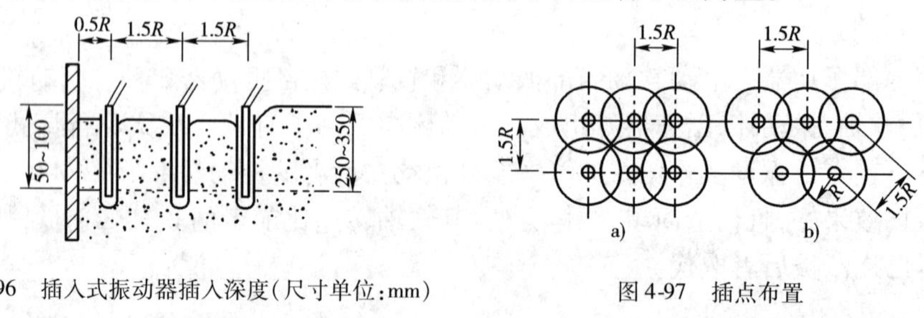

图 4-96　插入式振动器插入深度(尺寸单位:mm)

图 4-97　插点布置

a)行列式;b)交错式

(2)表面振动器

表面振动器又称平板振动器,如图 4-98 所示,由带偏心块的电动机和平板组成,在混凝土表面进行振捣,其有效作用深度一般为 200mm,因此它适用于振捣面积大而厚度小的结构,如

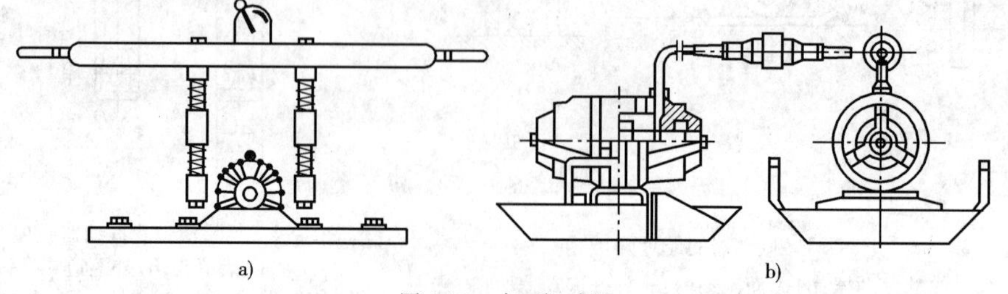

图 4-98　表面振动器

a)有缓冲弹簧振动器;b)带槽形平板的振动器

楼板、地坪或预制板等。振捣时其移动间距应能保证振动器的平板覆盖已振实部分的边缘，前后位置搭接 30 ~ 50mm。每一位置上振动时间为 25 ~ 40s，以混凝土表面出现浮浆为准。

（3）附着式振动器

附着式振动器（图 4-99）也是一个带偏心块的电动机，它借螺栓或卡具固定在模板外部，通过模板将振动传给混凝土，因此模板应有足够的刚度。它适用振捣厚度小、钢筋密、不宜用插入式振动器的构件如薄腹梁、墙体等。振动器设置间距应通过试验确定，一般为 1 ~ 1.5m。振动深度约为 250mm，如结构较厚，则在构件两侧安设振动器，同时进行振捣。

（4）振动台

振动台主要由电动机、同步器、振动平台、固定框架、支承弹簧、偏心振动子等组成，如图 4-100所示。

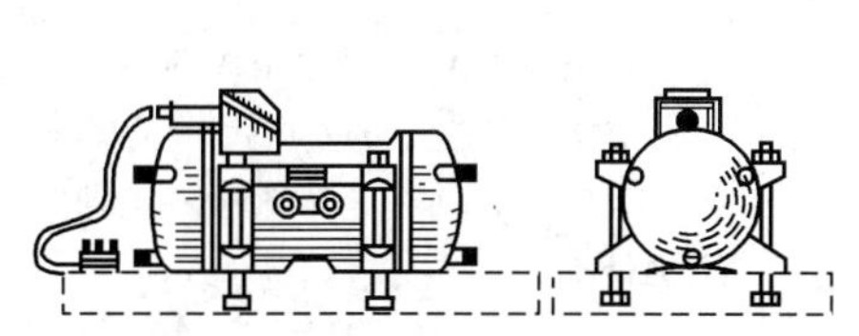

图 4-99　附着式振动器

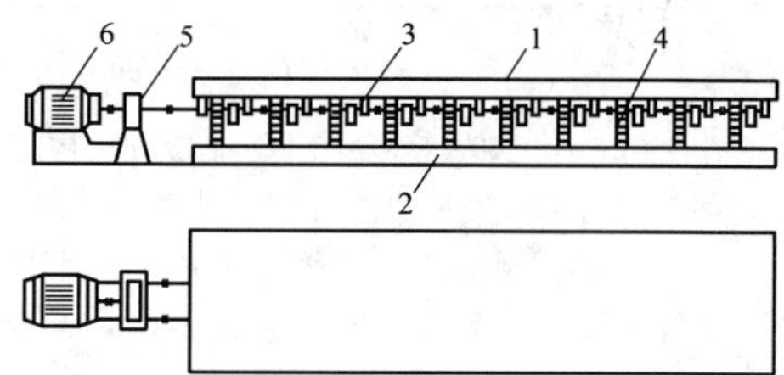

图 4-100　振动台

1-振动平台；2-固定框架；3-偏心振动子；4-支撑弹簧；5-同步器；6-电动机

混凝土经振捣后，表面会有水出现，称泌水现象。泌水不宜直接排走，以免带走水泥浆，宜用吸水材料吸水，必要时进行二次振捣或二次抹光。如泌水现象严重，应考虑改变配合比或掺用减水剂。

2. 挤压法成型

挤压成型是生产预应力混凝土多孔板的一种工艺，多用于长线台座的先张法。这种工艺的构件成型用挤压机来完成，如图 4-101 所示。

挤压机工作原理是用旋转的螺旋铰刀把由料斗倒下的混凝土向后挤送，在挤送过程中，由于受到振动器的振动和已成型的混凝土空心板的阻力（反作用力）而被挤压密实。挤压机也在这一反作用力的作用下，沿着与挤压方向相反的方向被推动自行前进，在挤压机后面即形成一条连续的预应力混凝土空心板带。

用挤压机连续生产空心板，有两种切断方法：一种是在混凝土达到可以放松预应力筋的强度时，用钢筋混凝土切割机整体切断；另一种是在混凝土初凝前用端头挡板把混凝土隔开。

3. 离心法成型

离心法是将装有混凝土的模板放在离心机上，使模板以一定转速绕自身的纵轴线旋转，模板内的混凝土由于离心力作用而远离纵轴，均匀分布于模板内壁，并将混凝土中的部分水分挤出，使混凝土密实，如图 4-102 所示。此法一般用于涵管、刺线柱、桩等具有圆形空腔构件的制作。离心机有滚轮式和车床式 2 类，都具有多级变速装置。离心成型过程分为两个阶段：第一阶段是使混凝土沿模板内壁分布均匀，形成空腔，此时转速不宜太高，以免造成混凝土离析现象；第二阶段是使混凝土密实的阶段，此时可提高转速，增大离心力，压实混凝土。

4. 真空作业法成型

真空作业法是借助于真空负压，将水从刚成型的混凝土拌和物中排出，同时使混凝土密实的一种成型方法，可分为表面真空作业与内部真空作业2种。此法适用道路、机场跑道，薄壳、隧道顶板，墙壁、水池、桥墩等混凝土预制成型。

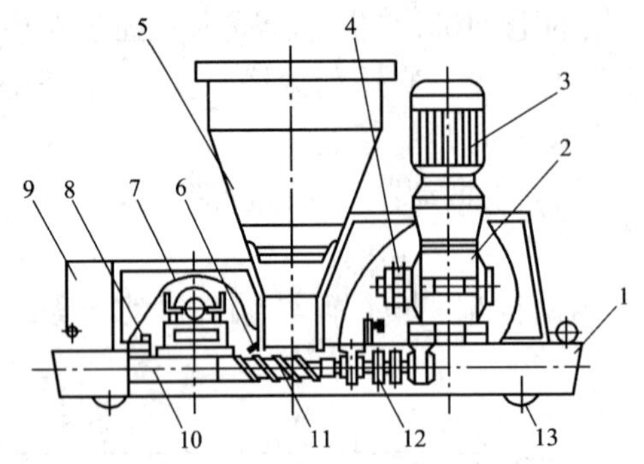

图4-101 HKJ-60A型混凝土圆孔板挤压机构造示意图

1-机架及行模；2-减速器；3-立式电动机；4-上传动链轮；5-受料斗；6-强制板；7-振动器；8-抹光板；9-配重；10-成型管；11-螺旋绞刀；12-下传动链轮；13-导轮

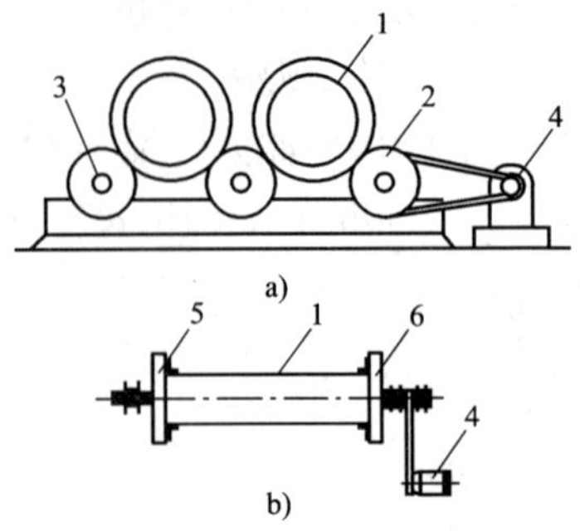

图4-102 离心机示意图

a）滚轮式离心机；b）车床式离心机

1-模板；2-主动轮；3-从动轮；4-电动机；5、6-卡盘

六、混凝土自然养护

对混凝土进行自然养护，是指在平均气温高于5℃的条件下使混凝土保持湿润状态。自然养护又可分为洒水养护和喷洒塑料薄膜养生液养护等。

洒水养护是用吸水保温能力较强的材料（如草帘、芦席、麻袋、锯末等）将混凝土覆盖，经常洒水使其保持湿润。养护时间长短取决于水泥品种，普通硅酸盐水泥和矿渣硅酸盐水泥拌制的混凝土，不少于7d；火山灰质硅酸盐水泥和粉煤灰硅酸盐水泥拌制的混凝土不少于14d；有抗渗要求的混凝土不少于14d。洒水次数以能保持混凝土具有足够的湿润状态为宜。

喷洒塑料薄膜养生液养护用于不易洒水养护的高耸构筑物和大面积混凝土结构及缺水地区。它是将养生液用喷枪喷洒在混凝土表面上，溶液挥发后在混凝土表面形成一层塑料薄膜，使混凝土与空气隔绝，阻止其中水分的蒸发，以保证水化作用的正常进行。在夏季，薄膜成型后要防晒，否则易产生裂纹。

对于表面积大的构件，也可用湿土、湿砂覆盖，或沿构件周边用黏土等围住，在构件中间蓄水进行养护。

混凝土必须养护至其强度达到$1.2N/mm^2$以上，才准在上面行人和架设支架、安装模板，但不得冲击混凝土。

七、混凝土质量检查

混凝土质量检查包括施工过程中的质量检查和养护后的质量检查。混凝土养护后的质量检查，主要包括混凝土的强度、表面外观质量和结构构件的轴线、高程、截面尺寸和垂直度的偏差。如设计上有特殊要求时，还需对其抗冻性、抗渗性等进行检查。

1. 施工过程中混凝土质量检查

（1）检查混凝土组成材料的质量和用量，每一工作班至少2次。

（2）检查混凝土在拌制地点及浇筑地点的坍落度或工作度，实测的混凝土坍落度与要求坍落度之间的允许偏差应符合表4-57的要求，每一工作班至少检查2次。

实测混凝土坍落度与要求坍落度之间的允许偏差 表 4-57

要求坍落度(mm)	允许偏差(mm)	要求坍落度(mm)	允许偏差(mm)
<50	±10	>90	±30
50~90	±20		

(3)在每一工作班内,如混凝土配合比有变动时,应及时检查。

(4)混凝土的搅拌时间应随时检查。

2. 混凝土外观质量检查

混凝土结构构件拆模后,应从其外观上检查其表面有无麻面、露筋、蜂窝、孔洞、缝隙及夹层、缺棱掉角和裂缝等缺陷情况,预留孔道是否通畅无堵塞,如有类似情况,应加以修正。

3. 混凝土允许偏差检查

(1)整体式混凝土结构的允许偏差和检验方法(表 4-58)

整体式混凝土结构的允许偏差和检验方法 表 4-58

项次	项目		允许偏差(mm)	检验方法
1	柱、墙垂直度	5m 以下	10	用经纬仪或吊线和尺量检查
		5m 以上	15	
2	支承面高程		±5	用尺量或水准仪检查
3	底面高程		+0 -10	
4	上表面平整		8	用 2m 靠尺和楔形塞尺检查
5	横截面尺寸		+8 -5	用尺量检查
6	基础中心线位移	独立	+10	
		其他	+15	
7	预埋件、预留孔中心线位移		5	用尺量纵、横两个方向检查

检查数量:按梁、柱和独立基础的件数,各抽查 10%,但均不应少于 3 件;带形基础、圈梁和板,每 30~50m 各抽查 1 处,但均不应少于 3 处。

(2)装配式混凝土结构的允许偏差和检验方法(表 4-59)

装配式混凝土结构的允许偏差和检验方法 表 4-59

项次	项目			允许偏差(mm)	检验方法
1	长度	柱		+10 -5	用尺量梁、桁架下弦两端支座中心,检查全长;有牛腿时,量底至牛腿表面检查
		梁、板		+10 -5	
2	板对角线差			10	用尺量两个对角线检查
3	横截面尺寸	梁、柱、桁架、块体		±5	用尺量检查
		板	宽度	+3 -5	
			高度	+5 -3	
			厚度	+4 -2	

续上表

项次	项目		允许偏差(mm)	检验方法
4	预埋件预留孔	中心线位移	5	用尺量纵、横两个方向检查
		与混凝土上表面平整	5	用尺量检查
		预埋件长度	±5	
5	侧向弯曲	梁、柱	*L*/750	用拉线和尺量检查
		桁架、板、块体薄腹梁	*L*/1 000	
6	上表面平整		5	用2m靠尺和楔形塞尺检查

注:*L*——构件长度(mm)。

检查数量:按梁、柱和桁架等主要构件的件数,各抽查10%;一般构件各抽查5%,但均不应少于3件。

(3)混凝土设备基础的允许偏差和检验方法(表4-60)

混凝土设备基础的允许偏差和检验方法 表4-60

项次	项目		允许偏差(mm)	检验方差
1	坐标(纵、横轴线)		±20	用经纬仪或拉线和尺量检查
2	各不同平面的高程		+0 -20	用水准仪或拉线和尺量检查
3	平面外形尺寸		±20	用尺量检查
	凸台上平面外形尺寸		-20	
	凹穴尺寸		+20	
4	平面平整度	每米	5	用直尺和楔形塞尺或拉线和尺量检查
		全长	10	
5	垂直度	每米	5	用经纬仪或吊线和尺量检查
		全高	20	
6	预埋地脚螺栓	高程(顶端)	+20 -0	用水准仪或拉线和尺量在根部及顶端检查
		中心距	±2	
7	预留地脚螺栓孔	中心位置	±10	用拉线和尺量检查
		深度	+20 -0	用尺量检查
		孔壁垂直度	10	用吊线和尺量检查
8	预埋活动地脚螺栓锚板	高程	+20 -0	用拉线和尺量检查
		中心位置	±5	
		平整度(带槽的锚板)	5	用直尺和楔形塞尺或拉线和尺量检查
		平整度 (带螺纹孔的锚板)	2	

检查数量:按各类设备基础抽查10%,但不应少于3个。

4. 混凝土强度检查

混凝土强度检查主要指抗压强度的检查,应采用标准试件的强度。即按标准方法制作的边长为150mm的标准尺寸的立方体试件，在温度为20℃ ±2℃和相对湿度为90%以上的标准条件下，养护至28d龄期时，按标准试验方法测得的混凝土强度。

用于检查结构构件混凝土质量的试件，应在混凝土的浇筑地点随机取样制作。试件的取样频率应遵守下列规定：

(1)每拌制100盘且不超过100m的同配合比的混凝土，其取样不得少于1次。

(2)每工作班拌制的同配合比的混凝土不足100盘时，其取样不得少于1次。

(3)对现浇混凝土结构，要求每一现浇楼层同配合比的混凝土，其取样不得少于1次；同一单位工程每一验收项目中同配合比的混凝土，其取样不得少于1次。

每次取样应至少留置一组标准试件。同条件养护试件的留置组数可根据实际需要确定。

每组混凝土试件由3个试件组成，此3个试件应在同一盘混凝土中取样制作。每组试件的强度代表值按下列规定确定：

(1)取3个试件强度的平均值作为该组试件的强度代表值。

(2)当3个试件强度中的最大值或最小值之一与中间值之差超过中间值的15%时，则取中间值作为该组试件的强度代表值。

(3)3个试件强度中的最大值和最小值与中间值之差均超过中间值的15%时，则该组试件不应作为强度评定的依据。

混凝土强度应分批进行验收。同一验收批的混凝土应由强度等级相同、生产工艺和配合比基本相同的混凝土组成。对现浇混凝土结构构件，尚应按单位工程的验收项目划分验收批，其应根据国家标准《公路工程质量检验评定标准》(JTG F80/1—2004)确定。对同一验收批的混凝土强度，应以同批内标准试件的全部强度代表值来评定。

八、混凝土常见质量缺陷的分析与处理

1. 混凝土常见缺陷的分类与产生原因

(1)麻面

麻面是指结构构件表面呈现许多缺浆的小凹坑而无钢筋外露的现象。产生麻面的原因主要是：模板表面粗糙或清理不干净；木模板在浇筑混凝土前未湿润或湿润不够；钢模板脱模剂涂刷不匀或局部漏刷；模板接缝不严密而漏浆；混凝土振捣不足，气泡未排出等。

(2)露筋

露筋是指结构构件内的钢筋没有被混凝土裹住而暴露在外。其产生的原因主要是：垫块过少或振捣时移位，致使钢筋紧贴模板；石子粒径过大，钢筋过密，水泥砂浆不能充满钢筋周围空间；混凝土振捣不密实，拆模方法不当，以致缺棱掉角等。

(3)蜂窝

蜂窝是指结构构件表面混凝土由于砂浆少、石子多，石子之间出现空隙，形成蜂窝状的孔洞。造成蜂窝的原因主要是：材料计量不准确，致使混凝土配合比不当，砂浆少，石子多；混凝土振捣不足或漏振；严重漏浆；下料不当，使混凝土产生离析等。

(4)孔洞

孔洞是指混凝土结构内存在着空隙，局部或全部没有混凝土。其产生原因主要是：混凝土严重离析，砂浆分离，石子成堆；混凝土严重漏振；混凝土被捣空；混凝土受冻，泥块、冰块、杂物掺入混凝土等。

(5)裂缝

结构构件产生裂缝的原因比较复杂，有由外荷载(包括施工和使用阶段的荷载)引起的裂缝，由变形(包括温度与湿度变化及不均匀沉陷等产生)引起的裂缝和施工操作(如制作、脱模、养护、堆放、运输、吊装等)不善引起的裂缝。混凝土裂缝的形式及产生的原因见表4-61。

混凝土裂缝的形式及产生的原因 表4-61

分类	编号	简图	原因
与材料有关	A1		由于水泥的非正常凝结所产生的裂缝，既短又不规则，多发生于早期
	A2	钢筋	在上层钢筋的顶部产生的沉陷裂缝，多在浇混凝土之后1～2h内沿钢筋产生
	A3		由于水泥水化热产生的裂缝，易产生于大断面的地梁(边长大于80cm)及厚地下墙上
	A4		水泥的非正常膨胀
	A5		因集料中含泥土，随着混凝土的干燥而产生的不规则的网状裂缝
	A6		因使用反应性集料或风化岩类集料而引起的裂缝，多半产生于潮湿场所，呈爆裂状
	A7		混凝土干缩
与施工有关	B1		因掺和料拌和不均匀而产生的裂缝，分膨胀性和干缩性的两种，一般只是部分地产生
	B2		因长时间搅拌或运输时间过长而产生的裂缝，多全面产生呈网状
	B3		泵送混凝土时增加了水泥用量及用水量
	B4		浇灌顺序有误
	B5		浇灌速度过快
	B6		振捣不足
	B7		钢筋被扰动，保护层不够
	B8		接打处理不当
	B9		模板变形
	B10		漏水(模板漏浆或底层渗水)
	B11		支撑下沉
	B12		过早拆模
	B13		硬化前受到振动或加荷
	B14		初期养护时急骤干燥
	B15		初期冻害
与使用及环境条件有关	C1	① ②	环境温度与湿度的变化
	C2	柱 柱 壁	构建两面温、湿度之差

续上表

分类	编号	简图	原因
与使用及环境条件有关	C3		反复冻融
	C4		冻胀
	C5		内部钢筋锈蚀
	C6		火灾或表面加热
	C7		酸或盐类的化学作用

分类	编号	简图	原因
与构造及外力有关	D1		荷载(在设计荷载以内)
	D2	剪切 弯曲 剪切	荷载(超过设计荷载的)
	D3		荷载(以地震荷载为主的)
	D4		断面及钢筋用量不足
	D5	沉降	结构物的差异沉降
其他	E		其他

(6)缝隙及夹层

缝隙和薄夹层将结构分隔成几个不相连的部分,其产生的原因主要是:混凝土内部有处理不当的施工缝、温度缝和收缩缝,以及混凝土因外来杂物而造成的夹层。

(7)混凝土强度不足

产生混凝土强度不足的原因是多方面的,主要是由于混凝土配合比设计、搅拌、现场浇捣和养护四个方面造成的。

配合比设计问题上:有时不能及时测定水泥的实际活性,影响了混凝土配合比设计的正确性;另外套用混凝土配合比时选用不当,同时对外加剂掺量控制不准确,都有可能导致混凝土强度不足。

搅拌操作问题上:任意增加用水量;配合比以重量折合体积比,造成配比称料不准;搅拌时颠倒加料顺序及搅拌时间过短等,造成搅拌不均匀,以上均能导致混凝土强度的降低。

现场浇捣问题上:主要是施工中振捣不实及发现混凝土有离析现象时,未能及时采取有效措施来纠正。

养护问题上:主要是不按规定的方法、时间对混凝土进行妥善的养护,以致造成混凝土强度降低。

2. 混凝土质量缺陷处理

(1)表面抹浆修补

对于数量不多的小蜂窝、麻面、露筋、露石的混凝土表面,主要是保护钢筋和混凝土不受侵蚀,可用1:2~1:2.5水泥砂浆抹面修整。在抹砂浆前,需用钢丝刷或加压力的水清洗润湿,抹浆初凝后要加强养护工作。

对结构构件承载能力无影响的细小裂缝,可将裂缝处加以冲洗,用水泥浆抹补。如果裂缝开裂较大较深时,应将裂缝附近的混凝土表面凿毛,或沿裂缝方向凿成深为15~20mm、宽为

100 ~ 200mm 的 V 形凹槽，扫净并洒水湿润，先刷一道水泥净浆，然后用 1∶2 ~ 1∶2.5 的水泥浆分 2 ~ 3 层涂抹，总厚度控制在 10 ~ 20mm 左右，并压实抹光。

各种表面处理方法如图 4-103 ~ 图 4-110 所示。

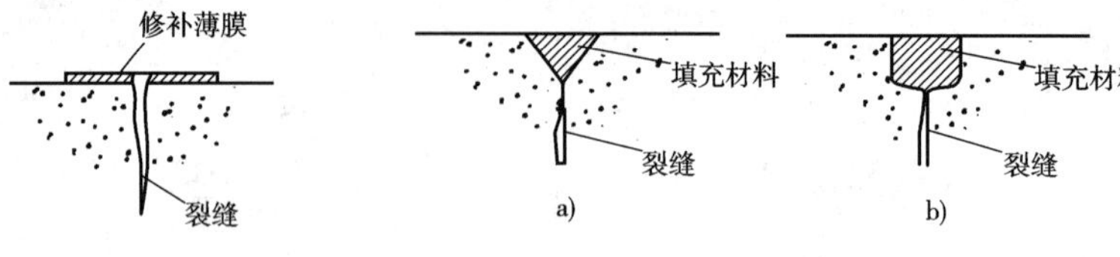

图 4-103　表面处理法

图 4-104　填充用 V 形及 U 形沟槽

a）V 形槽；b）U 形槽

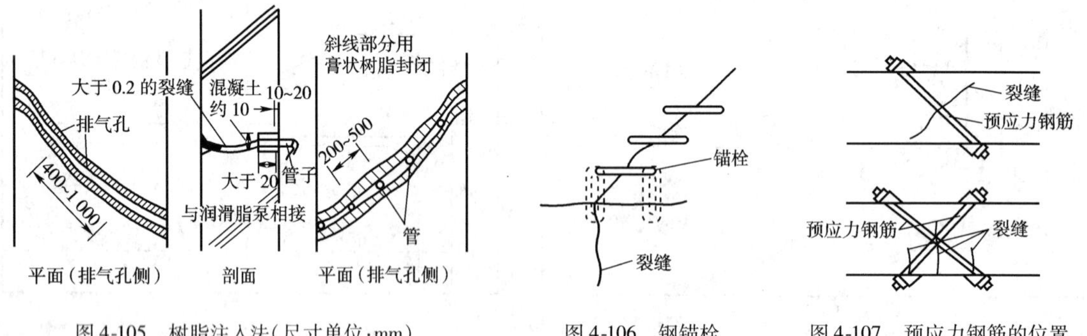

图 4-105　树脂注入法（尺寸单位：mm）

图 4-106　钢锚栓

图 4-107　预应力钢筋的位置

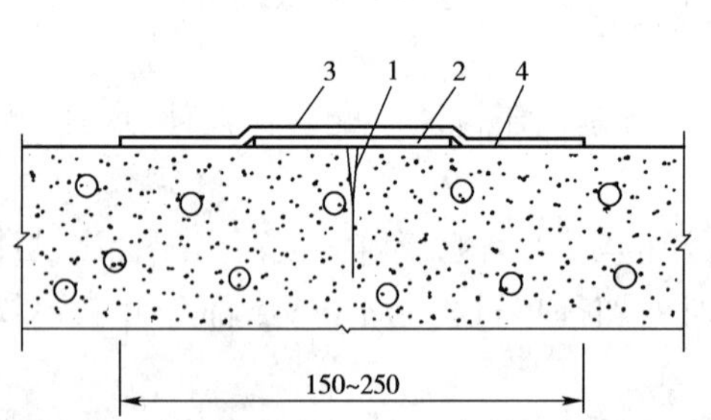

图 4-108　柔性密封带表面粘贴（尺寸单位：mm）

1-裂缝；2-油毡或塑料薄膜隔离层；3-氯丁橡胶密封条；4-黏结剂

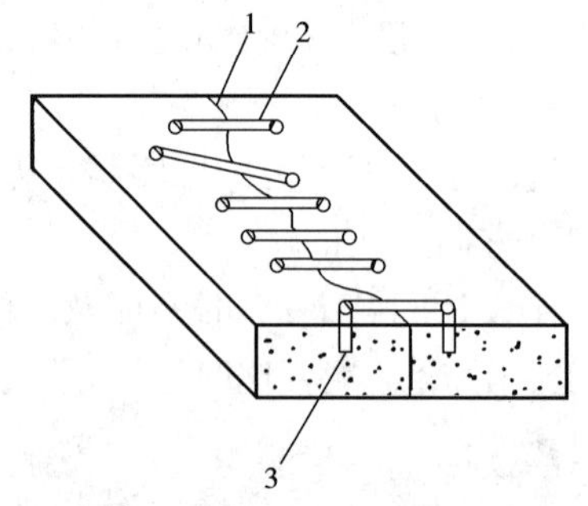

图 4-109　扒钉锚合

1-裂缝；2-U 形扒；3- 钻孔桩水泥砂浆或环氧砂浆

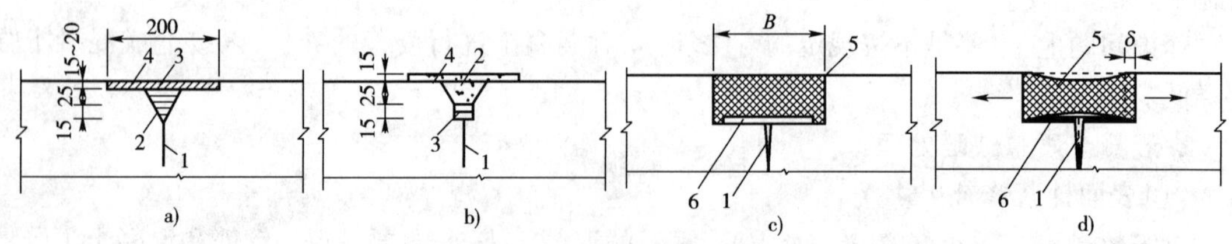

图 4-110　表面凿槽嵌补裂缝的构造处理（尺寸单位：mm）

a）一般裂缝处理；b）渗水裂缝处理；c）活动裂缝处理；d）活动裂缝扩展后情形

B-槽宽；δ-裂缝活动距离

1-裂缝；2-水泥砂浆或环氧胶泥；3-聚氯乙烯胶泥或沥青油膏；4-1∶2.5 水泥砂浆或刚性防水层做法；5-密封材料；6-隔离缓冲层

(2)细石混凝土填补

当蜂窝比较严重或露筋较深时，应除掉附近不密实的混凝土和突出的集料颗粒，用清水洗刷干净并充分润湿后，再用比原强度等级高一级的细石混凝土填补并仔细捣实。

对孔洞事故的补强，可在旧混凝土表面采用处理施工缝的方法处理，将孔洞处疏松的混凝土和突出的石子剔凿掉，孔洞顶部要凿成斜面，避免形成死角，然后用水刷洗干净，保持湿润72h后，用比原混凝土强度等级高一级的细石混凝土捣实。混凝土的水灰比宜控制在0.5以内，并掺水泥用量万分之一的铝粉，分层捣实，以免新旧混凝土接触面上出现裂缝，如图4-111、图4-112所示。

(3)水泥灌浆与化学灌浆

对于影响结构承载力或者防水、防渗性能的裂缝，为恢复结构的整体性和抗渗性，应根据裂缝的宽度、性质和施工条件等，采用水泥灌浆或化学灌浆的方法予以修补。一般对宽度大于0.5mm的裂缝，可采用水泥灌浆；宽度小于0.5mm的裂缝，宜采用化学灌浆。化学灌浆所用的灌浆材料，应根据裂缝性质、缝宽和干燥情况选用。作为补强用的灌浆材料，常用的有环氧树脂浆液(能修补缝宽0.2mm以上的干燥裂缝)和甲凝(能修补0.05mm以上的干燥细微裂缝)等。作为防渗堵漏用的灌浆材料，常用的有丙凝(能灌入0.01mm以上的裂缝)和聚氨酯(能灌入0.015mm以上的裂缝)等，如图4-113、图4-114所示。

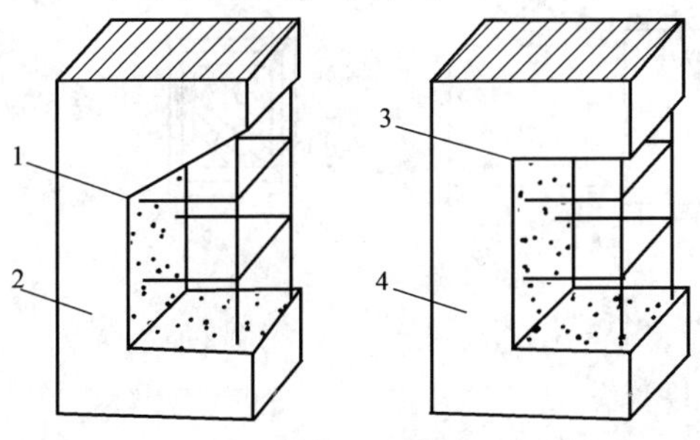

图4-111　孔洞开凿形式

1-构件；2-孔洞处凿成斜形；3-死角；4-孔洞处凿成矩形

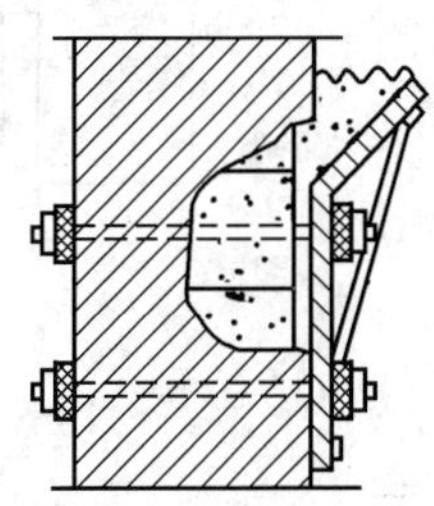

图4-112　浇筑孔洞

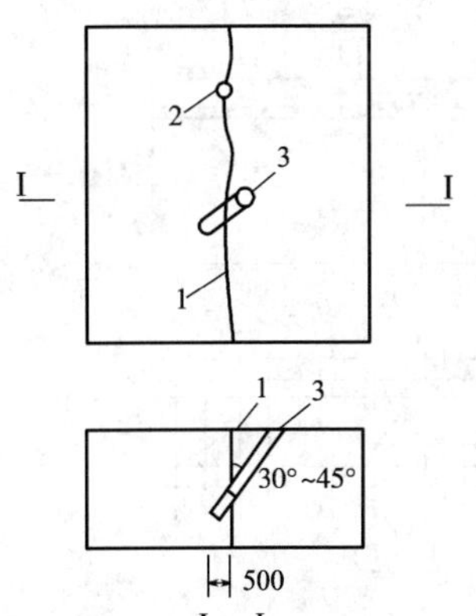

图4-113　钻孔示意图(尺寸单位：mm)

1-裂缝；2-骑缝孔；3-斜孔

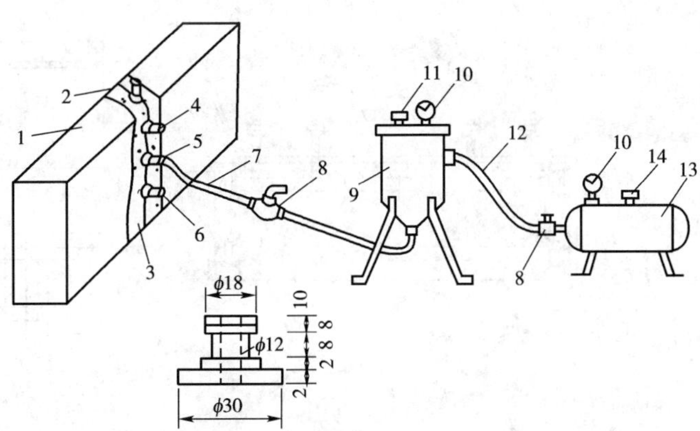

图4-114　灌浆工艺流程及设备(尺寸单位：cm)

1-混凝土结构；2-裂缝；3-环氧封闭带；4-灌浆嘴；5-活接头；6-木塞；7-高压塑料透明胶管；8-阀门；9-压浆罐；10-压力表；11-进料口；12-高压胶管；13-空压机或手压泵；14-调压阀

(4)结构加固法

适用于对整体性、承载能力有较大影响的表面损坏严重的表面、深进及贯穿性裂缝的加固处理。一般的方法有围套加固法、钢套箍加固法、预应力加固法、粘贴加固法、喷浆加固法等，如图4-115～图4-118所示。

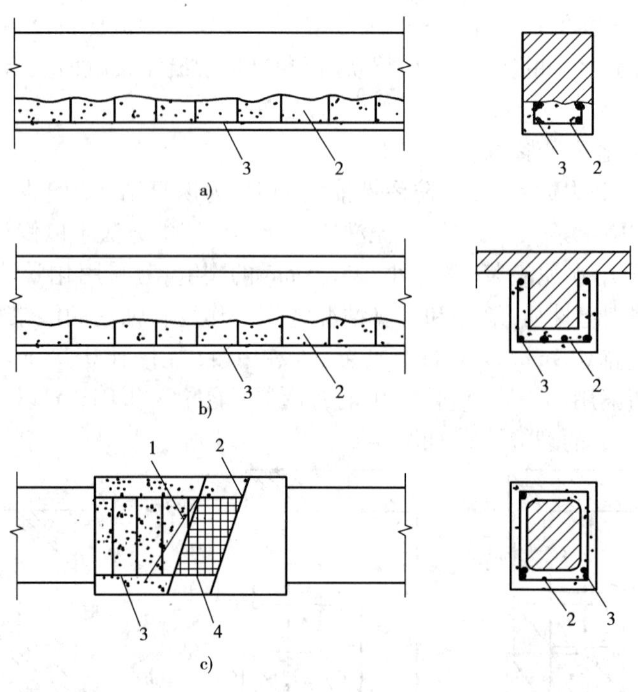

图4-115　钢筋混凝土围套加固

1-裂缝；2-钢筋混凝土围套；3-附加钢筋；4-钢丝网

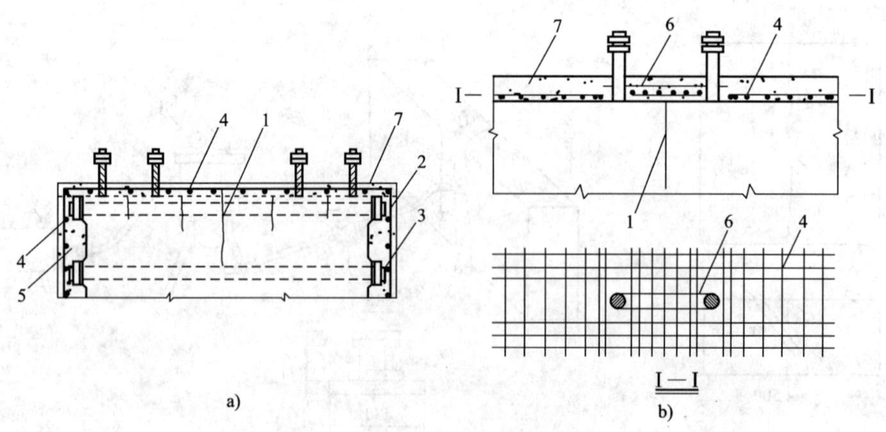

图4-116　地基裂缝加固

a）基础周边加固；b）基础地脚螺栓中间裂缝加固

1-裂缝；2-钢筋带箍；3-钢楔；4-钢筋网片；5-混凝土加固层；6-钢筋套箍；7-二次混凝土灌浆层

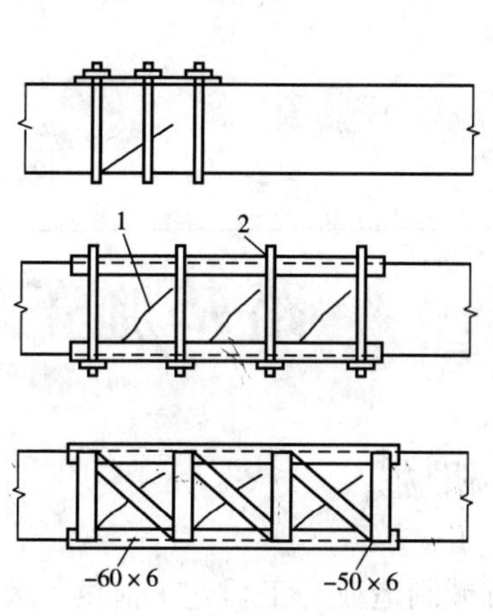

图 4-117　钢套箍加固(单位:mm)

1-裂缝;2-钢套箍

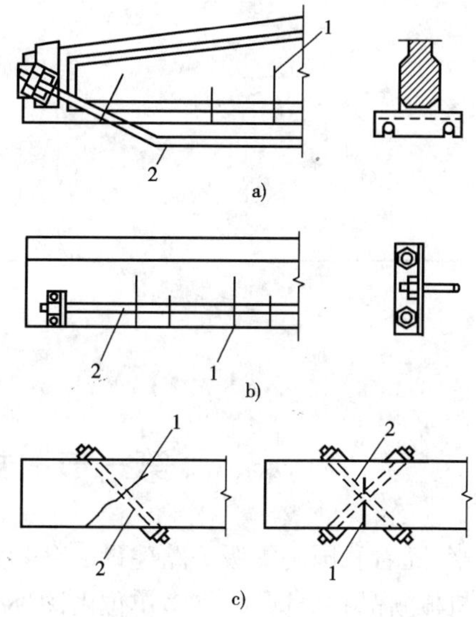

图 4-118　预应力加固

a)、b)预应力拉杆加固;c)预应力筋加固

1-裂缝;2-预应力拉杆或预应力钢筋

第五章

路基施工实习

第一节 施工机械

近年来，随着我国高等级公路建设的蓬勃发展，机械制造业为工程施工提供了大批性能优良的施工机械新品种。同时，许多单位由国外引进了不少新型和大型土方工程机械、路面施工机械及其他机械，大大加快了公路建设的步伐。

高等级公路路基路面施工的主要机械常包括铲土运输、挖掘、拌和、摊铺、碾压等机械。作为公路工程技术人员了解或掌握常用施工机械的使用性能，对正确地选择施工机械，科学地进行机械化施工组织与管理，保证施工质量，加快工程进度，有着十分重要的意义。

一、铲土运输机械

土方施工中，常使用的铲土运输机械有推土机、铲运机、平地机等。

1. 推土机

推土机是路基土方工程施工中最常用的机械之一，它的特点是，所需作业面小，机动灵活，转移方便，短距离运土效率高，干湿地都可以独立工作，同时也可以配合其他机械施工，因此在土方工程机械化施工中得到广泛应用。

(1)推土机的分类

推土机可按其行走方式、推土板的安装方式、操作系统及发动机功率进行分类。

按行走装置形式分为履带式和轮胎式2类；按推土板安装方式分为固定式和回转式2种；按推土板的操纵方式分为机械式和液压式2种；按发动机功率分为小型(37kW以下)、中型(37~250kW)、大型(大于250kW)3种。

(2)适用范围

推土机一般适用于季节性较强、工程量集中、施工条件较差的施工环境。主要用于50~100m短距离作业，如路基修筑、基坑开挖、平整场地、清除树根、堆集石渣等，并可为铲运机与挖装机械松土和助铲及牵引各种拖式工作装置等作业。国产推土机的适用范围见表5-1。

履带推土机是使用最广泛的一种推土机，它适宜于Ⅳ级以下土的推运。当推运Ⅳ级和Ⅳ级以上土和冻土时，必须先进行松土。常见作业方式有直铲作业、侧铲作业、斜铲作业、松土器的劈开作业。

(3)生产率的计算及提高生产率的途径

①生产率计算。

推土机用直铲进行铲推作业时的生产率 Q_1，为：

国产推土机适用范围

表 5-1

型号		额定功率（kW）（马力）	结构重量（kg）	推土装置				松土器		经济运距（m）	接地比压（kPa）	最大牵引力（kN）
				推土板（长×宽）（mm）	安装方式	操纵方式	切土深度（mm）	型式	松土深度（mm）			
履带式推土机	移山—80	66.2（90）	14 886	3 100 × 1 100 3 720 ×1 040	固定式 回转式	机械式				50～100	63	99
	T1—80			3 030 × 1 100	固定式	机械式	180			50～100		
	T1—100（T3—100）	66.2（90）	13 430	3 030 ×1 100	回转式	机械式	180			50～100		90
	T2—100（DY2—100）	66.2（90）	16 000	3 800 ×860	回转式	液压式	650	4～5 齿	550	50～100	68	90
	T2—120A	103.0（140）	16 880	3 910 ×1 000	回转式	液压式	300			50～100	63	117.6
	T2—120（上海—120）	88.3（120）	16 200	3 760 ×1 000	回转式	液压式	300			50～100	65	118
	TY—180（T—180）	132.4（180）	21 750	4 200 ×1 100	回转式	液压式	530	3 齿	620	50～100	81	187.4
	TY—240	176.5（540）	36 500	4 200 ×1 600	回转式	液压式	600			50～150		320
	TY—320（D155A）	235.4（320）	37 000	4 200 ×1 600	回转式	液压式	600	多齿	1 100	50～150	98	320 350
湿地推土机	TS—120	8.3（120）	16 900	4 000 ×960	回转式	液压式	400				28	112
轮胎推土机	TL—160	117.7（160）	12 800	3 190 ×998	回转式	液压式	400			50～80		85
水陆两用推土机		88.3（120）	14 000							作业水深 3m	陆地 20;水下 15	

$$Q_1 = \frac{60qK_BK_Y}{T} \quad (m^3/h) \tag{5-1}$$

式中：K_B——时间利用系数，一般为 0.80～0.85；

K_Y——坡度影响系数，平地时 $K_Y=1.0$，上坡时（坡度 5%～10%）$K_Y=0.5\sim0.7$，下坡时（坡度 5%～15%）$K_Y=1.3\sim2.3$；

q——推土机一次推运土的体积，按密实土方计量：

$$q=\frac{LH^2K_n}{2\tan\varphi_0 K_p} \quad (m^3)$$

L——推土板长度（m）；

H——推土板高度(m);

φ_0——土自然安息角(°),对于砂,$\varphi_0=35°$;黏土,$\varphi_0=35°\sim45°$;种植土,$\varphi_0=25°\sim40°$;

K_n——运移时,土的漏失系数,一般为0.75~0.95;

K_p——土的松散系数,一般为1.08~1.35;

T——每一工作循环的延续时间(min)计算式如下:

$$T=\frac{s_1}{v_1}+\frac{s_2}{v_2}+\frac{s_1+s_2}{v_3}+\left(\frac{2t_1+t_2+t_3}{60}\right)$$

s_1——铲土距离(m),一般土质,$s_1=6\sim10$m;

s_2——运土距离(m);

v_1、v_2、v_3——分别为铲土、运土和返回时的行驶速度(m/min);

t_1——换挡时间(s),推土机采用不掉头的作业方法时,需在开行路线两头停下来换挡和起步,$t_1=4\sim5$s;

t_2——放下推土板(下刀)的时间(s),$t_2=1\sim2$s;

t_3——推土机采用掉头作业方法的转向时间(s),$t_3=10$s;采用不掉头的作业方法时,则$t_3=0$。

当推土机进行侧铲连续作业时,与平地机的作业方法相似,其生产率可参照平地机生产率公式进行计算。

推土机平整场地时生产率Q_2为:

$$Q_2=\frac{60L(l\sin\varphi-b)K_BH}{n\left(\frac{L}{V}+t_n\right)}\quad(\mathrm{m^2/h})\tag{5-2}$$

式中:L——平整地段长度(m);

l——推土板长度(m);

n——在同一地点上的重复平整次数;

V——推土机运行速度(m/min);

b——两相邻平整地段重叠部分宽度,$b=0.3\sim0.5$m;

φ——推土板水平回转角度(°);

t_n——推土机转向时间(min);

其余符号意义同前。

②提高推土机生产率的途径。

从推土机生产率的计算公式中可以看出,要提高生产率首先应缩短推土机作业时的循环时间,提高时间利用系数,降低运送中的漏损等。

为了缩短一个循环作业的时间,推土机在铲土时应充分利用发动机的功率以缩短铲土距离。合理选择运距,使送土和回程距离最短,并尽量创造下坡铲土的条件。此外,应提前为下一工序做好准备,尽量做到有机配合。如当推土机接近推到卸土位置时,应边提刀边换挡后退,而在后退时就应选好下次落刀的位置。

为了提高时间利用系数,应消除不必要的非生产时间,正确地进行施工组织,合理地选择机型,在施工中应针对各种施工条件采用正确合理的操作方法,如遇硬土应先翻松再推运,这样可以提高时间利用率。为了减少土的漏损,运土时应采用土槽、土埂和双台并列推土等作业方法。这样不但可以提高运土效率，又可以增大铲刀前的土堆体积使生产效率提高。

总之提高推土机的生产率因素是多方面的，只要根据施工条件，因地制宜，以及提高机械人员的技术素质，提高生产率是完全可以做到的。

(4)国外推土机发展概况

①发动机向大功率柴油机发展。目前国外推土机最大柴油机功率有735.5kW(1 000马力)，采用双发动机驱动。功率采用大单位马力，制造成本低，小时油耗量少，驾驶方便及维修费用低。

②行走方式向轮胎式发展。目前虽以履带式行走方式的推土机居多，但是由于低压和超低压轮胎的出现，基本解决了轮胎不如履带附着力大的缺点，且这种行走方式产生的振动较小，有利于驾驶，零部件使用寿命较长，行走速度较快。所以，轮胎式行走方式正在逐步取代履带式行走方式。

③铲刀操纵系统向液压发展。由于液压传动系统的结构紧凑、运动平稳、操作方便灵活、便于自动化，所以近年来随着液压技术的迅速发展，液压操纵系统的推土机已逐渐取代了机械操纵的推土机。

④推土铲向回转式发展。由于回转式推土铲的应用范围广、适应性强，已逐步取代了固定式推土铲。

⑤采用模拟遥控装置。美国Caterpillar公司用2台推土机串联或并联推土作业，仅一台需要驾驶员操纵，另一台由模拟遥控装置控制。串联时推土效率可提高近2倍；并联时幅宽加大，铲刀漏土损失减少，生产率可提高近4倍。

⑥水陆两用推土机。为了适应低湿、沼泽地带土方作业的需要，水陆两用推土机应运而生。

⑦采用爆破推土。这种推土机是利用内燃烧室所产生的高压气体，经导向装置冲向铲前的土体，使土体松散并能吹走一部分，从而提高推土机的生产效率。

⑧利用气垫作用的推土机。在推土机上安装一个大型空压机，供给高压气流，在推土板与土之间形成一层气垫。气垫起到了“润滑”推土板与土的作用，从而减少了推土板的各种阻力，使生产率提高。

2. 铲运机

铲运机是一种使用范围很广的土方施工机械，主要用于较大运距的土方工程，如填筑路堤、开挖路垫和大面积的平整场地等。由于它本身能完成铲装、运输和卸铺作业，并兼有一定的压实和平整能力，所以在公路工程施工中，铲运机是一种主要的土方施工机械。

(1)铲运机分类

按铲斗容量分为：小容量($3m^3$以下)、中等容量($4 \sim 14m^3$)、大容量($15 \sim 30m^3$)和特大容量($30m^3$以上)4种；按卸土方法分为强制式、半强制式和自由式3种；按操纵系统形式分为钢索滑轮式和液压操纵式2种；按行走方式分为拖式、半拖式和自行式3种。

国产铲运机产品分类如表5-2所示。产品型号一般由类、组、型代号与主参数代号两部分组成。

(2)铲运机的适用范围

铲运机的适用范围主要取决于土质特性、运距、机器本身的性能和道路状况。铲运机是根据运距、地形、土质来选用，其中经济运距和作业阻力是选择铲运机的主要依据。

铲运机产品分类(JB/T 9725—1999)　　表5-2

类	组名称及代号	型名称及代号	特性代号	代号	代号含义	主参数	
						名称	单位表示法
铲土运输机械	铲运机C(铲)	自行轮胎式L(轮)	—	CL	轮胎式铲运机	铲斗几何容量(堆重)	m^3
			S(双)	CLS	轮胎式双发动机铲运机		
		自行履带式U(履)	—	CU	履带式压铲运机		
		拖式T(拖)		CT	机械拖式铲运机		
			Y(液)	CTY	液压拖式铲运机		

①铲运机的经济运距。铲运机的经济运距视类型不同而异,一般与斗容量的大小成正比,如表5-3和表5-4所列,但也不是绝对的。一般情况下,斗容量$6m^3$以下的铲运机的最短运距以不小于100m为宜,最长不应超过350m,经济运距为200~300m;斗容量10~$30m^3$的自行式铲运机,最小运距不小于800m,最长运距可达1 500m以上。

各种铲运机的适用范围表　　表5-3

类别			堆装斗容(m^3)		经济运距(m)		道路坡度
			一般	最大	一般	最佳	
拖式铲运机			2.5~18	24	100~500	100~300	(15~25)%
自行式铲运机	单发动机	一般铲装	10~30	50	200~2 000	200~1 500	(5~8)%
		链板装载	10~30	35	200~1 000	200~600	(5~8)%
	双发动机	一般铲装	10~30	50	200~2 000	200~1 500	(10~15)%
		链板装载	10~16	34	200~1 000	200~600	(10~15)%

几种国产铲运机的使用条件　　表5-4

型号		斗容量(m^3)	牵引方式及动力(kW)(马力)	操纵方式	卸土方式	切土深度(mm)	卸土深度(mm)	适用运距(m)
拖式铲运机	CT6	6~8	履带拖拉机58.8~73.6(80~100)	机械式	强制式	300	380	100~700
	CTY7	7~9	履带拖拉机88.3(120)	液压式	强制式			100~700
	CTY9	9~12.5	履带拖拉机132.4~161.8(180~220)	液压式	强制式	300	350	100~700
	CTY10	10~12	履带拖拉机95.6~147.1(130~200)	液压式	强制式	300	300	100~700
自行式铲运机	CL7	7~9	单轴牵引车132.4(180)	液压式	强制式	300	400	800~1 500

②铲运机对土的适应性。铲运机应在I、II级土中施工,如遇III、IV级土应预松。在土的湿度方面,最适宜在湿度较小(含水率在25%以下)的松散砂土和黏土中施工,但不适宜于在干燥的粉砂土和潮湿的黏性土中作业,更不宜在地下水位高的潮湿地区和沼泽地带以及岩石类地区作业。

③铲运机对地形的适应性。铲运机在施工中应尽可能地利用地形下坡铲装和运输以提高生产率,但是它与推土机不同。推土机下坡推土只要在允许范围内,坡度越大,效率越高;而铲

运机一般铲装时的下坡角不应大于7°~8°,在这样的坡度上铲装效率最高,如坡度过大,铲下的土不易进入斗内,效率反而降低。

(3)铲运机生产率的计算及提高效率的途径

铲运机生产率 Q_c 可由下式计算:

$$Q_c = \frac{60VK_H K_B}{t_T K_S} \quad (m^3/h) \tag{5-3}$$

式中: V——铲斗的几何容量(m^3);

K_H——铲斗充满系数(见表5-5);

K_B——时间利用系数(0.75~0.8);

K_S——土的松散系数(见表5-6);

t_T——铲运机每一个工作循环所用的时间(min),由下式计算:

$$t_T = \frac{L_1}{v_1} + \frac{L_2}{v_2} + \frac{L_3}{v_3} + \frac{L_4}{v_4} + nt_1 + 2t_2$$

L_1、L_2、L_3、L_4——铲土、运土、卸土、回驶的行程(m^3);

v_1、v_2、v_3、v_4——铲土、运土、卸土、回驶的行程速度(m/min);

t_1——换挡时间(min);

t_2——每工作循环中始点和终点转向用的时间(min);

n——换挡次数。

铲运机铲斗的充满系数 表5-5

土的种类	充满系数 K_H	土的种类	充满系数 K_H
干砂	0.6~0.7	砂土与黏性土[含水率(4~6)%]	1.1~1.2
湿砂[含水率(12~15)%]	0.7~0.9	干黏土	1.0~1.1

土的松散系数 K_S 表5-6

土的种类和等级		土的松散系数 K_S		土的种类和等级		土的松散系数 K_S	
		标准值	平均值			标准值	平均值
Ⅰ	植物性以外的土	1.08~1.17	1.10	Ⅲ	—	1.24~1.30	1.25
Ⅰ	植物土、泥炭黑土	1.20~1.30	1.10	Ⅲ	除软石灰石外	1.26~1.32	1.30
Ⅱ	—	1.14~1.28	1.20	Ⅳ	软石灰石	1.33~1.37	1.30

从铲运机生产率计算公式可以看出,影响生产率的因素有:铲斗的充满系数 K_H、一个循环所用的时间 t_T 和时间利用系数 K_S。K_H 的影响因素,除了土性质的自然因素外,主要是施工操作技术的熟练程度、操作方法和其他的施工辅助措施等。对 t_T 的影响因素主要是施工组织、驾驶员的操作方法和技术熟练程度。另外,施工组织的好坏也影响到一个循环中的各个距离和行驶速度。要缩短铲运机的铲土距离,提高铲运机的运行速度,通常采用的措施有:对于III级以上的土或冻土,应先用松土器预松,但每次的松土深度不宜超过20~40cm,否则会影响铲运机的牵引力;应清除铲土地段的树根、树桩、灌木丛和孤石等,以免影响铲运机的铲装和运行时间;为了缩短铲运机的运行时间,在确定运行路线时,应尽可能地缩短运距,减少转弯次数,并尽量使空车转弯和上坡;尽可能地采用高速挡,为了保证铲运机特别是自行式铲运机高速行驶,应经常保持运土道路处于良好状态。此外,应尽量做到下坡铲土以增大铲土深度,缩短铲

土时间和提高充满系数。

(4)国外铲运机发展概况

目前国外铲运机正朝着大斗容量、大功率、高驶速的方向发展。铲运机单斗容量有的大至 $30m^3$,双斗串联式的总容量达 $63m^3$。提高驶速,特别是运土和空返速度对提高铲运机的生产效率十分重要。为此,大型铲运机的行走装置由牵引式向自行式发展,行走方式向轮胎式发展。如美国通用公司的S—11E 自行式铲运机,运输速度已达41km/h。为适应大斗容、高驶速对所需功率的要求,除了加大动力机功率外,现在有的铲运机后部装有辅助动力机,专供铲装土料和重载上坡行驶使用。有的将双斗串联的自行式铲运机,前、中、后多装一台动力机,总功率高达353kW(480 马力)。

采用新结构改进工作部件也是提高铲运机效率的重要途径之一。铲斗内装配主动工作部件,如升运器、螺旋推进器、抛掷器等。这种结构不需推力,自行装载,可提高铲斗充满系数,减少牵引阻力,提高工作效率。美国大量生产的带升运器的铲运机较铲装式铲运机的作业成本降低20%。运用压缩空气、振动、超声波等新方法对土做功以提高功效,采用激光系统观察平整地段的高差,确定地面不平整度,可使铲运机提高工效5%~10%,能量消耗降低5%~6%。

3. 平地机

平地机是一种装有以铲土刮刀为主、配备其他多种可换作业装置,进行刮平和整型连续作业的工程机械。平地机的铲土刮刀,较推土机的推土铲刀灵活,它能连续改变刮刀的平面角和倾斜角,使刮刀向一侧伸出,可以连续进行铲土、运土、大面积平地挖沟、刮边坡等作业。平地机其他可换作业装置有耙子、推土铲刀、犁扬器、延长刮刀、扫雪器等。

(1)平地机的分类

平地机有自行式及拖式2种,自行式使用最为普遍,按行走轮数分为四轮式及六轮式2种,按转向方式分为前轮转向式、全轮转向式、后转向架转向式、铰接式4种,按驱动轮数分为两轮驱动式、四轮驱动式及六轮驱动式3种。

平地机按铲刀长度或发动机功率等分为轻、中、重型,见表5-7。

平地机分类 表5-7

类　型	铲刀长度(m)	发动机功率(kW)	重量(kg)	车轮数
轻型	≤3	44~66	5 000~9 000	四轮
中型	3~3.7	66~110	9 000~14 000	六轮
重型	3.7~4.2	110~220	4 000~19 000	六轮

平地机按工作装置(铲刀)和行走装置的操纵方式可以分为机械操纵和液压操纵2种,大多采用后者。

国产平地机产品分类和型号见表5-8。

国产平地机产品分类和型号 表5-8

类	型	特　性	产品名称及代号	主　参　数	
				名称	单位
铲土运输机械	平地机 (P)	Y(液)	机械式平地机	功率	kW(马力)
			液压式平地机		

(2)平地机的使用范围

平地机是一种能够从事多种作业的土方工程机械,其主要用途有:从路线两侧取土、填筑不高于1m的路堤，修整路堤横断面；旁刷边坡；开挖路槽和边沟，以及大面积平整等。此外，还可以在路基上拌和、摊铺路面材料，清除路肩上的杂草以及冬季道路除雪等。

平地机是一种铲土、运土、卸土同时进行的连续作业机械。主要工作装置是刮刀，它可以调整4种作业动作，即刮刀平面回转、刮刀左右端升降、刮刀左右引伸和刮刀机外倾斜，来完成刮刀刀角铲土侧移、刮刀刮土直移和机身外刮土等作业。

(3)平地机生产率的计算

根据施工对象不同，平地机生产率的计算方法各异。平地机修整路形时，作业有铲土、运土和整平3道工序，而3道工序作业行程数是不同的。铲土作业的行程数：

$$n_1 = \frac{A\varphi}{2A'}$$

式中：A——两侧取土坑的断面面积(m^2)；

φ——两行程中的重叠系数(1.1~1.2)；

A'——刮刀每次铲土面积(m^2)。

运土行程数：

$$n_2 = \frac{L_0\varphi_2}{L_n}$$

式中：L_0——路基一侧运土的平均距离；

L_n——平地机刮土刀一次可运送的距离，由刮到调整的平面角α而定；

φ_2——运土中两行程重叠系数(1.1~1.2)。

整平行程数：只考虑刮平，一般取n_s=2~3次。

由于平地机在修筑路基时，每走完一个行程有2次掉头，因此在完成L长的一段路基的全部整形工作时，所用时间为：

$$L_T = 2L\left(\frac{n_1}{v_1}+\frac{n_2}{v_2}+\frac{n_3}{v_3}\right)+2t_1+(n_1+n_2+n_3)$$

式中：v_1、v_2、v_3——平地机铲土、运土、整平3个过程的运行速度(km/h)；

t_1——每次掉头时间(min)。

所以平地机修整路形的生产率为：

$$Q_p = \frac{1\,000LAK_B}{2L\left(\frac{n_1}{v_1}+\frac{n_2}{v_2}+\frac{n_3}{v_3}\right)+2t_1(n_1+n_2+n_3)} \quad (m^3/h) \tag{5-4}$$

式中：L——修整的路段长度(km)；

其余符号意义同前。

从上述的公式中可以看出，平地机每次的行程越长，所刮的土也越多，相对的形成次数减少，掉头也减少。因为平地机轴距大，每次掉头所需的时间较其他机械要长得多，所以应尽可能减少掉头次数。此外，工作过程中切土深度、平面角、铲土角以及切土宽度都视土质而定，其中铲土角和平面角在刮刀调整后，在一个行程中是不变的，只有切土深度在一个行程中视土质进行调整。此外，只有因土质不同、运送距离不同时，才对铲土角和平面角进行调整。施工中如果只用一台平地机修整路形，就必须经常停车去调整各种角度，从而使非生产时间增加；如果选用2~3台平地机联合作业，分别承担不同的作业内容，这样工作中就不需再停车进行调整，可以大大提高工作效率。

二、挖掘机与装载机

1. 挖掘机

挖掘机在公路工程中是用于挖掘和装载土、石、砂砾和散粒材料的重要施工机械。按照挖掘机的结构和工作原理不同,可分为单斗挖掘机和多斗挖掘机 2 大类。公路工程施工中以单斗挖掘机最为常见,故此处仅介绍单斗挖掘机。

(1)单斗挖掘机的分类

单斗挖掘机按行走方式分为履带式、轮胎式、步履式和轨行式;按采用的动力不同分为内燃式和电动式等;按传动方式分为机械传动和液压传动(近年来,机械式逐步被液压式所取代);按适应工作环境分为适于高原地区、寒冷地区、沼泽地区等。

我国单斗挖掘机型号标准见表 5-9。

国产单斗挖掘机型号(JB/T 9725—1999)　　表 5-9

类	组名称及代号	型名称及代号	特性代号	代号	代号含义	主参数	
						名称	单位表示法
挖掘机械	单斗挖掘机 W(挖)	履带式	—	W	履带式机械挖掘机	整机质量级	t
			Y(液)	WY	履带式液压挖掘机		
			D(电)	WD	履带式电动挖掘机		
		轮胎式 L(轮)	—	WL	轮胎式机械挖掘机		
			Y(液)	WLY	轮胎式液压挖掘机		
			D(电)	WLD	轮胎式电动挖掘机		
		汽车式 Q(汽)	—	WQ	汽车式机械挖掘机		
			Y(液)	WQY	汽车式液压挖掘机		
		步履式 B(步)	—	WB	步履式机械挖掘机		
			Y(液)	WBY	步履式液压挖掘机		
			D(电)	WBD	步履式电动挖掘机		

(2)挖掘机的使用范围

挖掘机是土石方工程施工的主要机械,它的特点是效率高、产量大,但机动性较差。因此,选用大型挖掘机施工时要考虑地形条件、工程量的大小以及运输条件等。在公路工程施工中,遇到开挖量较大的路堑和填筑高路堤等大工程量时,选用挖掘机配合运输车辆组织施工是比较合理的。

为了使挖掘机发挥最大效能,在使用挖掘机时应考虑最小工程量和最低工作面高度。在使用正铲挖掘机械时,工作面的最低高度如表 5-10 所列。使用正铲和拉铲挖掘机时,最小工程量如表 5-11 所列,否则很不经济。

正铲挖掘机工作面最小高度　　表 5-10

斗容量(m^3) / 工作面高度(m) / 土级别	1.5	2.0	2.5	3.0	3.5	4.0	5.0
Ⅰ～Ⅱ	0.5	1.0	1.5	2.0	2.5	3.0	—
Ⅲ	—	0.5	1.0	1.5	2.0	2.5	3.0
Ⅳ	—	—	0.5	1.0	1.5	2.0	2.5

正铲、拉铲挖掘机最小工程量表(单位:m^3)　　表 5-11

铲斗容量(m^3)	正铲挖掘机		拉铲挖掘机	
	工程量	土级别	工程量	土级别
0.5	15 000	Ⅰ~Ⅳ	10 000	Ⅰ~Ⅱ
0.75	20 000	Ⅰ~Ⅳ	15 000	Ⅰ~Ⅱ
0.75	—	—	12 000	—
1.00	15 000	Ⅴ~Ⅵ	15 000	Ⅰ~Ⅱ
1.00	25 000	Ⅰ~Ⅳ	20 000	Ⅲ
1.50	25 000	Ⅴ~Ⅵ	20 000	Ⅰ~Ⅱ

如果工程量较小,但又必须使用挖掘机施工时,可选用斗容量较小,机动性强的轮胎式全液压挖掘机。

挖掘机的主要工作条件为:工作物为Ⅰ~Ⅳ级土和松动后的Ⅴ级以上的土;可用于装载和开挖爆破后的石方以及不大于斗容的石块;机械传动的正铲挖掘机,其工作面只能在停机面以上,而机械传动的反铲挖掘机,其工作面只能在停机面以下,液压传动、液压操纵的正反铲挖掘机,其工作面不受这种限制。

(3)挖掘机生产率计算及其影响因素分析

单斗挖掘机的生产率 Q_W 主要取决于铲斗的容量、工作速度,以及被挖土的性质,可按下式计算:

$$Q_W = qn\frac{K_H}{K_S}K_B \qquad (m^3/h) \tag{5-5}$$

式中:q——铲斗几何容量(m^3);

n——挖掘机每小时工作次数,其计算公式如下:

$$n = \frac{3\ 600}{t_1 + t_2 + t_3 + t_4 + t_5}$$

t_1——挖掘机挖土时间(s);

t_2——自挖土处转至卸土处的时间(s);

t_3——调整卸料位置和卸土时间(s);

t_4——空斗返回挖掘面时间(s);

t_5——空斗放至挖掘面始点时间(s);

K_H——铲斗充满系数;

K_S——土的松散系数;

K_B——时间利用系数(0.7~0.85)。

铲斗充满系数 K_H 为铲斗所装土体积与铲斗几何容积之比,因土的性质和工作装置的型式不同而不同,其最大值如表 5-12 所列。挖掘机每小时的挖掘次数可参考表 5-13。

挖掘机铲斗充满系数最大值　　表 5-12

铲斗形式	轻质松软土	轻质黏性土	普通土	重质土	爆破岩石
正铲	1~1.2	1.15~1.4	0.75~0.95	0.55~0.7	0.3~0.5
拉铲	1~1.15	1.2~1.4	0.8~0.9	0.5~0.65	0.3~0.5
抓斗	0.8~1	0.9~1.4	0.5~0.7	0.4~0.45	0.2~0.3

挖掘机每小时挖土次数 n　　　　表 5-13

<table>
<tr><th rowspan="2">工作装置</th><th colspan="4">斗容量(m^3)</th></tr>
<tr><th>0.25</th><th>0.5</th><th>1</th><th>2</th></tr>
<tr><td>正铲</td><td>215</td><td>200</td><td>180</td><td>160</td></tr>
<tr><td>反铲</td><td>175</td><td>150</td><td>145</td><td></td></tr>
<tr><td>抓铲</td><td>175</td><td>155</td><td>145</td><td>125</td></tr>
<tr><td>拉铲</td><td>160</td><td>150</td><td>135</td><td></td></tr>
</table>

提高挖掘机的生产率应从施工组织设计与技术操作过程两方面进行。

施工组织设计方面：与挖掘机配合运输的车辆应尽量达到挖掘机生产能力的要求，而装载的容量应为斗容量的倍数。此外挖掘机装车时，应尽量采用装运“双放”法。这样可以使挖掘机装满一辆后，紧接着又装下一辆。由于两车分别停放在挖掘机铲斗卸土所能及的圆弧线上，铲斗顺转装满一车，反转又可装满另一车，从而提高装车效率。运输车辆的行驶路线，在施工组织中应事先拟订好，避免不必要的上坡道。对于挖掘机的各掘进道，必须做到各有一条空车放送道，以免进出车辆相互干扰。各运行道应保持良好状况，以利运行。

施工技术操作过程方面：挖掘机驾驶员应具有熟练的操作技能，以缩短每一个工作循环的时间。挖掘机的技术状况、铲斗斗齿的锋利程度等，对挖掘机生产率都有影响。在施工中应注意斗齿的磨损情况，损坏后应及时修复或更换新齿。

2. 装载机

装载机是一种工作效率较高的铲土运输机械，它兼有推土机和挖掘机两者的工作能力，可以进行铲掘、推运、整平、装卸和牵引等多种作业。其优点是适应性强，作业效率高，操纵简便，是一种发展较快的循环作业式机械。

(1)装载机的分类

按工作装置不同可分为单斗式、挖掘装载式和斗轮式 3 种，按动臂形式的不同可分为全回转式、半回转式和非回转式 3 种，按自身结构特点可分为刚性式和铰接式 2 种，按行走方式分为轮胎式与履带式 2 种。

国产装载机产品分类和型号见表 5-14。产品型号一般由类、组、型代号与主要参数代号两部分组成。例如，ZL50 表示轮胎式液压装载机，其额定载荷为 50kN。

装载机产品分类(JB/T 9725—1999)　　　　表 5-14

<table>
<tr><th rowspan="2">类</th><th rowspan="2">组名称及代号</th><th rowspan="2">型名称及代号</th><th rowspan="2">特性代号</th><th rowspan="2">代号</th><th rowspan="2">代号含义</th><th colspan="2">主参数</th></tr>
<tr><th>名称</th><th>单位表示法</th></tr>
<tr><td rowspan="10">铲土运输机械</td><td rowspan="10">装载机 Z(装)</td><td rowspan="3">履带式</td><td>—</td><td>Z</td><td>履带机械装载机</td><td rowspan="10">额定载重量</td><td rowspan="10">t×10</td></tr>
<tr><td>Y(液)</td><td>ZY</td><td>履带式液力机械装载机</td></tr>
<tr><td>Q(全)</td><td>ZQ</td><td>履带式全液压装载机</td></tr>
<tr><td rowspan="3">履带湿地式</td><td>—</td><td>ZS</td><td>机械湿地装载机</td></tr>
<tr><td>Y(液)</td><td>ZSY</td><td>液力机械湿地装载机</td></tr>
<tr><td>Q(全)</td><td>ZSQ</td><td>全液压湿地装载机</td></tr>
<tr><td rowspan="2">轮胎式 L(轮)</td><td>—</td><td>ZL</td><td>轮胎式液力机械装载机</td></tr>
<tr><td>Q(全)</td><td>ZLQ</td><td>轮胎式全液压装载机</td></tr>
<tr><td rowspan="2">特殊用途</td><td>LD(轮井)</td><td>ZLD</td><td>轮胎式井下装载机</td></tr>
<tr><td>LM(轮木)</td><td>ZLM</td><td>轮胎式木材装载机</td></tr>
</table>

(2)装载机适用范围和条件

装载机的适应范围主要取决于使用场所、土石料特性和工作环境,选用时应注意以下几方面。

①装载机的经济合理运距。装载机在运距和道路坡度经常变化的情况下,如果整个采、装、运作业循环时间少于3min时,自铲自运是经济合理的。用轮胎式装载机代替挖掘机,与自卸汽车配合工作的合理运距见表5-15,它与设计年土石方生产量、设备斗容和装载量有关。加大装载机容量就可增加合理运距。

轮胎装载机与自卸汽车配合的合理运距　　表5-15

年生产量(10^4t)	10	30		50		80		100以上	
挖掘机斗容(m^3)	2.25	2.25	4	2.25	4	2.25	4	2.25	4
自卸汽车载重量(t)	10	10	27	10	27	10	27	10	27
装载机重量(t)	装载机合理运距(m)								
2	470	170	260	110	160	80	110	71	65
4	760	280	450	190	280	130	190	118	108
5	920	350	540	240	340	170	230	155	143
9.9		800	1190	560	750	400	520	384	347
16		890	1330	630	830	440	570	432	387

②装载机的斗容与自卸汽车车箱容积的匹配。通常以2~4斗装满一车箱为宜,车箱长度要比装载斗宽大25%~75%,装载机铲斗45°倾斜卸载时,斗齿最低点的高度要比车箱侧壁高20~100cm。

③充分发挥装载机的效率。装载机作业循环时间,小型的不超过15s,大型的不超过20s,而且应考虑装载机行走与转弯速度。

(3)装载机生产率计算

装载机在单位时间内实际可能达到的生产率Q_Z可用下式计算:

$$Q_Z = \frac{3\,600 q K_H K_B t_T}{t K_S} \quad (m^3/h) \tag{5-6}$$

式中:q——装载机额定斗容量(m^3);

K_H——铲斗充满系数(见表5-16);

K_B——时间利用系数;

t_T——每班工作时间(h);

K_S——土的松散系数;

t——每装一斗的循环时间(s)。

$$t = t_1 + t_2 + t_3 + t_4$$

式中:t_1、t_2、t_3、t_4——分别为铲装、载运、卸料和空驶所用的时间(s)。

装载机的充满系数　　表5-16

土石种类	充满系数	土石种类	充满系数
砂　石	0.85~0.90	普通土	0.9~1.0
湿的土砂混合料	0.95~1.0	爆破后的碎石、卵石	0.85~0.95
湿的砂黏土	1.0~1.1	爆破后的大块岩石	0.85~0.95

三、工程运输车辆

在公路工程施工中，大量土石方、砂砾料和大宗建筑材料、机电设备、工程机械等物资的运输，主要依靠轮胎式工程运输车辆。轮胎式车辆包括载重汽车和用轮胎式牵引车拖带的各种挂车和半挂车。采用轮胎式车辆的优点是：行驶速度快，机动性高，能到达工地道路延伸所及任何地点；载运筑路材料的性能范围广；对道路的弯道、坡度和路面的要求较低；产品系列全齐，与各类挖掘装载机械配套使用方便；操纵灵活，使用可靠。

1. 工程运输车辆的类型

在公路工程部门使用的轮胎式运输车辆的类型很多，可分为公路型和非公路型 2 大类。非公路型车辆的轴荷和总重均超过公路规定标准，因此不允许在正规公路上行驶。

(1)公路型车辆

①自卸汽车：其特点是靠自身的动力驱动车辆行驶，车箱是直接安装在汽车车架之上的。对于自卸汽车的车箱，一般是向后倾翻卸料。按照转向方式，可分为偏转车轮转向和铰接转向 2 种，后者是近年来逐渐发展起来的。采用铰接式转向机构的车辆，其转弯半径较小，且具有良好的越野性能。按照公路运输车辆轴荷和总重的法规限制，公路型双轴汽车的总重不超过 20t，三轴汽车的总重不超过 30t，单后轴重不超过 13t，双后轴重不超过 $2\times12=24$t。载重汽车的驱动型式常以 4×2、4×4、6×4 和 6×6 等表示，其中第一个数字表示汽车车轮总数(双轮胎作一轮计)，第二个数字表示驱动车轮数。对于越野汽车，为了充分利用汽车附着重量，提高其通过性，一般采用全轮驱动型式，如 4×4 和 6×6 的车辆。

②牵引汽车和挂车：牵引汽车是专门用来牵引挂车和半挂车进行公路运输的。它的驱动型式有 6×4、6×6 和 8×8 几种。并通过支承连接装置与半挂车相连。半挂车和挂车有底卸式半挂车、后卸式半挂车(主要用来运输砂石材料)、阶梯车架式半挂和重型平板车挂车(用来运输工程机械)等型式。

(2)非公路型车辆

非公路型车辆包括：后卸式或侧卸式重型自卸汽车，双轴牵引车拖带的底卸式或侧卸式半挂车，单轴牵引拖带的底卸式或后卸式半挂车。

与公路型自卸式汽车相比较，非公路型车辆的后卸式重型自卸汽车，外形尺寸较大，车轴载荷不受公路轴荷和总重的限制。

在公路工程施工中使用最普遍的工程运输车辆是各种型号的载重自卸汽车。目前国际市场上可供应的重型自卸汽车和各种工程运输车辆的型号多达二三百种，其载重量由 10 ~ 300t，柴油机的功率由 129 ~ 2 207kW。采用最多的是 32t、45t、77t 和 90t 的车型。国产自卸汽车生产有 7t、12t、15t 级普通型的自卸汽车，以及 20t 和 32t 级的重型自卸汽车。对更大型的 60t 和 100t 级的，现已开始生产。最近我国的汽车制造行业，在加强研制的基础上，积极引进新技术，不久在工程车辆方面将会有更多的类型和系列产品问世。

2. 运输车辆的生产率计算

自卸汽车以及由轮式牵引拖带的各式半挂车的生产率 Q_B 可由下式计算：

$$Q_B = V\frac{60}{T}K_B \qquad (\mathrm{m^3/h}, 松方) \tag{5-7}$$

式中：V——每一工作循环的载运量，以车箱的堆装容量计($\mathrm{m^3}$，松方)，但实际载运量不得超过车辆的载质量；

T——工作循环时间(min);

K_B——时间利用系数。

工作循环时间 T 由下式计算:

$$T = t_1 + t_2 + t_3 + t_4 \qquad (\text{min}) \tag{5-8}$$

式中:t_1——由装载机械装满一车箱所需时间(min);

t_2——行驶时间包括重车运输和空车返回的行驶时间(min);

t_3——在卸料点倒车转向和卸料的时间(min)(见表5-17);

t_4——在装载机械近旁的调车时间,但不包括因等候装车耽误的时间(min),见表5-18。

运输车辆的倒车和卸车时间 t_3(单位:min)　　表5-17

作业条件	后卸车	底卸车	侧卸车
顺利的	1.0	0.4	0.7
一般的	1.3	0.7	1.0
不顺利的	1.5~2.0	1.0~1.5	1.5~2.0

运输车辆的调车时间 t_4(单位:min)　　表5-18

作业条件	后卸车	底卸车	侧卸车
顺利的	0.15	0.15	0.15
一般的	0.30	0.50	0.50
不顺利的	0.80	1.00	1.00

3. 运输车辆需要量的计算

(1)汽车选型

从技术管理、物资供应、设备保养和维修及技术工人的培训等管理方面的因素考虑,选用的车辆型号规格越少越好,最好选用标准化、系统化、成批定型生产的自卸汽车。从国外引进时,要选择经实践证明适用而又易于获得配件的进口车辆。

自卸汽车的车箱容积(或载重)应与工程使用的机械相配套。重型自卸汽车车箱的载重大而容积小,适合装载密度大的金属矿石等。在公路工程中,运载的物料主要是砂、土、石料、沥青混合料等,密度较小,自然休止角也小,汽车的吨位利用系数(实际载重比额定载重)小,经济性有所下降。但由于载重降低,能更好地适应施工现场复杂的道路,爬坡能力增强,并能适当地延长车辆的使用寿命,减少维修工作量,因此在大型工程施工中,往往愿意选用载重稍有富裕的自卸汽车。

根据施工现场的地理、气候条件合理选择。地面密实而场地开阔的施工场地,可选用中、重型自卸汽车;卸料场地狭窄,可选用侧卸式或底卸式自卸车,也可选用轴距小、车箱短的矿用车;在重车上坡长而陡的地区,宜用车箱有后挡板的车辆;在多雨或开挖地段渗水、积水较多的地区,宜选用全轮驱动的自卸汽车。

在工程量大、工期紧、施工强度高、场地大而条件许可的地方,应尽可能选用大一些的自卸汽车,这样既有利于确保施工进度,又有利于减少汽车数量,从而减少交通拥挤和停车场地,以及减少使用、管理、保养和维修的人员及物资。在一般工程施工中,使用造价高昂的超重型进口车辆,由于其对道路和维修设备的特殊要求,不如选用吨位较小的中、重型自卸汽车较为经济和适用。

(2)经济车辆数的确定方法

在路基、路面机械化施工中,工程运输车辆需要数量较多,费用较大。此处仅以土石方工程中与挖掘装载机械配套的工程运输车辆需要数的计算为例予以介绍。

①一般方法。

a. 铲车容积比的选择:挖掘机和汽车的利用率达到最高值时的理论铲车容积比(汽车容量与挖掘机斗容量比),是随着运距的增加而提高,随着汽车平均行驶速度增快而降低,也就是随着汽车循环时间的增加而提高的。当运距为 1 ~2.5km 时理论的铲车容积比为 4 ~7;运距在 3 ~5km 时,为 7 ~10。结合我国当前情况,自卸汽车容量较小,可取为 3 ~5,不大于 7 ~8。实践表明,铲车容积比宜取低值,但车箱也不应过小,以免装载不便而延长卸载时间,而且容易损坏车箱。

b. 汽车载重量的利用程度:它与铲车容积比、汽车载重量或车箱容积以及土的密度等因素有关。

装满自卸汽车车箱所需铲装次数 n 应满足下列条件:

$$\frac{V}{V_1} \geqslant n \leqslant \frac{Q}{W}$$

式中:Q——自卸汽车的载重(t);

W——铲斗中土的质量(t);

V_1——铲斗中土的松方容积(m^3)。

与挖掘装载机械配套适宜的车辆,其铲装次数一般应在 3 ~5 范围内,而车辆载重的利用程度也是考核配合是否合理的另一个指标。

c. 与一台挖掘装载机械配套的自卸汽车辆数:需要的车辆数 N 可由下式计算:

$$N = \frac{T}{t_1}$$

式中:T——自卸汽车的工作循环时间,可由公式(5-8)计算;

t_1——装载一车所需时间。

由上式求出的车辆数一般凑整,使在理论上能有足够的车辆运输。

配套机械或机群的生产率应取挖掘装载机的生产率或车队的生产率两者中的最小值。在生产率计算中,应计入配套机械的时间利用系数,使其符合实际生产情况。

d. 费用分析:用上述方法计算的车辆数量尚未考虑到经济效益,而在工程实践中,费用指标往往是一个决定性因素。每立方米土方的直接费用称为土方单价,可用下列公式计算:

$$\text{土方运输单价} = \frac{\text{每小时或每班的车队费用(元)}}{\text{每小时或每班的运输方量}(m^3)}$$

$$\text{土方挖掘和运输费用} = \frac{\text{每小时或每班的机群费用(元)}}{\text{每小时或每班机群完成的方量}(m^3)}$$

根据施工条件选择几种配套方案,分别求出土方单价,挑选其中费用最低的作为最优方案。

②排队论法。

上述计算车辆数量的公式中,装车时间和行驶时间均假定是固定不变的。但实际上,车辆的工作循环时间难以保持相等,因此在装载机械的近旁有时有车在排队等候装车,有时又会无车可装,因而降低了装载机械的生产率。

排队论法是用统计数学来处理装车时间和行驶时间变化的方法。工程实践表明,采用排队论法求出的机群实际生产率和最经济的车辆数比较符合真实情况。应用这一方法时,认为装载时间和行驶时间出现的概率呈泊松分布或指数分布。

设 N 为车队中汽车的辆数;α 为汽车的平均到达率,以每小时到达的次数计(按无延误计算，不包括装车时间）；L 为挖掘机每小时平均装车辆数；$\gamma = \alpha / L$ 为每小时到达率与每小时装车辆数的比值。又 P_0 为挖掘机无车可装的概率；P_t 为挖掘机有一辆车或 n 辆车可装的概率。因此在挖掘机前不是无车可装，就是有一辆车可装，概率 P_0 与 P_t 之和必须等于 1，故

$$P_t = 1 - P_0$$

为了计算 P_t 和 P_0 值，可先按下述方法求出 γ 值：

$$\alpha = \frac{1}{t_2}$$

$$L = \frac{1}{t_1} = \frac{Q_W}{V}$$

$$\gamma = \frac{\alpha}{L} = \frac{t_1}{t_2} = \frac{V}{Q_W t_2}$$

式中：Q_W——挖掘机的生产率（$K_B = 1$）；

V——汽车车箱的堆装容积。

挖掘机无车可装的概率 P_0 值和有车可装的概率 P_t（$P_t = 1 - P_0$）值均取决于汽车的辆数 N 和 γ 值。

P_0 值尚可用下式精确计算出来：

$$P_0 = \left[\sum_{i=0}^{N} \frac{N!}{(N-i)!} (\gamma)^i \right]^{-1}$$

应用排队论法确定挖运机群可能达到的生产率 Q 可用下式计算：

$$Q = 1.03 Q_W P_t$$

式中：Q_W——挖掘机的正常生产率，指乘上 K_B 值所得的生产率；

1.03——系数，为计算值与现场实测值比较所作校正系数。

与一台挖掘机配套的最适宜车辆数的近似值 N' 可由下式计算：

$$N' = \frac{1}{\gamma}$$

在沥青混凝土、水泥混凝土面层机械化施工中，也可用排队论按类似方法求得经济车辆数。

四、压实机械

路基路面施工中，采用专用的压实机械进行压实是施工的关键工序之一。压实效果的好坏，直接关系到工程质量的优劣。

1. 压实机械的分类

（1）按压实力作用原理分为静作用碾压机械、振动碾压机械和夯实机械 3 种类型。

①静作用碾压机械。静作用碾压机械是依靠机械自重的静压力作用，利用滚轮在碾压层表面往复滚动，使被压实层产生一定程度的永久变形而达到压实目的。这类压实机械包括各种型号的光轮压路机、轮胎压路机、羊脚压路机及各种拖式压滚等。

②振动碾压机械。振动式碾压机械是利用专门的振动机构，以一定的频率和振幅振动，并通过滚轮往复滚动传递给压实层，使压实材料的颗粒在振动和静压力联合作用下发生振动位移而重新组合，使之提高密实度和稳定性，达到压实目的。这类机械包括各种拖式和自行式振动压路机。

③夯实机械。夯实机械又可分为冲击夯实和振动夯实 2 类。冲击夯实是利用机械在运动过程中离开地面上升到一定高度，然后自由落下所产生的冲击力把材料层压实，这类机械包括

各种内燃式和电动式夯土机等。振动夯实除具有冲击夯实力外，还有振动力同时作用于被压实层。这类机械包括振动平板夯和快速冲击夯等。

（2）按走行方式分为拖式和自行式 2 类。

自行式压路机有下列各类型（图 5-1）：

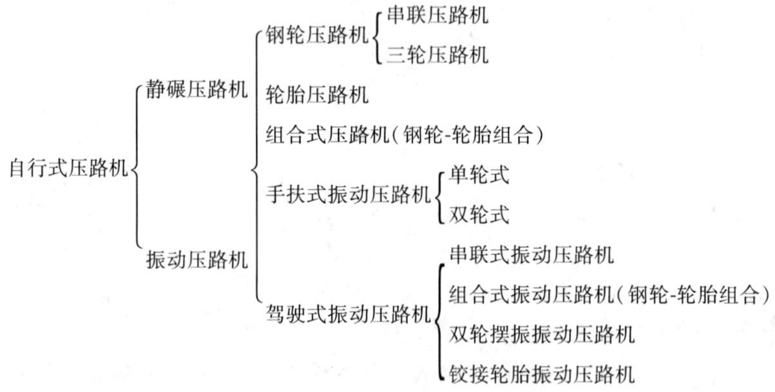

图 5-1　自行式压路机分类

（3）按碾轮形状分为光轮、羊脚轮和充气轮胎 3 种。

光轮也有采用在其表面覆盖橡胶层的碾轮。国产压实机械的种类和型号编制方法如表 5-19 所列。

压实机械的分类（JB/T 9725—1999）　　表 5-19

类	组名称及代号	型名称及代号	特性	代号	代号含义	主参数	
						名称	单位表示法
压实机械	静碾压路机 Y（压）	拖式 T（拖）	—	YT	拖式光轮压路机	工作质量	t
			K（块）	YTK	拖式凸块压路机		
			Y（羊）	YTY	拖式羊足压路机		
			G（格）	YTG	拖式格栅压路机		
		自行式	2（两）	2Y	两轮光轮压路机	最小工作质量 最大工作质量	t/t
			2J（两铰）	2YJ	两轮铰接光轮压路机		
			3（三）	3Y	三轮光轮压路机		
			3J（三铰）	3YJ	三轮铰接光轮压路机		
	振动压路机 YZ（压振）	光轮式	C（串）	YZC	两轮串联振动压路机	工作质量	t
			B（并）	YZB	两轮并联振动压路机		
			J（铰）	YZJ	两轮铰接振动压路机		
			4（四）	4YZ	四轮振动压路机		
		轮胎驱动式	—	YZ	轮胎驱动光轮振动压路机		
			K（块）	YZK	轮胎驱动凸块振动压路机		
		光轮轮胎组合式 Z（组）		YZZ	光轮轮胎组合振动压路机		
		手扶振动式 S（手）		YZS	手扶振动压路机		
		拖式 T（拖）		YZT	拖式振动压路机		
	轮胎压路机 YL（压轮）	自行式		YL	自行式轮胎压路机		
		拖式 T（拖）		YLT	拖式轮胎压路机		
	振动平板夯实机 HZ（夯振）	内燃式 R（燃）		HZR	内燃式振动平板夯		kg
		电动式 D（电）		HZD	电动式振动平板夯		
	振动冲击夯实机 HC（夯冲）	内燃式 R（燃）		HCR	内燃式振动冲击夯		
		电动式 D（电）		HCD	电动式振动冲击夯		
	爆炸式夯实机 HB（夯爆）			HB	爆炸式夯实机		
	蛙式夯实机 HW（夯蛙）			HW	蛙式夯实机		

2. 使用范围

(1)光轮压路机

光轮压路机是一种静作用压路机,按其重量可分为特轻型、轻型、中型、重型和特重型5种。这种压路机由于单位线压力小、压实深度浅,适用于一般的筑路工程。光轮压路机按其重量的应用范围见表5-20。

光轮压路机按重量的应用范围 表5-20

按重量分类	加载后重量(t)	单位直线压力(kPa)	应用范围
特轻型	0.5~2.0	>800~2 000	压实人行道和修补沥青类路面
轻型	>2~5	>2 000~4 000	压实人行道、沥青表处层、公园小道、体育场和土路基
中型	>5~10	>4 000~6 000	压实路基、砾石、碎石基层、沥青混合料层
重型	>10~15	>6 000~8 000	砾石、碎石类基层、沥青混合料层的终压作业
特重型	>15~20	>8 000~12 000	压实大块石填筑的路基和碎石结构层

(2)羊脚(凸块)压路机

羊脚(凸块)压路机有较大的单位压力(包括羊脚的挤压力),压实深度大而均匀,并能挤碎土块,因而有很好的压实效果和较高的生产率。它广泛用于黏性土的分层压实,但不适用非黏性土及高含水率黏土的压实。

(3)轮胎压路机

轮胎压路机机动性好,便于运输,进行压实工作时土与轮胎同时变形,接触面积大,并有糅合的作用,压实效果好。适用于压实黏性土、非黏性土及沥青混合料的复压。

(4)振动压路机

振动压路机单位线压力大,振动力影响深,因此压实深度较大,压实遍数相应减少。振动压路机种类繁多,应用广泛。光轮振动压路机最适用于压实非黏性土(砂土、砂砾)、碎石、块石及不同类型、不同厚度的沥青混合料面层。这种压路机在断开振动机构后还可作为静作用压路机来进行整平作业。羊脚(凸块)式振动压路机既可压实非黏性土,又可压实含水率不大的黏性土和细颗粒砂砾以及碎石土。

振动压路机的应用范围列于表5-21,压实后的实际最大铺层厚度列于表5-22。

(5)夯实机械

夯实机械分振动夯实及冲击夯实,它们体积小、重量轻,主要用于狭窄工作面的铺层压实。振动夯用于非黏性砂质黏土、砾石、碎石的压实,而冲击夯实机则适宜于黏土、砂质黏土和石灰土的夯实作业。

振动压路机应用范围表 表5-21

重量和型式	块石	砂砾石		粉土、粉质土、冰碛土		黏土	
		优良级配	均匀粒级	粉质砂、粉质砾石、冰碛土	粉土、砂质粉土	低、中强度黏土	高强度黏土
3t以下光轮		△	△	△	△		
3~5t光轮		◇	◇	△	△	△	
5~10t光轮	△	◇	◇	◇	△	△	△
10~15t光轮	◇	◇	◇	◇	△	△	△
振动凸块式			△	△	◇	◇	◇
振动羊足式			△	△	△	◇	◇

注:◇-适用,△-可用。

各类振动压路机压实后的实际最大铺层厚度(m) 表5-22

压路机工作重量（括号内为振动轮部分的重量）		路堤				底基层	基层
		岩石填方△	砂砾	粉土	黏土		
拖式振动压路机	6t	0.75	◇0.60	◇0.45	0.25	◇0.40	◇0.30
	10t	◇1.50	◇1.00	0.70	◇0.35	◇0.60	◇0.40
	15t	◇2.00	◇1.50	1.00	◇0.50	◇0.80	—
	6t		0.60	1.45	◇0.30	0.40	—
	10t		1.00	0.70	◇0.40	0.60	—
自行式振动压路机	7(3)t		◇0.40	0.30	◇0.15	◇0.30	◇0.25
	10(5)t	0.75	◇0.50	0.40	0.20	◇0.40	◇0.30
	15(10)t	◇1.50	◇1.00	0.70	◇0.35	◇0.60	◇0.40
	8(4)t凸块式		0.40	◇0.30	◇0.20	0.30	
	8(7)t凸块式		0.60	◇0.40	◇0.30	0.40	
	15(10)t凸块式		1.00	◇0.70	0.40	0.60	
两轮振动压路机	2t		0.30	0.20	0.10	0.20	◇0.15
	7t		◇0.40	0.30	0.15	◇0.30	◇0.25
	10t		◇0.50	◇0.35	0.20	◇0.40	◇0.30
	13t		◇0.60	◇0.45	0.25	◇0.45	◇0.35
	18t凸块式		0.90	◇0.70	◇0.40	0.60	—

注:△是仅适用于为压实岩石填方而特殊设计的压路机,◇是最为适用的标记。

各种压路机的使用技术性能列于表5-23。

各种压路机的使用技术性能 表5-23

压路机类型	应用技术性能		
	最佳压实厚度(cm)	碾压次数	适用范围
自行式光轮压路机			
5t	10~15	12~16	各类土及路面
10t	15~25	8~10	各类土及路面
12t	20~30	6~8	各类土及路面
拖式光轮压路机			
5t	10~15	8~10	各类土
拖式轮胎压路机			
10t	15~20	8~10	各类土
25t	25~45	6~8	各类土
50t	40~70	5~7	各类土
振动压路机			
0.75t	50	2	非黏性土
6.5t	120~150	2	非黏性土

第二节　路基施工实习

一、路基土方施工

1. 路基土的分类与分级

(1)路基土分类

土的分类方法很多,目的不同方法各异,有地质分类、工程分类等,每一种分类都只能反映土的某些方面特征。如地质分类突出成因,着重反映土的发生、变化过程,为确定其物理和化学性质服务。在工程实践中需要的是能表达土的主要工程特性的分类,例如:为了解决渗流问题,则要突出土的渗透性;在考虑粒度成分界限值时,要注意使粒组的划分与其透水性的变化相协调;路基土的分类则要突出土的压实性和水稳性。

我国公路路基土采用的分类方法是,首先按有机质含量多少,划分成有机土和无机土 2 大类;其次,将无机土按粒组含量由粗到细划分为巨粒土、粗粒土和细粒土 3 类;最后,若为巨粒土和粗粒土,则按其细粒土含量和级配情况进一步细分,若为细粒土,则按其塑性指数和液限在塑性图上的位置进一步细分。

路基土可以归纳为如下 4 类:

①巨粒土:包括漂石、块石、卵石、碎石、卵石夹土。

②砾石土:包括级配良好砾与级配不良砾、含细粒土砾、粉土质砾与黏土质砾。

③砂类土:包括级配良好砂与级配不良砂、细粒土质砂、粉土质砂与黏土质砂。

④细粒土:包括高、低液限粉土和高、低液限黏土。

(2)土石工程分级

对安排施工和确定定额来说,最有实用意义的是将土石按其开挖的难易程度进行分级。表 5-24 是土石的 6 级分级,即将土分为松土、普通土和硬土 3 级,将岩石分为软石、次坚石和坚石 3 级。表 5-25 与表 5-26 为土石的 16 级分级,即将土分为 Ⅰ ~ Ⅳ 4 级,将岩石分为 Ⅴ ~ ⅩⅥ 12 级。我国公路土石分级通常采用 6 级,但有时也要用到 16 级,6 级与 16 级的对应关系如下:

六　级:	松土	普通土	硬土	软石	次坚石	坚石
十六级:	Ⅰ ~ Ⅱ	Ⅲ	Ⅳ	Ⅴ ~ Ⅵ	Ⅶ ~ Ⅸ	Ⅹ ~ ⅩⅥ

土 石 分 级 表　　表 5-24

土石等级	土石类型	土石名称	钻 1 m 所需时间			爆破 $1m^3$ 所需炮眼长度(m)		开挖方法
			湿式凿岩一字合金钻头净钻时间(min)	湿式凿岩普通淬火钻头净钻时间(min)	双人打眼(工日)	路堑	隧道导坑	
Ⅰ	松土	砂类土、腐殖土、种植土、中密的黏性土及砂性土、松散的水分不大的黏土,含有 30mm 以下树根或灌木根的泥炭土						用铁锹挖,脚蹬一下到底的松散土层

续上表

土石等级	土石类型	土石名称	钻1 m所需时间			爆破 $1m^3$ 所需炮眼长度(m)		开挖方法
			湿式凿岩一字合金钻头净钻时间(min)	湿式凿岩普通淬火钻头净钻时间(min)	双人打眼(工日)	路堑	隧道导坑	
Ⅱ	普通土	水分较大的黏土、密实的黏性土及砂性土、半干硬状态的黄土、含有30 mm以上的树根或灌木根的泥炭土、碎石类土(不包括块石土及漂石土)						部分用镐刨松，再用锹挖，以脚蹬锹需连蹬数次才能挖动
Ⅲ	硬土	硬黏土、密实的硬黄土，含有较多的块石土及漂石土，各种风化成土状的岩石						必须用镐先整个刨松才能用锹挖
Ⅳ	软石	各种松软岩石、盐岩、胶结不紧的砾岩、泥质页岩、泥质砂岩、煤、较坚实的泥灰岩、块石土及漂石土、软的节理多的石灰岩		7以内	0.2以内	0.2以内	2.0以内	部分用撬棍或十字镐及大锤开挖，部分用爆破法开挖
Ⅴ	次坚石	硅质页岩、硅质砂岩、白云岩、石灰岩、坚实的泥灰岩、软玄武岩、片麻岩、正长岩、花岗岩	15以内	7~20	0.2~1.0	0.2~0.4	2.0~3.5	用爆破法开挖
Ⅵ	坚石	硬玄武岩、坚实的石灰岩、白云岩、大理岩、石英岩、闪长岩、粗粒花岗岩、正长岩	15以上	20以上	1.0以上	0.4以上	3.5以上	用爆破法开挖

土分级表

表5-25

土级别	土质名称	自然湿密度(t/m^3)	外形特征	开挖方法
Ⅰ	1. 砂土； 2. 种植土	1.65~1.75	疏松、黏着力差或易透水、略有黏性	用锹或略加脚踩开挖
Ⅱ	1. 壤土； 2. 淤泥； 3. 含壤种植土	1.75~1.85	开挖时能成块并易打碎	用锹需要用脚踩开挖

续上表

土级别	土质名称	自然湿密度 (t/m³)	外形特征	开挖方法
Ⅲ	1.黏土; 2.干燥黄土; 3.干淤泥; 4.含少量砾石黏土	1.80~1.95	黏手,看不见砂粒或干硬	用镐、三齿耙开挖或用锹需用力加脚踩开挖
Ⅳ	1.坚硬黏土; 2.砾质黏土; 3.含卵石黏土	1.90~2.40	土壤结构坚硬,将土分裂后成块状或含黏粒砾石较多	用镐、三齿耙等工具开挖

岩石分级表 表5-26

岩石级别	岩石名称	实体岩石自然湿度时的平均密度(t/m³)	净钻时间(min/m)			极限抗压强度(MPa)	强度系数 f
			用直径30mm合金钻头凿岩机打眼[工作力为411kPa(4.5工程大气压)]	用直径30mm淬火钻头凿岩机打眼[工作力为411kPa(4.5工程大气压)]	用直径30mm钻杆人工单人打眼		
1	2	3	4	5	6	7	8
Ⅴ	1.硅藻土及软的白垩岩	1.55		3.5以下	30以下	19.6以下	1.5~2
	2.硬的石炭纪的黏土	1.95					
	3.胶结不紧的砾岩	1.9~2.2					
	4.各种不坚实的页岩	2.0					
Ⅵ	1.软的有空隙的节理多的石灰岩及贝壳石灰岩	1~1.2		4 (3.5~4.5)	45 (30~60)	19.6~39.2	2~4
	2.密实的白垩土	2.6					
	3.中等坚实的页岩	2.7					
	4.中等坚实的泥灰岩	2.3					
Ⅶ	1.沉积岩卵石经石灰质胶结而成的砾岩	2.2		6 (4.5~7)	78 (61~95)	39.2~58.8	4~6
	2.风化的节理多的黏土质砂岩	2.2					
	3.坚硬的泥质页岩	2.8					
	4.坚实的泥灰岩	2.5					
Ⅷ	1.角砾状花岗岩	2.3	6.8 (5.7~7.7)	8.5 (7.1~10)	115 (96~135)	58.8~78.4	6~8
	2.泥灰质石灰岩	2.3					
	3.黏土质砂岩	2.2					
	4.云母页岩及砂质页岩	2.3					
	5.硬石膏	2.9					

续上表

岩石级别	岩石名称	实体岩石自然湿度时的平均密度(t/m^3)	净钻时间(min/m)			极限抗压强度(MPa)	强度系数 f
			用直径30mm合金钻头凿岩机打眼[工作力为411kPa(4.5工程大气压)]	用直径30mm淬火钻头凿岩机打眼[工作力为411kPa(4.5工程大气压)]	用直径30mm钻杆人工单人打眼		
Ⅸ	1. 软的风化较甚的花岗岩、片麻岩及正长岩	1.5	8.5 (孔8~9.2)	11.5 (10.1~13)	157 (136~175)	78.4~98.0	8~10
	2. 滑石质的蛇纹岩	2.4					
	3. 密实的石灰岩	2.5					
	4. 沉积岩卵石经硅质胶结的砾岩	2.5					
	5. 砂岩	2.5					
	6. 砂质石灰质的页岩	2.5					
Ⅹ	1. 白云岩	2.7	10 (9.3~10.8)	15 (13.1~17)	195 (176~215)	98.0~117.6	10~12
	2. 坚实的石灰岩	2.7					
	3. 大理石	2.7					
	4. 石灰质胶结的质密的砂岩	2.6					
	5. 坚硬的砂质页岩	2.6					
Ⅺ	1. 粗粒花岗岩	2.8	11.2 (10.9~11.5)	18.5 (17.1~20)	240 (518~260)	117.6~137.2	12~14
	2. 特别坚实的白云岩	2.9					
	3. 蛇纹岩	2.6					
	4. 火成岩卵石经石灰质胶结的砾岩	2.8					
	5. 石英质胶结的坚实的砂岩	2.7					
	6. 粗粒正长岩	2.7					
Ⅻ	1. 有风化痕迹的安山岩及玄武岩	2.7	12.2 (11.6~13.3)	22 (50.1~25)	290 (561~320)	137.2~156.8	14~16
	2. 片麻岩、粗面岩	2.6					
	3. 特别坚实的石灰岩	2.9					
	4. 火成岩卵石经硅质胶结的砾岩	2.6					
XⅢ	1. 中粒花岗岩	3.1	14.1 (13.4~14.8)	27.5 (55.1~30)	360 (321~400)	156.8~176.4	16~18
	2. 坚实的片麻岩	2.8					
	3. 辉绿岩	2.7					
	4. 玢岩	2.5					
	5. 坚实的粗面岩	2.8					
	6. 中粒正长岩	2.8					

续上表

岩石级别	岩石名称	实体岩石自然湿度时的平均密度(t/m^3)	净钻时间(min/m) 用直径30mm合金钻头凿岩机打眼[工作力为411kPa(4.5工程大气压)]	用直径30mm淬火钻头凿岩机打眼[工作力为411kPa(4.5工程大气压)]	用直径30mm钻杆人工单人打眼	极限抗压强度(MPa)	强度系数 f
XIV	1. 特别坚实的细粒花岗岩	3.3	15.5 (14.9~18.2)	32.5 (30.1~40)		176.4~196.0	18~20
	2. 花岗片麻岩	2.9					
	3. 闪长岩	2.9					
	4. 最坚实的石灰岩	2.9					
	5. 坚实的玢岩	2.7					
XV	1. 安山岩、玄武岩、坚实的角闪岩	3.1	20 (18.3~24)	46 (40.1~60)		196.0~245.0	20~21
	2. 最坚实的辉绿岩及闪长岩	2.9					
	3. 坚实的辉长岩及石英岩	2.8					
XVI	1. 钙钠长石质橄榄石质玄武岩	3.3	24以上	60以上		245.0以上	25以上
	2. 特别坚实的辉长岩、辉绿岩、石英岩及玢岩	3.3					

2. 路堤基底处理

填方路段应将路基范围内的树根全部挖除并将坑穴填平夯实,填土范围内原地面表层的种植土、草皮等应予清除,清除深度一般不小于15 cm。清除出来的含有许多植物根系的表土可以铺在路堤边坡上,以利植物生长,起到边坡防护作用。

路堤基底清理后应予以压实。在深耕(>30 cm)地段,必要时应先将土翻松、打碎,再整平、压实。经过水田、池塘、洼地时,应根据具体情况采用排水疏干、换填水稳性好的土、抛石挤淤等处理措施,确保路堤的基底具有足够的稳定性。

地面横坡为1:5~1:2.5时,原地面应挖成台阶,台阶宽度不小于1m;地面横坡陡于1:2.5时,应作特殊处理,防止路堤沿基底滑动,常用的处理措施如下。

(1)经检算下滑力不大时,先清除基底表面的薄层松散土,再挖宽为1~2m的台阶,但坡脚附近的台阶宜宽一些,通常为2~3m(图5-2)。

(2)经检算下滑力较大或边坡下部填筑土层太薄时,先将基底分段挖成不陡于1:2.5的缓坡,再在缓坡上挖宽为1~2m的台阶,最下一级台阶亦宜宽一些(图5-3)。

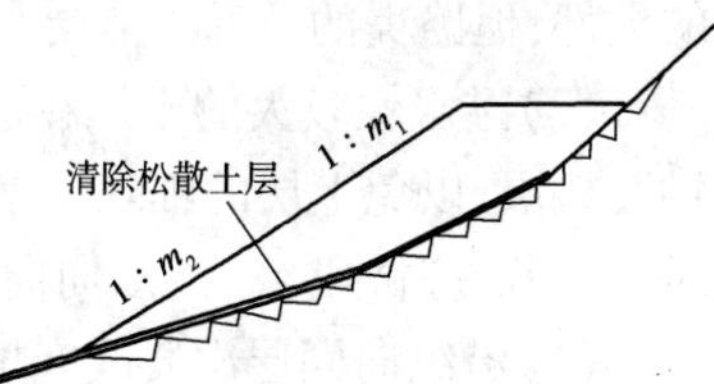

图5-2 改善基底措施之一

(3)若坡脚附近地面横坡比较平缓时,可在坡脚处作土质护堤或干砌片石垛护堤(图5-4)。护堤最好用渗水性土填筑,但用与路堤相同的土填筑亦可。片石垛最好用大块的片石分层干砌,里外咬合紧密,不得只砌表面而内部任意抛填。片石垛的断面尺寸应通过稳定性检算确定。

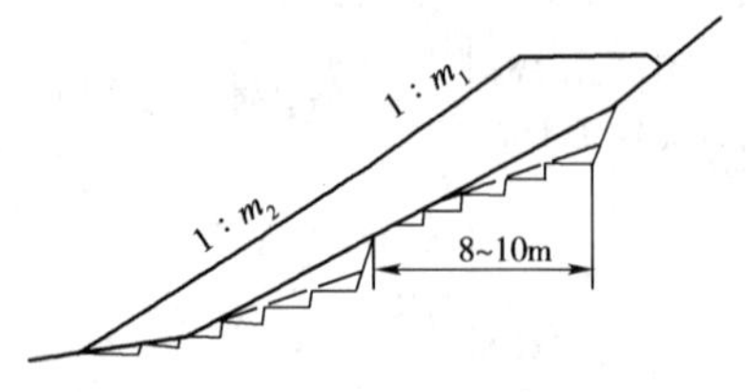

图 5-3　改善基底措施之二

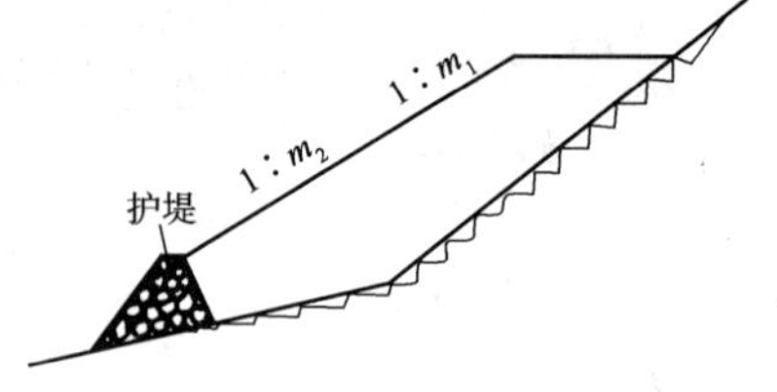

图 5-4　作路堤坡角护堤

3. 填料的选择

一般的土和石都可以用作路堤的填料。用卵石、碎石、砾石、粗砂等透水性良好的填料,只要分层填筑分层压实,可不控制含水率;用黏性土等透水性不良的填料,应在接近最佳含水率情况下分层填筑与压实。

淤泥、沼泽土、含残余树根和易于腐烂物质的土,不能用作填筑路堤。液限大于 50% 及塑性指数大于 26 的土,透水性很差,且干时坚硬难挖,具有较大的可塑性、黏结性和膨胀性,毛细现象也很显著,浸水后能长时间保持水分,因而承载力很低,故一般不作为路堤填料,如非用不可,应在接近最佳含水率情况下充分压实,并设置完善的排水设施。

含盐量超过规定的强盐渍土和过盐渍土不能作为高等级公路的填料;膨胀土除非表层用非膨胀土封闭,一般也不宜用作高等级公路的填料。

工业废渣是较好的填料。高炉矿渣或钢渣至少应放置一年以上,必要时应予破碎。粉煤灰属于轻质筑路材料,当路堤修筑在软弱地基或滑坡体上时,采用轻质填料有利于路堤的稳定。有些矿渣使用前应检验有害物质含量,以免污染环境。

应当指出,有多种料源可供选择时,应优先选用那些挖取方便、压实容易、强度高、水稳性好的土料。路堤受水浸淹部分,应尽量选用水稳性好的填料。

4. 路堤填筑方式

路堤宜采用水平分层填筑,即按照横断面全宽分成水平层次,逐层向上填筑。如原地面不平,应从最低处分层填起,每填一层经过压实符合规定要求后,再填上一层。原地面纵坡大于 12% 地段,可采用纵向分层填筑法施工,沿纵坡分层,逐层填压密实。但填至路堤的上部时,仍应采用水平分层填筑法。水平分层填筑是填筑路基的基本方法,它最能保证填土质量,一般均应采用。

在同一路段上要用到不同性质填料时,应注意:

(1)不同性质的填料要分别分层填筑,不得混填,以免内部形成水囊或薄弱面,影响路堤稳定。

(2)路堤上部受车辆荷载的作用影响较大,故一般宜将水稳性、冻稳性较好的土填在路堤的上部;但路堤的下部可能受水浸淹时,也宜用水稳性好的土填筑。

(3)透水性较大的土填在透水性较小的土之下时,如果两者粒径相差悬殊,应在层间加铺过渡垫层,以免上层的细颗粒散落到下层内;如果透水性较小的土填在透水性较大的土之下时,其顶面应做成 4% 的双向向外横坡,以免积水。

(4)沿纵向同层次要改变填料种类时,应做成斜面衔接,且将透水性好的填料置于斜面的上面为宜。

(5)填方相邻作业段交接处若非同时填筑,则先填地段应按1∶1坡度分层留好台阶;若同时填筑,则应分层相互交叠衔接,搭头长度不得少于2m。

5. 桥涵等构造物处的填筑

桥台台背、涵洞两侧及涵顶、挡土墙墙背的填筑在这些构造物基本完成后进行,由于场地狭窄,又要保证不损坏构造物,填筑压实比较困难,而且容易积水。如果填筑不良,完工后填土与构造物连接部分出现沉降差,就会发生跳车,影响行车的速度、舒适与安全,甚至影响构造物的稳定;养护期间要经常修补路面,也会导致堵塞交通,所以要注意选好填料和认真施工。

(1)填料

在下列范围内一般应选用渗水性土填筑:台背顺路线方向,上部距翼墙尾端不少于台高加2m,下部距基础内缘不少于2m;拱桥台背不少于台高的3~4倍;涵洞两侧不少于孔径的2倍挡土墙墙背回填部分。如果台背采用渗水土有困难时,在冰冻地区自路堤顶面起2.5m以下,非冰冻地区高水位以下,可用与路堤相同的填料填筑。特别要注意,不要将构造物基础挖出来的劣质土混入填料中。

(2)填筑

桥台背后填土应与锥坡填土同时进行,涵洞、管道缺口填土,应在两侧对称均匀回填;涵顶填土的松铺厚度小于50~100cm时,不得通过重型车辆或施工机械;靠近构造物100cm范围内不得有大型机械行驶或作业。

(3)排水

桥涵等结构物处填土,在施工中要竭力防止雨水流入;对已有积水应挖沟或用水泵将其排除;对于地下渗水,可设盲沟引出;当不得不用非渗水土填筑时,应在其上设置横向盲沟或用黏土等不透水材料封顶;挡土墙墙背应做好反滤层,使水能顺利地从泄水孔流出去。

(4)压实

应在接近最佳含水率状态下分层填筑、分层压实,每层松铺厚度不宜超过20cm。密实度应达到设计要求,如设计无专门规定,则按路基压实度标准执行。用非渗水土填筑时,必须加强压实措施,或对填土性能进行改善处理(如掺生石灰),以提高强度和减少雨水的渗入。

为了保证填土压实质量,在比较宽阔部位应该尽量使用大型压实机械,只是在临近构造物边缘及涵顶50cm内,才采用小型夯压机械,分薄层认真夯压密实。夯压遍数应通过试验确定,以达到压实度要求为准。

适用于构造物处填土压实的小型机械,有蛙式打夯机、内燃打夯机、手扶式振动压路机、振动平板夯等。

蛙式打夯机是一种体积小、质量轻、构造简单、操作方便的夯实机械。它由夯头架、传动装置、前轴装置、拖盘、操纵手柄、电器设备和润滑系统等组成。国产蛙式打夯机的主要技术性能见表5-27。

蛙式打夯机主要技术性能 表5-27

型　号	HW125	HW130A	HW151	HW280	HW130	HW125A
夯板面积(m^2)	0.045	0.04	0.055	0.045	0.04	0.045
夯击次数(次/min)	140~150	140~142	145~156	140~150	120	140~150

续上表

型　号		HW125	HW130A	HW151	HW280	HW130	HW125A
生产率(m^3/h)		12	12	12～15	25	6～9	12
外形尺寸(mm)	长	1 006	1 000	1 561	1 220	1 120	1006
	宽	500	500	521	650	500	500
	高	980	850	901	750	920	900
自身质量	(kg)	125	130	150	280	130	125
生产厂		吉林第二机械厂；西北金属结构厂	北京建筑机械修造厂	宝鸡渭滨机械厂	吉林工程机械厂；山西建筑机械厂	新疆建设兵团；建工师机械厂	青海重型机床厂

内燃打夯机(爆炸夯实机)是利用内燃机作为动力源而制成的一种冲击式夯实机械，具有结构简单、维修方便、体积小、质量轻、便于搬运等特点。国产内燃打夯机有多种型号，其中HB80应用最广，它由燃料供给系统、点火系统、配气机构、夯身、夯足、操纵机构等部分组成。国产内燃打夯机的主要技术性能见表5-28。

内燃打夯机主要技术性能　　表5-28

型　号	HB80	HB120	HB60
夯板面积(m^2)	0.042	0.055	0.09
夯击次数(次/mm^2)	60	60～70	600～700
生产率(m^2/h)	55～83		64
外形尺寸(宽×高)(mm)	554×1 230	410×1 180	632×1 288
质量(kg)	85	120	60
生产厂	长治工程机械配件厂、晋城机械厂	浦沅工程机械厂	晋城机械厂、渭滨机械厂

振动平板夯(振动夯板)与被压材料的接触面为一平面，在作业量不大的压实工程中，尤其在狭窄的沟槽回填以及大型压实机械不能达到的地段工作时，具有很好的适应性。

振动平板夯按其结构原理可分为单质量与双质量2种，按其振动特征可分为非定向振动与定向振动2种，按其移动方式又可分为自移式与非自移式2种。通常振动平板夯均制成自移式双质量定向振动的形式。振动平板夯对于各种土均有较好的压实效果，特别是对非黏性的砂质黏土、砾石、碎石的压实效果最佳。HZ400型振动夯板是一种结构质量为400kg的自移式振动夯实机械，适用于含水率小于12%的黏土、非黏性的砂质土、砾石、碎石等材料的压实作业。HZ380A型振动夯板是HZ400型的改进产品，两者基本相同。

手扶振动压路机是一各自行式徒步操纵的小型振动压实机械，它体积小，运转灵活。YZS500型为双滚筒式，工作质量500kg，振动频率43Hz，额定功率2.94kW。YZS600B型也是一种双滚筒式，工作质量700kg，振动频率48.4Hz，额定功率3.675kW。

6.路堑开挖方式

路堑施工就是按设计要求进行挖掘，并将挖掘出来的土方运到路堤地段作填料，或者运往弃土地点。它虽然不像路堤填筑那样有填料的选择和分层压实等问题。但是，路堑是由天然地层构成的，天然地层在生成和演变的长期过程中，一般具有复杂的地质结构。处于地壳表层的路堑边坡，开挖暴露于大气中，受到各种自然的和人为因素的影响，比路堤边坡更容易发生变形和破坏。路堑边坡的稳定与施工方法有着密切的关系,例如施工开挖边坡过陡、弃土堆距坡顶太近、施工中排水不良、支挡工程未及时做好都会引起边坡失稳,发生坍滑。

路堑开挖方式应根据路堑的深度和纵向长度,以及地形、土质、土方调配情况和开挖机械设备条件等因素确定,以加快施工进度和提高工作效率。

(1)横挖法

从路堑的一端或两端按横断面全宽逐渐向前开挖,称为横挖法。这种开挖方法适用于较短的路堑。

路堑深度不大时,可以一次挖到设计高程(图5-5);路堑深度较大时,可分成几个台阶进行开挖(图5-6),各层要有独立的出土道和临时排水设施。分层横挖使得工作面纵向拉开,多层多向出土,可以容纳较多的施工机械,加快了开挖速度。若用挖掘机配合自卸汽车进行,台阶高度可采用3~4m。

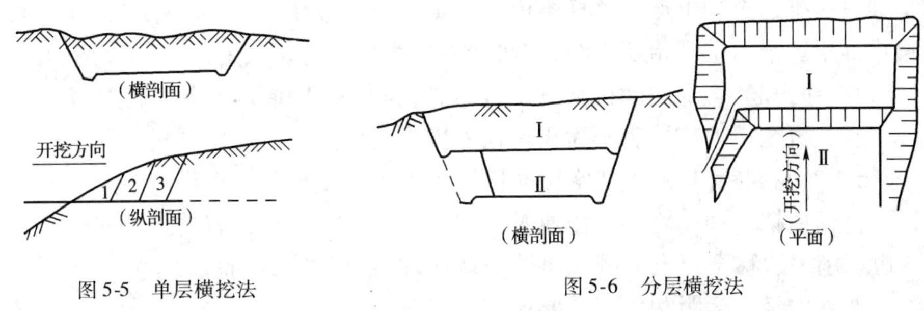

图5-5 单层横挖法

图5-6 分层横挖法

(2)纵挖法

沿路堑纵向将高度分成不大的层次依次开挖,称为纵挖法。这种开挖方法适用于较长的路堑。

如果路堑的宽度及深度都不大,可以按横断面全宽纵向分层挖掘,称为分层纵挖法(图5-7);如果路堑的宽度及深度都比较大,可沿纵向分层,每层先挖出一条通道,然后开挖两旁,称为通道纵挖法(图5-8),通道可作为机械通行或出口路线,以加快施工速度;如果路堑很长,可在适当位置将路堑的一侧横向挖穿,把路堑分成几段,各段再采用上述纵向开挖,称为分段纵挖法。分段纵挖法适用于傍山长路堑。

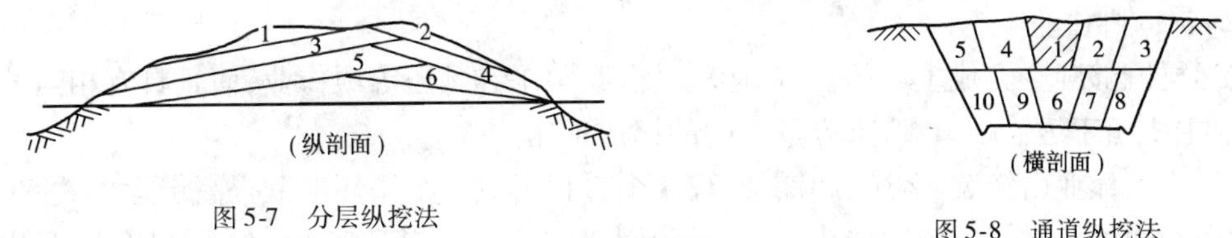

图5-7 分层纵挖法

图5-8 通道纵挖法

7. 土方机械作业

路堑土方应按工程的具体情况,选备适宜的挖掘机械、装运机械、平整机械和压实机械,最大限度地发挥机械的效能。路基工程从准备工作到整修工作,作业项目很多,选用机械要从技术和经济两个方面并结合本单位本工点的具体情况来考虑。路基土方工程适用的机械随土质、运距、土方量和场地大小等因素而定,应当选用在技术性能上最适合于该项作业的机械。但每一种机械常可完成几种作业,因此,现场缺乏某种机械时,就应该在已有机械中选择。如果有两种或两种以上可能的方案,要进行经济比较,土方机械的类型、性能、适用范围、生产率以及发展概况已在第二章作了介绍,下面叙述几种常用土方机械的作业方法。

(1)推土机作业

推土机作业由切土、运土、卸土、倒退(或折返)、回空等过程组成一个循环。影响作业效率的主要因素是切土和运土两个环节。因此,以最短的时间和距离切满土,尽可能减少土在推运中的散失,是衡量推土机作业方式优劣的依据。基本作业方式有:

①下坡推土。利用下坡时推土机的重力分力,加速切土,增加推土量。但坡度不宜超过20%,否则回空时爬坡困难。

②并列推土。2 台或 3 台推土机并列同速推进,可以减少土的溜失。两铲刀间距一般约为 15 ~20cm。

③拉槽推土。推土机连续多次在同一处推土,形成一条浅槽,在槽内推运可以减少土的漏失。槽深一般不大于铲刀的高度。

④接力推土。在取土场较长而土质较硬时,可自近而远分段将土推送成堆,然后再由远而近将各段土堆一次推送至卸土点。这样不但可以提高运土效率,又可以减少运土时间。

⑤波浪式推土。推土机开始切土时,应将铲刀最大可能地切入土中,当发动机稍有超负荷现象时,将铲刀缓缓提起,直到发动机恢复正常运转,再将铲刀降下切土。起刀时不应离开地面,这样多次起伏,直至铲刀前堆满土为止。这种推土的优点是可使发动机的功率得到充分发挥,以及缩短铲土时间和距离,缺点是空回时因铲土道不平使推土机产生颠簸。

推土机进行傍山铲土和单侧弃土作业时,通常采用斜铲推土,铲刀的水平回转角一般可取25°,将土一边切削一边移至弃土一侧。斜铲作业应注意保持直线行驶,防止车身因受力不均而转动。斜铲作业的经济运距和生产率要比直铲作业低。

推土机在坡度不大的斜坡上削土或挖沟时,采用侧铲作业,即铲刀在垂直平面内转动 9°左右。这种作业的工作场地纵坡以不大于 30°、横向坡度不大于 25°为宜。

在地基松软时,可使用湿地推土机。湿地推土机与一般推土机的不同处是采用了三角形加宽履带板,使接地比压由 1.3GN/m^2 降低至 0.3GN/m^2。这种履带板随着土的硬度变化而变化。三角履带板在硬土上压入深度浅,接地面积小,接地比压高,反之接地比压低。三角履带板在软土中压入的深度深,接地面积大,压实效果较好。三角履带板的顶角大于 90°,不易黏结泥土,使履带本身起到自洁作用。所以湿地推土机不但可以用于沼泽泥泞地段,而且也可以用于一般土的施工。

(2)铲运机作业

铲运机能够独立完成土方的铲装、运输、铺填、整平和预压等项作业,而且具有相当的机动灵活性,主要用于运输距离大、土方量集中的铲运工作。

铲运机的作业由铲装、运送、卸铺、回程 4 个过程组成一个循环。欲提高铲运机效率,应尽量在最短的距离和时间内装满铲斗,在运送和回空中应尽量提高速度。铲运机有以下几种铲土方法:

①一般铲土。铲运机在 I、II 级土中施工时,开始应使铲刀以最大深度切入土中(不超过30cm),随着行驶阻力的增加而逐渐减少铲土深度,直到铲斗装满为止。

②波浪式铲土。这种铲土方法适用于较硬的土。开始铲土时,使铲刀以最大深度切入土中,随着拖拉机负荷逐渐增加,发动机转速降低,相应地减小切土深度,这样反复若干次,直至铲斗铲满为止。这种铲土方法的优点是可以充分利用发动机功率,并能改善装土条件,从而可以提高工作效率。

③跨铲铲土。这种方法适用于较坚硬的土层,铲土时按图 5-9 所示的程序来布置铲土道。

作业时，先在取土场第一排(1、2、3 区)铲土道上取土，两相邻铲土道之间留出半个铲斗宽的土不铲。然后再在第二排(4、5 区)铲土道上取土，其起点应在第一排铲土道的起点处向后移半个铲土道长度。第三、四排铲土道依次后移，使各铲土道前、后、左、右重合起来。采用这种方法，由于铲土的后半段减小了切土宽度，能使拖拉机有足够的牵引力将铲斗装满，又可以缩短铲土道长度和铲土时间。

如果取土场狭窄，不能按上述施工程序布置时，也可采用单排跨铲，如图 5-10 所示，每条铲土道间留出 1.0～1.3m 的宽度，在铲除这些土埂时可减少切土阻力。

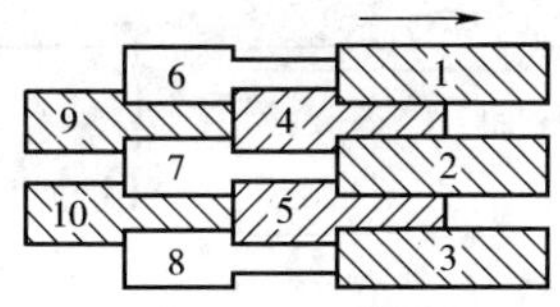

图 5-9　铲运机跨铲铲土

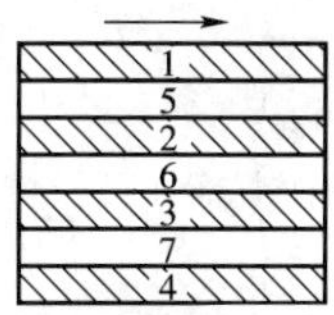

图 5-10　铲运机单排跨铲铲土

④下坡铲土。这种方法主要是利用铲运机的重力分力提高铲土效率。铲土下坡角一般为 7°～8°，最大不超过 15°。如在平地取土坑铲土，应先将一端铲低，然后保持一定的坡度向后延伸铲土道，人为地创造下坡铲土的有利地形。进行下坡铲土时，应特别注意安全。一般下坡时铲运机应低速行驶；当铲运机进入坡道地段时应立即放下铲斗，以便利用铲斗与地面之间的阻力降低铲运机的行驶速度；当铲斗铲满，但后轮未进入缓坡地段前，不应提升铲斗和关闭斗门，以便利用斗前土的阻力来起制动作用。

⑤顶推铲土。铲运机在坚硬的土、冻深在 20cm 以内的土或松散的干砂中作业，由于拖拉机的附着力不足，牵引力不能充分发挥时，可用推土机在铲运机铲土行程中进行顶推助铲。用这种方法施工须具有一定的工程量和工作面，方可避免推土机窝工。一般要求取土场的宽度不小于 20m，长度不短于 80m，铲运机半周程运距不短于 250m。

铲运机施工运行路线的选择，要综合考虑施工效率、地形条件、机械磨损等因素，以达到运距短、坡道平缓和修筑通道的工作量小等目的。在填筑路堤和开挖路堑工程中，常用的运行路线有椭圆形、“8”字形、“之”字形、穿梭形和螺旋形等。

①椭圆形运行路线。这种路线如图 5-11 所示。它的最大优点是，在不同的地形条件下布置灵活，顺逆运行方向可以随时改变，同时运行中干扰也比较小。缺点是重载上坡的转向角大，转弯半径较小。

②“8”字形运行路线。所谓“8”字形实际上是由两个椭圆形的连接，如图 5-12 所示，不同的是减少了两个 180°的急转弯。它在一次循环运行中可以完成两次铲土和两次卸土，同时重载和空载行驶的距离都比较短，效率高，在同一个运行路线中可以容纳多台铲运机同时施工。缺点是要求有较大的施工场地，而且取土场应在路线的两侧，条件限制较多，因此在小型工地较少采用。

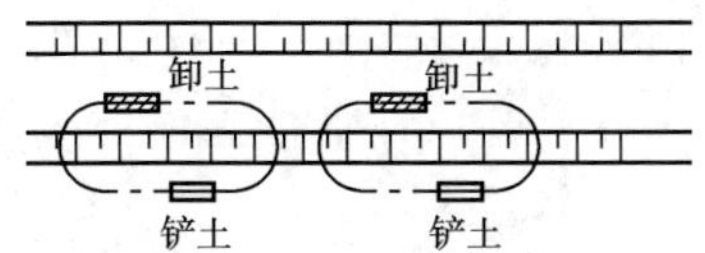

图 5-11　铲运机椭圆形运行路线

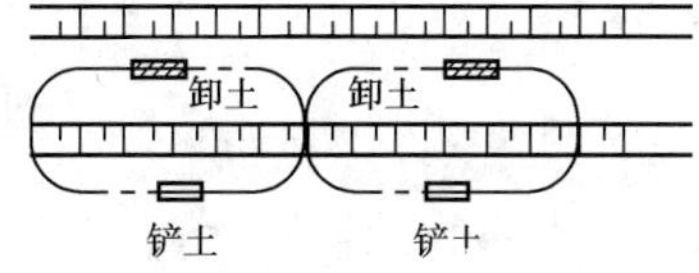

图 5-12　铲运机“8”字形运行路线

③“之”字形运行路线。实际上是若干“8”字形首尾相接的路线，如图 5-13 所示。这种路线适用于较长的地段施工，并宜于机群作业，即各机列队(每机间隔 20m)依次行进填挖到尽

头,作180°转弯后反向运行,只是所填挖的地段应与上次错开。这种运行路线一次循环太大,施工面太长,在多雨季节很难应用。

④穿梭形与螺旋形运行路线。如图5-14所示,与上述几种相比,穿梭形运行路线铲运机空载行驶距离短,全程也较短,在一个循环中可以两次铲卸土作业,因此施工组织简单。缺点是对一侧取土坑有局限性,运行路线中完成一个循环有4次转弯,增长了运行时间,另外拖拉机单侧磨损较重。

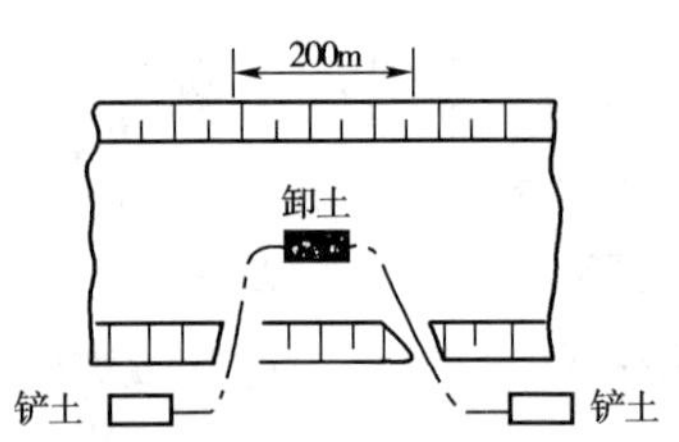

图5-13 铲运机"之"字形运行路线

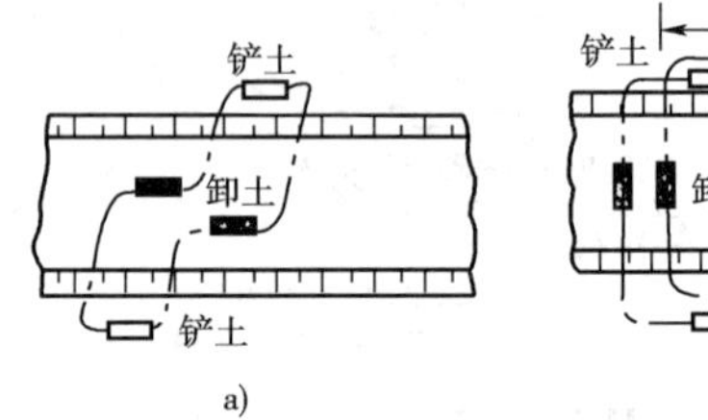

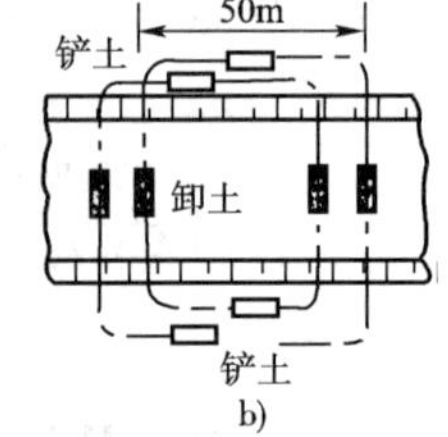

图5-14 铲运机穿梭形和螺旋形运行路线

a)穿梭形;b)螺旋形

螺旋形实际上是穿梭形的一种变形,铲运机纵向铲土后,转向路堤上横向卸土,随后驶向路堤的另一侧取土坑再行铲装。这种运行路线的主要优点是运距短、工效高;缺点是急转弯多,拖拉机易产生偏磨。

(3)挖掘机作业

①正铲挖掘机的基本作业。

a. 侧向开挖:运土车辆的运行路线位于挖掘机开挖路线的侧面(图5-15)。它的特点是,卸土时平均回转角小于90°,而且车辆可以直线进出,不需掉头和倒驶,缩短了循环时间,效率高。

b. 正向开挖:装车时车辆停在挖掘机的后方(图5-16)。它的特点是,挖掘机前方挖土,回转至卸土处,其转角大于90°,从而增加了循环时间,但其开挖面较宽。此外,由于车辆不能直接开进挖掘道,而要掉头和倒驶,使施工现场拥挤,挖掘机不能连续作业,效率降低。因此这种方式只适宜于挖掘进口处。

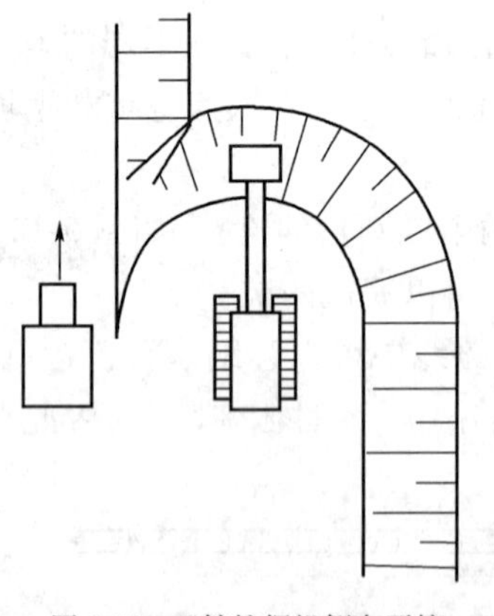

图5-15 正铲挖掘机侧向开挖

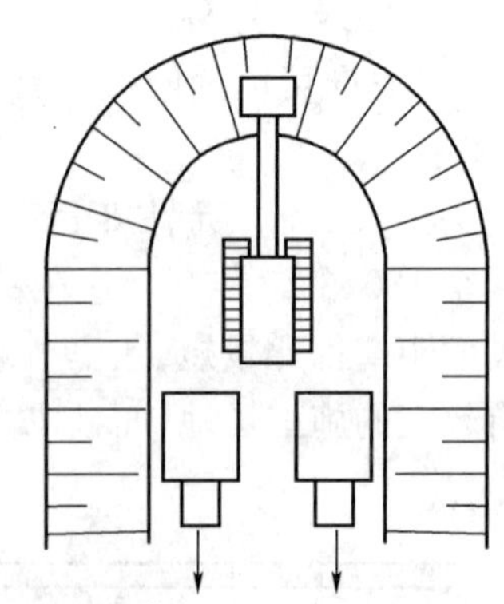

图5-16 正铲挖掘机正向开挖

②反铲挖掘机的基本作业。

a. 沟端开挖:开挖时挖掘机从沟的一端开始,然后沿沟中线倒退开挖[图5-17a)],运输车辆停在沟侧,此时动臂只回转40°~45°左右即可卸料。如挖的沟宽为机子最大回转半径的2倍时,车辆只能停在挖掘机的侧面,动臂要回转90°方可卸料。

如挖掘的沟渠较宽时，可分段进行，如图 5-17b）所示。当开挖到尽头时，再掉头开挖相邻的一段。这种分段法每段的挖掘宽度不宜过大，以车辆能在沟侧行驶为原则，达到减少作业循环时间。

b. 沟侧开挖：它与前者不同的是，车辆停在沟端，挖掘机在沟侧，动臂回转小于 90°可卸料（图 5-18）。由于每循环所用的时间短，所以效率高。但挖掘机始终沿沟侧行驶，因此开挖边坡较陡。

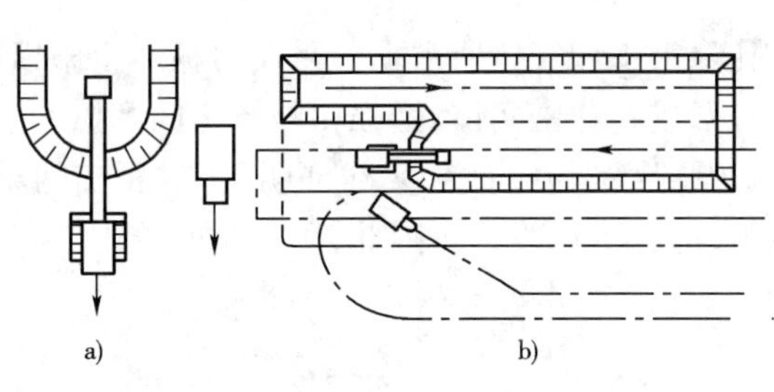

图 5-17　反铲挖掘机沟端开挖

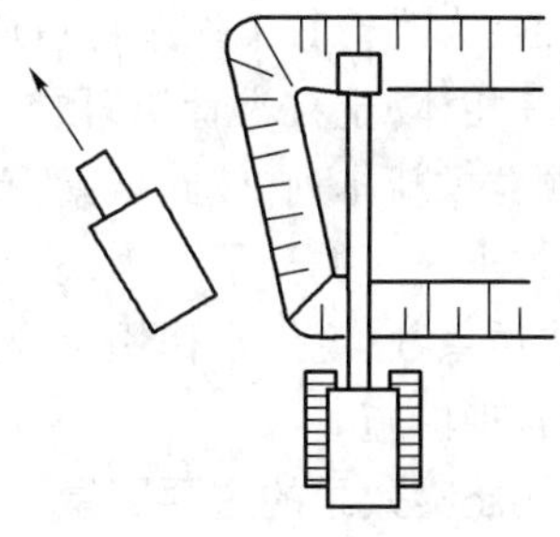

图 5-18　反铲挖掘机沟侧开挖

③拉铲挖掘机的基本作业。

拉铲挖掘机的开挖方法与反铲挖掘机基本相同，只是挖掘的半径大、深度深。

a. 沟侧开挖：挖掘机位于沟侧，挖掘宽度等于或大于甩斗的挖掘半径。此外，在弃土场工作时，可以使土的甩出距离较远。这种开挖方法主要用来取土填筑路堤和开挖基坑，如图 5-19a）所示。

b. 沟端开挖：挖掘机停在沟的一端［图 5-19b）］，开挖的宽度可达挖掘半径的 2 倍。此法可挖出陡峭的边坡，又可以两侧卸土。

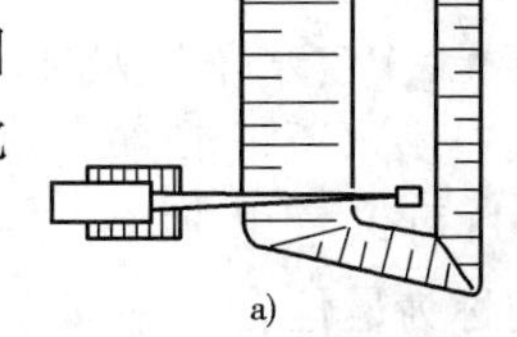

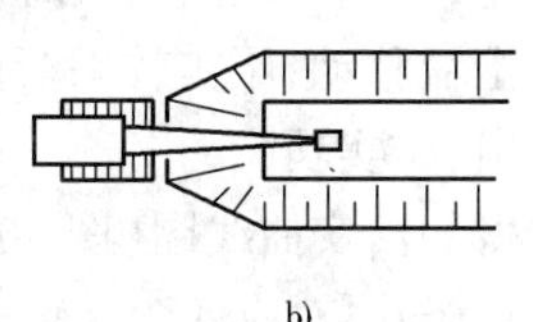

图 5-19　拉铲挖掘机开挖路线

（4）装载机作业

装载机是一种工作效率较高的铲土运输机械，它兼有推土机和挖掘机两者的工作能力，可以进行铲掘、推运、整平、装载和牵引等多种作业。其优点是适应性强，作业效率高，操作简便，是一种发展较快的循环作业式机械。装载机与运输车辆配合，可采用如下作业方式。

①"I"字形作业。运输车辆平行于工作面，装载机则垂直于工作面，前进铲土后，直线后退一定距离，并提升铲斗，此时，运输车辆退到装载机铲斗卸土位置，装满后驶离。这种方式装载机不需掉头，但要求运输车辆与其配合默契。

②"V"字形作业。运输车辆与工作面成约 60°，装载机则垂直于工作面，前进铲土后，在倒车驶离过程中掉头 60°，使与运输车辆垂直，然后驶向运输车辆卸料。这种方式循环时间较短。

③"L"字形作业。运输车辆垂直于工作面，装载机铲土后，倒退并调转 90°，然后驶向运输车辆卸土。这种方式需有较宽的工作场地。

（5）平地机作业

平地机是一种铲土、运土、卸土同时进行的连续作业机械。其主要工作装置是一把刮刀，它可以调整 4 种作业动作，即刮刀平面回转、刮刀左右端升降、刮刀左右引伸和刮刀机外倾斜，来完成刮刀刮土侧移、刮刀刀角铲土侧移、刮刀刮土直移和机身外刮土等作业。

刮刀刀角刮土侧移适用于开挖边沟，并利用开挖出的土修整路基断面或填筑低路堤。刮刀铲土侧移适用于侧向移土修筑路堤、平整场地、回填沟渠等作业。刮刀刮土直移适用于修筑不平度较小的场地，在路基施工中可用于路拱的修整和材料的整平。机身外刮土主要用于刷路堤、路堑边坡和开挖边沟等。

二、路基压实

填土经过挖掘、搬运，原状结构已被破坏，土团之间留下了许多孔隙，在荷载作用下，可能出现不均匀或过大的沉陷或坍落甚至失稳滑动，所以路基填土必须进行压实；对于松土层构成的路堑表面，为改善其工作条件也应予以压实。

土是三相体，土粒为骨架，颗粒之间的孔隙为水和气体所占据。采用机械对土施以碾压能量，使土颗粒重新排列、彼此挤紧、孔隙减小，形成新的密实体，增强粗粒土之间摩擦和咬合，以及增加细粒土之间的分子引力，从而提高土的强度和稳定性。实践证明，经过压实的土，其塑性变形、渗透系数、毛细水作用及隔温性能等，都有明显改善。因此，压实是改善土工程性质的一种经济合理措施。

1. 影响压实效果的主要因素

(1)含水率

土中含水率对压实效果的影响比较显著。当含水率较小时，由于粒间引力(可能还包括了毛细管压力)使土保持着比较疏松的状态或凝聚结构，土中孔隙大都互相连通，水少而气多，在一定的外部压实功能作用下，虽然土孔隙中气体易被排出，密度可以增大，但由于水膜润滑作用不明显以及外部功能也不足以克服粒间引力，土粒相对移动不容易，因之压实效果比较差；含水率逐渐增大时，水膜变厚，引力缩小，水膜又起着润滑作用，外部压实功能比较容易使土粒移动，压实效果渐佳；土中含水率过大时，孔隙中出现了自由水，压实功能不可能使气体排出，压实功能的一部分被自由水所抵消，减小了有效压力，压实效果反而降低。由击实试验所得的击实曲线图(图5-20)可以看出，曲线有一峰值，此处的干重度为最大，称为最大干重度γ_0，与之对应的含水率则称为最佳含水率w_0。这就得出一个结论：只有在最佳含水率的情况下压实效果最好。

然而，含水率较小时，土粒间引力较大，虽然干重度较小，但其强度可能比最佳含水率时还要高。可是此时因密实度较低，孔隙多，一经饱水，其强度会急剧下降。这又得出一个结论：在最佳含水率情况下压实的土水稳性最好。

最佳含水率和最大干容重是两个十分重要的指标，对路基设计与施工很有用处。

(2)土类

在同一压实功能作用下，含粗粒越多的土，其最大干重度越大，而最佳含水率越小，即随着粗粒土增多，其击实曲线的峰点越向左上方移动(图5-21)。施工时，应根据不同土类，分别确定其最大干重度和最佳含水率。

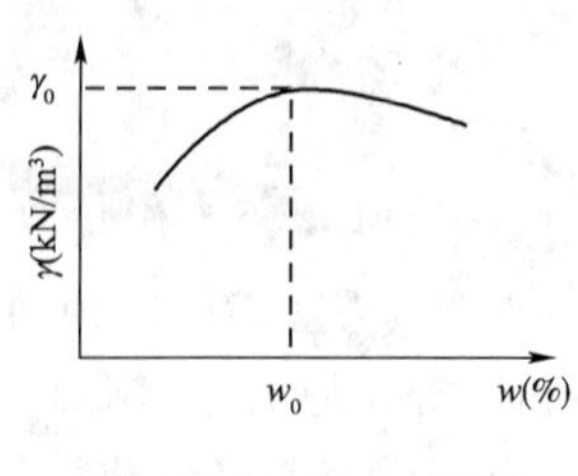

图5-20　土的γ-w曲线

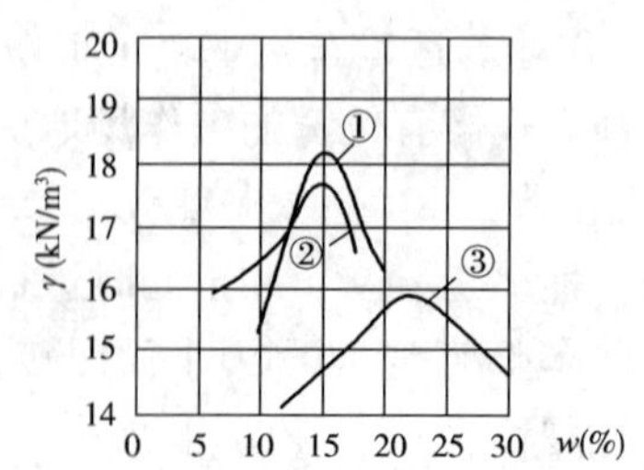

图5-21　不同土类的γ-w曲线

①亚砂土；②亚黏土；③黏土

(3)压实功能

同一类土,其最佳含水率随压实功能的加大而减小,而最大干重度则随压实功能的加大而增大。当土偏干时,增加压实功能对提高干重度影响较大,偏湿时则收效甚微。故对偏湿的土企图用加大压实功能的办法来提高土的密实度是不经济的,若土的含水率过大,此时增大压实功能就会出现“弹簧”现象。另外,当压实功能加大到一定程度后,对最佳含水率的减小和最大干重度的提高都不明显了,这就是说单纯用增大压实功能来提高土的密实度未必合算,压实功能过大还会破坏土体结构,效果适得其反。

2. 路基压实标准

衡量路基的压实程度是通过计算工地实际达到的干重度与室内标准击实试验所得的最大干重度的比值,即压实度或称压实系数。

路基受到的荷载应力,随深度增加而迅速减少,所以路基上部的压实度应该高一些;另外,公路等级高,其路面等级亦高,对路基强度的要求相应提高,所以对路基压实度的要求也应该高一些。因此,高等级公路路基的压实度标准(重型击实试验),对于路堤,路槽底面以下0~80cm应不小于95%,80~150cm应不小于93%,150cm以下应不小于90%;对于零填及路堑,路槽底面以下0~30cm应不小于95%。

在平均年降雨量少于150mm且地下水位低的特殊干旱地区(相当于潮湿系数≤0.25地区)的压实度标准可降低2%~3%。因为这些地区雨量稀少,地下水位低,天然土的含水率大大低于最佳含水率,要加水到最佳含水率情况下进行压实对施工确有很大困难,而压实度标准稍予降低也不致影响路基的强度和稳定性。在平均年降雨量超过2000mm、潮湿系数>2的过湿地区和不能晾晒的多雨地区,天然土的含水率超过最佳含水率5%时,要达到上述的要求极为困难,应进行稳定处理后再压实。

在确定压实标准时,最大干重度要用室内标准击实试验来求得。长期以来使用的室内标准击实仪和方法,是20世纪30年代初期形成的,它模拟当时的运输工具和碾压设备,即汽车质量一般不超过4t,压路机低于6t。20世纪50年代后,特别是近年来,载重汽车和碾压机械的重量已经大大提高,如仍沿用原击实标准,势必造成路基强度过低,不能适应行车要求,故将击实试验改为“重型击实试验”。

所谓重型击实试验法,是与原来的击实试验法(现称轻型击实试验法)相比较而言的。重型击实法增大了击实功能,从而提高了路基的压实标准。其所得最大干重度,对砂性土约提高6%~10%,黏性土约提高10%~18%;而最佳含水率则有所降低,砂性土为1%~3%,黏性土为3%~9%。

重型击实试验法的原理和基本规律与轻型击实试验法相仿,但击实功能提高了4.5倍。

3. 压实方法

压实土层的密实度随深度增加而递减,表面5cm范围内土的密实度最高。填土分层的压实厚度和压实遍数与压实机械类型、土的种类和压实度要求有关,应通过试验路来确定。同样质量的振动压路机要比光轮静碾压路机的压实有效深度大1.5~2.5倍。如果压实遍数超过10遍仍达不到压实度要求,则继续增加遍数的效果很小,不如减小压实层厚。

碾压时,横向接头的轮迹应有一部分重叠,对振动压路机一般重叠40~50cm,对三轮压路机一般重叠1/2后轮宽,前后相邻两区段亦宜纵向重叠1~1.5 m。应做到无漏压、无死角和确保碾压均匀。

压路机行驶速度过慢则影响生产率,行驶过快则对土的接触时间过短,压实效果较差。一般光轮静碾压路机的最佳速度为2~5km/h,振动压路机为3~6km/h。所以各种压路机械的最大速度不宜超过4km/h,对压实度要求高以及铺土层较厚时,行驶速度更要慢些。碾压开始宜用慢速,随着土层的逐步密实,速度逐步提高。压实时的单位压力不应超过土的强度极限,否则土体将会遭到破坏。开始时土体较疏松,强度低,故宜先轻压,随着土体密度的增加,再逐步提高压强。所以,推运摊铺土料时,应力求机械车辆均匀分布行驶在整个路堤宽度内,以便填土得到均匀预压。否则要采用轻型光轮压路机(6~8t)进行预压。正式碾压时,若为振动压路机,第一遍应静压,然后由弱振至强振。

碾压时,在直线路段和大半径曲线路段,应先压边缘,后压中间;小半径曲线地段因有较大的超高,碾压顺序宜先低(内侧)后高(外侧)。

路堤边缘往往压实不到,仍处于松散状态,雨后容易滑坍,故两侧可采取多填宽度40~50cm,压实工作完成后再按设计宽度和坡度予以刷齐整平。也可以采用卷扬机牵引的小型振动压路机从坡脚向上碾压,或采用人工拍实。坡度不陡于1:1.75时,可用履带式推土机从下向上压实。

不同的填料和场地条件要选择不同的压实机械。一般来说轻型光轮压路机(6~8t)适用于各种填料的预压整平;重型光轮压路机(12~15t)适用于细粒土、砂类土和砾石土;重型轮胎压路机(30t以上)适用于各种填料,尤其是细粒土,其气胎压力应根据填料种类进行调整,土颗粒越细气压越高;羊足碾(包括格式的和条式的)最适用于细粒土,亦适用于压实粉土质与黏土质砂,需有光轮压路机配合对被翻松的表层进行补压;振动压路机具有滚压和振动的双重作用,用于砂类土、砾石土和巨粒土,其效果远远优于其他压实机械,但对细粒土的压实效果不理想。

牵引式碾压机械结构质量大,爬坡能力强,生产率高,适合于工作场地广阔,可以采用螺旋形运行路线;自行式碾压机械结构质量较小,灵活机动,适合于一般工作场地,宜采用穿梭式直线运行,在尽头回转;夯实机械在路基压实中不是主要设备,仅用于狭窄工作场地的作业。

压实质量要求高的路基,宜选用压实效果较高的碾压机械,如重型轮胎压路机和振动压路机。

4. 压实质量控制与检查

土的压实应在接近最佳含水率的情况下进行。天然土通常接近最佳含水率,因此填铺后应随即碾压。含水率过大时,应将土摊开晾晒至要求的含水率时再整平压实。

填土接近最佳含水率的容许范围,与土的种类和压实度要求有关。在一定的压实度要求情况下,砂类土比细粒土的范围大;在同一种土类的情况下,压实度要求低的比要求高的范围大。范围的具体值可从该种土的击实试验曲线上查得,即在该曲线图的纵坐标上按要求的干密度处画一横线,此线与曲线相交的两点所对应的含水率值就是它的范围。

天然土过干需要加水时,可在前一天于取土地点浇洒,使水均匀渗入土中;也可将土运至路堤再用水浇洒,并拌和均匀。加水量可按下式估算:

$$V=(w_0-w)\frac{Q}{1+w} \tag{5-9}$$

式中:V——所需加水量(t);

w——天然土的含水率;

w_0——最佳含水率;

Q——需加水的土的质量(t)。

此外还应增加洒水至碾压时的水分蒸发消耗量。

在压实过程中,施工单位的自检人员应经常检查压实度是否符合要求。压实度试验方法可采用环刀法、蜡封法、水袋法、灌砂法或核子密度湿度仪法。环刀法适用于细粒土,灌砂法适用于各类土。核子密度湿度仪应与环刀法、灌砂法等进行对比标定后才可应用。

每一压实层均应检验压实度,合格后方可填筑其上一层。

检验取样频率,当填土宽度较窄时(例如路堤的上部),沿路线纵向每 200m 检查 4 处,每处左右各 1 个点,当填土较宽时,每 2 000m^2 检查 8 个点。必要时可增加检查点数,以防止压实不足处漏检。

压实度的评定以一个工班完成的路段压实层为检验评定单元比较恰当,如检验不合格能及时补压,不致等待过久而含水率变化过大。检验评定段的压实度 K 按下式计算,若 $K \geq$ 压实度的标准值,则为合格。

$$K = \overline{K} - t_0 S / \sqrt{n} \tag{5-10}$$

式中:$\overline{K}$——检验评定段内各检验点压实度的算术平均值;

t_0——t 分布表中随自由度和保证率(或置信率)而变的系数,通常保证率为 95%;

S——检验值的均方差;

n——检验点数,应不少于 8 ~ 10 点,汽车专用公路取高限,一般公路取低限。

填筑碾压完成的路基,其路槽底面的回弹模量应满足路面设计的要求,然而实测土基回弹模量 E_0 比较困难,故可用测试弯沉值 l_0 代替。弯沉值与回弹模量有如下关系:

$$l_0 = 9\ 308 E_0^{-0.938} \tag{5-11}$$

式中:l_0——以 BZZ—100 标准轴载试验车实测的弯沉值(1/100mm);

E_0——回弹模量(MPa)。

弯沉值测试在不利季节进行,若在非不利季节测定时,应乘以季节影响系数。弯沉值测试频率为每车道每 50m 4 个点(即左右两后轮隙下各 1 个点)。

路槽底弯沉值反映路基上部的整体强度,而压实度反映路基每一层的密实状态,只有弯沉值和压实度两者都合格,路基的整体强度、稳定性和耐久性才能符合要求。如果经过反复检查,各层压实度均合格,而表面弯沉值仍然达不到设计要求值时(这种情况极少),应考虑按实测弯沉值调整路面结构设计,以适应该压实土所能达到的强度。

第六章

沥青混合料施工实习

沥青混合料是矿料与沥青在热态下拌和、铺筑成型的，其特点是矿料、沥青及拌和混合料从拌和到铺筑成型均需在较高温度范围内完成。

沥青混合料路面的施工包括混合料配合比的确定、拌制、运输、摊铺、压实等方面，其施工工艺流程见图6-1。

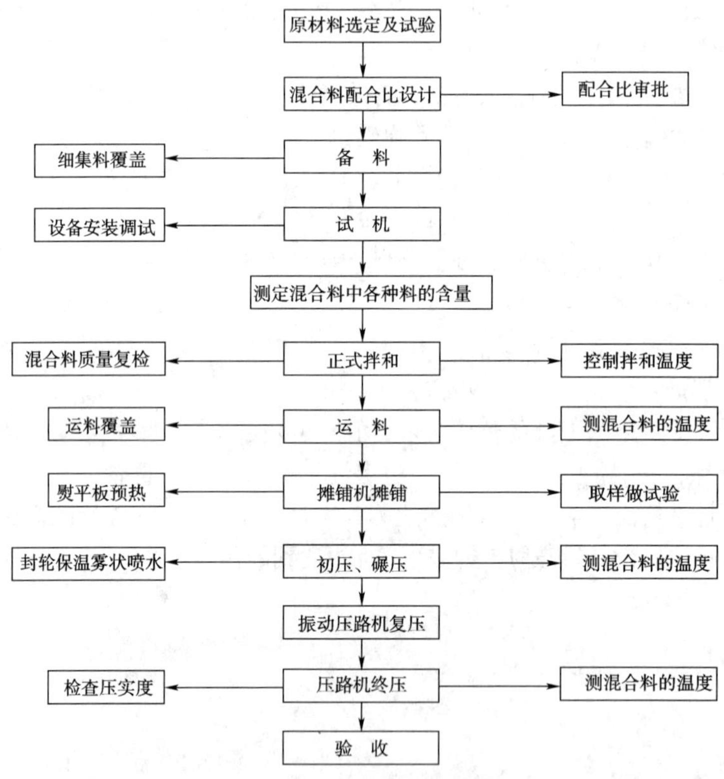

图6-1 沥青混合料施工工艺流程

第一节 沥青混合料的拌制与运输

一、沥青混合料的拌制

沥青混合料的拌制是把一定级配的集料与沥青按规定比例在给定温度下进行拌和的施工工艺。沥青混合料的拌制工序及其相应装置如表6-1所示。

沥青混合料拌制工序及其相应装置　　表 6-1

拌制工序	各工序所对应的装置	拌制工序	各工序所对应的装置
冷料的级配与供给	冷料的定量供给和输送装置	矿粉的定量供给	矿粉的仓储、输送及定量供给装置
冷料的烘干与加热	冷料的烘干、加热与热料的输送装置	沥青的定量供给	沥青定量供给系统
		各种配料的搅拌	沥青混合料搅拌器
热料的筛分、存储与二次称量、供给	热料筛分装置及热集料仓储及称量装置	沥青混合料成品储存	沥青混合料成品储仓
沥青的熔化脱水及加热	沥青仓储、保温罐及脱桶装置	粉尘的回收	除尘装置

1. 拌和设备

沥青混合料必须在沥青拌和厂(场、站)采用专门的拌和设备进行拌制。根据分类标准不同,沥青混合料的拌和设备可分为多种形式,见表 6-2。

沥青混合料拌和设备分类、特点及适用范围　　表 6-2

分类形式	分类	特点及适用范围
生产能力	小型	生产能力 40t/h 以下
	中型	生产能力 40～100t/h
	大型	生产能力 100～350t/h
	超大型	生产能力 400t/h
搬运方式	移动式	装置在拖车上,可随施工地点转移,多用于公路施工
	半固定式	装置在几个拖车上,在施工地点拼装,多用于公路施工
	固定式	不搬迁,又称沥青混合料工厂,适用于工程集中的城市道路和公路施工
工艺流程	间歇强制式	特点见图 6-3 和图 6-5 所示工艺流程。高等级公路宜采用间歇式拌和机拌和,二级以下公路有条件采用。一个工程从多处进料、料源或质量不稳定时,不得采用连续式拌和机
	连续滚筒式	

拌和厂与工地现场距离应充分考虑交通堵塞的可能,确保混合料的温度下降不超过要求,且不致因颠簸造成混合料离析。此外,拌和厂应具有完备的排水设施。各种集料必须分隔储存,细集料应设防雨顶棚,料场及场内道路应做硬化处理,严禁泥土污染集料。

(1)拌和设备的分类

拌和设备应能准确计量,具有防止矿粉飞扬散失的密封性能,并有除尘设备。根据所采用工艺流程的不同,沥青混合料的拌和设备主要分为两大类,即间歇强制式和连续滚筒式。

①间歇强制式拌和设备。

间歇强制式拌和设备的生产特点是冷矿料在干燥滚筒内烘干、加热后,经过二次筛分、储存,每种矿料分别累计计量后,与单独计量的矿粉和热沥青,按照预定的程序和配合比,分批投入到拌和器内进行强制拌和,成品料分批卸出。间歇强制式沥青混合料拌和设备的总体结构和工艺流程如图 6-2 和图 6-3 所示。

间歇强制式拌和设备能保证矿料的级配,矿料与沥青的比例达到相当精确的程度,易于根据需要随时变更矿料级配和油石比,拌制出的沥青混合料质量好,可满足各种施工要求,这种设备在国内外使用较为普遍。其缺点是工艺流程长、设备庞杂、建设投资大、耗能高、搬迁困难,尤其是为使除尘效果符合环保要求,对除尘设施的要求较高,其投资通常达到拌和设备总造价的 30%～40%。

②连续滚筒式拌和设备。

为解决粉尘污染和能耗高的问题,20 世纪 60 年代末,国外开始重新研究拌和工艺,1969

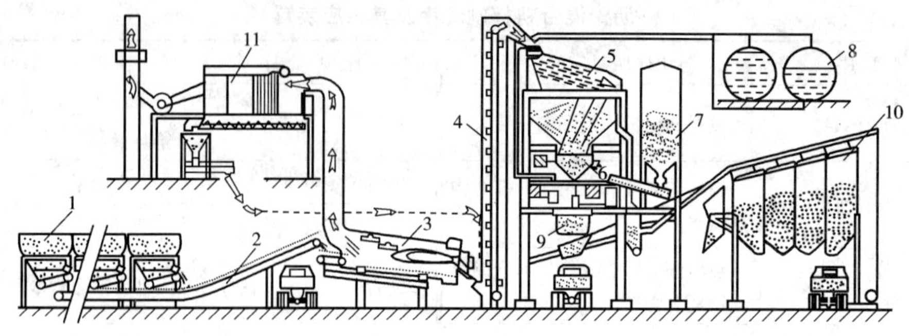

图 6-2　间歇强制式沥青混合料拌和设备总体结构

1-冷集料储存及配料装置;2-冷集料带式传送;3-冷集料干燥滚筒;4-热集料提升机;5-热集料筛分及储存装置;6-热集料计量装置;7-矿粉储仓;8-沥青供给系统;9-搅拌器;10-成品料储仓;11-除尘装置

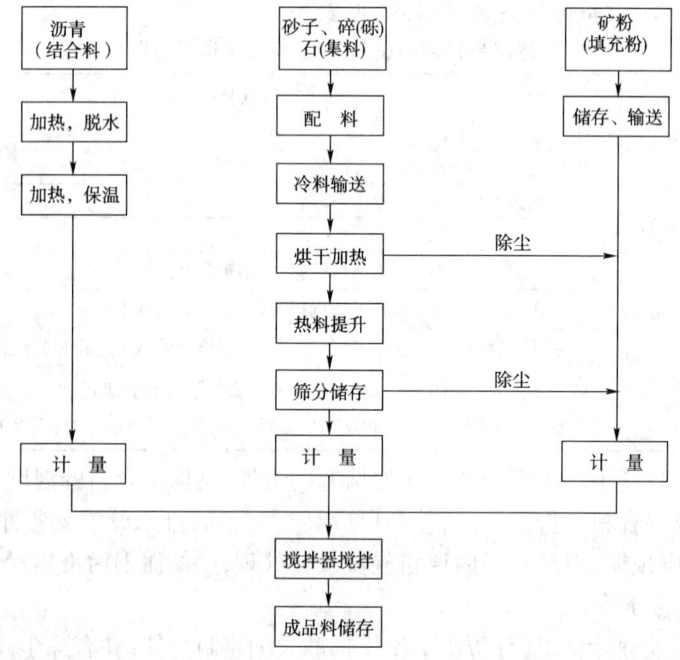

图 6-3　间歇强制式沥青混合料拌和设备工艺流程

年美国研制出一种滚筒式沥青混合料拌和设备。这种设备的工艺特点是:集料烘干、加热及同沥青的拌和是在同一个滚筒内完成的,即集料烘干与加热后未出滚筒就被沥青裹覆,从而避免了粉尘的飞扬和逸出。其拌和方式是非强制式的,它依靠滚筒的旋转,筒内矿料不断地被提升和自由跌落,从而得到拌和。这种拌和设备的工艺过程与传统式拌和设备相比,具有结构简单、投资少、能耗低和污染少等优点。自 20 世纪 70 年代以来,连续滚筒式拌和设备得到迅速发展,其总体结构和工艺流程如图 6-4 和图 6-5 所示。

上述工艺流程中,冷集料输送机的转速及沥青的流量可通过控制系统自动调节,以使油石比精确。沥青混合料的制备在干燥搅拌筒内进行,即动态计量级配的冷集料和矿粉连续从干燥滚筒的前部进入,采用顺流加热方式烘干加热,然后在干燥搅拌筒的后段与动态计量连续喷洒的热态沥青,采取跌落搅拌方式连续搅拌出沥青混合料。

与间歇强制式搅拌设备相比,连续滚筒式搅拌设备的优点是工艺较简单,设备的组成部分较简单,投资省,维护费用低,能耗少,且由于湿冷集料在干燥搅拌筒内烘干,加热后即被沥青裹覆，使粉尘难以逸出，对空气污染少。其缺点是集料的加热采用热气顺着集料流动的方向进行，故热利用率低，拌制好的沥青混合料含水率较大，且温度也较低（110～140℃）。

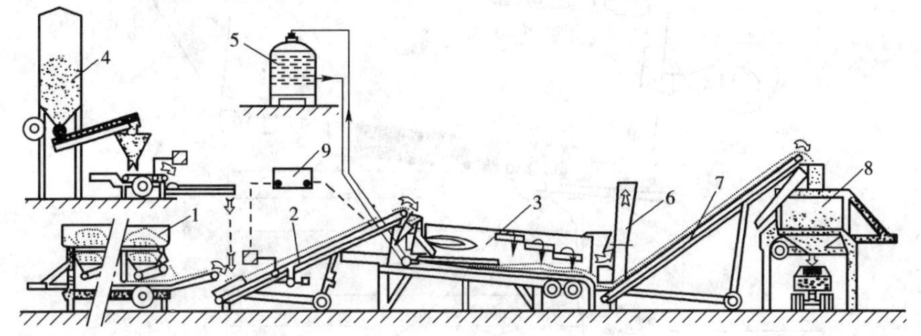

图 6-4　连续滚筒式沥青混合料拌和设备总体结构

1-冷集料储存和配料装置；2-冷集料带式传送机；3-干燥搅拌筒；4-矿粉供给系统；5-沥青供给系统；6-除尘装置；7-成品料输送机；8-成品料储仓；9-控制系统

鉴于上述特点，连续滚筒式拌和设备使用中应注意下述问题：保持各冷料斗中材料规格的一致性；正确调整各冷料仓门的开度和皮带给料机的速度；经常检查各冷集料的级配和含水率；利用计算机的控制数据，经常保持对混合料质量的监控。

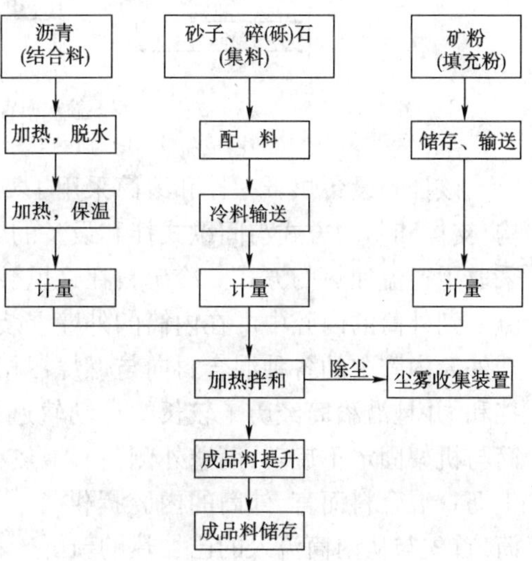

图 6-5　连续滚筒式沥青混合料拌和设备工艺流程

③双滚筒式拌和设备。

双滚筒式拌和设备由滚筒式拌和设备演变而来，但已失去了原有滚筒式的基本特征，成为一种全新的设备，可以适应目前沥青路面拌和再生技术的需要，其主要结构和筒内温度变化曲线如图 6-6 和图 6-7 所示。主要特点是：砂石料与沥青的搅拌为连续强制式；矿料的运行方向与热燃气流方向相反，即由原有滚筒式的顺流式改为逆流式，提高了加热效率，确保矿料加热到较高温度，与回收材料进行热交换；沥青喷油不直接接触高温燃气流，避免了沥青的过度老化。

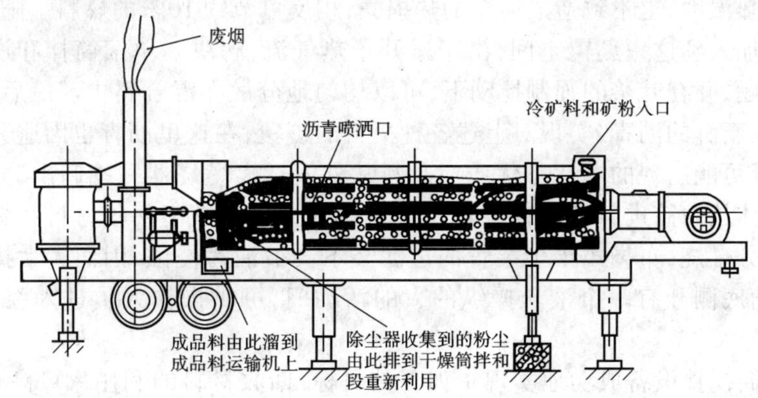

图 6-6　双滚筒式沥青混合料拌和设备主要结构

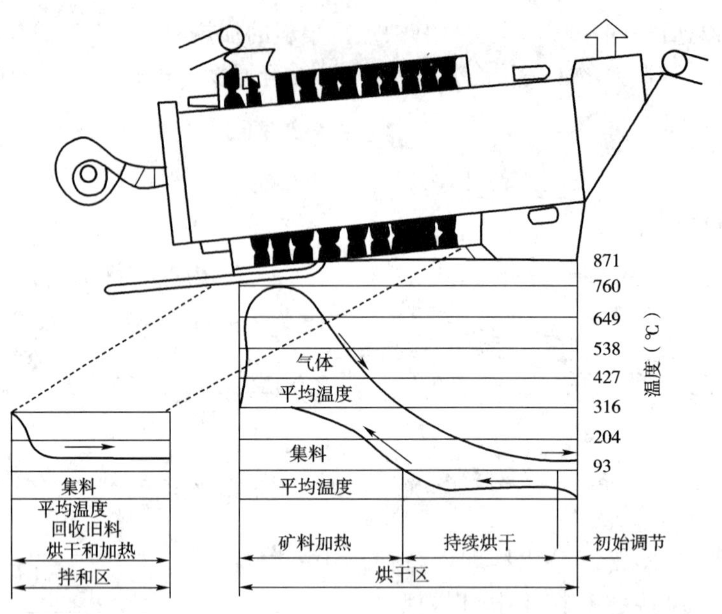

图 6-7　双滚筒式沥青混合料拌和设备筒内温度变化曲线

注：成品料温度为 149℃，回收旧料比例为 50%，集料含水率为 5%。

该拌和设备烘干—拌和滚筒采用了双层结构。滚筒相当于一个大的旋转主轴，其内部结构、支撑和驱动方式与间歇式拌和设备的干燥滚筒相类似。筒内仍作为冷矿料的加热空间，但采取了逆流加热的方式。冷矿料在这里被烘干、加热后，从燃烧器这一端的内筒筒壁的缝隙中流入到外筒的内腔中。在内筒的外壁上装有许多可更换的搅拌叶桨，当内筒旋转时，叶桨就拨动外筒内腔中的各种混合料向与燃烧器相反的方向作螺旋推进运动，变自落式拌和为强制式拌和，并且沿滚筒经历了较长的运动轨迹（即较长的拌和时间），从而得到均质的成品料。外筒与机架固定不旋转，筒壁外侧包有绝热材料和密封薄铁板，筒壁内侧装有耐磨衬板。对热再生沥青混合料而言，外筒的内腔提供了一个大的裹覆空间，回收材料从燃烧器这一端进入外筒，首先与从内筒流入的已加热的新鲜砂石料混合，吸收新鲜砂石料所携带的热量，使旧沥青得以软化、升温。再生料中的水蒸气和轻油气则从新鲜砂石料流出的缝隙中被吸入燃烧器而焚化，因而大大降低了因采用回收材料所造成的污染，并使回收材料的比例可高达 50%。回收材料的热量 90% 来自新鲜的热砂石料，10% 来自内筒壁和搅拌叶桨的热传导，因此即使提高砂石料的加热温度，也不致造成筒壁的热损失，相反可节约 10% 的燃料。随后，矿粉等添加剂也从外筒加入到这一裹覆空间，由于避开了热气流，解决了单滚筒拌和设备难以避免的矿粉失散问题，并在叶桨的强制搅动下，可以均匀地分散在混合料中。最后，在外筒壁适当的位置，喷入新鲜的沥青，实现对上述各种集料的裹覆，在这里沥青也因避开了燃烧器的烈焰，而防止了可能出现的老化。优质成品料从外筒远离燃烧器一端卸出，充分燃烧后不再有烟雾的气体从内筒进料端一侧经集尘装置排入大气。由于回收材料和新鲜沥青中的轻质油已被充分燃烧，布袋式集尘装置的过滤袋不会被油污侵蚀，因而大大提高了使用寿命。另外，外筒底侧开有一个液压操纵的大的活动门，可供操作人员进入腔内检查、维修之用。

采用双滚筒搅拌设备成功地实现了如下的目标：回收材料的利用率可高达 50%，并且无黑烟排放；粉尘排放降低至 95mg/m^3；较高的砂石料加热温度；可使用多种再生料；可使用较软的沥青；节省燃料达 10%；提高产量 15%。

(2)拌和设备生产率计算

拌和设备生产率的计算主要是确定拌和产量,以选择合理的机械设备组合和生产工艺流程。沥青混合料拌和设备的生产率按每小时拌制混合料的数量 $Q(t)$ 计算。

①间歇式拌和设备。

$$Q=\frac{nG_jK_b}{1\,000}\quad (t/h) \tag{6-1}$$

式中:G_j——每拌制一盘混合料的质量(kg);

K_b——时间利用系数,$K_b=0.8\sim0.9$;

n——每小时拌制的盘数:

$$n=\frac{60}{t_1+t_2+t_3} \tag{6-2}$$

式中:t_1——搅拌器加热时间(min);

t_2——混合料搅拌时间(min);

t_3——成品料卸料时间(min)。

②连续式拌和设备。

$$Q=\frac{60G_LK_b}{1\,000t}\quad (t/h) \tag{6-3}$$

式中:G_L——搅拌器内的料重(kg);

t——拌和时间(混合料在搅拌器内的停留时间)(min)。

拌和时间与拌制混合料种类、搅拌器桨叶端部圆周速度以及采用的搅拌器形式(间歇式或连续式)有关。当桨叶端部的圆周速度 $v=2.3\sim2.5$m/s 时,拌和时间间歇式拌和设备取为0.5~1.25min,连续式拌和设备取为1.5~3min。低值对应于粗粒径混合料,高值对应于砂粒混合料。当拌制粗粒混合料时,通常取 $v=1.5\sim1.8$m/s,因而拌和时间大于上述低限值,可降低驱动功率,减小元件的摩擦磨损。

③拌和设备的选择。

间歇式拌和设备的特点是冷集料的烘干加热以及与热沥青的拌和先后在不同设备中进行。即级配后的各种冷砂、石料,在干燥滚筒烘干、加热后,经过二次筛分、储存,每种矿料分别累计计量后,与单独计量的矿粉和单独计量的热沥青,按照预先设定的程序和配合比,分批投入到搅拌锅内进行强制拌和。成品料分批卸出,采用相对较简单的计量技术,即可获得各种沥青混合料较精确的配合比,尤其适用于矿料品种复杂、不规范的情况。其缺点是,在同等生产能力条件下,设备庞杂,对除尘设施要求高,搬迁困难。

滚筒式拌和设备是将冷集料烘干、加热及与热沥青拌和均在同一滚筒内进行,其拌和方式是非强制式的。它依靠在旋转滚筒内的自行跌落而实现被沥青的裹覆。其最显著的特点是,在整个生产过程中,集料都是潮湿状态的,粉尘的飞散量大为减少,不需要设置复杂的除尘设备即可达环保要求。因此,滚筒式拌和工艺在减少污染、简化设备、节约能源等方面显示出了极大潜力。其缺点是油石比和矿料比例控制受到限制。

我国现行规范规定,高等级公路宜采用间歇式拌和设备拌和,二级以下公路有条件时采用。连续式拌和设备使用的集料必须稳定不变,一个工程从多处进料、料源或质量不稳定时,不得采用连续式拌和设备。其主要原因是,我国砂石料的供应渠道较多且不规范,间歇式拌和设备因为有二次筛分装置,并且各种材料在与热沥青拌和之前分别以质量方式进行计量,矿料的适应性较好,更易为人们接受。

2. 生产配合比设计

沥青混合料生产配合比设计主要是针对间歇式拌和设备生产混合料而言的。连续式拌和设备,没有二次筛分与计量装置,矿料的级配精度取决于冷集料配料装置的给料装置,而冷料的给料比例是按照目标配合比的比例进行控制的,因此不需要进行生产配合比设计控制。对于连续式拌和设备而言,冷料的规格要求比较严,否则会影响生产中矿料级配的控制精度。

与连续式拌和设备相比,间歇式拌和设备的生产工艺相差比较大,集料是由热料仓的计量装置精确计量,与冷料仓的进料相比,二者不一定完全吻合,其差异性可能有以下几个原因。

(1)我国石料生产中因料筛磨损后更换不及时等原因引起石料级配规格不稳定,尽管冷料仓上料比例恒定,但冷料的供给组成实际上已发生变化,使得热料仓供料与冷料仓的供料不一样,所以我国规范规定高等级公路沥青混合料采用间歇式拌和设备生产,因为通过热料仓精确计量后,可以较好地控制混合料的级配组成。

(2)由于冷料在储存过程中,可能会受到污染、含水率增多,经过干燥筒烘干、除尘后,使得冷料有部分损失而引起冷料输入与进入拌和设备的料差异较大。除此而外,经过热料仓的筛分,使得部分超粒径的颗粒被分离溢出拌和设备外,引起料的变化。

(3)目标配合比设计中,如果各档料的用量比例不平衡,而热料筛的筛孔孔径设置不恰当,可能引起冷料仓与热料仓料的不平衡,导致出现冒顶、窜仓或大量溢料现象,使混合料级配难以控制稳定。

综上所述,在目标配合比确定后,必须进行生产配合比设计调整。

间歇式拌和设备生产配合比设计是从二次筛分后进入热料仓的材料中取样进行筛分,按照级配要求确定各热料仓的材料用量比例,以供拌和设备控制室精确控制使用。同时要反复调整冷料仓的上料比例,使冷料供料均衡,不产生热料仓的窜仓、溢料的情况。然后取目标配合比设计的最佳沥青用量、最佳沥青用量 ±0.3% 等三个沥青用量进行马歇尔试验,确定生产配合比的最佳沥青用量。

3. 沥青混合料的拌制

(1)材料供给

施工之前,应对各种材料进行调查试验,选择符合沥青路面使用要求的各种原材料,经确认的材料和料场,不得随意改动。为保证连续施工,集料堆场储存的集料应为平均日用量的5倍以上。集料应加遮盖,以防雨水。研究表明,集料含水率的多少对拌和设备生产能力影响很大,含水率大则意味着烘干及加热时间长,生产能力降低,燃油消耗量增加。集料要干净,无垃圾、尘土等杂物,堆放要严格,防止不同粒径的料混杂。料场地面应经过硬化处理。

沥青混合料通常由 4 ~5 种规格的集料配制而成,每种规格的集料置于相应的冷料仓中。应根据目标配合比所确定的集料比例,调整各冷料仓向拌和机的供料数量,使混合料的合成级配符合目标配合比。各个冷料仓的集料通过冷料仓口下的皮带输送到通往拌和机的大输送带上,供料数量可以通过调整冷料仓出料口的开启大小和调整皮带运行速度进行控制。实际生产中,一般均根据集料粗细和所需的比例固定出料口的开启度,通过改变皮带的运行速度调整供料的数量,并画出皮带运行速度与供料数量的关系曲线,作为调整供料数量时设置皮带运行速度的依据。

进行冷料仓布置时,为易于观察输送带上细集料供给是否正常,将细集料安排在靠近烘干筒一侧,并由细到粗逐个向另一侧布置。

矿粉和沥青储量应为平均日用量的 2 倍以上,储存的矿粉必须遮盖,不得浸水,否则将影响矿料配合比精度和拌和机生产效率。

(2)试拌

拌和厂拌制一种新配合比的混合料之前,或生产中断了一段时间后重新启用,均应根据生产配合比进行试拌。通过试拌及抽样试验确定施工时的质量控制指标。

①对间歇式拌和设备,应根据生产配合比的要求确定拌制每盘混合料时各热料仓的出料数量;对连续式拌和设备,应确定各种矿料送料口的大小及沥青、矿料的进料速度。

②沥青混合料应按生产配合比确定的沥青用量进行试拌,试拌后取样进行马歇尔试验和抽提试验,并将其试验值与生产配合比试验结果进行比较,验证沥青用量的合理性,必要时可作适当调整。

③确定适宜的拌和时间。沥青混合料需要一定的时间进行拌和,以保证各种组成材料在混合料中分布均匀,并使所有矿料颗粒全部被沥青裹覆。通常间歇式拌和设备每盘的生产周期不宜少于 45s,其中干拌时间不少于 5 ~ 10s。连续式拌和机的拌和时间由上料速度及拌和温度调节。

沥青混合料拌和后,如不立即摊铺,可放入成品储料仓。为避免沥青混合料的老化,在有保温设备的储料仓中,拌和后混合料的储存时间不得超过 72h。

④确定适宜的拌和及出厂温度。沥青混合料需要在一定的温度下拌和,以使沥青达到要求的流动性,较好地裹覆矿料颗粒。但拌和温度过高会导致沥青老化,严重影响沥青混合料的使用性能。

普通沥青混合料的施工温度宜通过在 135℃及 175℃条件下测定的黏度—温度曲线(黏温曲线)按表 6-3 的规定确定。缺乏黏温曲线数据时,可参照表 6-4 的范围选择,并根据实际情况确定使用高值或低值。当表中温度不符实际情况时,允许作适当调整。

确定沥青混合料拌和及压实温度的适宜温度 表 6-3

黏　　度	适宜于拌和的沥青混合料黏度	适宜于压实的沥青混合料黏度	测 定 方 法
表观黏度	(0.17 ±0.02)Pa・s	(0.28 ±0.03)Pa・s	T 0625
运动黏度	(170 ±20)mm^2/s	(280 ±30)mm^2/s	T 0619
赛氏黏度	(85 ±10)s	(140 ±15)s	T 0623

沥青混合料的施工温度(单位:℃) 表 6-4

<table>
<tr><td colspan="2" rowspan="2">施 工 工 序</td><td colspan="4">石油沥青的标号</td></tr>
<tr><td>50 号</td><td>70 号</td><td>90 号</td><td>110 号</td></tr>
<tr><td colspan="2">沥青加热温度</td><td>160 ~ 170</td><td>155 ~ 165</td><td>150 ~ 160</td><td>145 ~ 155</td></tr>
<tr><td rowspan="2">矿料加热温度</td><td>间隙式拌和机</td><td colspan="4">集料加热温度比沥青温度高 10 ~ 30</td></tr>
<tr><td>连续式拌和机</td><td colspan="4">矿料加热温度比沥青温度高 5 ~ 10</td></tr>
<tr><td colspan="2">沥青混合料出料温度</td><td>150 ~ 170</td><td>145 ~ 165</td><td>140 ~ 160</td><td>135 ~ 155</td></tr>
<tr><td colspan="2">混合料储料仓储存温度</td><td colspan="4">储料过程中温度降低不超过 10</td></tr>
<tr><td colspan="2">混合料废弃温度,高于</td><td>200</td><td>195</td><td>190</td><td>185</td></tr>
<tr><td colspan="2">运输到现场温度,不低于</td><td>150</td><td>145</td><td>140</td><td>135</td></tr>
<tr><td rowspan="2">混合料摊铺温度,不低于</td><td>正常施工</td><td>140</td><td>185</td><td>130</td><td>125</td></tr>
<tr><td>低温施工</td><td>160</td><td>150</td><td>140</td><td>135</td></tr>
</table>

续上表

施工工序		石油沥青的标号			
		50号	70号	90号	110号
开始碾压的混合料内部温度,不低于	正常施工	135	130	125	120
	低温施工	150	145	135	130
碾压终了的表面温度,不低于	钢轮压路机	80	70	65	60
	轮胎压路机	85	80	75	70
	振动压路机	75	70	60	55
开放交通的路表温度,不高于		50	50	50	45

注:1. 沥青混合料的施工温度采用具有金属探测针的插入式数显温度计测量,表面温度可采用表面接触式温度计测定,当采用红外线温度计测量表面温度时,应进行标定。

2. 表中未列入的130号、160号及30号沥青的施工温度由试验确定。

聚合物改性沥青混合料的施工温度根据实践经验并参照表6-5选择。通常宜较普通沥青混合料的施工温度提高10~20℃。对采用冷态胶乳直接喷入法制作的改性沥青混合料,集料烘干温度应进一步提高。

聚合物改性沥青混合料的正常施工温度范围(单位:℃) 表6-5

工序	聚合物改性沥青品种		
	SBS类	SBR胶乳类	EVA、PE类
沥青加热温度	160~165		
改性沥青现场制作温度	165~170		165~170
成品改性沥青加热温度,不大于	175		175
集料加热温度	190~220	200~210	185~195
改性沥青SMA混合料出厂温度	170~185	160~180	165~180
混合料最高温度(废弃温度)	195		
混合料储存温度	拌和出料后温度降低不超过10		
摊铺温度,不低于	160		
初压开始温度,不低于	150		
碾压终了的表面温度,不低于	90		
开放交通时的路表温度,不高于	50		

注:1. 同表6-4。

2. 当采用表列以外的聚合物或天然沥青改性沥青时,施工温度由试验确定。

(3)拌和设备的运行

拌和设备起动应按料流方向顺序进行,待各部分空运转片刻,确定工作良好时,才可开始上料,进行负荷运转。

通常用装载机将不同规格的矿料投入相应的料仓,在拌和设备运行中要经常检查砂石料仓储料情况,如果发现各斗内的储料不平衡时,应及时停机,以防满仓或储料串仓。检查振动筛的橡皮减震块,发现有裂纹时,要及时更换。储料仓中的存料要过半年后才可开始称量。矿粉要根据用料情况上料,防止上料过多卡住机器。防止沥青从保温箱中溢出,必要时可用工具在箱内搅动,以免沥青溢出。

拌和设备在停机之前应先停止供给砂石料并少上矿粉,使滚筒空转3~5min,待筒内出完余料再停止筒的转动。在筒空转时还应加大喷燃器的风门,尽快驱除筒内的废气,并使筒冷却,然后关闭喷燃器的油门和燃料油泵的总油门。停机后矿粉仓和矿粉升运机内不得有余料,在停止搅拌前应先停止喷油嘴,将进入搅拌器内的余料干拌几分钟后放净,以便刷净搅拌器内的残余沥青。

拌和设备在每次作业完毕后都必须立即用柴油清洗,以防止沥青堵塞管路。

4. 沥青混合料拌和质量检测

(1)拌和质量的直观检查

质检人员必须在料车装料过程中和离开拌和厂前往摊铺工地途中经常进行目测。仔细的目测有可能发现混合料中存在的某些严重问题。

沥青混合料生产的每个环节都应该特别强调温度控制,这是质量控制的首要因素。目测经常可以发现沥青混合料的温度是否符合规定,如料车装载的混合料冒烟往往表明混合料过热;若混合料温度过低,沥青裹覆不匀,装车将比较困难。此外,如运料车上的沥青混合料能够堆积很高,则说明混合料欠火,或混合料中沥青含量过低。反之,如果混合料在料车中容易塌平(不易堆积),则可能是因为沥青或矿料湿度过大所致。

(2)拌和质量测试

①温度测试。直观检验固然很重要,但检验人员必须进行实际测定。沥青混合料的温度通常在料车上测出。较理想的方法是使用有度盘和铠装枢轴的温度计,将枢轴从车厢的一侧预留孔中插入混合料中,使之达到足够的深度(至少 15cm),混合料直接与枢轴接触,测出料温。也可用手枪式红外测温计测量混合料表面温度,但其温度读数对于料车中间的材料则不可能准确。为解决这一问题,检验人员应在混合料从拌和设备或聚料斗出料口卸出时,就应用这种仪器进行测量。

②混合料的取样和测试。沥青混合料的取样与测试是拌和厂进行质量控制最重要的两项工作,取样和测试所得到的数据,可以证明成品是否合格。因此,必须严格按照取样和测试程序,确保试验结果真实反映混合料的质量和特征。

取样和测试程序及要求主要包括抽样频率、规格和位置以及试验等方面内容。取样时,首先要确保所取样品能够反映整批混合料的特性。测试的主要内容是马歇尔稳定度、流值、空隙率、饱和度、沥青抽提试验、抽提后的矿料级配组成,必要时还要进行残留稳定度试验。测试频率有些地方规定每天从沥青混合料拌和机中抽样制备 4 个试件(与工地桩号联系),或者每 250t 混合料不少于一次,进行上述内容的测定,并于 6h 内将测定结果报告试验监理工程师。《公路沥青路面施工技术规范》(JTG F40—2004)规定每台班进行 1 ~ 2 次抽检试验,但按生产量确定抽样频率更具合理性,混合料产量越多,抽检频率也要相应加大。

③检测记录。检验人员必须保留详细的检验记录,这是确定沥青混合料是否符合规范要求、能否付款的依据。因此,记录必须清楚、完整和准确。这些记录还将成为施工和工程用料的历史记录,是日后研究和评价该项工程的依据。

为了能够反映实际情况,这些记录和报告必须在进行所规定的试验或测量的当时抓紧时间填写,每项工程都必须记日志。应记录工程编号、拌和厂位置、拌和设备的类型和型号、原材料来源、主要工作人员姓名以及其他必要数据,还应记录日期和当天的天气情况和拌和厂的主要活动和日常工作。对异常情况,特别是对沥青混合料可能产生不利影响的情况必须进行详细说明。

(3)拌和质量缺陷原因分析

造成沥青混合料拌和质量缺陷的原因十分复杂,表 6-6 列出了可能出现的问题和原因,它能帮助拌和厂技术人员有效地控制生产质量。

沥青混合料拌和中可能出现的问题和原因 表 6-6

原因分析	沥青含量不符合要求	集料等级规格不符合要求	混合料中细料过多	无法保持均匀温度	料车载重与一盘料的重量不一致	料车中混合料呈游离状态	料车中混合料粉尘呈游离状态	大集料未被沥青覆裹	料车内混合料不均匀	料车一边混合料沥青过量	料车内混合料无光泽	混合料明显老化	混合料呈深褐色或深灰色	混合料中沥青过量	料车内混合料冒烟	料车内混合料冒水汽	料车内混合料色泽灰暗
矿料含水率过大				A				A					A			A	
料仓分隔不严		A	A														
矿料进料口设置不当	A	A	A														
烘干机超负荷运转				A				A					A			A	
烘干机位置太陡				A				A					A			A	
烘干机操作不当				A				A			A	A	A		A	A	A
温度指示器未调准				A				A				A	A		A	A	A
矿料温度过高				A								A			A		A
筛网破损		B															
筛网工作故障		B	B						B				B				
溢料溜槽失灵		B	B						B								
料斗渗漏		B	B		B				A								
料斗内矿料离析		A	A						A								
筛网超载(料过满)		A	A						A								
矿料规格未作调整	B	B	B		B	B			B					B			
矿料不准	B	B	B		B	B			B					B			
矿粉供料不匀		B	B						B					B			
热料斗矿料不足		A	A						A					A			
称量次序不对							B		B	B							
沥青用量不足	A							A					A				A
沥青用量过多	A					A					A			A			
矿料中沥青分布不均	A					A		A	A	A	A			A			
沥青称量不准	B					B		B	B				B	B			
沥青计量器不准	C				B	C		C	C		C		C	C			
一斗数量过多或过少	B	B	B			B		B		B	B		B	B			
拌和时间不恰当	B		B					B	B	B							
出料斗安装不当或叶片破损	B	B				B		B	B	B							
卸料口故障		B					B		B								
沥青和矿料供料不协调	C	C	C			C		C	C		C		C	C			
料斗中混入灰尘		B	B					B									A
拌和设备作业不稳定				A			A	A	A	A	A	A	A	A	A	A	A
取样错误		A	A	A													

注:A——适用于传统间歇式拌和设备和滚筒式拌和设备;

B——适用于传统间歇式拌和设备;

C——适用于滚筒式拌和设备。

二、沥青混合料的运输

1. 运输车辆的组织

施工前应明确施工条件、摊铺能力、运输路线、运距和运输时间，以及所需混合料的种类和数量等。拌和设备时开时停会造成燃料的浪费，并影响混合料的质量。车辆数量必须满足拌和设备和设备连续生产的要求，不因车辆少而面临停工。在生产中所用运输车辆数量 n 视拌和设备生产能力 G(t/h)、车辆的载重能力 G_0(t)及运输时间等因素而定，可按式(6-4)计算：

$$n = a\frac{t_1 + t_2 + t_3}{T} \tag{6-4}$$

式中：t_1——重载运程时间(min)；

t_2——空载运程时间(min)；

t_3——在工地卸料和等待的总时间(min)；

T——拌制一车混合料所需的时间(min)，$T = \frac{60G_0}{G}$ (min)；

a——储备系数，视交通情况而定，一般取 $a = 1.1 \sim 1.2$。

要组织好车辆在拌和设备处装料和工地卸料的顺序，尤其要计划好车辆在工地卸料时的停置地点。装料时必须按其载重量装足，安全检查后再启运。

为精确控制材料，载料车出厂时应进行称量，常用磅秤或使用拌和厂的自动称量系统。

2. 沥青混合料的运输

沥青混合料宜采用较大吨位的运料车运输，但不得超载运输，或紧急制动、急弯掉头使透层、封层造成损伤。运料车的运力应稍有富余，施工过程中摊铺机前方应有运料车等候。对高速公路、一级公路，宜待等候的运料车多于5辆后才开始摊铺。

运料车每次使用前后必须清扫干净，在车厢板上涂一薄层防止沥青黏结的隔离剂或防黏剂，但不得有余液积聚在车厢底部。从拌和机向运料车装料时，应多次挪动汽车位置，平衡装料，以减少混合料离析。

从拌和厂到摊铺现场距离远时，特别在非高温季节施工时，应用篷布或棉毯覆盖沥青混合料，以保持其温度。运料车进入摊铺现场时，轮胎上不得沾有泥土等可能污染路面的脏物，否则宜在进入工程现场前设水池洗净轮胎。

摊铺现场凭运料单收料，并检查沥青混合料的颜色是否均匀一致，有无花白料，有无结团或严重离析现象，温度是否在容许的范围内。如混合料的温度过高或过低，应该废弃不用；已结块或遭雨淋的混合料也应废弃不用。

摊铺过程中运料车应在摊铺机前100~300mm处停住，空挡等候，由摊铺机推动前进，开始缓缓卸料，避免撞击摊铺机。有条件时，运料车可将混合料卸入转运车，经二次拌和后向摊铺机连续均匀地供料。运料车每次卸料必须倒净，如有剩余，应及时清除，防止硬结。

第二节　沥青混合料的摊铺

一、摊铺机

沥青混合料摊铺机是用来将拌制好的沥青混合料按一定厚度和横截面形状均匀地摊铺在已整好的基层上，并给以初步捣实和整平的专用设备。摊铺机能够准确保证摊铺层厚度、宽度、路面拱度和平整度,并使铺层达到一定的密实度。使用摊铺机施工,既可大大加快施工速度、节省成本,又可提高所铺路面的质量。

一般说来,沥青混合料摊铺机由主机和熨平装置两大部分以及连接它们的牵引大臂组成。履带式沥青混合料摊铺机基本结构如图6-8所示。

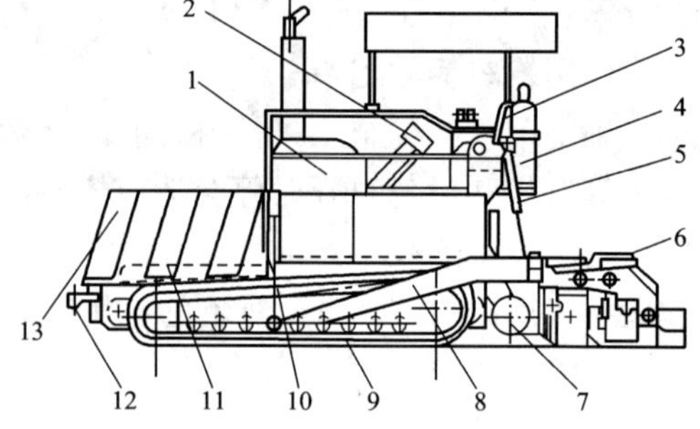

图6-8 履带式沥青混合料摊铺机基本结构

1-柴油机及其动力传动系统;2-驾驶控制台;3-坐椅;4-加热丙烷气罐;5-大臂液压油缸;6-熨平装置;7-螺旋摊铺器;8-大臂;9-行走机构;10-调平系统液压油缸;11-刮板输送器;12-顶推辊;13-接收料斗

可以看出,主机主要包括柴油发动机及其动力传动系统1、驾驶控制台2、行走机构9、螺旋摊铺器7、刮板输送器11、接收料斗13、大臂液压油缸5和调平浮动油缸(即调平系统液压油缸)10。主机用以提供摊铺机所需要的动力和支承机架,并接收、储存和输送沥青混合料给螺旋摊铺器。熨平装置6主要包括振动机构、振捣机构、熨平板、厚度调节器、路拱调节器和加热系统(图中未示出)。熨平板是对铺层材料作整形与熨平的基础机件,并对铺层材料进行预压实;厚度调节器为一手动调节装置,用以调节熨平板底面的纵向仰角,以改变铺层的厚度;路拱调节器是一种位于熨平板中部的螺旋调节装置,用以改变熨平板底面左右两半部分的横向倾角,以保证摊铺出符合给定路拱要求的铺层;加热系统用于加热熨平板的底板以及相关运动部件,使之不与沥青混合料相黏,保证铺层的平整,即使在较低的气温下也能正常施工;振捣机构和振动机构则先后依次对螺旋摊铺器摊铺好的铺层材料进行振捣、振实,予以初步压实。

1. 摊铺机的分类

沥青混合料的摊铺机按其结构、功能、摊铺宽度、传动方式等的不同有表6-7所示多种分类方法。

沥青混合料摊铺机分类 表6-7

分类形式	分类		特点及适用范围
生产能力	小型		生产能力 <50t/h
	中型		生产能力 50 ~ 100t/h
	大型		生产能力 150 ~ 350t/h
	超大型		生产能力 >400t/h
搬运方式	自行式	履带式	多为大型和超大型,附着力大,运行平稳,但机动性差,制造成本高
		轮胎式	多为中、小型,机动性好,但附着力较小,在摊铺路幅宽度大,铺层厚时易打滑
		复合式	作业时利用履带,行走、运输时采用充气轮胎,多为小型摊铺机
	拖式		结构简单,使用成本低,但摊铺能力小,摊铺质量低,仅用于三级以下公路路面的养护
摊铺宽度	小型		摊铺宽度≤3.6m,主要用于路面养护和城市巷道路面修筑
	中型		摊铺宽度 4 ~ 6m,主要用于一般公路的养护和修筑
	大型		摊铺宽度 7 ~ 9m,主要用于一般公路修筑,也可用于高等级公路路面工程
	超大型		摊铺宽度可达10m以上,主要用于高速公路和一级公路路面工程
预压密实度	标准型		预压密实度最高可达85%
	高密实度型		预压密实度大于90%

2. 摊铺机的性能及选择

现代沥青混合料摊铺机采用全液压驱动和电子控制、中央自动集中润滑、液压振动、液压无级调节摊铺宽度等新技术，自动化程度高，操作简单方便，视野好，并设有总开关、自动找平装置、卸载装置、闭锁装置，保证了摊铺路面的平整度和摊铺质量。此外，由于机械化摊铺的速度快，且摊铺机上有可以加热的熨平装置，因此摊铺时对气温的要求比人工摊铺低，可在较冷的气候条件下施工。

摊铺机形式涉及其结构、功能、应用及维修诸多方面，其选择标准有所不同。就轮胎式和履带式摊铺机而言，前者前轮为一对或两对(大型)实心小胶轮，这样既可增强其承载能力，又可避免因受载变化而发生变形，后轮多为大尺寸的充气轮胎；后者履带大多装有橡胶垫块，以免对地面造成履刺的压痕，同时降低了地面的单位压力。

轮胎式摊铺机的优点是行驶速度高(可达 20km/h)，可自动转移工地，费用较低；机动性和操纵性能好，对单独的小面积高堆或沉坑适应性好，不致过分影响摊铺层的平整度；弯道摊铺质量好；结构简单，造价低。其缺点是：接地面较小，牵引力较小；料斗内的材料多少会改变后驱动轮的变形量，从而影响铺层的质量，为避免这种现象，自卸汽车应分次卸料，但这又会影响汽车的周转。

履带式摊铺机的优点是接地面积大，对地面的单位压力小，牵引力大，能充分发挥其动力性；对路基的不平度不太敏感，尤其对有凹坑的路基不影响其摊铺质量。其缺点是：行驶速度低，不能很快地自行转移工地；对地面较高的凸起点适应能力差；机械传动式的摊铺机在弯道上作业时会使铺层边缘不整齐；此外，其制造成本较高。

目前我国高等级公路摊铺作业 90% 以上采用履带式摊铺机，熨平装置选用高密实度机械加长的形式，这种组合可有效提高摊铺预压密实度，从而提高了平整度和生产效率等，并确保摊铺质量；对于一般等级的公路、城市道路等，采用国产轮胎式摊铺机基本可满足摊铺质量要求，且价格也较低。

3. 摊铺机生产效率计算

沥青混合料摊铺机的生产效率以每小时摊铺的量(t)计，按式(6-5)计量。

$$Q = hBv_0\rho K_B \qquad (t/h) \tag{6-5}$$

式中：h——摊铺层厚度(m)；

B——摊铺宽度(m)；

v_0——摊铺机工作速度(m/h)；

ρ——沥青混合料毛体积密度(t/m^3)；

K_B——时间利用率，$K_B = 0.75 \sim 0.95$。

4. 常用沥青混合料摊铺设备

部分国内和国外生产的沥青混合料摊铺机分别列于表 6-8 和表 6-9。

部分国产沥青混合料摊铺机 表 6-8

型号	摊铺宽度(m)	摊铺厚度(mm)	发动机功率(kW)	作业速度(m/min)	行走方式	料斗容量(m^3)	熨平板形式	总质量(t)	制造厂
LLT45	2.8～4.5	10～120	35.3	3.5、7.5	轮胎式	6		9.8	交通运输部郴州筑路机械厂
LTU4	2.7～3.6	10～90	17.7	3～6	履带式	2.3		4.0	交通运输部西安筑路机械厂
LTY4500	1.5～4.5	最大 120	44	0～10.4	轮胎式		液压伸缩		交通运输部西安筑路机械厂

续上表

型　号	摊铺宽度(m)	摊铺厚度(mm)	发动机功率(kW)	作业速度(m/min)	行走方式	料斗容量(m^3)	熨平板形式	总质量(t)	制　造　厂
LT6CA	2.8~4.5	10~120	35	2.82、5.84	轮胎式	3	机械加长	8.1	交通运输部西安筑路机械厂
LT6CB	2.8~4.5	10~120	35	2.82、5.84	轮胎式	3	液压伸缩	10.2	交通运输部西安筑路机械厂
LT5	2.8~15	10~150	49	2.5、9.4	轮胎式		液压伸缩	11.2	交通运输部西安筑路机械厂
LTY8	2~7.25	10~270	82	0~28	轮胎式		液压伸缩	12.3	交通运输部西安筑路机械厂
GTLY7500	2.5~7.5	10~300	82	1~19.6	履带式	5.7	高密实度	15.6	交通运输部西安筑路机械厂
LT—100	2.75~4.5	10~120	35.3	2.82、5.84	轮胎式	5.7		20	四平联合收割机总厂
2LTLZ4.5	2.5~4.5	10~250	46	2.84~20.74	轮胎式	3		10.5	镇江华通机械集团公司筑路机械总厂
LTL4500	2.5~4.5	10~250	46	1.5~6.3	履带式			10.0	镇江华通机械集团公司路机总厂
LTU125	5~12.5	最大300	157	0~18	履带式			11.2	徐州工程机械厂
LTU90	3~8.5	最大300	121	0~18	履带式				徐州工程机械厂
LTU80	3~8	最大300	94	0~18	履带式				徐州工程机械厂
LTU60	2.5~6	最大300	86	0~18	履带式				徐州工程机械厂
LTL45	2.8~4.5	最大150	35	3.2、6.7	轮胎式				徐州工程机械厂
LT3550	2.15~3.55	10~120	22			2			滕州交通工程机械厂
LT4550	2.5~4.55	10~120	35			3		6.3	滕州交通工程机械厂
TTTAN411	最大12	最大300	124	0~54	履带式	7	高密实度双振捣	9.5	陕西建设机械厂
TTTAN355	最大8	最大300	79	0.9~20		6		23	陕西建设机械厂
LTY7.5	3~7.5	10~300	92	0~18					石油地球物理勘探局物探特种车辆制造厂

部分国外沥青混合料摊铺机　　表6-9

国家	公司	机　型	摊铺宽度(m)		摊铺厚度(cm)	摊铺速度(m/min)	行驶速度(km/h)	斗容量(t)
			标准	最大				
日本	三菱	MF—45(履)	2.40	4.50	1~15	1.68~13.85	5.86	6
		MF—90(履)	3.00	9.00	1~30	2.10~11.3	8.90	
		AF—4S(轮)	2.40	3.60	1~15	3.0~17.5	16.5	4
	新潟	NF—130V(履)	2.50	3.60	1~15	2.56~18.8	10.18	8
		NF—220V(履)	2.50	4.50	1~25	1.48~10.9	6.64	9
		NF—330V(履)	2.50	6.0	1~30	2.36~7.84	6.53	12
		NF—221(履)	2.50	5.0	1~25	1.50~10.9	6.60	
美国	Blaw-knox(布鲁诺克斯)	PF—400(履)	2.50	3.05	0.6~30.5	21~45.1	9.7	8
		PF—500(履)	3.00	8.80	0.6~30.5	0~44.5	9.60	10
		PF—35(轮)	2.44	3.66	0.6~15.2	0~39.6	12.2	5
		PF—65(轮)	2.50	4.25	0~20	2~23.0	1.90	9
		PF—220(轮)	3.60	12.20	0.6~25.1	0~13.9	17.80	9
	Barber Greene(巴伯格林)	SA—150(履)	2.44	8.53	0~20.3	0~67.0	10.23	12
		SA—145(履)	2.44	10.94	0~30.5	0~54.9	9.70	10.7
		SA—199(履)	2.40	3.00	0~30.5	0~60.0	9.70	
		SA—111(轮)	2.40	—	0~20.3	0~30.0	22.50	
		SA—170(轮)	3.00	8.50	1.2~30.5	0~66.0	27.0	

续上表

国家	公司	机型	摊铺宽度(m)		摊铺厚度(cm)	摊铺速度(m/min)	行驶速度(km/h)	斗容量(t)
			标准	最大				
美国	LOWA(艾奥瓦)	BSF—420(履)	3.048	6.096	0~25.4	0~32.0	6.4	10
		BSF—120(履)	1.80	3.00	0~25.4	0~32.3	6.4	
		BSF—530(履)	3.048	6.096	0~25.4	0~53.3	20.9	9.9
德国	ABG	TTTAN—280(履)	2.50	5.00	15~30	2.25~15.0	2.8	12
		TTTAN—355(轮)	2.50	8.00	0~30	0.9~2.0	—	12
		TTTAN—420(履)	3.00	12.50	0~30	2.7~18	3.25	15
		TTTAN—411(履)	3.00	12.00	0~30	0~54	—	14
	Vögele	Super—1500(履)	4.75	6.00	0~25	0~15	4.5	12
		Super—1700(履)	2.50	8.00	0~30	0~18	5.0	12
		Super—2000(履)	3.00	12.00	0~30	0.5~20	3.6	15
		Super—1502(轮)	4.75	6.00	0~25	0~18	20.0	12
		Super—1702(轮)	2.50	8.00	0~30	0~18	20.0	12

二、沥青混合料摊铺的一般要求

沥青混合料摊铺前应检查摊铺机的熨平板宽度和高度是否合适,并调整好自动找平装置。摊铺时应根据实际施工环境,注意以下几点。

1.摊铺机的摊铺宽度

对于合理的摊铺宽度以往有不同的做法,一种做法是提倡采用最大宽度为12~15m的大型摊铺机,全幅一次摊铺成型。这种摊铺方式的主要优点是:可以减少摊铺过程中的纵向接缝,使纵向不产生纵缝痕迹,外观较好;只采用一台摊铺机,节省台班费用。但这要求拌和生产能力能跟上摊铺需要,否则易造成摊铺间断,横向接缝增多,平整度下降等问题。另一种做法是采用2~3台摊铺机成梯队形作业,摊铺宽度不大于6~8m,两台摊铺机前后同步摊铺,形成热接缝。这要求后一台摊铺机摊铺时应重叠在前一台摊铺机摊铺的混合料上约6~10cm,并用热熨斗将接缝熨平,然后一起进行碾压。这种方式克服了一台摊铺机摊铺时易造成的混合料离析,而且摊铺宽度过长、振捣力小,压实不均匀,熨平板加得过长,有变形增大的缺陷,适合于有较强施工装备能力的企业化施工,可保证较高的铺筑质量。

对于高速、一级公路,我国《公路沥青路面施工技术规范》(JTG F40—2004)规定,一台摊铺机的铺筑宽度不宜超过6(双车道)~7.5m(3车道),两幅之间应有30~60mm左右宽度的搭接,并躲开车道轮迹带。

以往许多工程误以为采用全幅摊铺可以提高路面的平整度,实际上这是错误的,而且会产生以下问题。

(1)全幅摊铺时,螺旋布料器运送混合料的距离过长,不可避免地引起粗细集料的离析,同时混合料越往边上,温度下降越多,从而导致温度不均匀,产生温度离析而使路面宽度内压实度不相同。这也是为什么同样的施工条件下,有些路段完好无损,而有些路段却出现早期破坏的原因。

(2)摊铺机的质量和功率是一定的,摊铺宽度越大,平均振捣力越小,铺筑后的初始压实度越小。初始压实度的大小关系着混合料温度下降的快慢，初始压实度越大，混合料铺筑后的温度下降越慢，则可以采用较重型的压路机靠近摊铺机碾压，争取到更长的压实时间，压实效果更好。

(3)一般摊铺机熨平板的标准宽度是一定的，通常路面摊铺宽度都大于这一标准宽度，要向全幅摊铺，必须加长。摊铺机接长部分只是悬挂在摊铺机上，并没有与摊铺机标准宽度所在部分相同的振捣装置，表面看似乎接长部分与标准宽度部分很平整，但因振捣密实程度不尽相同，压实后会厚薄不一，从而影响路面的后期平整度。

因此，摊铺机的合适摊铺宽度应根据摊铺机的额定摊铺宽度而定，一般可参照国内外摊铺机的主要技术参数进行选择，当路面宽度不大时，可全幅摊铺；对高等级公路宜用多台摊铺机按梯形作业摊铺。

2. 其他一般性要求

(1)层间结合和浇洒黏层油

对于多层式沥青路面摊铺，表面层和中面层或下面层和中面层的上下层摊铺宜当天完成，如果间隔时间较长，应对下承层表面进行仔细清扫，并浇洒黏层油以提高层间结合，否则沥青层难以形成一个整体，而有如脱胶的三合板。这虽然对受压与弯沉指标影响并不太大，但沥青层的下缘会产生较大的拉应力，这是目前多数沥青路面因黏层油不足或层间污染严重而引起早期损坏的主要原因。

对于高速公路、一级公路，无论上下层位施工时间间隔的长短，都要清扫下承层，并浇洒黏层油，这不仅可以使路面形成一整体提高受力能力，还能有效防止路表水的下渗，提高路面的耐久性。

(2)松铺系数的确定

摊铺机摊铺厚度应为设计路面厚度与松铺系数的乘积，而松铺系数应根据试验路的铺筑确定。一般情况下，沥青混凝土混合料的松铺系数应为1.15～1.30，细粒式取上限，粗粒式取下限。摊铺中应检查平整度、路拱等路表质量，发现问题及时调整。

(3)施工环境因素

当施工气温在10℃以下或冬季气温虽在10℃以上但有大风时，摊铺的时间宜在上午9点至下午4点进行，同时要做到快卸料、快摊铺、快整平、快碾压，摊铺机的熨平板及其他接触热沥青混合料的部分要经常加热。摊铺混合料前，应对接缝处已被压实的沥青层进行预热，摊铺完后，接缝处用热夯进行夯实、热烙铁熨平，并使压路机沿着接缝处加强碾压。

雨季施工时，应注意天气预报，加强工地与拌和厂的联系，现场应缩短施工路段，各工序应紧密衔接。运料车和工地应备有防雨设施，并做好基层及路肩的排水措施。下承层潮湿时，由于易造成层间结合不好，不得摊铺沥青混合料。对未经压实即遭雨淋的沥青混合料，要全部清除换新料后进行铺筑。

摊铺必须缓慢、均匀、连续，不得随意变换摊铺速度或中途停顿，否则会引起路面平整度不良，混合料离析严重，这往往也是路表产生早期破损的主要原因之一。在摊铺过程中若因各种故障使摊铺不得不中断时，应立即使摊铺机前移，以保证已摊铺的路面碾压连续，但要保留1m左右不碾压，待故障消除后恢复施工，并铲除未被碾压的部分，继续摊铺。

三、准备工作

沥青混合料摊铺前的准备工作主要是指施工场地和摊铺机械设备等方面的准备，具体包含下面内容。

1. 下承层准备

在沥青混合料摊铺前，下承层准备主要是指准备摊铺层以下的结构层次，可能是基层、路面的中面层或下面层。下承层在完工后一般都要经过检查验收，如基层施工完成后要对层厚、压实度、宽度、平面尺寸、高程等进行检查验收，并可浇洒透层油进行养生保护，但在沥青混合料摊铺前，可能因种种原因引起这些层次污染，比如施工车辆的通行、下雨、周边居民的生活等的影响，都会使其表面发生不同程度的损坏，而产生表面浮尘、松散或出现弹簧松动等现象，因此，必须在摊铺前对下承层进行维修与检验。特别在桥头、通道或涵洞两端发生沉陷时，则应在两端全宽范围内进行挖填处理（在一定深度与长度范围内重新进行分层填筑与压实）。在路面中、下面层的表面，也可能因车辆行驶或下雨等原因造成表面泥泞、污染，必须清洗干净。对下承层缺陷检查处理完毕后，即可浇洒透层油或黏层油。

尽管对下承层进行维修处理，但沥青路面施工中引起的层间污染即使采用高压水进行冲洗，并用铁锹、钢丝刷、扫帚等进行清扫，直至表面看起来干净为止，也仍留有隐患，可能使泥水进入路面内部造成后患，引起路面早期破损，因此应采取必要措施防止层间污染的产生。为此，必须合理安排施工工序，以防止施工的交叉干扰，两层沥青层的施工间隙不得进行任何可能污染沥青层的施工作业；严禁在铺设完成的沥青层上堆放土壤杂物或拌制水泥砂浆等；在沥青层施工过程中，必须杜绝除施工车辆以外的交通工具进入路面，即使是施工车辆，其轮胎不干净的也应清洗后进入施工场地；对于可能引起施工污染的附属工程施工，如中央分隔带、植树绿化、路肩加固、边坡防护、护栏、标志牌、路缘石、排水沟等各种有可能因开挖、回填作业造成路面污染的工序，应尽量安排在路基和基层施工过程中同步进行，并在沥青路面施工前完成。

可见，下承层的准备中，不仅要保证其整洁和其他性能指标符合要求，还要尽可能避免施工或人为干扰引起的污染。

2. 施工放样

施工放样包含平面控制和高程控制两项内容，其中前者主要定出摊铺路面的边线位置，后者确定下承层表面高程与原设计高程相差的确切数值，以便在挂线时纠正到设计高程或保证沥青面层厚度。通过施工放样，以高程值来设置挂线标准桩，以便控制摊铺厚度和高程。对无自控装置的摊铺机，不存在挂线问题，但应根据所测高程值和本层应铺厚度综合考虑实际摊铺厚度，用适当垫块或定位螺旋调整就位。为了便于掌握铺筑宽度与方向，还应放出摊铺的平面轮廓线或设置导向线。

高程放样应考虑下承层表面实际高程与原设计高程的差值、下承层的厚度和本层应摊铺的厚度，综合考虑后定出挂线的高程，再打桩挂线。原则上不仅要保证沥青路面的总厚度，还应考虑高程不能超出容许的范围，当二者矛盾时，应以满足厚度为主考虑放样，且应计入实测的松铺系数。放样中可能出现下面 3 种情况：

（1）承层厚度不足，且高程低于设计值，则可以以差值最大者为标准进行放样。

（2）承层厚度已够，但高程低于设计高，则按路面设计高进行放样，此时路面面层厚度将要大于设计厚度。

（3）承层厚度和高程均超出设计值，则应按本层厚度进行放样，以保证面层厚度要求，此时面层高程将大于设计高程，应注意桥梁等结构物两端的高程调整。

3. 机械准备

摊铺前必须对包含摊铺机在内的相关机械设备进行检查。

(1) 与摊铺相关的其他机械设备的检查，主要包括沥青混合料拌和设备、自卸装载车、压路机具、沥青洒布车、路面切缝机等。

(2) 摊铺机的工作装置及其调节设施的检查，如刮板输料器、料斗闸门、螺旋布料器等，使之处于良好的工作状态；检查振捣梁底面及其前下部是否磨损过大，行程与运动速度是否恰当，与熨平板之间的间隙以及离熨平板底面的高度是否合适；熨平板底面有无磨损、变形或黏附混合料，其加热装置是否良好；厚度调节器和拱度调节状况是否完好；各部位有无异常振动；采用自动调平装置时要检查该装置是否正常；安装好熨平板的安全护栏和脚踏板。

(3) 对摊铺机的动力及传动系统进行检查，使发动机运转正常，离合器和传动系统工作正常；对于履带式摊铺机使其履带松紧适度，轮胎式摊铺机轮胎充气正常，电气系统、液压系统工作正常，操纵系统灵活可靠。

(4) 尽量减少安装与调试产生的误差，横坡传感器的安装误差不应超过 ±0.1%，浮动基准梁的滑动应与摊铺基准面平行，且横坡相同；随时检查液压系统的工作压力，使其处于良好的工作状态。

(5) 作业前，用喷油器向料斗、推辊、刮板输料器、螺旋布料器、行走传动链和振动熨平板等部位喷洒薄层柴油。

以上各项都必须进行试运转调试检查，遇有故障应及时消除与调整，确认工作装置及其调节机件均处于良好状态后，方可进行正式摊铺作业。

四、摊铺机参数

摊铺机的参数包括结构参数和运行参数两部分，摊铺作业前应对这些参数进行选择和调整。

1. 结构参数的调整与选择

施工时应按工程要求确定并调整摊铺机的熨平板宽度、拱度及摊铺厚度 3 个基本结构参数，并对分料螺旋的离地高度、分料螺旋与熨平板的距离、刮料板的离地高度、振捣器行程等进行必要调整。

(1) 熨平板宽度与拱度调整

①熨平—振捣装置构造和工作原理。

熨平板的宽度和拱度主要由摊铺机的熨平—振捣装置完成，也是摊铺机的核心工作装置之一，其主要功能是将摊铺槽内全幅宽度的混合料摊平、捣实、熨平，其参数调整好坏直接关系到沥青路面的压实效果和路表的平整度。近年发展起来的高密实度摊铺机，由于采用了带双振捣梁或双压力梁等多种结构形式的高密实度熨平装置，可使所摊铺材料的预压密实度高达 90% 以上，有效提高了摊铺平整度，减少了压路机碾压次数，提高了生产效率。而且因有效压实施工时间延长，混合料温度散失减慢，降低了混合料温度离析的可能，全面提高了路面的施工质量。因此，熨平—振捣装置是确保摊铺质量的关键。

一般自行式摊铺机主要通过以下两种方式实现：一是先用振捣梁进行预捣实，再由熨平板整形、熨平；二是用振动熨平板直接同时进行振实、整形和熨平。二者的主要区别是，前者紧贴在熨平板前面一根悬挂在偏心轴上的振捣梁，由此对混合料进行低频捣实；后者则以装在熨平板上的振捣器来替代振捣梁，由熨平板自身完成振实铺层作用，但二者本身的结构基本相同。

一般摊铺机的熨平—振捣装置主要由牵引臂、刮料板、振捣梁、熨平板、厚度调节器、拱度调节器和加热系统等机构组成。其位置在螺旋布料器的后面，由刮料板、熨平板和熨平板两端挡板所围的空间为摊铺槽，端面挡板则可以使铺层获得平整的边缘断面。

左右牵引臂铰接在摊铺机中部，整个熨平—振捣装置则依靠提升液压缸悬挂在机身的后部，摊铺中整个装置浮动在铺层上面。熨平板两端设有垂直杆结构形式的摊铺厚度调节器。牵引铰接点处设有多组连接孔的牵引板，通过不同的牵连位置可以调节熨平板的初始工作角。

熨平板内部设有铺层拱度调整机构，主要由螺杆、锁定螺母和标尺等组成。旋转螺杆时，可以使两熨平板上端分开或合拢，从而使熨平板中部抬起或下降，使熨平板形成水平、双斜坡或单斜坡，以满足摊铺不同断面的路面需要。新的摊铺机主要通过液压调整装置实现，基本原理完全相同。

②熨平板宽度的调整。

路面宽度往往超过摊铺机的标准宽度，为减少摊铺次数，一般需要对摊铺宽度进行加长。常用的熨平装置有机械加长式和液压伸缩式 2 种类型。

机械加长式熨平装置主要由基本熨平板和加长段熨平板组成。一般基本熨平板宽度为 2 500mm或 3 000mm 不等，加长熨平板的结构与基本熨平板相同，它们之间可以通过螺旋连接。一般加长段长度为 250mm、500mm、750mm、1 000mm、1 250mm 等，组合出的摊铺宽度多以 500mm 为间隔，即摊铺宽度为 4 000mm、4 500mm、5 000mm 等。这种加长方式的熨平装置的整体刚性好，摊铺质量稳定，其最大摊铺宽度通常可达 12. 5m，有的甚至可达 16m。高等级公路对摊铺质量要求高，且摊铺的宽度很少发生变化，因此高等级公路中绝大多数均采用这种形式的熨平装置。但其缺点是在摊铺作业中不能及时变换摊铺宽度，加减宽度必须停机进行，操作麻烦，劳动强度较大，不适宜于经常变化宽度的摊铺工作。

液压伸缩熨平装置由基本熨平板、左右伸缩熨平板和左右加长段熨平板组成。当摊铺机处于运输状态时，左右伸缩熨平板沿着基本熨平板全部缩回，宽度变为基本熨平板宽度(2 500mm或 3 000mm)，以便于运输；当需进行摊铺作业时，基本熨平板宽度为 2 500mm 或 3 000mm，其左右伸缩熨平板均可无级伸缩，左右两边伸缩距离分别可控制在 1 250mm 或 1 500mm之内。它们伸出至最大宽度时一般可达 4 750mm 或 5 750mm。如果伸出的最大宽度仍不能满足施工要求，就需要在左右伸缩熨平板的两边再加上加长段熨平板。由于液压伸缩熨平装置受到整体质量和刚度的制约，一般最大摊铺宽度控制在 9m 之内，液压伸缩熨平装置的端头在摊铺作业中的最大变形量不应大于 3mm，否则会严重影响摊铺质量。液压伸缩熨平装置的基本熨平板常置于左右伸缩熨平板的后方。而基本熨平板或液压伸缩熨平板与加长段熨平板之间的固定连接，因加长段质量较大(约为几百千克)，在施工现场操作十分不便，为此有的厂家研制出“楔形锁快速固定连接装置”，采用简单的榔头等工具即可在短时间内完成调整与固定连接加长熨平板的工作，且安全可靠。

在调整熨平板宽度的同时，必须相应调整螺旋布料器和振捣梁，检查熨平板的平直度和整体刚度，以保证路面的平整度。

为减少摊铺次数，每一条摊铺带的宽度应按照具体摊铺机型号的最大摊铺宽度考虑，但又要避免最后一条很窄，而使摊铺机无法正常作业。对于给定的路面宽度 B，所需的纵向摊铺次数(即摊铺条数)n 可按式(6-6)计算。

$$n = \frac{B - x}{b - x} \tag{6-6}$$

式中：B——路面宽度(m)；

b——摊铺机熨平板的总长度(m)；

x——相邻摊铺带的重叠宽度，一般取0.08～0.25m。

该式的意义为：路面宽度应为摊铺机总摊铺宽度减去重叠量后的整数倍。一般情况下，经计算的n值并不一定为整数，此时应在尽量减少摊铺次数的前提下，使所剩的最后一条摊铺带的宽度不少于该摊铺机型的标准摊铺宽度为宜，实在不足时只好采用切割装置(截断滑靴)来切窄摊铺带。

调整熨平板长度时还应使摊铺机左右对称，否则摊铺机容易走偏，并因混合料的惯性作用使熨平板前混合料压力不一致，造成横断面上摊铺厚度的差异。

减少路面的纵向接缝，提高路面的整体铺筑质量，是确定摊铺宽度的基本原则之一。在确定摊铺带宽度时，尚应注意上下铺层纵向的接缝应错开30cm以上。摊铺下层时，为便于机械的转向，熨平板的侧边与路缘石或边沟之间应留有10cm以上的间距。

③熨平板拱度的调整。

熨平板宽度调整后，进行拱度调整。其目的是将在水准尺上读出的拱度绝对数(mm)或横坡的百分数调整到与拱度设计值一致。调整好后要进行试铺校验，必要时再次进行调整。调整拱度时需注意熨平板两端的挠度变形。

对于大型摊铺机，有前后两幅调拱机构，其前拱拱度应调节得比后拱略大为宜。经验表明，前拱过大，中间部分混合料较多，出现中间紧密并刮出亮痕和纵向撕裂状条纹的现象；否则，前拱过小，甚至小于后拱，中间部分的混合料偏少，于是就会出现中间疏松、两侧紧密并刮出亮痕和纵向撕裂状条纹的现象。因此，前后拱拱度要进行合适的调整，一般人工接长调宽的熨平板，其前后拱之差为3～4mm，液压伸缩调宽的熨平板，差值为2mm为宜。

高等级公路路面采用半幅全宽一次摊铺时路拱为直线形，由于路幅较宽，熨平板的自重较大，要对熨平板底边严格掌握，并在摊铺过程中经常进行校核。校核的方法可跟踪摊铺机，在未碾压前，用测绳放于两侧的基准线上，垂直于路中线拉紧测绳，量测测绳与已摊铺的沥青混合料顶面之间的距离。各量测点距离如果相同，则表明路拱为直线无误；否则，路拱很可能出现了偏差，需要进行调整。

(2)摊铺厚度的确定和熨平板初始工作迎角的调整

摊铺工作开始前准备两块长方形垫木作为摊铺厚度的基准。垫木宽5～10cm，长与熨平板沿道路纵向方向的尺寸相同或稍长，高度为摊铺层的松铺厚度。摊铺厚度调整方法是将摊铺机停置于摊铺带起点的平整处后，升起熨平板，将两块垫木分别置于熨平板两端的下方(如果熨平板加宽，则垫木放在加宽部分的两端下面)，操纵升降油缸，放下熨平板并使升降油缸处于浮动状态，然后转动左右两个摊铺厚度调节器的螺杆，直至感觉到有微量间隙为止(用手轻微转动手轮，摊铺厚度调节器为中立位置，即首轮左右旋转均有手感间隙)，此时熨平板完全以自重落在垫木上。

在试铺过程中，应用深度测量仪检查实际的摊铺厚度，必要时需进行重新调整。对于采用自动调平装置的摊铺机，摊铺作业中的铺层厚度由自动调平装置自动控制。

熨平板放置妥当后，接着调整摊铺机初始工作迎角，即旋动调节螺杆，使熨平板前缘抬高，形成一个初始工作角。该迎角视机型、铺层厚度、混合料种类和温度等因素的不同而异，在各摊铺机的使用说明书中都有规定。在同一种沥青混合料的条件下，对较大的摊铺厚度应选择较大的初始工作迎角。一般熨平板前端抬起0.6～1.2mm，或者将调节螺杆右旋(使熨平板后部向下压)1～1.25圈即可,此时熨平板的前缘向上微升,使之具有20°～40°的迎角,铺层厚度越大,迎角越大,主要根据实际经验确定。

多数摊铺机上装有手动调整机构,用来调整初始迎角。调节正确与否,只能通过实际摊铺厚度检验。每调整一次,必须在5m范围内作多点厚度检测,取其均值与设计值进行比较,在未确定检验结果前不得进行任何调整。对于凸凹不平的下承层,仅采用多点厚度检测难以确定铺层准确的厚度,这时可从摊铺的面积和使用的混合料数量求出每平方米所用的混合料质量,以此与规定的密度作比较,确定摊铺的厚度是否合适。摊铺的实际平均厚度 h 可按式(6-7)计算。

$$h = \frac{100G}{\gamma A} \tag{6-7}$$

式中:G——用混合料的质量(t);

A——铺筑面积(m^2);

γ——未最终压实的混合料密度(t/m^3)。

摊铺厚度还直接与刮板输送器的生产能力有关,实际施工中,如果知道刮板输送器的生产能力,又知道最大摊铺宽度,则可方便调整摊铺厚度。

具有自动调平装置的摊铺机,在机器结构上可以靠改变熨平板牵引臂安装位置获得有限级(一般为三级)的初始工作迎角,每一级初始工作迎角适应一定范围的摊铺厚度,同时依靠电子液压调平装置控制工作迎角的瞬间变化,以确保摊铺的平整度。

对于液压伸缩熨平板,由于中间的基本熨平板与左右熨平板不在同一纵向位置,当初始工作迎角改变时,二者的后缘距地面高度会变得不一致,因此在调整工作迎角之后,要使用同步调整结构调整左右伸长熨平板的高度,使其后缘与基本熨平板后缘处于相同高度。

摊铺过程中不要频繁调整厚度调节螺杆,否则,工作迎角会不断发生变化,而工作迎角的恢复需要一段时间,这对铺层的平整度影响很大。

当厚度确定后,要准确记录当天完工时倾角标尺位置,以便次日按同样的位置工作,以保证均匀一致的摊铺作业。

(3)熨平板前缘与布料螺旋距离的调整

现代摊铺机上,熨平板与布料螺旋之间的距离是可变的,其主要目的是为了适应不同摊铺厚度、混合料粒径、温度和油石比、下承层强度和刚度的变化而进行调整的要求。这一距离的调整,主要涉及混合料下料速度及其通过性。调整操作应遵循下述原则。

①一般摊铺条件下(厚度10cm以下,中粒式或粗粒式沥青混合料,集料最大粒径3cm),应将熨平板与布料螺旋之间的距离调到中间位置。

②在软基层上摊铺(稳定土类基层),摊铺厚度较小,集料粒径不大时,宜将距离调小。

③摊铺厚度较大,集料粒径也较大,混合料温度偏低,或发现摊铺层表面出现波纹时,宜将距离调大。

熨平板前缘和布料螺旋距离的变化,会引起熨平板前缘堆料高度的变化和螺旋布料器处混合料的压力发生变化。混合料压力过大,混合料对熨平板底面的阻力增加,使工作迎角相应变大,从而引起路面平整度的变化,反之亦然。因此,该项调整应在其他项目调整完毕后进行。

(4)螺旋布料器高度的调整

大多数摊铺机对螺旋布料器高度的调节,设置有高、中、低3个位置,其目的在于使布料厚度(堆积在熨平板导板之前的物料)与设计路面厚度相适应。螺旋器置于低位时,导板前物料堆积得少,这一点在较宽路面的薄层作业中特别重要。有关螺旋适宜高度选定的建议为:高位(比中位高 5cm)适用于路面铺层厚超过 15cm;中位(螺旋布料器中心线距离底面高 36.5cm)适用于路面铺层厚 4~15cm;低位(比中位低 5cm)适用于路面铺层厚小于 8cm。

在中间的螺旋驱动外壳上,与主机上部结构的支架连接的支承座上,以及承重梁上的支承座上都设有槽孔,以调整螺旋器的高度,可以从中位往上提高 5cm 或往下下降 5cm。

实施高度调整时,必须将整个摊铺机构平行地上升或下降,任何歪斜不均,都会导致螺旋器的凸缘和外轴承架过度磨损。每个槽孔都刻有中位线标志,可用直尺量测各点调整升降值,达到均衡一致。

(5)振捣梁振幅和频率的调整

大多数摊铺机熨平板之前设有机械往复式振捣梁,由一偏心轴转动,而偏心轴一般由一台液压电机驱动,通过转阀进口处的压力来控制振捣梁的振幅。振幅调整可分为有级调整和无级调整,视摊铺厚度、温度、密实度等因素,调整范围在 4~12mm 之间。

影响振捣梁压实效果的主要因素是振幅、频率和摊铺速度。振动压实时大振幅比小振幅具有较高的压实能力,而振捣梁振幅调整的主要依据是摊铺厚度和铺层密实度,摊铺厚度大、密实度要求高、矿料温度低、集料粒径大时宜采用大振幅,反之采用小振幅。在摊铺薄层时,不要采用高振幅振动,以免基层松散或整体强度下降;在摊铺上面层时,则只能采用小振幅。

振动频率主要影响混合料颗粒的重新排列,在振动作用下,矿料颗粒间内摩阻力减小,则易于压实。振捣器频率的调整是大振幅采用低频,小振幅采用高频,调整时由低到高逐渐增加。一般摊铺机每前进 5mm,振捣次数不得少于 1 次,并随时检查铺层的密实度,以便及时调整。

(6)刮料板的调整

大多数摊铺机熨平板前,装有刮料板(图 6-9)。刮料板将混合料分成两部分,一部分进入具有一定工作角 α 的熨平板底部,形成摊铺层,剩余部分回到螺旋器内继续随之翻滚。刮料板的高度对熨平板前混合料的堆积高度有重要影响,从而影响到进入熨平板下的沥青混合料,因此正确调整刮料板高度非常重要。

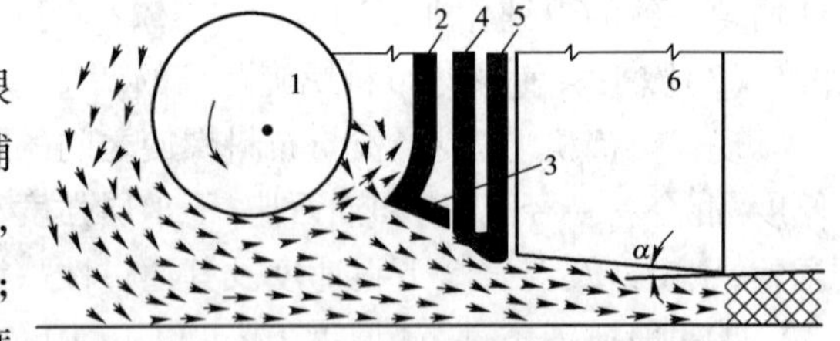

图 6-9 刮料板分料示意图

1-布料螺旋;2-刮料板;3-副刃板;4-预振捣梁;5-主振捣梁;6-振动熨平板

大量实践表明,刮料板离地高度的调整应根据铺层厚度和混合料的最大粒径进行调整,当铺层厚度小于 10cm 时,对于机械加长式熨平板,刮料板底刃高出熨平板底板前缘 130~150mm;对于液压伸缩熨平板,该值应稍小,当铺层厚度增加或集料粒径加大,该值可适当加大,反之铺层厚度减小、混合料中细料偏多或油石比较大时,则应减小该值。为确保在熨平板全宽范围内堆料高度一致,刮料板底刃必须平直,且与熨平板底边缘保持平行。

2. 摊铺机的作业速度

目前摊铺机都有较宽的速度变化范围,可从零值到每分钟几十米之间进行调节。并且由于采用液压传动和电控技术,速度一经选定,就能保持恒定匀速前进。摊铺作业速度对于摊铺作业效率和摊铺质量影响很大,正确选择合适的摊铺速度,是加快施工进度、提高铺层质量的有效手段。

摊铺机必须缓慢、均匀、连续不间断地摊铺,不得随意改变摊铺速度或中途停顿,以提高平整度,减少混合料离析。如果摊铺机时快时慢、时开时停,将导致熨平板受力系统平衡发生频繁变化,对铺层平整度和密实度产生很大影响。速度过快使铺层疏松,供料困难;停机则会使铺层形成台阶状,且温度下降使混合料不易压实。即使目前最先进的摊铺机,其纵向调平系统每次重新启动后仍需行驶 3 ~ 8m 距离才能恢复正常。因此,应尽量使摊铺机匀速、不停顿地连续摊铺,尽可能使每天必须中断处安排在构造物一端预定为收接的位置。

摊铺机的摊铺速度主要与混合料类型、铺层厚度、摊铺宽度、配套机械、施工技术等有关,但前提是采用何种摊铺速度应保证铺层摊铺质量,符合《公路沥青路面施工技术规范》(JTG F40—2004)的相关要求。选择摊铺速度的原则应保证摊铺机的连续作业,一方面要考虑供料能力,这与沥青混合料拌和设备的生产能力和运料车的运输能力有关;另一方面,要与混合料的类型、温度和铺筑层次相联系。

(1)根据供料能力确定摊铺速度

摊铺速度可根据拌和厂混合料的供给情况、铺层摊铺宽度与厚度按式(6-8)计算:

$$v = \frac{100QC}{60bh\gamma} \tag{6-8}$$

式中:v——摊铺速度(m/min);

Q——混合料的供给能力(t/h);

b——摊铺宽度(m);

h——压实后的摊铺厚度(cm);

γ——压实后沥青混合料毛体积密度(t/cm^3),一般取 $\gamma = 2.35$t/cm^3;

C——摊铺机的效率系数,根据材料供应、拌和机的生产能力和混合料的运输能力等配套情况来确定,一般宜取 0.9 左右。

(2)铺筑层次及混合料类型对摊铺速度的影响

高等级公路沥青路面施工中,摊铺机的工作速度一般在 2 ~ 6m/min 范围内选择,但为了使铺层有足够的密实度和平整度,一般下面层摊铺速度可稍快,上面层摊铺速度稍慢,最大不应大于 6m/min,对于薄层罩面,则应更慢。因为摊铺机前进速度慢,则铺层可受到较多的振捣次数,得到较高的预压实度,可有效减小离析产生,提高铺层摊铺质量。一般摊铺机每前进 1m,振捣梁的振捣次数应不少于 200 次。在现有的沥青混合料摊铺机中,无论是机械式有级调速或是液压式无级调速,摊铺工作速度和振捣梁的频率都能满足要求。

(3)环境气候条件对摊铺速度的影响

环境气候条件是影响摊铺速度的另外一个重要因素。当环境气温较高、现场施工风速较低、混合料摊铺温度较高时,混合料温度损失相对较慢,可选用较高的摊铺速度;反之气温较低,风速较大时,若摊铺速度过高,则易引起混合料的离析、预压实度低,降低摊铺质量。因此,一般中午摊铺时,可选较高的工作速度,早晚则应选较低的工作速度。

五、摊铺作业过程

1. 熨平板的加热

熨平板的加热是保证摊铺质量的重要措施之一。在摊铺机就位并调整完毕后,就要做好摊铺机和熨平板的预热和保温工作,加热时间与外界环境温度有关,一般摊铺机开工前提前 0.5 ~ 1h 预热熨平板,且要求熨平板温度不低于 100℃。每天开始施工之前,或临时停工后再开铺时,均应对熨平板进行预热,其目的是减少熨平板及其附件与混合料的温差,以防止混合料黏附在熨平板底面上影响摊铺质量,即使在炎热的夏天也不例外。因为100℃以上高温的混合料碰到30℃以下的熨平板底面时,会冷黏在底板上,这些黏附的粒料随熨平板前行时,会拉裂铺层表面,形成沟槽和裂纹。如果先对熨平板加热,则热的熨平板对铺层起到熨烫的作用,从而使铺层表面平整无痕。但加热不可火力过猛,以防过热,使熨平板本身变形过大,加速板的磨损,还会使铺层表面烫出沥青胶浆使沥青老化,并形成拉沟,影响铺层平整度和整体强度,一旦发现这种情况应立即停止加热。

熨平板预热时,应注意:①应在调整好熨平板高度和横坡后,将摊铺机放置在现场平整地面上进行加热,尤其是摊铺宽度加长、摊铺厚度加大时更应注意这一点;②要掌握预热和保温时间,使熨平板温度接近混合料温度,要防止熨平板过热变形,尤其是用气体或液体燃料加热时要掌握火焰的大小,采用间歇燃烧、多次加热法,或靠自身导热,或靠热风进行交替加热,每次加热时间最好不大于10min;③摊铺中若暂停时间较短,可借助刚摊铺的热的铺层进行保温,此时应将熨平板提升液压缸锁死,避免熨平板下沉,若采用火焰保温,应尽量减小火焰强度;④预热后的熨平板在作业时,若铺层出现少量沥青胶浆且有拉沟现象时,说明熨平板过热,此时应让熨平板冷却片刻,然后再继续摊铺;⑤在连续摊铺过程中,当熨平板已充分受热后,可暂停对其加热,但对于摊铺低温混合料和沥青砂时,熨平板则应连续加热,以使板底对材料经常起到熨烫的作用;⑥用燃气或燃油加热时,应注意预防火灾。

2. 摊铺机供料机构操作

摊铺机供料机构包括刮板输送器和向两侧布料的螺旋布料器梁部分。二者中一旦其中一个工作参数(如螺旋转速)一定后,另一个工作参数(刮板的线速度)也相应确定,二者应密切配合,力求保持其速度的均匀性,这关系着路面平整度的好坏。

刮板输送器的运转速度及闸门的开启度共同影响向摊铺室的供料量。通常刮板输送器的运转速度确定后就不大变动,因此,向摊铺室的供料基本上依靠闸门的开启度来调节。摊铺速度恒定后,闸门开度过大,使得螺旋布料室中部积料过多,形成高堆,造成螺旋摊铺器的过载并加速其叶片的磨损,同时也增加了熨平板的前进阻力,破坏了熨平板的受力平衡,使熨平板自动向上浮起,铺层厚度加大。如果关小闸门或暂停刮板输送器的运转,掌握不好,又会使螺旋摊铺室内的混合料突然减少,中部形成下陷状(料的高度降低),其密实度与对熨平板的阻力减小,同样会打破熨平板的受力平衡,使熨平板下沉,铺层厚度减薄。

摊铺室内最恰当的混合料量是料堆高度平齐于或略高于螺旋布料器的轴心线,即稍微看见螺旋叶或盖住叶片为好。料堆的这种高度应沿螺旋全长一致,因此,要求螺旋的转速配合得当。

闸门的最佳开启度,应在保证摊铺室内混合料处于上述的正确料堆高度状态下,使刮板输送器和螺旋布料器在全部工作时间内都能不间断地持续工作,但由于基层不平及其他复杂的原因,为保证摊铺室内混合料维持标准高度,刮板输送器和螺旋布料器不可避免有暂停运转和再起动的情况发生。不过这种情况越少越好,因为过大地频繁停转或再起动会造成摊铺机传动机构过快磨损,使其运转时间占全部工作时间的80%～90%为佳。为保持摊铺室内混合料高度经常处于标准状态,最好采用闸门自动控制系统。

无论是手操作还是自控供料系统供料,都要求运输车辆对摊铺机有足够的持续供料量。如果出现摊铺机停机待料,此时为了避免受料斗里的料温度降低而凝结在斗内,必须把它送空。经常这样做,除造成铺层产生波浪外,还会加速刮板输送器的磨损。因此,从这个意义上讲,也要求运料车不间断供料,使摊铺机能顺次连续顶推车辆卸料及摊铺作业。

3. 自卸汽车卸料

当装载车将混合料运至现场后,应进行混合料温度测试,温度符合要求后,第一辆自卸车缓慢后退至摊铺机前,轻轻接触摊铺机后,挂空挡,向摊铺机受料斗中缓缓卸料,直至受料斗中堆满料即停止卸料,此时摊铺机边受料边将混合料向后输送到分料室。摊铺机按设定的工作速度起步摊铺,这时应控制好熨平板的高度,同时应有人专门看护传感器,不让它滑出钢丝绳外,并确保钢丝绳稳固不滑落,以保证摊铺机精确控制配套质量。在采用浮动基准梁时,每根基梁前都需要有一人拿扫帚及时扫除散落在基准梁轮架行走轨道上的混合料或其他异物,以确保基准梁与下承层表面平行。

摊铺机起步后,边摊铺边推动自卸车前进,同时自卸车继续缓慢向受料斗中卸料。第一辆自卸车卸料完毕后应立即离开摊铺机,同时第二辆自卸车向摊铺机倒退。为了维持摊铺机连续摊铺,也为了让下一辆车顺利卸料,以往习惯将摊铺机受料斗的两侧板翻起,将混合料集中在链板送料器上并继续向后面送料。但由于最后集中在送料器上的混合料中大碎石较多,易造成铺面局部大碎石集中的现象,形成局部片状离析,这些地方空隙率偏大,为沥青路面产生早期破损埋下了隐患。为此,前一辆车卸完料后应立即离开,受料斗侧板不得翻起,第二辆车紧跟后退至摊铺机前及时向受料斗卸料,使新料和受料斗中的料及时混合,不得使送料刮料板外露。同时下一辆自卸车在摊铺机前停车等候,一旦摊铺机前的自卸车卸料完毕,应立即跟上向受料斗卸料,以保证连续不断地为摊铺机喂料,确保摊铺机匀速连续摊铺作业。

自卸车后退时,应严禁撞击摊铺机,自卸车在摊铺机前等待卸料和卸料过程中不得使用制动,以防增加摊铺机的牵引负荷。卸料应缓慢、轻巧,以防下料过猛引起摊铺机的过大扰动,影响摊铺机摊铺速度,使铺层平整度下降,甚至形成波浪或“搓板”现象。

摊铺过程中还应及时调整摊铺宽度,特别在有预制块路缘石的情况下应避免路缘石内侧沥青混合料不足现象。

4. 摊铺方式

摊铺宽度的确定方法如前述。摊铺时,一般从横坡较低处开铺,各条摊铺带的宽度最好相同,以节省重新接宽熨平板的时间(液压伸缩调宽比较节省时间)。使用单机进行不同宽度的多次摊铺时,应尽可能先摊铺较窄的那一条,以减少拆接次数。

如果为多机摊铺,则应在尽量减少摊铺次数的前提下,各条摊铺带的宽度可以有所不同(即梯队作业方式),梯队间距不宜太大,以 10 ~ 20m 为宜,以便能及时形成热接缝。国内也有采用 10 ~ 75m 的,美国则在 15.2 ~ 30.5m 之间,无论怎样,应保证不同摊铺条带结合严密,且在两条带之间有 30 ~ 60mm 的搭接,并躲开车道轮迹带,若各层都是梯队作业,上下相邻层的搭接位置应错开 200mm 以上,避免接缝处成为雨水下渗的通道。

如果为单机非全幅作业,每幅不宜铺筑过长,应在铺筑 100 ~ 150m 左右后掉头完成另一幅,此时一定要注意接好茬。但也有人认为,为减少横向施工缝,每条摊铺带在一天施工中应尽可能长些,最好一个施工班一条施工缝。在高速公路、一级公路中,铺筑面层时,最好采用 2 台或多台摊铺机梯队作业,以保证混合料摊铺不离析的同时,满足平整度、摊铺预压实度和摊铺的纵向热接缝的质量。而对于其他公路则可根据具体情况采用单机全幅摊铺或双机梯队摊铺。

5. 接缝处理

接缝包括纵向接缝和横向接缝(工作缝)2 种。接缝处理不好,易使接缝处下凹或上凸造成路表平整度不良,或由于接缝处压实不足、结合强度不好而产生裂缝,成为雨水下渗和路面强度的“瑕玷”,也是路面早期损坏的主要原因之一,因此必须做好施工接缝处理工作。

(1)纵向接缝

纵向接缝有热接缝和冷接缝2种。前者一般是使用2台以上摊铺机梯队同步作业时相邻两摊铺条间形成的,此时两相邻摊铺带混合料都处于未压实的热状态,所以纵向接缝易于处理,且连接强度好;后者则是两相邻摊铺条摊铺时间间隔较长,一摊铺条混合料已冷却,此时接缝处理不当会引起路面质量隐患。对于不同的接缝形式,相应的处理方法也不尽相同。

热接缝处理时应注意:①对于上、下层都是梯队作业的,上、下层热接缝应错开150mm以上,并且要满足施工平整度的要求,表面层纵缝应顺直,且宜设在路面标线位置,不得与路面行车轮迹带重叠;②梯队作业的纵向施工缝应采用热接缝,且将已铺部分预留下100~200mm宽度暂不碾压,作为后续摊铺作业的基准面,然后作跨缝碾压以消除缝迹;③梯队作业时,相邻2台摊铺机的结构参数与运行参数应尽可能调成相等,以消除不同摊铺层之间的铺层差异;④变幅施工时,摊铺机组合中至少有一台液压伸缩熨平板摊铺机,保证变幅的需要,液压伸缩熨平板的摊铺宽度不宜太大(一般8m以下),以确保路面的压实度和平整度;⑤接缝两侧摊铺层的横坡和铺层厚度应一致,并且要有30~60mm的搭接重叠,前后两台摊铺机最好错开10~20m,因为太近时施工工作面太小,不利于正常施工,太远又难以保证混合料在高温状态下相接;⑥后面一台摊铺机在靠近接缝一侧宜拖一热熨斗,后者跨接缝行走,以熨平接缝。

当施工中因设备、场地施工条件等原因不可避免形成冷的纵向接缝时,应在早摊铺那部分靠近接缝一侧设置挡板,其高度与铺层压实厚度相同,以使压路机能压实到铺层的边部并形成一个垂直面。在不设置挡板的情况下,碾压后的边部会形成一斜面,以往的做法是在摊铺相邻带之前将呈斜面的部分用切割机纵向切缝,但这种做法往往会造成纵向开裂,严重影响路面使用寿命。为此,不设挡板时可在混合料尚未冷却前用镐刨除边的方式留下毛茬,在加铺下一摊铺条(或另半幅)时应在其上涂洒少量沥青,重叠在已铺层上50~100mm,再铲走铺在上一摊铺条(或上半幅)的混合料,碾压时由边向中碾压,留下100~150mm,再跨缝挤紧压实;或者先在已压实铺面上行走碾压新铺层150mm左右,然后压实新铺部分。

冷接缝只在二级及二级以下公路在缺乏摊铺机或旧路罩面不能中断交通情况下,采用半幅或梯队作业不得已时才采用。对高速公路、一级公路等有中央分隔带的路面来说,冷接缝通常是不允许的。根据国外经验,对于二级或二级以下等级较低的公路最好全幅摊铺,而对旧路加固或缺乏摊铺设备时可采用冷接缝,在压路机上安装一个圆盘式切刀,碾压时在边缘放下切刀将边缘切齐(图6-10),这种做法比过去我国采用的冷切缝好得多,但最好不要留接缝。

图6-10 带刃刀的压路机

(2)横向接缝

横向接缝通常由每天施工留下的施工缝或因摊铺中断时间较长,摊铺机后面尚未碾压的混合料的温度已下降到低于规定的温度后再继续摊铺时留下的。横向接缝往往也是路面的薄弱环节,会引起接缝跳车或横缝开裂,应认真处理。处理的基本原则是:每条摊铺带在一天的施工中尽可能长,最好做到一个工作台班只留一条横缝;横向接缝基本上都是冷接缝,要将第一条摊铺带的尽头边缘铲削成上下垂直状,并与纵向边缘成直角;接铺层的厚度为前一段摊铺带压实厚度乘以松铺系数，即保证接缝前后厚度的一致性，其中关键是处理好接缝位置、接缝方式和施工工艺等3个问题。

①接缝位置和形式。

施工结束时，摊铺机应在接缝近端部约1m处将熨平板稍微抬起并驶离现场，用人工将端部混合料铲齐后，再予以碾压。然后用3m直尺检查平整度，并找出表面纵坡或铺层厚度开始发生变化的横断面，趁尚未冷透时用锯缝机将此端面切割成垂直面，并将切缝靠端部一侧已铺的不符合平整度要求的尾部铲除，与下次施工时形成平缝连接。高速公路、一级公路表面层的横向接缝都应采用这种平接缝，主要是为保证路面的整齐美观，保持路面良好的平整度。但即使在平接缝上洒热沥青也难以保证新旧铺层之间的联结完好，这是路面产生接缝开裂的主要原因。据有些公路平接缝处的现场取样表明，平接缝多数都是两侧分离的。其他等级公路或高速公路、一级公路的其他层次也可采用斜接缝，但斜接缝不易搭接好，易形成接缝跳车。高速公路、一级公路的中下面层较厚时，也可以采用阶梯形接缝（图6-11），相邻两幅及上、下铺层的横向接缝均应错位1m以上。

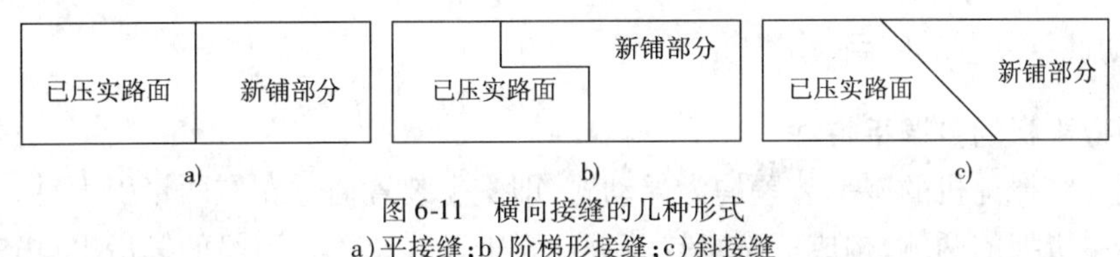

图6-11　横向接缝的几种形式

a）平接缝；b）阶梯形接缝；c）斜接缝

斜接缝的搭接长度与层厚有关，宜为0.4～0.8m。搭接处应洒少量沥青，混合料中的粗集料颗粒应予剔除，并补上细料，搭接平整，充分压实。阶梯形接缝的台阶经铣刨而成，并洒黏层沥青，搭接长度不宜小于3m。平接缝宜趁混合料尚未冷透时用凿岩机或人工垂直刨除端部层厚不足的部分，使工作缝成直角连接。当采用切割机制作平接缝时，宜在铺设当天混合料冷却但尚未结硬时进行。刨除或切割不得损伤下层路面，切割时留下的泥水必须冲洗干净，待干燥后涂刷黏层油。铺筑新混合料接头应使接茬软化，压路机先进行横向碾压，再纵向碾压成为一体，充分压实，连接平顺。

为便于铲除混合料，可事先在施工临近结束时，在预定摊铺段端约1m长的摊铺宽度范围内撒一薄层细砂带或铺一层牛皮纸或麻袋，摊铺混合料，在碾压密实、待混合料稍冷却后（不要等到全部冷却，最好在摊铺当天完成），用3m直尺找出要切割的位置，切割后将尾部清除（将废弃的混合料清除，并用水将接缝处冲洗干净）。在下一段摊铺前，要在完全干燥的切割面上涂刷薄层的热沥青，以增加接缝处新旧铺面间的黏结，并用热沥青混合料将临近接缝处的已铺混合料加热。

目前沥青路面的横向接缝仍是一个薄弱环节，接缝跳车或开裂是一种常见病。对横向接缝常用平接缝还是斜接缝，不能一概而论。平接缝固然容易做好平整度，但连续性较差，易在此开裂。反之斜接缝则不易搭接得好，容易形成接头跳车。在高速公路施工时，我国习惯于采用切缝，目的是整齐美观。实践证明，切缝两侧不容易黏结成为一个整体，尤其是在切割后不用水清洗干净，或者清洗后未等水分干燥，或者未涂刷黏层油，铺筑混合料很难与老沥青层黏结，在接缝上钻孔往往可以发现接缝两侧是分开的。相比国外，如美国等一些国家，常采用凿岩机在尚未硬化的沥青层上凿成凹凸不平的横向缝，便于工作缝的接茬牢固，不易开裂。有些国家的实践表明，不采用切割机对横向接缝进行切割，而是采用凿岩机将接缝凿成毛茬，对新旧混合料的联结很有好处，这样可以避免接缝光滑接触，不容易造成横向裂缝。这种做法可在我国高等级公路施工中尝试和推广。

②施工方法。

在预先处理好的接缝处，要求摊铺机第一次布满料时不前行，用热混合料预热横向冷接缝至少10min以上，最好用温度最高的一车料开始摊铺，这样有利于提高接缝温度，也有利于整平压密接缝处的混合料。或采用汽油喷灯对横缝立面加热，但应随时移动喷灯，以免温度过高引起沥青老化，大约使沥青温度在100℃较合适。同时要求新铺面与已铺的冷铺面重叠至少5cm，碾压前用耙子等剔除重叠部分的大料，用细料整平接缝并对齐，趁热横向碾压。压路机大部分钢轮在冷铺面上，新铺面第一次压15～20cm，以后逐渐向新铺面碾压，直至全部碾压至新铺面为止，再改为纵向碾压。碾压过程中用3m直尺检验平整度，低凹处用筛子筛出料填补，料多时用耙子耙松，去掉多余料，人工整平后再筛细料修饰表面，直至接缝平整致密为止。

当纵向相邻摊铺层已经碾压成型，同时已有纵缝时，可先用钢轮压路机沿纵缝碾压一遍，要求在新铺带上的碾压宽度为15～20cm，然后再沿横缝作横向碾压，最后进行正常的纵向碾压。

六、自动调平装置的应用

1. 浮动熨平板的自调平特性

沥青混合料摊铺机的熨平装置均为浮动式，即熨平装置通过左右两牵引大臂，借助于液压油缸铰接于主机架的两侧，构成一副悬挂装置。熨平装置放置在道路的铺层上，由主机通过左右牵引大臂拖着沿道路铺层向前浮移，同时熨平装置还可绕液压油缸处的牵引枢铰上下运动，并由此引起其工作迎角的改变，从而导致铺层厚度的变化；此外，熨平板的前端还铰接于牵引大臂的后部，因此，还可通过摊铺厚度调节器使熨平装置绕枢铰上下摆动，同样由此也可改变熨平装置的工作迎角，使铺层厚度产生变化。这个铺层厚度变化的工作原理，主要是基于浮动熨平装置在工作系统中作用力的“平衡—不平衡—平衡”这一规律。

由于熨平装置处于完全浮动状态，通过长牵引大臂的作用，而将原路面基层（或其他下承层）的不平整度大大减小，如果经过多层摊铺，下承层原有的不平整度呈现出按平方的关系递减，此即浮动熨平装置自调平的工作原理和具体操作过程。基于这一原理，浮动熨平板移动的轨迹使下承层的起伏趋于平缓，起到一定“滤波”作用，此即浮动熨平板的自调平特性。它随摊铺机结构、类型的不同而异，一般情况下，轮式摊铺机优于履带式。在轮式中，带有台车式双前轮摊铺机的自调平功能优于单前轮结构的摊铺机，履带式中，支重轮架为弹性摆式悬挂的摊铺机优于刚性悬挂式摊铺机。

浮动熨平板滤波作用的强弱，与牵引大臂长度有关，即牵引臂越长，滤波作用越强。但实际上，摊铺机的整体结构长度不可能过长，经过理论计算和实践验证，一般将牵引大臂长L与熨平装置长度B之比定为5左右。另外，浮动熨平板滤波作用还与外界干扰因素有关，在摊铺速度和混合料数量等因素不变的情况下，下承层起伏波是主要干扰因素。波长越小，浮动熨平板的滤波作用越强，波长越大，熨平板的滤波作用越弱，当波长增到一定的值时（波长大于牵引长度的5倍），滤波作用完全消失。

2. 自动调平装置

摊铺机的浮动式熨平板，虽然对下承层起到一定的找平作用，但由于这种功能不完善，并有一定的局限性，需对摊铺机熨平装置设置必要的调节机构，这种调节机构有人工手动调节和自动调平装置两类。人工手动调节机构是转动调整手轮，通过螺旋杆传动改变熨平板的工作迎角,跟踪熨平板牵引点的高度位置变化,其效果在很大程度上取决于操作者的经验和熟练程度,往往因操作者经验不足、熨平板反应滞后等原因,无法满足铺层平整度的要求。故需借助自动调平装置对浮动熨平板自调平功能做进一步补充,才能使铺层达到很好的平整度。

自动调平控制系统是在浮动熨平装置工作原理的基础上,通过电液自动控制系统,及时而又精确地调节由于外界干扰引起的摊铺平整度的变化,使之始终按一个设定值摊铺出高平整度的铺层。

众所周知,任何自动调平控制系统都是根据检测到的偏差信号进行调节的,如果检测到偏差信号不准确,系统本身控制精度再高也达不到自动调节的目的。自动调平装置一般由纵向参照基准、纵向调平装置和横向调平装置组成。纵向参照基准是整个系统的参考基准,对整个系统的控制精度有重要意义,它分为两大类即绝对基准和相对基准,主要包括张紧基准绳、均衡拖梁、滑靴和具备基准条件的构筑物(如已铺好的路面、路缘石、平石)等。纵向和横向调平装置各包括信号传感、指令控制和终端执行机构3个部分。

从理论上分析,张紧的钢丝绳是一种绝对的基准方式,它不受所铺路基、路面起伏不平和高程变化的影响,是一种理想的基准方式,但是钢丝绳的设置很不方便,只有在摊铺平整度要求较高的情况下采用。均衡拖梁和滑靴属于移动式参考基准,由于它们走在已铺好的下承层上,本身仍会受到下承层起伏波的影响,是一种相对基准方式。它们不如钢丝绳参考基准准确,但由于使用方便,在能满足施工要求的前提下,仍不失为一种可优选的基准方式。

《公路沥青路面施工技术规范》(JTG F40—2004)规定,用于铺筑高速公路和一级公路的沥青混合料摊铺机应具有自动或半自动方式调节摊铺厚度及找平装置,在自动找平时,中、下面层宜采用一侧钢丝绳引导的高程控制方式,表面层宜采用与摊铺层前后保持相同高差的雪橇式摊铺厚度控制方式。

(1)纵向参照基准的设置

①张紧绳基准。

当下承层高低不平,侧边又无具备基准条件的构筑物时,需在侧边架设符合设计高程的张紧基准绳作基准,又称挂线,让摊铺机传感器的触件沿着张紧绳移动。根据摊铺宽度等因素决定使用单侧或双侧张紧基准绳,张紧绳可采用高强钢丝或尼龙绳。钢丝的优点是不受外界因素变化的影响,缺点是张紧度显示不明显,易出现松弛现象,为此,要作脚踩试验。尼龙线使用方便,但遇水会伸长,所以受潮后要再次张紧,每天早晨开工前要复查其张紧度,必要时再行张紧。

基准绳的高程是保证路面高程符合设计要求的关键,基准绳拉不紧将直接影响铺层的平整度。设置基准绳时应注意以下几点。

a. 要用基准钢丝绳时,支持钢丝绳的支柱钢筋间距一般为5~10m,应准确测量钢丝绳的高程,钢丝绳一端固定,另一端与弹簧秤连接,并用专用拉紧器和滑轮固紧,安放在支柱的调整横杆上。

b. 基准钢丝绳的钢筋支柱间距不能过大,用两台精密水准仪测量控制钢丝绳的高程,宜高于设计高程1~2mm,并保证钢丝绳的高程在铺筑过程中始终准确。

c. 一般使用$\phi 2\sim 3$mm的高强度钢绞线,用张紧器拉紧,每两根钢支柱间钢丝绳的挠度小于2mm,张紧200m长钢丝绳的拉力一般约为800~1 000N。

d. 为了保证连续作业,每侧钢丝绳至少应备有3根200~250m长的钢绞线,在未走完本段钢丝之前,下段钢丝已架设完成。

e. 基准线应尽量靠近熨平板，减少厚度增量值。

f. 采用尼龙绳时，每根长约 100 ~ 200m，立杆间距 10m 时张紧力需 300 ~ 400N。

g. 设置基准线时，最好使每根立杆与路中线的距离相等，这样可兼作导向线。为了避免施工中可能发生碰撞，最好在各立杆上作出醒目的标志。

采用基准钢丝绳也存在以下问题。

a. 在路面摊铺时，每天长度约在 1 ~ 2km 甚至更多，施工时两侧钢丝绳的测设任务较艰巨。

b. 有时由于摊铺层两侧下承层较硬，承受张紧力的钢丝绳支撑杆难以设置，且规定的 800 ~ 1 000N的张紧力也难以保证。

c. 摊铺机行走过程中引发的钢丝绳振动难以消除；人为的触碰也难以避免，甚至可能发生由于摊铺机方向走偏、熨平板刮挤拉线桩，使高程控制的准确性受到影响。

②利用现成表面作基准——相对基准。

当下承层较平整或有平整的路缘石时，可作为铺层的基准。作为传感器接触件的有滑板或浮动基准梁等，应视所参考的基准种类确定使用何种传感器接触件。

以铺好的相邻带路面或路缘石作基准时，大多采用滑板作接触件。如纵向接缝是冷接缝，由于基准是碾压后的表面，边缘处可能会因碾压有所变形，故小滑板应放置离边缘 30 ~ 40cm 处较为可靠；如果是热接缝，小滑板可设置在未碾压表面的边缘处。以下承层作为基准时，一般采用滑动基准梁，但要求熨平板的一端或两端有空地可放置基准梁。

采用以雪橇式控制摊铺厚度的方式，是以下一面层为基准面，在摊铺机行走过程中尽力减小其传递到上一面层的波动及突变误差，以达到上一面层良好平整度的目的。其原理类似于杠杆，即将杠杆的支点安置于受外界因素影响较小的新摊铺层上，而下一层次的许多不平整因素被梁结构分解、缩小若干倍，使传感器得到一个相对稳定或波动幅度较小的控制信号。与采用挂线方法比较，在下一层次平整度良好的前提下，走雪橇的方法显然优于钢丝绳控制方法。在高等级公路施工中，以及在采用性能优良摊铺机械的情况下，摊铺较为容易控制；而对于中、上面层，其高程误差经底基层、基层、下面层施工已相对消除，平整度要求成为主要控制因素，这时，一侧钢丝绳的引导对于灵敏度相对较高的先进摊铺机械来说是不够的。因此，一般情况下，对于全幅摊铺的摊铺机，只在基层上面层和下面层摊铺时采用两侧钢丝绳引导控制方式，而中、上面层均可采用悬浮式基准梁的等厚度控制方式。

浮动基准梁的结构可归纳为 2 种形式：一种称为拖杆（或拖杠、拖梁），另一种称为拖架。最简单的拖杆就是一根长约 7 ~ 8m 的金属杆，复杂一点的是在金属杆上再装数个橡皮轮或小滑靴，且杆与轮或滑靴间有弹簧支撑，借以消除拖杆所跨越范围内下卧层表面的起伏。拖杆虽然构造简单，但以它作为摊铺基准，仅能把下承层上比拖杆短的起伏波均化（拉长）而不能削幅，所以仅能使摊铺层的平整度略微得到改善，起伏的绝对值并未减小。而由数根杆件结合、架起形成一定高度的拖架，则既能拉长下承层起伏波，又能减小波幅。

③拖架基准梁。

a. 基本原理。路面结构的下承层都有许多不平整因素，摊铺机在下承层上面行走，将使传感器上下波动，造成摊铺层的不平整。拖架基准是采用杠杆原理，将下承层的不平整起伏经多次分解后传至摊铺机传感器时缩小若干倍，使传感器得到一个相对稳定或波动幅度转小的控制信号，以达到稳定摊铺的目的。

b. 结构分析。单片拖架基准梁主要由 4 个部分组成，一是前着地部分（轮式或雪橇板），二是后着地部分(一般为两组雪橇板),三是前后连接梁,四是牵引横架。前两个部分中各结点均采用可任意旋转的轴连接,如图 6-12 所示。

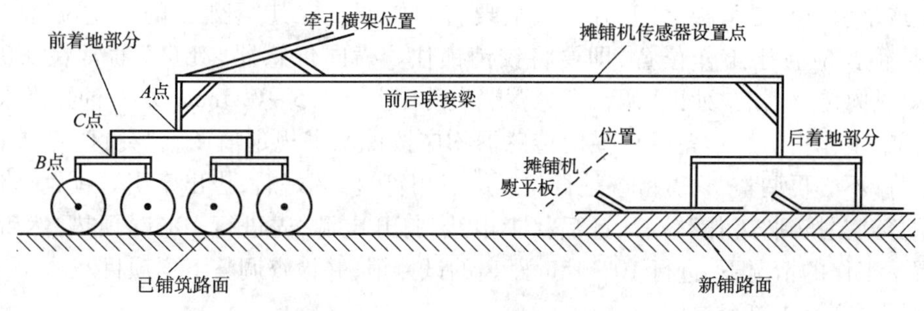

图 6-12 单片拖架基准梁示意

前着地部分位于熨平板前面,一般由 4 组轮子或滑板(又称雪橇板或滑靴)组成,长度为 2~3m。采用轮式时,轮组应运转灵活,轮径一般 40~50cm 为宜,太小则稳定性不足。其中一个轮子若遇到高程的突变,传递到 A 点的高程变化仅为 1/8,再传递到摊铺机传感器设置点处,只有 1/16 甚至更小,若遇到一颗粒径 2cm 的石子,传递到摊铺机的反应装置时只有 1~1.2mm,这对于摊铺机的平整度反应装置来说已微乎其微,如图 6-13 所示。

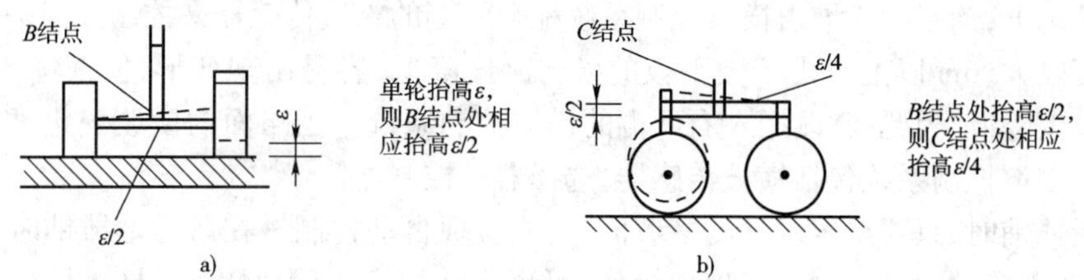

图 6-13 遇高程突变轮组位移变化示意

a)横向;b)纵向

后着地部分在熨平板之后,一般为 2 组滑板,宜采用较大尺寸,一般以 65cm×35cm 为宜,有利于分散其承受的荷载。为了防止滑板在行走过程中栽头而引起新铺路面的深沟滑痕,滑板上的支点应略向后置。

前后连接梁长度一般为 10~12m,要求刚度大、质量轻,摊铺机的传感器触头以连接梁为基准,因此,连接梁本身的挠度和振动也会将信号传给摊铺机。考虑到摊铺机的控制传感器将信号传递至摊铺机自动控制系统后,摊铺机按接收到的信号从开始调整到完毕有一定的距离(一般为 6~10m),因此,在浮动基准梁的结构上应使摊铺机接受信号的时间尽可能提前,即前着地部分至摊铺机熨平板之间有足够的距离。

牵引横架连接摊铺机侧壁和拖架基准梁的前端主体,在摊铺机行走过程中与摊铺机构成一个整体,因此,需要有足够的刚度,防止振动和摇晃。

就整体而言,整个自动找平梁的各结点及轮轴应摩擦力小,利于灵活运转;材料可选用轻质材料,如铝合金等,若选用 2~3mm 厚的钢材加工成矩形截面梁也可以,并且结构形式上参照桁架的设计方法,配以斜撑固定,加强其刚度,减少其自身振动引起的误差变化。

采用 2 台摊铺机成梯队摊铺沥青混合料时,前一台摊铺机需要 2 片拖架基准梁,左右各用一片跨越摊铺机后部的分料室和熨平板;后一台摊铺机靠中间一侧可直接采用滑板,在前台摊铺机已铺层的表面滑移,靠边的一侧用一片拖架基准梁。

(2)纵、横向传感器的安置、使用和调整

纵、横向传感器的安装位置,应尽量靠近牵引长度的终端。纵向传感器的安装位置一般在牵引点上或牵引点与熨平板之间,在安装后要将它们调整在其"死区"的中立位置。在调整时,牵引臂锁销应置于工作位置,即要将铰销锁住。横向传感器"死区"通常在 ±0.2% ~ ±0.02%,纵向传感器的"死区"调整到悬臂端头动作上下1.5 ~0.5mm 以内,油缸尚未工作为宜,此时油缸工作指示灯不亮(纵、横向传感器均应按说明书规定值调整"死区"范围,一般在工厂已调好,不必再调整,只需检查是否与规定值相符)。调好后,拔出牵引臂锁销,将传感器的工作选择开关拨到"工作"位置,此后接上电线,打开电源,先进行10min 预热,然后在自动调平装置不工作的情况下,进行10 ~15m 距离的试摊铺,并检查调整下列项目。

①摊铺厚度是否符合要求。

②传感器是否仍处于中立位置(其工作指示灯不亮)。

③左右牵引臂铰接点高度是否一致。

④油缸行程是否处于中间位置。

完成上述工作后,将纵横向传感器工作开关拨到"工作"位置,即让自动调平装置开始工作。停止作业时,应先断开自动调平系统开关,使调整油缸处于静止位置。

(3)横坡的控制

一般情况下,铺层的横坡由横坡控制系统配合一侧的纵坡传感器来控制。但是,如果一次摊铺的宽度较大(6m 以上),由于熨平板的横向刚度降低,容易出现变形,使摆锤式横坡传感器的检测精度降低,因此,常改用左右两侧的横坡控制系统。当路面的横坡变化过多过大时,也常如此。横坡控制系统包括横坡传感器、选择器和控制器等。

直线段摊铺时,只要给定设计的横坡值,就能实现自动控制。在弯道上摊铺时,因横坡在变化,难以实现自动控制。为了正确地操作,可事先在弯道路段每隔5m 打一标桩,将各桩处的坡度值记入表格内,并画一曲线图。如果转弯半径小,两桩的间距可适当缩小(最小为1m);进、出弯道处都要有标桩,不过其间距可较大些。操作人员根据图表在进入某标桩之前约2m 处提前调整横坡选择器(因为横坡的实际变化滞后于调整动作)。

七、摊铺过程的质量检验及缺陷分析

1. 质量检验

摊铺过程中的质量检验主要包括沥青混合料直观检查、温度检查、摊铺厚度检查和铺层表面检查。

(1)沥青混合料直观检查

正常的沥青混合料外观又黑又亮,运料车上混合料呈圆锥状或在摊铺机受料斗中"蠕动"。如果混合料特别黑亮,在运料车上呈平坦状或沥青结合料有从集料中分离出来的现象,则表明沥青含量过大,或集料没有充分烘干。如果混合料呈褐色,暗而脆,粗集料没有被沥青完全裹覆,摊铺机受料斗中的混合料不"蠕动",则表明沥青含量过少,或拌和温度过高或拌和不充分。

(2)混合料温度检查

沥青混合料在正常摊铺和碾压温度范围内,往往冒出淡蓝色蒸气。混合料冒黄色蒸气或缺少蒸气说明温度过高或过低。

每天早晨,由于气温和下承层表面温度较低,应特别注意混合料的温度检查,通常在运料车到达工地时和在摊铺开始后测定一次温度。测量铺层温度时,应将温度计的触头插进未压实的面层中部,然后把插头周围轻轻踏实,也可用手枪式红外测温计测定。摊铺过程中,若发现混合料出现温度较低现象或压路机未及时跟上碾压,就应测定铺层温度。

(3)厚度检测

摊铺机在摊铺过程中,应经常检测虚铺厚度,并与拟定的虚铺厚度作比较,发现问题及时解决。

(4)铺层表面检查

未压实的混合料表面结构无论是纵向或横向都应平整、均匀而密实,并无局部粗糙、小波浪撕裂或拉沟等现象,否则应查明原因及时处理。

2. 摊铺中的质量缺陷和特殊情况处理

摊铺中的质量缺陷主要有:厚度不准、平整度差(如小波浪、台阶等)、混合料离析、裂纹、拉沟等,产生这些质量缺陷的原因有混合料的质量、摊铺机操作和机械本身等因素,如表6-10所示。

铺层缺陷原因分析 表6-10

原因		裂纹	拉沟	小波浪	混合料离析
混合料的质量	矿粉过多(0.074mm)	√			
	温度不当	√			
	沥青含量过多或过少		√		
	矿粉含量不足		√		
	集料的尺寸与摊铺厚度不协调		√		
	砂未完全烘干	√			
摊铺机的操作	受料斗两翼板上积料过多				√
	受料斗两翼翻动过速				√
	供料系统速度忽快忽慢			√	
	机械猛烈起步和紧急制动	√		√	
	摊铺速度快慢不匀			√	
	行走装置打滑			√	
摊铺机的调整	熨平板的工作迎角调整过量			√	
	振捣梁与熨平板的相互位置调整不当		√		
	刮料护板安装不当	√	√		
	各部分的驱动链条松紧度未调好		√	√	
	发动机调速器未调好			√	

为防止和消除施工中可能发生的各种质量缺陷,应注意以下几个方面。

(1)下承层表面

在有波浪形不平整的下承层表面摊铺,不必考虑铺层厚度的均一性,实际的混合料用量比理论计算的多。因为即使摊铺表面很平整,在碾压后仍会出现类似于下承层的波浪。如果下承层波浪起伏较大,应在凹陷处预先铺上一层混合料并予以压实。下承层凹陷特别严重时,因该处所需混合料比普通路段大许多,可能会严重影响路面平整度。

①对于凹陷量在10~20mm以上的,可采用预先填补法,用沥青混合料先填实,保证平整

度(用3m直尺测量,其间隙在3mm以下)和一定的密实度,然后再摊铺。

②对于凹陷量在10mm以下的,用填补法填平,但应保证填补处良好的结合,否则应对其进行挖坑处理,再将挖坑用混合料填平,同样应保证填补处的平整度和密实度。

③对于凹陷量较小(在5mm以下)的,可不予处理,但应保证摊铺平滑过渡,特别在摊铺机履带和基准行走位置,不应有凹凸不平现象。

④如果下承层为上凸式缺陷的,可采用铣刨机铣刨、磨光机磨削处理至用3m直尺测量的最大间隙为2mm,并保证路面一定的粗糙度。

(2)摊铺速度

摊铺机本身的调整和操作对摊铺质量影响很大。摊铺机速度的改变会导致摊铺厚度的变化,一般同一铺层应保持恒定的摊铺速度。速度加快时,为保持恒定的摊铺厚度,厚度调节器应稍微向增加厚度方向(一般为向右)转动,速度减慢时,则稍微向减少厚度方向转动,其调整量还应根据混合料种类的不同而不同。转动厚度调节器时,每次不应超过1/4圈。

(3)熨平板

熨平板底面磨损或严重变形时,铺层容易产生裂纹和拉沟,故应及时更换。有时熨平板的工作迎角太小,会使铺层两边形成裂纹或拉沟,这时应调整熨平板的前缘拱度,并在试铺过程中多次调整。如果多次调整仍不能消除上述缺陷,就应更换熨平板的底板。

(4)振捣梁

振捣梁起捣实混合料的作用,捣实的混合料对熨平板有一定的支承,如果振捣器调节不当,会改变混合料对熨平板的支承力,使铺层厚度和平整度发生变化。振捣梁的底面比熨平板底面低得太多时,熨平板的边缘容易黏附混合料,这样熨平板底面就不能全部用来压实混合料,从而使铺层形成裂纹和拉沟。如果振捣梁底面过高,将加快熨平板底面磨损,振捣梁的底面应调整到比熨平板底面低0.4~0.5mm为宜。

(5)混合料性质

沥青混合料的性质也是影响摊铺质量的主要原因之一,混合料的性质不稳定,易使摊铺厚度发生变化。如温度过高、沥青量过多、矿粉掺量过多等都会使铺层变薄。

①混合料中的沥青与矿粉过量会减小其承载能力,所以熨平板的工作迎角应增大,使铺层增厚一些。这种混合料还容易受温度的影响,一般温度应控制在140~160℃的范围内,当高于此范围时,混合料变软而支承力大大降低;温度过低时,混合料又会变硬。此外,在混合料搅拌以及运输过程中,如果管理不当会使其性质发生变化,从而影响铺层厚度。所以,此时应根据混合料性质的变化而及时改变熨平板的工作迎角。此种变化可从铺层厚度突然变化中觉察到。含沥青、矿粉及粒径小于0.074mm的颗粒较多的混合料都较难摊铺,摊铺过程中铺层厚度变化也较频繁,亦应给以足够的重视。

②混合料的配比不当会产生全铺层的裂缝,因为振捣梁在摊铺过程中对混合料进行捣实的同时,还要将它向前推移,如果混合料大颗粒过多,会出现全铺层的裂缝。为了消除这种裂缝,有时可将熨平板加热进行热熨,但大多数情况需要改变混合料的配合比。

③当矿料中的大颗粒尺寸大于摊铺厚度时,摊铺过程中该大颗粒将被熨平板拖着滚动,使铺层产生裂纹、拉沟等,因此应严格控制矿料粒径。有时在摊铺层表面有个别超尺寸颗粒被熨平板带动形成小沟,或在摊铺层表面有少数超尺寸颗粒因被熨平板带动而在其后面形成小坑洞。对于表面的这类缺陷,可人工及时剔除个别大料并用适量的细沥青混合料填补予以消除。消除这类缺陷的根本方法是分析拌和厂超尺寸颗粒进入混合料的原因,并予以消除。其原因

可能是热料二次筛分用的最大筛孔尺寸偏大，也可能是最大筛孔尺寸的筛网有破洞或其周边有较大缝隙。

(6)颗粒破碎

摊铺机后面局部一块面积或一条较宽带内沥青混合料中的大碎石被击碎，其原因是下层的平整度不好，此一块或一条较宽带的下承层高程超出容许误差过多，致使该处摊铺层过薄以及混合料中矿料粒径过大，应将大碎石被击碎的混合料铲除，人工用合适的沥青混合料补齐并平整。

(7)明显的粗细颗粒离析现象

离析现象（主要是粗料集中）有片状的也有条状的。表面粗料集中处由于粗料周围没有足够的细集料，通常空隙率大，雨水容易透入，表面层上的粗料集中处在快速行车荷载作用下容易遭到破坏。因此，应重视消除离析现象，特别是表面层的离析现象。

产生离析现象的原因较多，沥青混合料中矿料的粒径愈大，愈容易产生离析现象。离析严重时，应分析原因，特别是拌和机振动筛网是否破损，若出现串料现象或原材料级配变异太大，应立即采取措施予以解决。另外，沥青混合料向自卸车车厢内装载时，混合料下落的高度愈大，大碎石愈容易流到料堆的四周下部。如果混合料下落到车厢的固定位置，料堆愈高，其四周的大碎石愈多，故在摊铺机受料斗中，通常两侧大碎石较多。卸料车开离摊铺机后，如摊铺机受料斗两块侧板竖起较晚，则侧板上大碎石较多的混合料集中在仅有很少混合料的送料链板上，此时，如下一车料又未能及时向受料器喂料，链板将把大碎石较多的混合料输送到分料室。上述种种现象都是产生片状离析现象的根源。

条带状离析现象有时只有1条，有时可能有2～3条以上。产生条带状离析现象的根源主要与摊铺机的螺旋分料器和熨平板安装不协调，或出现一些问题（如掉一个螺丝）及与螺旋分料器的固定杆有关。

摊铺机后面的离析现象，特别是表面层的离析现象应该及时人工补撒适量的细沥青混合料予以补救。

(8)桥面等结构物处的接茬处理

在目前高等级公路施工中往往可能遇见桥面水泥混凝土高程比下面层高的情况（如高出10mm），若按设计图纸施工，沥青下面层在桥面搭板处将产生台阶，从而影响路面质量。此时，应采用提高搭板处下面层高程的方法进行施工，即在桥面搭板接茬处，使下面层和桥面高程一致。下面层高程差(10mm)的过渡区为3～5m，采用此方法施工，既可满足规范要求，又能提高桥面接茬处的沥青混合料摊铺质量，保证路面平整度。

对于桥面等结构物上严重不平整的地方，可参照其他路段对其凹陷处进行处理，处理过程中应保证填补料与原下承层之间的结合以及处理后的平整度和密实度，保证摊铺时缺陷处的铺层质量。

(9)其他因素

如果轮胎摊铺机胎压超限（一般正常为0.5～0.55MPa），则摊铺机易打滑；若气压过低，机体会随受料质量变化而上下变动，使铺层出现波浪。履带式摊铺机履带松紧超限将导致摊铺速度发生脉冲，进而使铺层形成搓板。履带或轮胎的行驶线上因卸料而撒落的粒料未消除，该部分摊铺厚度也易突变。被顶推的料车刹车太紧，或位于上陡坡，将使摊铺机负荷增大，或料车倒退撞击摊铺机或单侧轮接触、另侧脱空等会引起速度变化或偏载，使铺面出现凸棱。施工中往往第一、二车料质量较差，需注意取舍或调剂使用。自动熨平板装置在运用中，挂线不紧,中间出现挠度,也会引起铺层波浪。采用冷接茬法摊铺时,其纵向接缝由于密实度不够,行车不久往往会产生坑洼闭口裂缝,因此必须注意接缝的重叠量,并在前一条摊铺带未被弄脏或变形之前摊铺后一条。以上这些因素,若能在施工中加以注意,缺陷是能够避免的。

第三节　沥青混合料的压实

压实是沥青路面施工的最后一道工序,是保证沥青混合料质量、物理力学性质和功能特性符合设计要求的重要环节。合适的碾压,既能使沥青面层达到高密实度,又具有良好的平整度。

沥青混合料的密实度越大,空隙率越小,其稳定度、抗拉强度和劲度就愈大,因而其疲劳寿命也越长,在使用过程中产生的压缩变形也就越小,抗车辙能力愈强。如果压实不足,面层初期的空隙率过大,不仅加速沥青混合料的老化,而且初期的透水性也愈大,在不同季节会带来各种不良后果,因此,施工时要尽可能达到较高的压实度。但是沥青面层也不能过压,否则会使矿料破碎并使压实度降低或导致空隙率过小,高温季节易出现泛油和沥青路面结构失稳,降低路面的强度和稳定性。因此如何压实对保证路面质量特性非常重要。

一、混合料压实的影响因素

影响沥青混合料路面压实的因素可概括为图 6-14 所示。

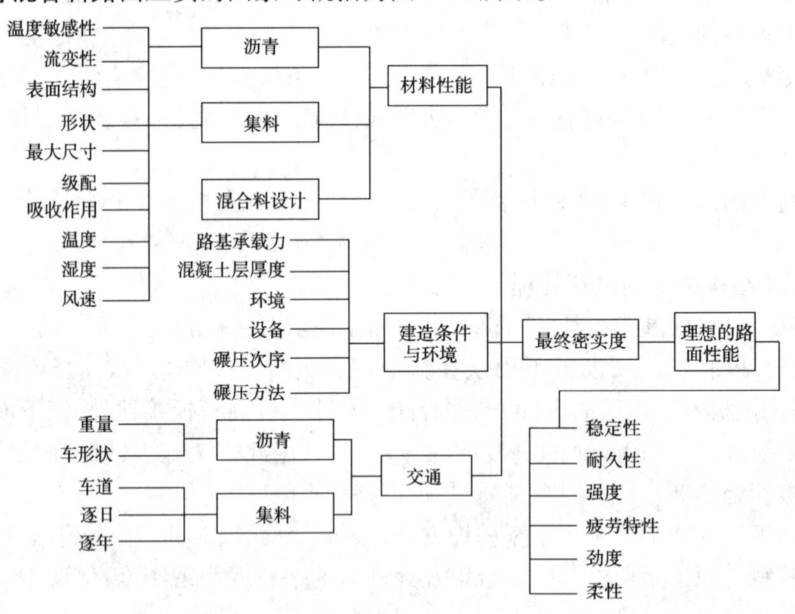

图 6-14　影响沥青混合料路面压实的因素

1. 材料性能

(1)集料性能

为达到理想的压实度,粗集料和细集料的一些性质是非常重要的,如颗粒形状、棱角、吸水率和表面构造。级配混合料的最大集料尺寸、粗集料比例、砂用量、矿粉用量和类型等都会对沥青混合料的压实度有影响。

在其他指标相同的情况下,从粗到细均匀级配的混合料比单一尺寸级配混合料或间断级配混合料较易压实。粗集料比例大的沥青混合料，必须显著增大压实力，才能获得所需的空隙率。另一方面，多砂的或细级配沥青混合料极可塑，在压实作用下趋于推挤且难以压实。

不同的填料类型对沥青混合料的压实度有显著影响，如图6-15所示。从图中可以看出在其他条件相同的情况下，普通硅酸盐水泥填料沥青混合料比石灰岩矿粉沥青混合料易于压实。

(2)沥青黏度

沥青黏度影响沥青混合料劲度，并与混合料的可压实性有关。当压实沥青混合料时，高黏度往往会牵制颗粒移动。如果黏度太低，压实时集料颗粒容易移动。当沥青混合料较热时，沥青充当克服集料颗粒间摩阻力的润滑剂；在混合料已冷却时，沥青充当结合集料颗粒的结合料。一般说来，在规定的135℃时，沥青黏度越高，混合料减少空隙率的抵抗力越大。因此，使用高黏度沥青时，采用较高压实温度是减少黏度、促进沥青路面可压实的必要手段。

图6-16表示沥青黏度对沥青混合料压实度的影响。从图中可以看出，在给定的温度下，低黏度沥青比高黏度沥青达到的密实度高，通过升高压实温度，高黏度沥青能达到与低黏度沥青一样的压实度。

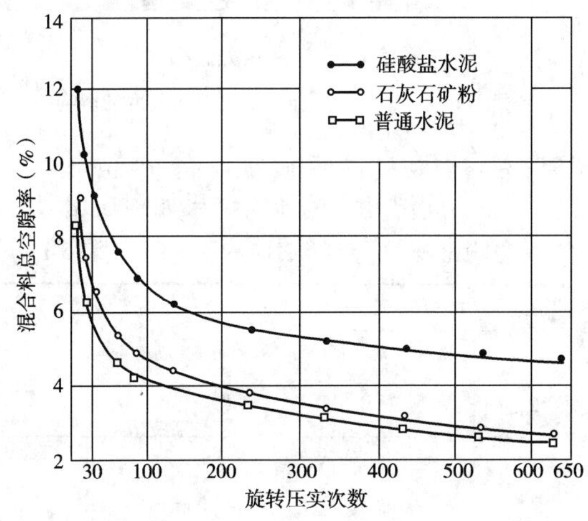

图6-15 不同填料类型对沥青混合料压实度的影响

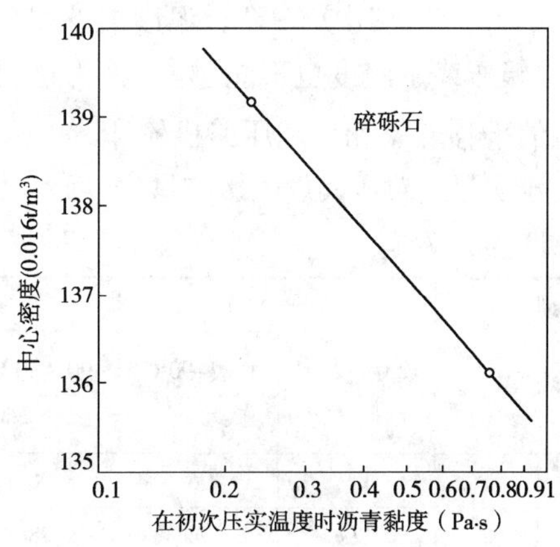

图6-16 沥青黏度对沥青混合料压实度的影响

(3)混合料的性能

事实上，沥青混合料性能更大程度地影响沥青路面压实，这种影响甚至比单纯集料或沥青更明显。

沥青混合料中沥青用量较低时，易形成干涩、粗糙的混合料，这种混合料往往难于压实；沥青用量太大时，可形成过度润滑混合料，使混合料在压路机作用下，形成不稳定且可裂的混合料。对于略低于最佳沥青用量的混合料可以通过增加压实过程的效率来减少空隙率，达到一种满意的程度；但如果沥青用量高于最佳沥青用量时，在压实时几乎不能防止沥青混合料的塑性变形。

如果集料在烘干时含水率未达到规范最小值的要求，这种湿的沥青混合料，在压实过程中呈现移动的倾向，结果很难进行压实施工。

2. 温度影响

温度对沥青混合料压实的影响也非常显著，只有掌握温度对压实性能的影响规律，才能保证压实效果和使用性能的要求。

(1)初压温度的确定

沥青的黏度受温度的影响而变化,不同沥青的黏度受温度的影响也不同。初压时混合料温度过高或过低都应避免,当碾压温度过高时,沥青黏性低,混合料易错位和活动,推移现象较严重,还容易出现裂纹。当碾压温度过低时,沥青黏度高,又难以压实,如过度碾压,就会出现开裂现象。因此,在实际工作中,应根据所使用的沥青,采用赛氏黏度计进行黏度试验,求出黏度—温度关系图,并以此来确定其合适的初压温度。

(2)碾压终了温度的确定

关于碾压终了温度,美国曾做过大量施工调查,认为在大多数情况下,碾压温度介于 82 ~ 110℃之间。从野外观察路面损坏情况,发现在 80℃以下压实的路段剥落破坏现象最为严重。美国还做了大量的室内试验,图 6-17 是同种混合料在不同温度下的马歇尔压实试验结果。从图中可以看出,压实温度在 65℃以下时,不能达到规定压实度 96% 以上的要求;压实温度 80℃以上时,压实度在 97% 以上,能达到规定压实度要求。

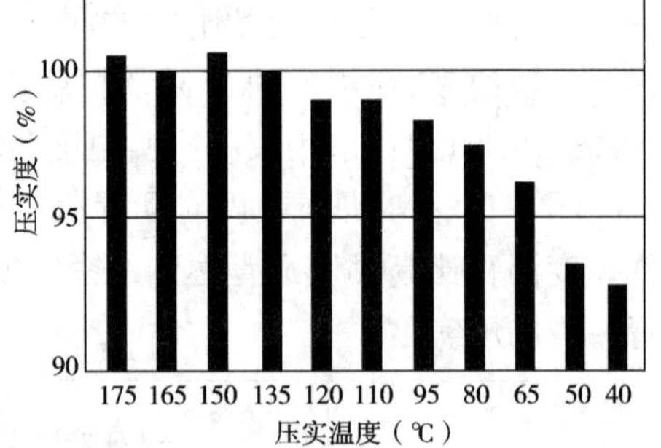

图 6-17　压实温度对压实度的影响

尽管愈高的压实(碾压)温度能够得到更高的压实度,但碾压终了温度也不能过高,因为这时还会出现混合料的推移现象和出现压路机轮印,如不继续碾压,无法消除这种推移和压路机的轮印。

压实温度对压实度的影响见表 6-11。沥青混合料在不同温度下的压实结果如图 6-18 所示。

压实温度对压实度的影响比较　　表 6-11

路段	点号	初压(%)		复压(%)		终压(%)	备　注
		125 ~ 120℃ 静压 2 遍	100 ~ 90℃ 振动 2 遍	90 ~ 80℃ 振动 2 遍	80 ~ 70℃ 胶轮 2 遍	70 ~ 65℃ 静压 2 遍	
A 段	1	91	96	96	96	略	1. 中粒式沥青混合料,厚 5cm; 2. 施工日气温 32℃,东南风 2 ~ 3 级; 3. 为便于比较,压实度平均值保留到小数点后一位
	2	89	94	98	98		
	3	88	93	95	96		
	4	87	93	94	96		
	5	89	92	95	95		
	6	88	94	96	96		
	7	89	95	96	96		
	平均	88.7	93.9	95.7	96.1		
B 段	1	90	93	98	99	略	
	2	94	97	97	97		
	3	89	95	99	99		
	4	88	96	98	10		
	5	87	94	96	97		
	6	87	94	96	97		
	7	88	94	97	98		
	平均	88.6	94.4	97.3	98.1		

3. 施工影响

(1)环境

一般认为,普通沥青混合料在施工期间,想要在80℃条件下减少空隙率,显得较为困难。在沥青混合料表面温度降到80℃之前,若基层温度或厚度适于短时间碾压,可使用振动压路机,以达到一定的压实效果。

对一般沥青混合料,大于150℃以上的高摊铺温度,可能有利于压实,但从耐久性观点来看,有可能降低沥青混合料的性质。

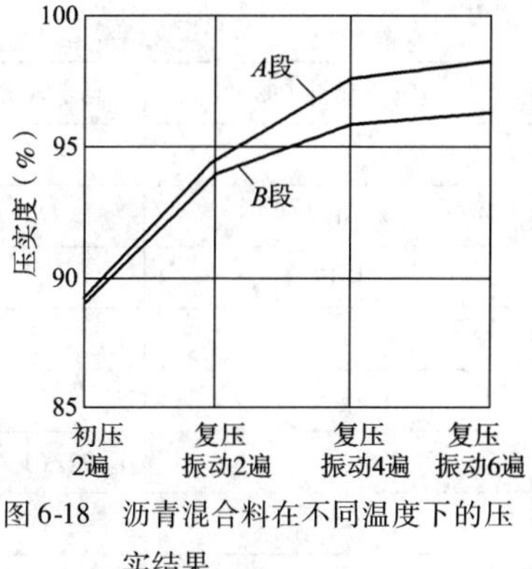

图6-18 沥青混合料在不同温度下的压实结果

(2)面层厚度

沥青混合料路面的厚度,包含3层含义:一是压实面层的绝对厚度;二是与混合料中集料最大粒径有关的厚度;三是厚度均匀性。

一般而言,面层越厚,混合料冷却速度越慢,在温度下降到停止碾压以前,用于压实的有效时间也就越长;面层越薄,热损耗越快,这就大大减小了压实的有效时间。

当力求达到所需的压实度时,集料的最大粒径和面层厚度之间的关系很重要。从密度和平整度来看,集料的最大粒径一般不能超过其厚度的一半。

面层厚度的均匀性关系到在面层中能够达到密度的均匀性。

(3)路基的承载力

通常情况下,路基承载力越高,面层越密实。

二、压实度的控制标准

我国现行规范《公路沥青路面施工技术规范》(JTG F40—2004)中对沥青混合料的施工压实度要求是,以当天拌和厂取样试验的马歇尔试件密度为标准密度,通常以4~6个马歇尔试件密度的平均值作为该批混合料摊铺路段压实度计算的标准密度使用。每2000m^2检查1组,逐个试件评定并计算平均值,使其密度不低于实验室标准密度的97%,或不低于最大理论密度的93%,或不低于试验段密度的99%。对于SMA等混合料,由于马歇尔试件是双面击实50次,相应的要求值有所提高,分别为98%、94%和99%。

根据美国1986年的调查,美国有44%的州采用最大理论密度作为标准密度,38%的州采用试验室马歇尔密度作为标准密度,有12%的州采用试验路密度作为标准密度,有6%的州采用现场马歇尔密度。对应采用的压实度标准为:①实测最大理论相对密度的92%(有的州为93%);②试验室马歇尔密度的96%;③试验路钻孔密度的99%。实际上前两个标准可以互相换算:最大理论密度ρ_{max}和马歇尔密度ρ_{ms}。钻芯试件的实测密度为ρ_d,则按马歇尔密度计算的压实度K_1与按最大理论密度计算的压实度K_2之间有下列关系:

$$K_1 = \frac{K_2}{1 - V_V} \text{或} K_2 = \frac{K_1}{1 - V_V}$$

其中关键是混合料的设计空隙率V_V。两个压实度标准等效的条件是$V_V = 4.17\%$。表6-12是对这两个标准进行的对比。

压实度控制标准对比 表 6-12

设计空隙率(%)	马歇尔密度控制 K_1(%)	最大理论密度标准控制 K_2(%)	路面实际空隙率(%)
2	96	96% ×(1 -0.02) =94.08	5.92
4	96	96% ×(1 -0.04) =92.16	7.84
4.17	96	96% ×(1 -0.0417) =92.00	8.00
6	96	96% ×(1 -0.06) =90.24	9.76
8	96	96% ×(1 -0.08) =88.32	11.68
2	92/(1 -0.02) =93.87	92.00	8.00
4	92/(1 -0.04) =95.83	92.00	8.00
4.17	92/(1 -0.0417) =97	92.00	8.00
6	92/(1 -0.06) =97.87	92.00	8.00
8	92/(1 -0.08) =100	92.00	8.00

从表 6-12 可看出,当设计空隙率小于 4.17% 时,要求压实度为马歇尔密度的 96%,意味着比控制最大理论密度的 92% 要高;相反,当设计空隙率大于 4.17% 时,要求压实度为马歇尔密度的 96%,意味着比控制最大理论密度的 92% 要低。例如当空隙率为 8% 时,达到马歇尔密度的 96%,实际上只达到最大理论密度的 88.3%,此时,如果要求达到最大理论密度的 92%,则应该达到马歇尔密度的 100%。所以对设计空隙率大于 4% 的层次,规定马歇尔密度的 96% 的压实标准是偏低的,目前有些高速公路施工时,已同时采用马歇尔密度的 96% 和理论最大密度 92% 进行双指标控制。也有些工程已经将压实度标准从 96% 提高到 97% 或 98%。但简单地提高压实度标准,例如从 96% 提高到 97%,虽然解决了一些问题,但要真正的解决这一问题,必须用最大理论密度即路面实际空隙率来控制路面压实度。现在美国逐步推广 Superpave 混合料体积设计方法,该方法采用最大理论密度作为压实标准,即保证压实度不低于最大理论密度的 92%。原来用马歇尔密度指标作为压实度控制标准,因马歇尔密度是变动的,所以得出的实际空隙率是一相对指标;而采用最大理论密度控制后,路面实际的空隙率却是较为固定的,所以更加趋于合理。《公路沥青路面施工技术规范》(JTG F40—2004)中仍保留原有规范的控制方法只是一种过渡,客观地说,用最大理论密度控制压实质量更加合理。

目前在我国高速公路沥青路面施工中,压实不足是一个比较突出的问题,除了上述我国过去规范对压实度的要求规定存在缺陷以外,另一个重要原因是片面追求平整度或担心表面构造深度达不到要求,从而造成压实不足。有些工程不按照规范要求的方法测定压实度,即标准密度取值不合适,有的使用表观密度,有的采用毛体积密度,二者计算的空隙率差别较大,或随意调整标准密度,片面追求平整度,放松对压实度的控制。有些工程担心影响平整度和构造深度而不用振动压路机,或轮胎压路机压实温度偏低,或使用的轮胎压路机的吨位偏轻(国外一般大于 25t)。这些工程的共同点是通车以后路面平整度迅速衰减,面层压实变形明显。因此应该明确,平整度固然重要,但压实度更重要,必须在确保压实度的前提下提高平整度。一些工程由于片面追求平整度,造成压实不足,导致路面早期损害,其教训是惨痛的。

三、压实机械的选型与组合

1. 压实机械分类

目前,用于沥青面层碾压的压路机按碾压轮形式主要可分为光面钢轮压路机、轮胎压路机和振动压路机等,按作用力的方式可分为静力作用式和振动作用式。

(1)光面钢轮压路机

这种压路机按轮数可分为双轴双轮式、双轴三轮式和三轴三轮式等。按质量可分为特轻型(0.5~2t)、轻型(2~5t)、中型(5~10t)、重型(10~15t)、特重型(15~20t),有的重达25t以上。

其中双轴双轮式压路机前后各有一个轮子,根据结构要求,转向轮可为分开式,也可为整体式,其质量有1.0~1.2t。这种压路机通常较少,仅作为辅助设备,但它具有较好的压实适应性,能在摊铺层上横向碾压,产生较为均匀的密实度。

双轴三轮式压路机前面是一个较小的从动轮,后面有两个较大的驱动轮,质量2.5~16t,常用于沥青混合料的初压。三轴三轮压路机有三个等宽的碾压轮,分别在刚性机架的前、中、后三根轴上,作业时可以根据被压层表面的不平程度自动地重新分配各碾压轮上的负荷来压平铺层的凸起部分。该种压路机大多为重型,主要用于平整度要求高的高等级公路路面的压实。目前使用较多的是带振动的双钢轮压路机和重型双钢轮压路机。

(2)轮胎压路机

轮胎压路机根据其大小,可装5~11个光面橡胶轮,这些橡胶轮通常具有改变轮胎压力的性能,其工作质量一般为5~30t。目前,施工中常用的是前5轮后6轮9~16t胶轮压路机,轮胎压力为500~620kPa。由于充气轮胎的弹性变形,轮胎压路机工作时除有静力压实作用外,还产生揉压(剪切压实效果)作用。轮胎压路机可用来进行接缝处的预压、坡边预压、消除裂纹、薄摊铺层的压实等。

在对两侧边做最后压实时,能使整个铺层表面均匀一致,而对路缘石的擦边碰撞破坏比钢轮压路机要小得多。但是,当铺层温度仍较高时(>80℃),轮胎压路机不能做终碾,因为这时还会留有轮胎印痕,还需要由轮胎压机不停地碾压,直到达到70℃以下,不会再出现新的印痕并消除了前面留下的印痕为止。鉴于这个时机和温度不容易掌握,因此目前多用静压压路机做最终碾压。

国内外的文献和实践证明,轮胎压路机具有几大优点:具有特别好的搓揉作用、密水性效果好、碾压均匀、不需要洒水、不会出现发裂、能比刚性碾达到更大的密实度、不如振动碾那么操作难度大、有较大的温度适应范围等。所以在欧洲和日本,轮胎压路机使用最普遍。近年来,我国开始重视采用大吨位轮胎压路机,或者采用轮胎压路机和振动压路机组合碾压,对防止水损坏已经起到了明显的效果。

(3)振动压路机

振动压路机的压实能力是由压路机的自重和钢轮的振动共同产生的。沥青路面施工常用的振动压路机质量在7~18t之间,激振力在150~300kN之间。一般振动压路机可分为单碾压轮式振动压路机和双碾压轮式(串联式)振动压路机。单轮振动压路机是前面有一个振动轮,后面是2个橡胶驱动轮,有的机型前轮也是驱动轮。这种压路机由于轮胎的印花较深,本身的自重和激振力也较大,因此只用作复压使用,并且一般也只用于下面层和中面层施工。双轮振动压路机一般靠两个轮共同驱动,有单轮振动和双轮振动2种,具有可调的振频和振幅。其转向系统有铰接转向、前轮转向和前后轮偏移的铰接转向。由于前后轮偏移的铰接转向具有减少转弯中损坏路缘石的危险,以及在弯道时只需注意一个轮子方向的优点,所以目前使用最为广泛。

振动压路机的振动由附装在旋转轴上的偏心重引起,轴的转速决定着振动的频率;偏心重的质量、至轴心的距离以及滚筒的质量决定着振动的标称振幅。

图 6-19 对频率和振幅作了表示。频率的定义是每分钟的循环次数,亦即 1min 偏心重旋转的周数,可用 $1/T$ 表示。当压路机向前行走时,碾压轮的振动对其碾压的路面产生了连续的冲击力,每分钟冲击的次数则等于振动频率。

振幅的定义是偏心重旋转一周中滚筒上下总移动量的一半,用毫米(mm)表示。压路机向碾压路面产生冲击时,滚筒距其静止位置的理论最大偏差称为标称振幅。标称振幅是假设了滚轮在完全弹性的表面上振动,实际上沥青混合料并不是完全弹性的,所以其实际振幅要比标称振幅稍大。

振动压路机由于其振动产生的冲击力,使得单位线压力大大提高,并且当振动压路机对一表面连续地快速冲击时,相同频率的压力波穿入材料层内,还会使材料的颗粒发生移动,重新进行排列而使之更密实,所以振动压路机比其他压路机有更好的压实效果。这一点从图 6-20 的研究成果也可得到证实。此外还可看出,单靠轮胎压路机无法使铺层压实度达到 95% 以上,而用振动压路机碾压 2 ~4 遍就可使其达到 96% ~98%,因此振动压路机是沥青路面复压的最好机型。

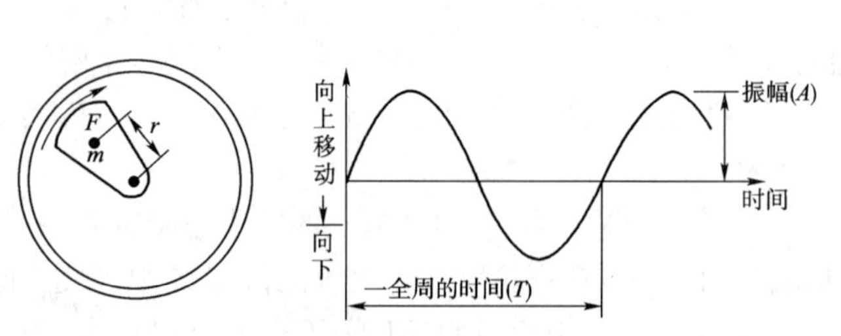

图 6-19 旋转偏心重及频率和振幅的表示
r-偏心矩;m-质量;F-偏心重

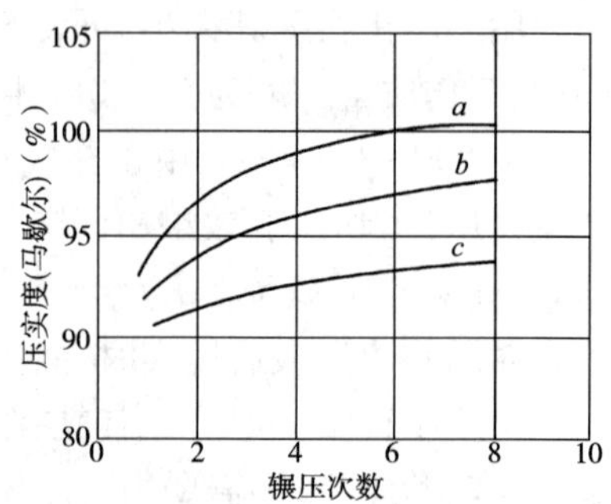

图 6-20 在 3.5cm 厚沥青混合料上的压实试验
a-10t 双轮振动压路机;b-10t 静力三轮压路机;c-17t 轮胎压路机

(4)组合式压路机

组合式压路机是轮胎压路机和振动压路机的一种组合形式,由一个振动轮和 3 ~4 个充气橡胶轮组成,其中橡胶轮可安装在前面,也可在后面。该组合本来是想将胶轮压路机和振动压路机的优点结合起来,但实际应用中发现并未取得预想的效果,只有经过适当的选择和运用时,方可取得有效的效果。

2. 压实机械的选型与组合

实际工作中,需结合摊铺机的生产率、摊铺厚度、混合料特性和施工现场的具体条件等因素综合考虑来选择压路机的种类、大小和数量。

一般摊铺机的生产效率决定了需要压实的能力,从而影响压路机的大小和数量。而混合料的特性则是选择压路机吨位大小、最佳频率与振幅的主要依据。比如,混合料矿料含量增多、公称最大粒径增大或沥青稠度增高,都会明显降低压路机的工作效率,要达到理想的压实效果,必须采用较大压实能力的压路机。下面是压路机形式选择的一般原则。

①对于沥青混合料,振动压路机比普通静力压路机具有更好的压实效率,组合式的振动—轮胎压路机的压实效果比有同样振动特性的单一钢轮振动压路机的压实效果好,因此,大多数国家都有双轮振动压路机或使用组合式振动压路机的趋向。但钢轮压路机容易

压碎沥青混合料中较大粒径集料，并将外露集料顶面的沥青膜磨去，而轮胎压路机不易将大料压碎，也不易将外露集料顶面的沥青膜破坏，因此，轮胎压路机是沥青面层不可缺少的压实机械。

②使用两种不同的压路机，即首先用振动压路机，接着用轮胎压路机，能取得较好的压实效果。

③混合料中粗集料含量多、最大尺寸较大，或沥青稠度高，都会使其工作性下降，需要具有较大压实能力的压路机。

④使用振动压路机时，在一定范围内增加线压力可以改善压实效果，对于大中型振动压路机，最佳静线压力范围为200～400N/cm，很多高速公路施工中均规定线压力不宜小于350N/cm。

⑤压实沥青混合料时最适用的频率范围为33～55Hz，最适用的振幅范围是0.3～1.0mm。为了适应沥青混合料不同压实厚度(25～300mm)的需要，振动压路机要能通过变化频率和振幅来改变振动强度，一般的振动压路机都具有较高的频率和可变的振幅。摊铺层厚度小于6cm时最好使用振幅为0.35～0.6mm的中小型振动压路机(2～6t)，从而避免材料出现推波浪、集料压坏等现象；在压实较厚的摊铺层(大于6cm)时，使用高振幅(0.6～1.0mm)的大、中型振动压路机(6～10t)，但目前很多高速公路施工均规定每层沥青混合料的压实厚度需小于10cm。

⑥压路机的数量根据具体工程确定，工程开始时，由于混合料的冷却速率、碾压次数及其他因素等难以确定，只有在试摊铺时通过仔细观察、测量、试验并依据以往工程经验才能得出。在混合料温度、厚度、下承层温度变化的条件下，通过对混合料冷却速率的研究表明：利用温度参数可以准确估算有效压实时间，即混合料从摊铺后的温度冷却至最低压实温度所需的时间，再根据摊铺速度、宽度和要求的碾压次数确定压路机的需要量。高速公路铺筑双车道沥青路面的压路机数量不宜少于5台。

压实机械的选型在已知摊铺机的生产率、混合料特性、摊铺厚度、摊铺层位、气候特点后即可基本确定。对于摊铺厚度为3～7cm的沥青路面，可以参照表6-13选型。

压实机械选型参考标准 表6-13

碾压流程	上 面 层	中、下面层
初压	8～10t双钢轮，或6～8t双钢轮，或静压自重7～10t双钢轮铰接转向振动压路机	8～10t双钢轮，或6～8t双钢轮，或静压7～10t双钢轮铰接转向振动压路机
复压	7～10t双钢轮铰接转向振动压路机和9～16t轮胎压路机	7～10t双钢轮铰接转向振动压路机和9～16t轮胎压路机或8～18t轮胎钢轮振动压路机和9～16t轮胎压路机
终压	8～10t双钢轮，或6～8t双钢轮，或静压7～10t双钢轮铰接转向振动压路机	2Y8～10t双钢轮，或2Y6～8t双钢轮，或7～10t双钢轮铰接转向压路机或9～16t轮胎压路机

注：静压指关闭振动装置的无振碾压。

实际上条件允许时，施工中应考虑选择多用途的压实机械，以便于一个作业面的配合，减少设备的调迁，便于维修保养和管理。对摊铺厚度为3.5～7.0cm的沥青路面，所选择的压路机型应以质量7～10t的双钢轮铰接转向振动压路机和9t轮胎压路机最好。这样既能用于上面层又能用于中、下面层，既能用于初压又能用于复压和终压。

四、碾压作业程序

沥青混合料面层碾压通常分为初压、复压和终压3个阶段。初压的目的是整平和稳定沥青混合料，为复压创造有利的压实条件，是路面压实的基础，此时应注意压实的平整性；复压的目的是使混合料密实、稳定、成型，混合料的密实程度主要取决于这一工序，因此必须与初压紧密衔接，且一般采用重型以上的压路机；终压的主要目的是消除轮迹，最后形成平整的压实面，此时不宜采用过重的压路机进行碾压。碾压时，一般要有专人负责，并在开工前对压路机手进行培训交底，压路机每天应在正式开铺之前，做好加油、加水、维修、调试等准备工作，严禁压路机在新铺沥青路面上停车、加油、加水。当确实必需时，应在头一天施工的路段上，以及在桥涵顶面处进行，但在加油时严禁将油滴洒在沥青路面上。

1. 初压

初压又称为稳压。由于沥青混合料在摊铺机的熨平板前已经过初步整击压实，而且刚摊铺的混合料温度较高，常在140℃左右，因此只要较小的压实功就可以达到较好的稳压效果。通常用6～8t的双钢轮压路机或6～10t振动压路机，前进时（关闭振动装置）以2km/m左右的速度静压1～2遍，一般不采用普通轮胎压路机初压。初压温度在正常施工条件下一般为120～140℃，低温施工时还要高10～15℃。碾压时驱动轮静压匀速前进，后退时沿前进碾压时的轮迹行驶并可振动碾压。也可用组合式钢轮—轮胎压路机（钢轮在接近摊铺机端）初压，前进时匀速静压，后退时沿前进碾压时的轮迹行驶并可振动碾压。初压后检查平整度、路拱，必要时予以修正。如在碾压时出现推移，可待温度稍低后再压，如出现横向裂纹，应检查原因并及时采取纠正措施。

2. 复压

复压是压实的主要阶段，应在较高的温度下紧跟初压进行，不得随意停顿，复压期间的温度不应低于120～130℃。压路机碾压段的总长度应尽量缩短，通常不超过60～80m。采用不同型号的压路机组合碾压时，宜安排每一台压路机做全幅碾压，防止不同部位的压实度不均匀。

复压是整个压实过程中的关键，压路机的选用十分重要。不同的压路机具有不同的特点，与压实层厚度关系密切。薄压实层适宜于采用静态的刚性碾，不宜用振动压路机，而轮胎压路机可以适宜于不同厚度的压实层。对沥青黏度较大或者较厚的压实层，静态的刚性碾可能难以达到要求的压实度。近年来国外不断出现一些较重型的压路机，甚至有30t以上的振动压路机。有的压路机吨位太大，为了防止石料压碎，而在压路机上套上靴子。在法国，要求轮胎压路机的吨位能保证每个轮胎不小于5t，日本为了增加轮胎压路机的压强，减少轮胎的数目到只有5～7个。相比之下我国国产的轮胎压路机吨位轻，轮数多，压实效果将受到影响。

密级配沥青混合料的复压宜优先采用重型的轮胎压路机进行搓揉碾压，以增加密水性，其总质量不宜小于25t，吨位不足时宜附加重物，使每一个轮胎的压力不小于15kN；冷态时的轮胎充气压力不小于0.55MPa，轮胎发热后不小于0.6MPa，且各个轮胎的气压大体相同；相邻碾压带应重叠1/3～1/2的碾压轮宽度，碾压至要求的压实度为止。对粗集料为主的较大粒径的混合料，尤其是大粒径沥青稳定碎石基层，宜优先采用振动压路机复压。厚度小于30mm的薄沥青层不宜采用振动压路机碾压。振动压路机的振动频率宜为35～50Hz，振幅宜为0.3～0.8mm，层厚较大时选用高频率大振幅，以产生较大的激振力，厚度较薄时采用高频率低振幅，以防止集料破碎。相邻碾压带重叠宽度为100～200mm。振动压路机折返时应先停止振动，当采用三轮钢筒式压路机时，总质量不宜小于12t，相邻碾压带宜重叠后轮的1/2宽度，并不应少于200mm。

对路面边缘、加宽及港湾式停车带等大型压路机难于碾压的部位，宜采用小型振动压路机或振动夯板作补充碾压。

3. 终压

由于终压要消除复压过程中表面遗留的轮迹，又要保证路面的平整度，沥青混合料也需要在较高但又不能过高的碾压温度下结束碾压。终压结束时的温度应符合表6-4和表6-5的规定。通常，在一般公路路面施工中，终压结束时的温度不应低于60～90℃，在高速公路中，尤其是采用了改性沥青后终压结束时的温度最好不低于100℃。终压常使用静力双轮压路机并应紧接在复压后进行，碾压次数不宜少于2次，至无明显轮迹为止。

不同压路机在初压、复压和终压3个阶段的碾压速度见表6-14。

碾压速度(单位:km/h)　　表6-14

压路机类型	初压		复压		终压	
	适宜	最大	适宜	最大	适宜	最大
钢轮压路机	2～3	4	3～5	6	3～6	6
轮胎压路机	2～3	4	3～5	6	4～6	8
振动压路机	2～3(静压或振动)	3(静压或振动)	3～4.5(振动)	5(振动)	3～6(静压)	6(静压)

4. 压实方式

碾压时应将压路机的驱动轮面向摊铺机，从外侧向中心碾压，在超高路段则由低向高碾压，在坡道上应将驱动轮从低向高处碾压。碾压时压路机在横坡方向上应由较低边向较高处碾压，这样可使压路机以压实后的混合料作为支承边。三轮式压路机每次重叠宜为后轮宽的1/2，从而减少压路机前推料、起波纹等；双轮压路机每次重叠宜为30cm。

碾压过程中为保持被碾压路面在正常的碾压温度范围内，每完成一遍重叠碾压，压路机就要向摊铺机靠近一些，每次都压实到离开摊铺机大约20m左右才折返，随着摊铺机不断向前，压路机的折返点也跟着向前移动，这样也可避免在整个摊铺层宽度上，在同一横断面换向所造成的压痕，如图6-21所示。

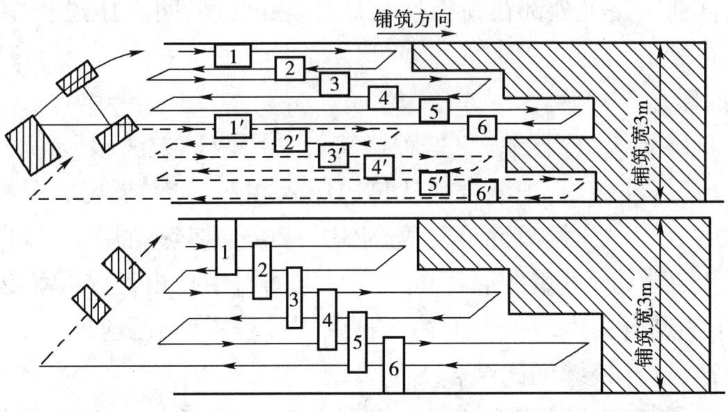

图6-21　压路机正常碾压顺序示意

注：图中数字为碾压序号。

变更压道时，要在碾压区内较冷的一端(远离摊铺机端)，并在压路机关闭振动的情况下进行。压路机每碾压一遍的末尾，若能稍微转向，就可将摊铺机后面的压痕减至最小。对未压实的边角，应辅以小型机具压实，如1～2t人工手扶小型振动压路机、人工夯具等。

5. 其他应注意的问题

为保证各阶段的碾压作业始终在混合料处于稳定的状态下进行,碾压作业时尚应按下述规则进行:

①先静压后振动碾压,最后再静压。

②碾压时驱动轮在前(靠近摊铺机),从动轮在后。

③后退时沿前进碾压的轮迹行驶,压路机折回的地点不在同一断面上,而是呈阶梯形;初压、复压和终压的回程不准在相同的断面处,前后相距不少于1m。

④压路机的碾压作业长度应与摊铺机速度相平衡,随摊铺机向前推进。

⑤碾压中,要确保压路机滚轮湿润,以免黏附沥青混合料,有时可采用间歇喷水,但应防止用水量过大,以免使混合料表面冷却。

⑥压路机不得在未碾压成型路段上转向、掉头、加水、停留、左右移动位置或突然制动和从刚碾压完毕的路段进出。

⑦当天碾压完成尚未冷却的沥青混合料面层上不得停放一切施工设备(包括临时停放压路机),以免产生变形;振动压路机在已成型的路面上行驶时应关闭振动;压实成型的沥青面层完全冷却后才能开放交通。

五、接缝与特殊路段碾压

1. 接缝处碾压

接缝碾压分为横向接缝碾压和纵向接缝碾压,是压实工序中的重要一环,其处理的好坏直接影响到路面质量。

(1)横向接缝的碾压

在纵向的相邻铺幅已经成型,必须做冷纵向接缝时,可先用钢轮压路机沿纵缝碾压一遍,大部分钢轮位于成型的相邻路幅上,在新铺层上的碾压宽度为15~20cm,然后再沿横向接缝进行横向碾压。横向碾压结束后进行正常的纵向碾压。

横向碾压时,先用双轮压路机在垂直于路面中心线的横向进行碾压,此时压路机应主要位于已压实的混合料层上,伸入新铺层混合料层的宽度不超过20cm,接着每碾压一遍向新铺混合料移动约20cm,直到压路机全部在新铺层上碾压为止。横向碾压过程中,有时摊铺层的外侧应放置供压路机行驶的垫木。

(2)纵向接缝的碾压

①热料层与冷料层相接(冷接缝)。这种接缝可采用两种方法碾压,第一种是压路机位于热沥青混合料上,进行振动碾压,把混合料从热边压入相对的冷结合边,从而产生较高的结合密实度;第二种是在碾压开始时,只允许轮宽的10~20cm在热料层上,压路机的其余部分位于已成型的冷料层上,碾压时过量的混合料从未压实的料中挤出,这样就减少了结合边缘的用料量,这种方法产生的结合密度较低。上述两种碾压过程中,碾压速度都应很低。美国偏向于采用第一种碾压方法,这样接缝间的结合更加紧密。

②热料层与热料层相接(梯队作业时)。这种接缝的压实方法是:先压实离热接缝中心两边大约10~20cm以外的地方,最后压实中间剩下来的一窄条混合料。这样,材料就不会从旁边挤出,并能形成良好的结合。

2. 特殊路段的碾压

特殊路段的碾压指小半径弯道、交叉口、路边、陡坡等处的压实作业。

(1)弯道或交叉口的碾压

在弯道或交叉口的碾压,应先用铰接转向式压路机作业,先从弯道内侧或弯道较低一边开始碾压(使较低的一侧混合料首先稳定,以形成支承边)。对急弯应尽可能采取直线式碾压(即缺角式碾压),并逐一转换压道,对缺角处用小型机具压实。压实中应注意转向同速度相吻合,尽可能开振动碾压,以减少剪切力。

(2)路边碾压

压路机在没有支承边的厚层上碾压时,可在离边缘30~40cm(较薄层时,预留20cm)处开始碾压作业。这样,就能在路边压实前,形成一条支承侧面,以减少沥青混合料碾压时铺层塌边。在接下来碾压留下的未压部分时,压路机每次只能向自由边缘方向推进10cm。

(3)陡坡碾压

在陡坡碾压时,压路机的很大部分作用力将向下坡方向,因而增加了混合料顺坡下移的趋势。为抵消这种趋势,除了下承层表面必须清洁、干燥、喷洒黏层沥青外,压实时应注意,先采用轻型压路机预压。无论是上坡还是下坡,压路机的从动轮始终朝着摊铺机方向,即从动轮在前,驱动轮在后(与一般路段碾压时相反)。这样做,从动轮起到了预压作用,从而使沥青混合料能够承受驱动轮产生的剪切力。如果采用振动压路机,则应先静碾,待混合料稳定后,方可采用低振幅的振动碾压。

陡坡碾压中,压路机的起动、停止、变速要平稳,避免速度过高或过低;此外,混合料温度不宜过高。

六、提高压实质量的关键技术

1. 合理确定碾压温度

实践证明,碾压温度是影响沥青混合料压实度的最主要因素。沥青混合料在规定的温度范围内,温度越高,塑性越大,越容易在外力作用下缩小其空隙和增加密实度,也越容易取得平整效果;而温度较低时,混合料间的阻力较大,碾压工作变得较为困难,且容易产生很难消除的轮迹,造成路面不平整。因此,在实际施工中,要求在摊铺后及时进行碾压。

沥青混合料的最佳碾压温度是指在材料容许的温度范围内,沥青混合料能够支承压路机而不产生水平推移、表面无开裂且压实阻力较小的温度,此时可用较少的碾压次数,便可获得较高的密实效果。最佳碾压温度与矿料组成、沥青材料及压实设备有关。若碾压时混合料温度过高,会引起压路机两旁混合料隆起、碾轮后的摊铺层裂纹、碾轮上黏起沥青混合料(尽管用水喷洒)、前轮推轮等问题;而碾压温度过低时,由于混合料黏性增大,混合料的密实困难,导致压实无效或起副作用。

施工现场的实践表明,由于拌和厂对温度进行了控制,在运输、摊铺过程中混合料温度已有所下降,初压的压路机可一直行进到靠近摊铺机,沥青混合料并不产生推移,表面也无开裂等情况。此时,沥青混合料的温度常在140~145℃,合理的碾压上限温度一般不超过160℃。

美国等国家的试验表明,当沥青混合料的温度低于90℃时,碾压实际上已不再明显增加密实度。因此,在沥青面层施工过程中应尽可能地提高碾压温度,特别是复压和终压温度,要避免为了提高平整度而降低碾压温度的错误倾向。

摊铺机后面的碾压作业段长度,由混合料的种类和压实温度确定。一般来说,压路机尽可能靠近摊铺机进行碾压。达到了密实度后,再以最少的碾压次数进行表面修整时,压路机可离摊铺机远一点。

压实质量与压实温度有直接关系，而摊铺后混合料温度是不断变化的，特别是摊铺后4～15min内温度损失最大（约1～5℃/min），因此必须掌握好有效压实时间，适时碾压。有效压实时间的长短与混合料的冷却速度、压实厚度等因素有密切关系。影响冷却速度的因素有气温、湿度、风力和混合料下承层的温度等。凡遇气温低、湿度大、风速大以及下承层温度低等情况，都会使有效压实时间缩短，并增加碾压困难。当沥青层厚增大25%时，其有效压实时间将增大近50%。对较薄层沥青混合料碾压时，反而要比较厚的沥青层压实困难些，这主要是因为较薄层的沥青混合料温度降低速度比厚层快得多，从而使其有效压实时间大大缩短。因此，在施工过程中应特别控制碾压温度，特别应注意温度离析对路面性能的影响，有关研究已表明，沥青路面早期破损与施工中混合料的温度离析关系十分密切。

2. 薄面层的碾压

较薄的沥青混合料面层，由于混合料温度下降快，使有效压实时间缩短，因此，对于较薄沥青面层的施工，除了加强混合料运输过程中的保温措施以外，摊铺后应立即碾压，碾压段长度为30～50m，压路机与摊铺机之间的最短距离为4～5m。除了初压时速度不应超过2.5km/h，以免表面发生推移以外，可适当提高复压时的碾压速度，以保证在较短的有效压实时间内完成初压、复压和终压3个碾压阶段。

3. 选择合适的碾压速度与碾压次数

合理的碾压速度对减少碾压时间、提高作业效率十分重要，在施工中保持适当的恒定碾压速度是非常必要的。一般碾压速度控制在2～4km/h，轮胎压路机可适当提高，但也不宜超过5km/h。碾压速度过慢，会使摊铺与压实工序间断，难以在有效压实时间内完成碾压工作，甚至需要增加碾压次数方可提高路面的压实度；碾压速度过快，混合料来不及变形密实，或产生推移、横向裂缝等病害，也不利于混合料的密实。因此，必须选择合适的碾压速度，如果没有成熟的施工经验，一般应通过试验路的铺筑进行确定。

国外有关资料指出：振动压路机一般碾压速度为8～10km/h（但美国沥青学会建议不超过4.8km/h），可获得较高的压实质量和经济效益。表6-15所示，在不同碾压温度下，当碾压次数相同而碾压速度不同时（5km/h和10km/h两种速度），沥青混合料的压实平均值相差仅为1%。从而说明在保证混合料有效压实时间上，尽可能采用较高的碾压速度以减少混合料的温度损失，延长有效压实时间，但应以沥青混合料碾压时不产生推移等高温变形为限度，这样还可以减少碾压次数，提高压实效率，并减少压路机的配备数量。

沥青混合料特性对压实作业的影响　　表6-15

试验路编号	碾压次数		碾压速度（km/h）	压实度（%）	空隙率（%）	碾压温度（℃）
	振压	静压				
1	2	1	5	97.9	3.9	—
	2	1	10	97.0	5.0	—
	4	1	5	97.8	3.7	115～130
	4	1	10	97.5	4.0	—
2	2	1	5	99.0	3.0	—
	2	1	10	98.1	3.4	—
	4	1	5	98.8	3.5	155～170
	4	1	10	97.8	3.1	—

续上表

试验路编号	碾压次数		碾压速度（km/h）	压实度（%）	空隙率（%）	碾压温度（℃）
	振压	静压				
3	2	1	5	99.0	2.7	—
	2	1	10	97.0	4.1	—
	4	1	5	97.1	4.3	80～115
	4	1	10	97.3	4.4	120～140

碾压次数在开工前难以确定，一般要在明确了压路机的类型、碾压速度、振幅与振频、混合料的有效压实时间等影响因素后，通过试验铺筑才能最后确定下来。通常初压时采用钢轮压路机静压1～2遍，碾压时应将压路机的驱动轮面向摊铺机，从外向内、由低向高碾压，坡道上驱动轮从低向高碾压；复压是碾压的重点，一般紧跟初压，碾压次数应由试验确定为好；终压一般可选用双轮钢筒式压路机或关闭振动的振动压路机碾压不少于2遍，直至无轮迹为止。

4. 选择合理的振频和振幅

目前，越来越多的振动压路机被用来碾压沥青混合料，为了获得最佳的碾压效果，在复压时要选择调频调幅振动压路机，合理地选择压路机的振频和振幅是非常必要的。

振频主要影响沥青面层的表面压实质量。在压实层厚度和碾压速度确定后，就要选择压路机的振频，使得冲击间距比压实层厚度小一些，以避免表面发生短波纹，由此可以确定最低的振频要求（图6-22）。

振幅主要影响沥青面层的压实深度。当碾压层较薄时，宜选用高振频、低振幅，以防止集料破碎；而碾压层较厚时，则可满足最低振频的要求下，选取较高的振幅，以产生较大的激振力，达到压实的目的。图6-23是瑞典某一公路的试验结果，表明了较高振幅时能得到更高的压实度。

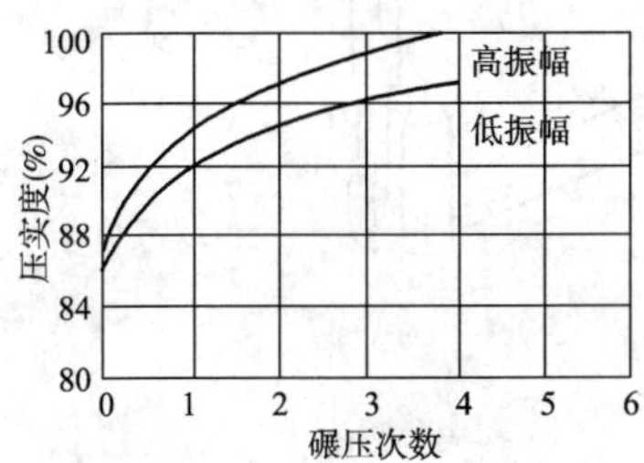

图6-22　不同的碾压速度和压实层厚度对振频的最低要求

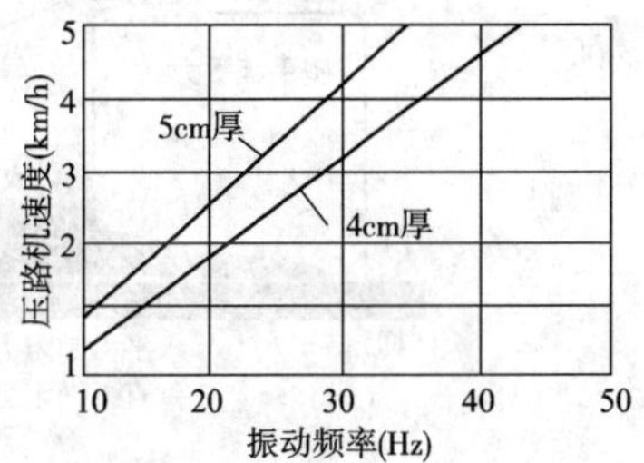

图6-23　5cm厚沥青层的振幅试验

5. 针对混合料的不同特性采取相应对策

沥青混合料的特性对压实质量亦有较大影响，表6-16列出了影响的原因、后果及对策，在碾压作业中可供参考。

沥青混合料特性对碾压作业的影响　　表6-16

原因		后果	对策
矿料	表面光滑	粒间摩擦力小	使用轻型压路机和较低的混合料温度
	表面粗糙	粒间摩擦力大	使用重型压路机
	强度不足	会被钢轮压路机压碎	使用坚硬矿料，使用充气轮胎压路机

续上表

原因			后果	对策
沥青	黏度	高	限制颗粒运动	使用重型压路机，提高温度
		低	碾压过程中颗粒容易移动	使用轻型压路机，降低温度
	含量	高	碾压时失稳	减少沥青用量
		低	降低了润滑性，碾压困难	增加沥青用量，使用重型压路机
混合料	粗矿料过量		不易压实	减少粗料矿料，使用重型压路机
	砂子过量		工作度过高，不易碾压	减少砂用量，使用轻型压路机
	矿粉过量		混合料软黏，不易碾压	减少矿粉用量，使用重型压路机
	矿粉不足		黏性下降，混合料可能离析	增加矿粉用量

七、保证沥青路面平整度的措施

1. 影响沥青路面平整度的因素

路面的平整度是一项综合性指标，涉及到施工过程各个环节的许多因素，它是路面施工全过程各个环节质量的最终体现。尽管造成路面不平整的因素众多而复杂，但从影响的根源和机理上分析，主要来自以下 3 个最基本的因素。

(1)摊铺机的性能及其作业方面的因素

沥青摊铺机的摊铺作业是通过浮动熨平板与热沥青混合料的相互作用进行的。浮动熨平板的工作原理如图 6-24 所示。当摊铺作业处于稳定工况下，作用在浮动熨平板的各外力（拖点牵引力 P、熨平板重力 W、水平摊铺阻力 H、垂直摊铺阻力 V、料堆推移阻力 H_1）对拖点 O 的力矩处于平衡状态，熨平板的位置保持稳定不变，摊铺厚度是一常值。上述力平衡关系的任何破坏都会导致熨平板位置的变化而影响摊铺路面的平整度。

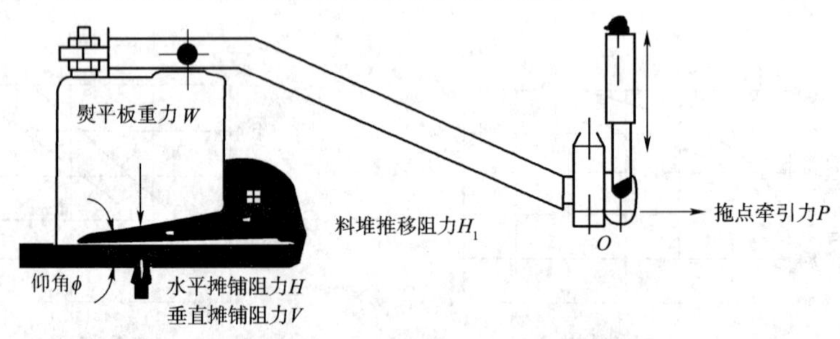

图 6-24 浮动熨平板的工作原理

从破坏力平衡的角度出发，影响摊铺平整度的基本因素无非是摊铺阻力（H 与 V 之合力）的变化（包括大小和方向），料堆推移阻力及其作用点的变化，以及拖点 O 高度的变化。对引起上述基本因素变化的原因又可进一步做以下分析。

①引起摊铺阻力波动的主要原因首先是摊铺速度的波动，其次则是混合料组成的不均匀和温度的不均匀（黏度的变化），这些都会引起混合料内部以及混合料与熨平板之间的摩擦力和黏性力的变化。

②料堆推移阻力及其作用点高度的波动，主要是由于混合料供给量和分料量的变化而引起熨平板前方料堆大小和料位高度发生变化而造成的。

③拖点高度的变化是由于摊铺机行走的高低不平的支承面而引起的。

可见,为获得平整的摊铺表面,应尽可能保持摊铺机的稳定作业,亦即稳定的摊铺速度、稳定的刮板输送器供料量、稳定的螺旋输送器送料量,从而保持熨平板前方料堆大小和料位高度的恒定不变。

从混合料的质量控制来说,要求搅拌设备生产的混合料的集料级配、沥青含量以及混合料的温度尽可能保持均匀,而且在运输和摊铺过程中不发生混合料的离析和不均匀温降。

在早期生产的摊铺机上,上述因素的控制全靠操作手的熟练技术来实现,而支承面的凹凸不平则只能依靠浮动熨平板的滤波作用来减弱,这些无疑是困难的,而且也不可能获得很高的调节精度,因而摊铺路面的平整度较差。

现代高性能的摊铺机由于采用了机电液一体化的自动控制技术,在性能上有很大改善。这些自动控制装置主要有摊铺机行走速度的自动调节装置、混合料供给量和料位高度的自动调节装置,以及针对拖点高程干扰和混合料阻力变化而设置的熨平板自动调平系统。虽然带有上述装置的现代摊铺机其松铺层表面的不平整度可达到很高的水平,但是自动调节系统本身也不可能没有一点误差,因而影响摊铺表面平整度的基本因素或多或少依然存在,摊铺出来的路面仍不可能是绝对平整的。

(2)摊铺机调平基准方面的因素

对于装有熨平板自动调平装置的摊铺机来说,调平系统的参考基准本身也不可能是绝对准确的。它的误差也是引起铺筑路面不平的一个重要来源。通常有 3 种方法用来建立摊铺机自动调平系统的纵向参考基准:固定在路面侧边的弦线基准、沿着接缝相邻路面滑动的调平滑靴基准和平均梁式移动参考基准。

弦线参考基准本身的误差主要来源于挂线支撑立杆的高度误差和弦线的挠度误差。前者包含了水准标尺的误差、测量读数的误差和立杆的安装误差,后者则包含了弦线的张紧度、传感器对弦线的压力及其在弦线上滑移所引起的误差。

对于调平滑靴基准来说,误差主要来源于滑靴支承表面的不平整以及由于滑靴跳动等原因引起的误差。

对于平均梁式的移动参考基准,误差的主要来源虽然与调平滑靴相同,但由于经过多次平均化处理,特别是现代的平均梁基准采用了多滑靴弹性浮动支承的结构,并且大大加长了平均梁的长度,以及跨接于熨平板前后,分别支承在未铺和已铺路面上的结构,极大地改善了参考基准的精度。平均化处理实际上起了一个滤波器的作用,它可以将支承面凹凸不平的高频波滤掉但仍留下缓慢变化的趋势项。从图 6-25 可以看到,经过平均化处理后路面平整度的高频部分没有了,但缓慢变化的趋势项仍继续存在。因此,当采用调平滑靴基准和平均梁式基准时都不可能校正高程的偏差,但却能较好地改善车辆在其上行驶的平顺性,因为缓慢变化的趋势项并不影响车辆的颠簸。

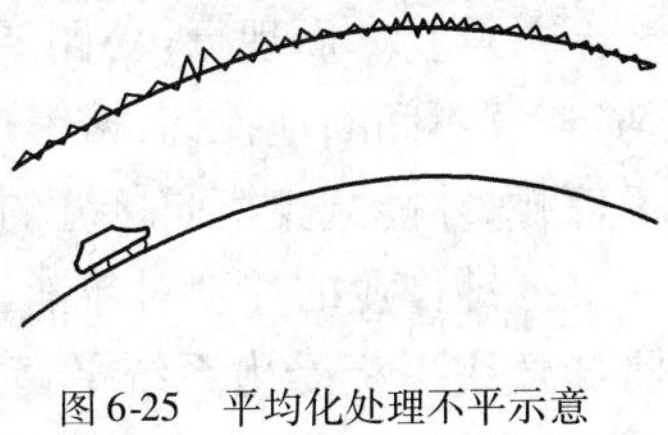

图 6-25　平均化处理不平示意

(3)平整度传递方面的因素

所谓平整度的传递是指路面下层的不平整向上反映的过程。这一过程存在的必要条件,除下层路面本身的不平整外,还有一重要条件就是松铺路面必须经受压实而最终成型。如前所述,松铺路面由于受摊铺作业和参考基准的制约,其本身并不是绝对平整的,而且松铺路面在经受压实之后,路面的凹凸波形还会进一步调整,有些会加剧,有些则会减缓。这种在平整度传递过程中对最终压实后的路面谱作出的调整是由于路面虚铺厚度差异和压缩比不均匀而造成的,它取决于以下 3 个方面的因素。

①下层路面凹凸不平的路面谱。

②路面不同部位材料压缩量的不均匀性，它本身是由于材料组成和温度不均匀以及碾压工艺和碾压参数不一致造成的。

③松铺表面的不平整和碾压过程中由于材料推移等原因附加的不平整，后者与压路机的性能和操作有很大关系。

2. 提高沥青路面平整度的措施

(1)保证路面基层的平整度

实践表明，过去使用的“基层不平整靠面层调整，下层不平整由上层弥补”的老办法，对平整度要求很高的高速公路行不通。如基层顶面的平整度允许偏差为10mm，当用沥青混合料填平这10mm的间隙(低洼)时，尽管沥青混合料表面是找平了，但该处因多出10mm的松厚，压实后仍将出现低洼。其深度为$10-(10/1.2)=1.7(mm)$(1.2为沥青混合料的平均压实系数)。这仅是基层表面的微量间隙(10mm是允许标准)导致沥青面层出现的不平整(低洼)，实际情况是基层表面的最大间隙不可能处处都在10mm以内。由此可见，基层顶面的平整度对沥青层表面平整度有着举足轻重的影响。

①基层施工采用集中厂拌混合料，摊铺机铺筑。为保持铺层材料的均匀性和所得表面的平整度，以及相应的高程、路拱、纵坡和厚度等参数都能顺利达到设计要求，应采用摊铺机摊铺。这可避免平地机施工中的反复找平、厚度难以控制等问题，可以提高工程质量，加快工程进度，提高混合料的利用率。

②控制集料的最大粒径。为确保基层的平整度和便于摊铺机施工，基层混合料中集料的最大粒径宜适当减小。集料粒径愈大，对拌和机、摊铺机的磨损愈烈，混合料易产生离析，而且过大的颗粒在熨平板拉动下会在铺层表面刮出纵向沟槽。因此，减小集料的最大粒径，更能适应摊铺机铺筑，基层顶面的平整度更易保证。

③采用精良的连续式稳定土拌和设备。好的厂拌设备能拌出均匀的混合料，这对半刚性基层混合料的质量保证及成型后的路面性能影响极大。实践证明，提高高等级公路基层施工质量的根本出路在于机械化，为提高高等级公路沥青路面的平整度，半刚性基层需用集中厂拌并采用摊铺机铺筑。

(2)沥青混合料的供料能力必须与摊铺机作业速度相匹配

要保证沥青面层达到预期的平整度，除先从基层的平整度抓起之外，沥青混合料的摊铺工艺至关重要。而现行《公路沥青路面施工技术规范》(JTG F40—2004)中提出的“必须缓慢、均匀、连续不间断地摊铺，摊铺过程中不得随意变换速度或中途停顿”则是其核心和关键。只有不停顿，才能减少横向接缝的数量；只有均匀不间断，才能保证铺层纵向平整度的连续与稳定。

摊铺作业的速度对摊铺机的作业效率和摊铺质量都有很大影响。特别是速度的瞬时变化将导致熨平板受力系统平衡的破坏，引起熨平板的上下浮动，降低路面的平整度。速度变化时，单位面积的沥青混合料受到的振捣、振动次数随之变化，势必导致路面的初始密实度不同，压实后的路面平整度较差。另外，正常工作过程中，频繁地停机、开机将使铺出的路面形成台阶(尤其是停机时间长，沥青混合料温度低于100℃时)，且料温下降，不易压实。

施工中最常见的停顿原因就是供料跟不上。用最小的摊铺允许速度2m/min，摊铺厚6cm、宽11.2m的单幅路面时，需要的最低供料量超过200t/h。凡满足不了这一要求的则需打破标段界限，组织联合供料，拌和设备的产量必须与摊铺机的作业速度相协调与匹配，应规定摊铺机的最小速度，否则不能正常作业。

(3)选择摊铺基准

高速公路沥青混凝土面层一般分为下面层、中面层和磨耗层。摊铺这3层时，应根据实际情况决定摊铺基准的选择。

①摊铺下面层时，一般采用悬挂钢丝绳为基准线。在摊铺过程中，除了控制摊铺厚度外，还必须使摊铺压实后的下面层高程符合设计要求。以悬挂钢丝绳为基准容易达到以上两种要求。

中面层摊铺的基准应根据下面层的高程是否符合设计要求而定。如果相差太多，中面层还应以悬挂钢丝绳为基准；如果下面层高程达到设计要求，中面层摊铺时可采用浮动梁辅助摊铺机自动找平，这样能获得较好的平整度。

磨耗层一般采用浮动梁辅助摊铺机自动找平，以获得更好的平整度。

②摊铺前基层的处理。摊铺之前，应认真测量、细心计算，设置的基准线也应仔细核对。对基层高程不符合要求的部分，应事先进行适当处理，以提高路面摊铺的平整度。

(4)悬挂基准线

基准线悬挂的准确性直接影响摊铺质量。具体施工中，基准线的悬挂应考虑以下几方面。

①基准线钢丝绳的张紧力为800～1 000N。张紧力太小钢丝绳会下垂，导致摊铺后的路面出现波浪；张紧力太大则支承柱不容易固定，特别是在弯道上。

②基准线的悬挂高度(图6-26)可通过式(6-9)确定：

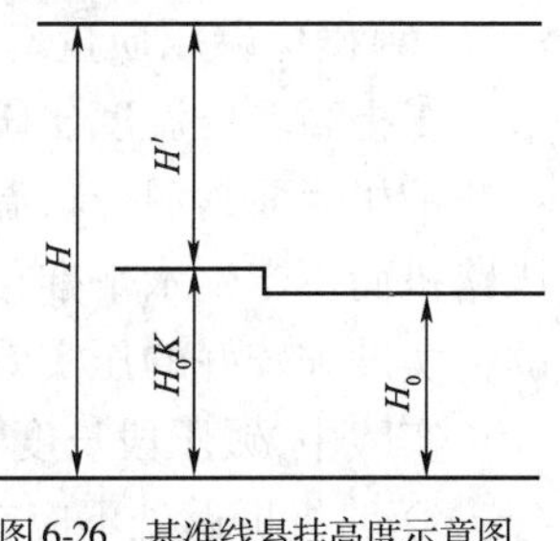

图6-26　基准线悬挂高度示意图

$$H = H_0K + H' \tag{6-9}$$

式中：H——基准线的悬挂高度；

H_0——摊铺层的设计高程与下一层高程之差；

K——松铺系数；

H'——基准线距摊铺后路面的高度。

H_0与K由工程因素决定，不能随意改变。H'的大小对摊铺质量有着不可忽视的影响，实践证明$H' = 10$cm为宜。H'太小，基准线与摊铺后的路面高度相差不多，H'不易检测；H'太大则H随之增大，基准线的支承桩增长，使支承桩不易固定，从而影响基准线的稳定性。

③两基准线的间距。如果摊铺机两侧的自动找平传感器同时以基准线为基准，那么两基准线间的距离应比熨平板宽度稍宽，基准线距熨平板以30cm为宜，而且要保证两基准线间的距离一致。

④基准线的平顺度。直线摊铺时，基准线一定要直，可每10m设置1个支承桩；弯道摊铺时，基准线应缓慢变化，每隔5m设置1个支承桩。这样既能提高基准线的稳定性，又能保证基准线的平顺。基准线应有专门人员负责查看，以免出现基准线被碰、倾倒、脱桩等现象。

考虑到钢丝基准线不仅敷设麻烦，其高程的准确性亦难于保证，故对中、下面层可采用一侧钢丝引导的高程控制方式。表面层必须采用摊铺层前后保持相同高差的雪橇式摊铺厚度控制方式，仅对局部需要调整厚度的路段，可先用钢丝绳引导，待厚度正常时再用雪橇控制。对于下面层铺筑较好的路段，也可直接采用平衡梁找平。

(5)保持摊铺机的良好状态，优化摊铺工艺，处理好横向接缝

①保持摊铺机的良好状态。正式试铺前，精心调整好摊铺机的各项结构参数：熨平板宽度、拱度、初始工作迎角、左右伸长部位的高度、布料螺旋与熨平板前缘的距离、振动梁行程以

及熨平板前刮料护板的高度等。

②优化摊铺工艺。

a. 慎重选择摊铺层高程与厚度的控制方式。

b. 摊铺机履带行驶线上因卸料而撒落的粒料应及时清除，以免影响履带或轮胎的接地高程，殃及摊铺层的横坡及横向平整度。摊铺层未压实前，不得随意进入踩踏。

c. 尽可能在表面层用一台摊铺机整幅摊铺，从而避免纵向接缝，减少机械的通过次数，但摊铺机的性能要好，须经过严格调试。中、下面层采用 2 台机梯队摊铺时，要注意 2 台摊铺机的运行参数、基准的布设等。

③处理好横向接缝。横向接缝质量的好坏对路面的平整度影响很大，比纵向接缝对汽车行驶速度和舒适性的影响更大。处理好横向接缝的关键是要舍得切除已经冷却的先铺层混合料，在先铺层端部沿纵向放置 3m 直尺呈悬臂状，以摊铺层与直尺脱离接触处为横接缝位置，接缝以外的端部材料必须彻底切除，锯成垂直面并与纵向边缘成直角。

(6)确保碾压质量

①提高碾压温度。研究与实践证明，提高压实质量的关键技术是提高碾压温度，必须紧跟在摊铺机后面趁混合料温度较高时及时碾压。材料允许的碾压温度范围是沥青混合料能支承压路机而不产生水平推移且压实阻力较小的温度。换句话说，可用较少的碾压次数，获得较高的密实度和较好的压实效果，使碾压层表面见不到轮迹，提高层面的平整度。

实践中，碾压段长度不能太长，一般控制在 30 ~ 50m，压路机与摊铺机的最小间距仅 3 ~ 4m。压路机折返处不应在同一横断面上，以免影响铺层的平整度。

②合理选择压路机类型，检查胎压，消除混合料黏轮。

a. 初压必须用钢轮压路机，且以两轮压路机为宜。

b. 使用轮胎压路机时，必须检查各轮胎的磨损及压力是否相等，防止因轮胎软硬不一而影响铺层的横向平整度。

c. 为防止混合料在温度较高条件下碾压易发生的黏轮现象，向碾轮喷洒雾状水。当喷水呈线状时水量偏大，会加速热混合料的冷却，影响压实效果，对平整度不利。

d. 对厚度较薄的沥青上面层，可适当提高复压阶段的碾压速度。

较薄的沥青上面层(4cm 中粒式沥青混合料)比较厚的中、下面层(厚 6cm)难以压实，为此必须加强运料车的保温，摊铺后立即碾压。除初压速度不超过 2.5km/h 以免表面发生推移而外，应适当提高复压速度，以保证在较短的有效压实时间内完成 3 个阶段必须达到的碾压总次数。

(7)用连续式路面平整度仪跟踪检测

对当晚碾压完毕的沥青面层，次日上午必须用连续式路面平整度仪跟踪检测。一旦发现平整度超标应立即查找原因，决不为赶进度而放弃要求。

3m 直尺虽可在纵横两向控制，但只能反映单点情况，不能立即得出检测长度内的平整度标准差。

(8)划出准确的摊铺线

准确的摊铺线不但可以避免沥青混合料的浪费，而且能提高路面的平整度。实际工程，往往对划摊铺线不够重视，有时只是简单地画一下。这使操作手难以把握正确的摊铺方向，特别在弯道的摊铺过程中，操作手不得已频繁纠正方向，而摊铺机的方向改变时，铺出的路面就会产生波浪，直接影响路面的平整度。

综上所述,摊铺机摊铺速度的选择应保证摊铺机匀速连续地作业。

第四节 沥青混合料的离析与防治

沥青混合料的离析是指其粗、细集料和沥青含量的不均匀,即在沥青路面一定区域内,粗、细集料不均匀,偏离了设计级配,沥青含量与设计的最佳沥青用量不一致,从而使该区域内的沥青混合料实际配合比与设计的配合比不一致,导致沥青路面性能下降。粗集料集中的部位往往空隙率过大、沥青含量偏小,这是造成路面出现水损害、形成坑槽的主要原因。粗集料集中的混合料区域,其拉伸强度低,抗裂性能差,疲劳寿命降低;相反细集料集中的部位则往往沥青含量偏多,空隙率过小,易导致路面的永久变形,并出现泛油。因此,离析是沥青混合料,尤其是大粒径沥青混合料在施工中经常出现的病害。

一、离析的判别

目前,有 3 种无破损测试方法可以判别沥青混合料的离析以及不均匀。

1. 肉眼观察

肉眼观察是最直观的定性评价沥青混合料离析的方法,从粗、细集料的集中程度可以鉴别是否有离析。但是当最大集料粒径较小时,采用肉眼观察进行评价比较困难。

2. 铺砂法测定路面构造深度

用铺砂法测定路面的构造深度是传统的定量分析混合料离析的方法,也是实际中较常用的方法。经验表明,铺砂法测定的构造深度和路表面的不均匀性之间有良好的相关关系。对于通常认为可以接受的区域所进行的一项测试表明,如果构造深度的最大差值为 0.3mm,则有 88% 的区域要么空隙率大于 10%,要么已经发生了混合料的离析。然而构造深度的极限与混合料的类型有关,例如对 SMA 混合料,其构造深度比密级配沥青混合料的构造深度大得多,因此离析区域和均匀区域构造深度的差值极限也将不同。

但是铺砂法的测试结果常受测试者主观意志和测试方法的左右,对于看来已有严重离析的部位,可能测得相同的构造深度。美国 ASTM E965 规定的试验方法的重复性是构造深度的 1%(以 mm 计),不同测试者之间的复现性约为 2%。而且当路面空隙率大(例如大于 10%)时,构造深度上的差异将测不出来。因此,铺砂法测定离析并不是理想的方法。

3. 高精度混合料密度测试仪器

离析的直接后果是混合料的密度不同,通过高精度混合料密度的测试仪器,如核子密度仪测定现场混合料的密度是目前经常采用的方法。

二、离析的形成原因

沥青混合料的离析是造成路面局部损坏的主要根源,也是沥青路面施工的一个难题。造成沥青路面不均匀的原因是沥青混合料粗、细集料的离析和施工时混合料温度的不均匀导致的压实程度的差异,分别称为集料离析和温度离析。

1. 集料离析的形成原因

集料离析是由于原材料自身不均匀,组成变异性大,以及拌和运输、摊铺压实不均匀而产生的离析。集料离析是造成沥青混合料不均匀性的重要原因,其形成原因有以下几个方面。

(1)原材料的不均匀性

目前我国公路部门大多不生产集料,沥青混合料所用集料大多取自社会料场,这些料场有国家的、乡镇的或个体企业的,质量和标准参差不齐,管理手段原始。一个工程所用集料往往来自几个料场,石料质量不同,破碎和筛分机械不一,筛孔尺寸混乱,导致集料产品质量及规格不一,实际级配与配合比设计所采用的级配有很大的差距。尽管目标配合比设计很认真,生产配合比设计却经常发生很大变化。正式生产时,实际材料与配合比设计的材料相比差距更大。

此外,我国大部分公路采用临时在沿线设置的移动式拌和厂,许多采石场也是因附近修建公路临时组建的,使得许多采石场及拌和厂的生产和材料堆放场地不合规定。许多料场不同材料之间没有挡墙,互相不能完全分开,材料存放在没有硬化的土地上,装载机铲料时很容易将地面的黏土等杂物带入料仓。有些移动式拌和厂的料场不设防雨顶棚,雨水对集料的含水率影响很大,尤其是砂子、石屑等细集料,不同部位的含水率也不一样,干燥状态和潮湿状态时的情况差异很大,拌和设备的供料控制会有较大波动,直接影响配合比。

(2)拌和设备生产过程中的集料离析

①由于拌和能力不足,同一个铺筑现场使用的混合料由几个拌和厂供料是目前常用的方式,这对缓解拌和机供料不足的矛盾起到了重要作用,但是也带来了不同拌和厂所使用的材料来源不同、实际配合比不同等问题。

②我国普遍采用间歇式拌和机,拌和不同层位、不同粒径的混合料时,本应采用不同筛孔的振动筛,但经常是不同层位的混合料穿插进行拌和,这样势必影响混合料的级配,尤其是拌和上层较细的混合料时超粒径料的排出往往不能实现。

③由于集料烘干筒的加热温度、加热时间、天气状况等不可能恒定,拌和的混合料温度也是会有所波动的。

④拌和设备冷料仓中不是单一尺寸的集料,冷料仓相邻太近或隔离不严使装载机装料时,各种规格的料互相交混,使同一冷料仓中包括几种不同尺寸的集料而产生离析现象;填料(小于0.075mm)含量控制不严格,如果填料超过了级配要求的范围,由于其易使沥青膜变薄而降低混合料的黏性,从而使沥青混合料易产生离析;沥青混合料的拌和时间控制不严格,如拌和时间减少,沥青混合料肯定拌和不匀,一般来说一个拌和周期不应小于40s;热料仓保温性能不好,如其锥体部分降温得不到补偿,易使混合料黏在锥体内壁而影响混合料的质量。

(3)运输车辆装料与卸料过程中混合料的离析

拌和的沥青混合料一般是先进入热储料仓,然后再卸到运料车上,也有可能从拌和机直接卸到运料车中。现行《公路沥青路面施工技术规范》(JTG F40—2004)要求运料车每卸一斗挪动一步,以便减少混合料的离析。实际上即使这样做了,离析也是难以避免的。例如3000型的拌和机一次拌和近3t料,卸料时粗料向下滚,细料滚得少。加之许多运料车并没有按规范要求做,停在拌和机下一直不动,卸料堆成为座小山一样,离析更为严重。

(4)摊铺过程中混合料的离析

摊铺机在摊铺沥青混合料过程中造成不均匀或离析的原因有以下几点:

①沥青混合料从运料车卸到摊铺机的过程中,一定程度上会产生粗、细集料的分离。

②如果运料车与摊铺机碰撞,会影响摊铺机后的混合料的数量和密度。

③混合料卸到摊铺机料斗中以后,中间的混合料进入摊铺机的速度快,两边的混合料可能会停留相当时间,直至两侧的挡板立起才将混合料折向中间,这期间,两侧的混合料比中间的混合料温度要降低很多,从而使铺到路面的混合料温度不一致。

④摊铺机的螺旋布料器在向两侧摊铺时,在加长的接头部位,如果调整不好,往往会有一个不平顺的坎,摊铺的混合料在这里往往会离析。

⑤摊铺机摊铺宽度越宽,混合料的离析越严重。现在许多公路片面追求平整度而采取全幅摊铺的方式,是造成混合料离析的主要原因。一方面是混合料横向移动距离太长,螺旋布料器运送混合料距离过长,不可避免会造成粗、细集料的离析,一般两边较粗,中间较细(正好是行车道部位)。混合料在螺旋布料器运送过程中,在空中反复转动,温度下降严重,边上与中间的温度不一样,温度不均是导致压实度不均匀的原因,也是造成路面局部损坏的原因所在。一方面是熨平板对混合料的压实程度不一样,尤其是熨平板加长部分,靠拉杆吊在摊铺机上保持平衡,往往没有振动夯实作用,所以沿路面横向方向的混合料不仅集料级配不均匀,而且压实程度也不一样,使摊铺过程的压实度大幅度减小,进一步影响压实的完成,反过来又影响平整度。在国外,摊铺机的摊铺宽度一般都有所限制,如日本通常限制摊铺宽度为7m,单向双车道高速公路包括硬路肩均采用2台摊铺机铺筑,并要求采用双振动方式。在美国摊铺宽度基本上只有一个车道的宽度,即3.5~4.0m。

2. 温度离析的形成原因

温度离析是指由于沥青混合料温度的不均匀降低,使混合料性能不同程度地有所变化而产生的离析。温度离析是路面周期性离析的主要原因。

运输车辆将沥青混合料运输到摊铺现场,由于自然热损失的原因,使车厢四周和顶部混合料的温度降低较多。卸料时,车厢后部和顶面温度较低的混合料易落在摊铺机受料斗的底部而首先被输料器带走摊铺,形成离析段落。卸料中车厢两侧温度较低的混合料易被挤向摊铺机受料斗的两侧板上,不容易被输料器带走,直到料车卸完料且摊铺机受料斗中混合料不足时,操作手才会翻起受料斗的两侧板,将这部分料集中起来进行摊铺。这部分温度较低且粗料较多的混合料摊铺时,熨平板不可能使其和高温混合料一样密实,从而使摊铺层上出现小面积离析。由于每一辆车都可能产生这种离析破坏,路面周期性破坏现象会比较明显。此外,压路机在压实混合料时也不可能做到碾压温度、次数、速度都一样,边上和中间不一样,早压的和晚压的温度不一样,压路机的吨位也会因为所加的水不断减少而稍有变化,再加上铺到路上的混合料温度本身就有相当的差异,路面混合料的压实度不可能相同。

需要说明的是,对于某一段离析的路面,很难完全说清是集料离析还是温度离析,往往是集料离析和温度离析的共同结果,如用摊铺机两侧板上的料铺筑路面,这部分料往往既温度低又偏粗。温度离析往往不能被及早发现,但它使路面潜伏着破坏的因子,这些因子往往在竣工通车后一两年内,随着路面的使用,慢慢地暴露出来,从而导致路面剥落、松散、坑槽、水损坏,形成早期破损。美国NCAT的研究提出:当温度差在10~16℃范围内时,会发生轻度离析;当温度差在17~21℃范围内时,会发生中度离析;温度差超过21℃的区域,会发生重度离析。这种温度离析导致压实度的不均匀,从而造成混合料的空隙不同,级配不同。

一般认为,对混合料基本没有发生离析的铺筑区域,通常是由于混合料有非常好的配合比设计和满意的压实。这样区域的面层空隙率是可以接受的,有90%以上的混合料的劲度模量大于预定值,沥青含量都在设计沥青用量的0.3%范围内,粗集料通过率不会有显著的差别。在混合料轻微离析的铺筑区域,混合料的劲度模量约为无离析区域的70%~90%,空隙率将增加1%~4%,如果存在级配离析,粗集料最大粒径的通过率将会比规定的大5%以上,同时导致沥青含量将比设计的减少0.30%~0.75%;在混合料发生中等程度离析的铺筑区域,混合料的劲度模量将降低到无离析区域的30%~70%,增加空隙率2%~6%,如果再存在级配离析，集料的最大两个筛孔通过率将会比规定的大 10% 以上，沥青含量更可能减少 0.75% ~1.30%；而在混合料严重离析的铺筑区域，混合料的劲度模量将降低到无离析区域的 30% 以下，空隙率增加超过 4%，如果同时存在级配离析，集料的最大 3 个筛孔通过率将会比规定的大 15% 以上，沥青含量更可能减少 1.5%，在这种区域钻芯取样或切割试件有可能会崩塌。

综上所述，混合料有 2 种基本的离析和不均匀的类型，即级配上的离析和温度上的不均匀。集料级配离析与级配类型有密切的关系，可能发生在混合料拌和制造、储存、运输、铺筑过程中每一个环节；温度不均匀造成的离析，发生在混合料拌和、储存、运输和铺筑过程的每一个环节。其中有些不均匀问题是目前难以避免的，而有些则是人为造成的，通过努力可以避免或减轻。

三、减轻混合料离析的措施

1. 使用沥青混合料转运车

使用沥青混合料转运车是解决温度离析非常有效的措施。所谓混合料转运车，就是在运料车辆与摊铺机之间增加的一种过渡设备，见图 6-27。运料车来到摊铺现场，并不是将混合料直接卸入摊铺机受料斗中，而是卸入混合料转运车中，转运车接到混合料后不间断地搅拌，使有可能在拌和、储存、运输过程中产生的离析得以消除，重新使混合料级配均匀、温度一致，然后转运车将搅拌后的混合料连续地输给摊铺机。在摊铺机的受料斗上又安装了一个接料斗，这个接料斗直接将转运车输来的混合料传给摊铺机的输送器上，然后送给摊铺机熨平板，铺成路面。

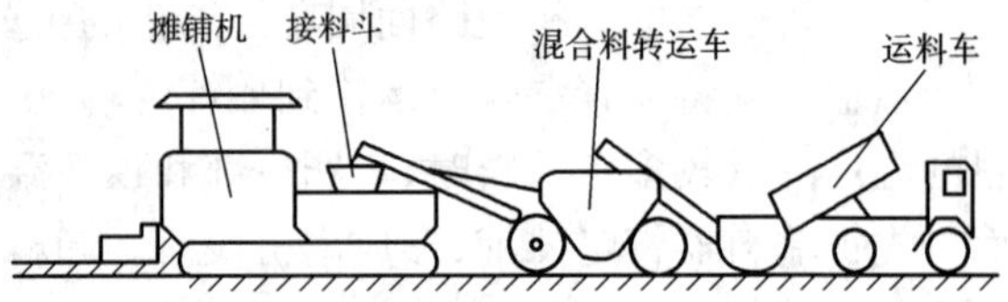

图 6-27　混合料转运车的工作方式

下面以美国 ROADTEC 公司 SB 2500B 型混合料转运车为例，介绍其使用性能。SB 2500B 型混合料转运车的结构如图 6-28 所示，其储料仓能储存 25t 混合料，运料车将混合料卸入转运车的接料斗中，接料斗底部装有振动器，使混合料不易黏结，接料斗将混合料逐步输送到储料仓中，储料仓底部装有叶距变宽的螺旋桨搅拌器（图 6-29），当混合料充满螺旋桨叶片间空间后，螺旋桨开始转动，由于螺旋桨叶片间空间在不断地变化，使混合料不断地进入叶片间，从而使混合料重新混合、黏结，达到级配均匀、温度一致。重新搅拌后的混合料通过输送器送入摊铺机接料斗中进行摊铺。使用 SB 2500B 转运车要在摊铺机的受料斗上加一混合料接料斗，这个接料斗能储存 15 ~20t 混合料，将混合料直接漏到摊铺机的输送器上，从而消除了摊铺机两侧板接触混合料使料温降低的可能性。试验研究表明，使用混合料转运车摊铺后的路面，温度差别小于 5℃，从而可以基本上消除温度离析。

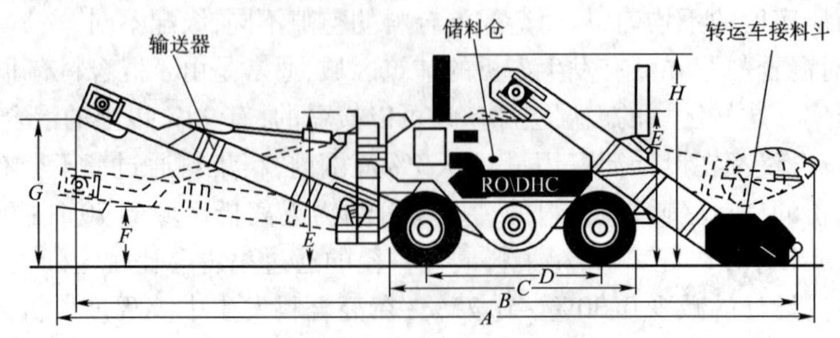

图 6-28　SB 2500B 型混合料转运车结构

2. 消除离析的其他措施

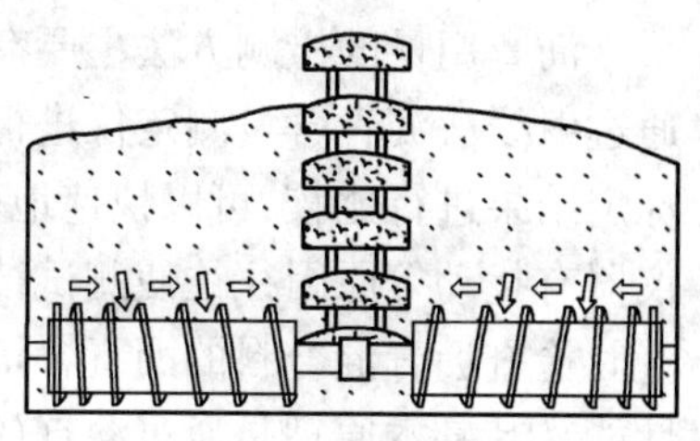

图 6-29　储料斗中混合料的拌和与运输

①加强原材料的管理,推广规模化的集料大生产方式。不同规格的集料分堆堆放,不能混交,同一种规格的集料要分层堆放(图 6-30)。拌和厂堆放集料的场地要硬化、清洁、便于排水,细集料要加盖棚顶。

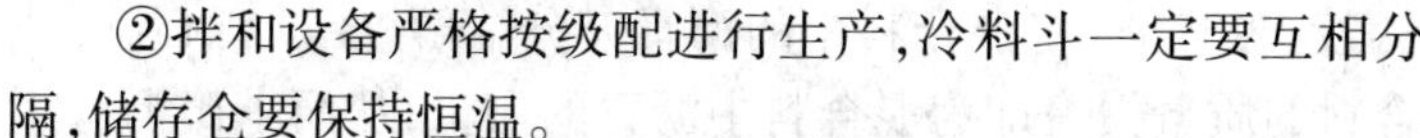

②拌和设备严格按级配进行生产,冷料斗一定要互相分隔,储存仓要保持恒温。

③运料车装料每车至少要移动 3 个位置,不论运距长短,都要加盖篷布或棉被。给摊铺机卸料时,要一次顶起车厢,将混合料卸入摊铺机受料斗中。

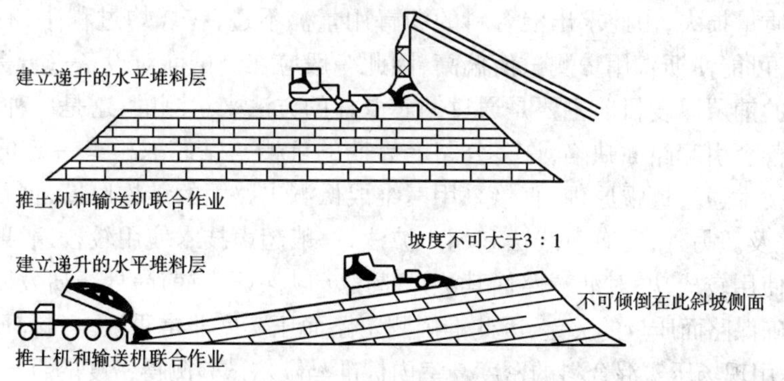

图 6-30　集料分层堆放

④摊铺机的宽度一般不宜超过 6 ~ 8m,尽量避免全幅摊铺,严格控制摊铺速度,确保"恒温连续工作"原则。

⑤加强压实,提倡初压紧跟摊铺机碾压。同时压路机类型、台数、碾压次数要合理,做到均匀压实。

第五节　沥青路面施工质量管理与验收

沥青路面施工质量管理和验收工作是公路工程施工技术管理的重要组成部分,其检测项目包括原材料质量、矿料级配、沥青用量、面层厚度、压实度、平整度、强度、抗滑性、渗水系数等,检测过程包含施工过程控制和竣工验收控制两大方面。

一、沥青路面质量检测方法简介

原材料质量检查主要包含沥青路面施工中可能采用的原材料:粗集料、细集料、矿粉、石油沥青、改性沥青、乳化沥青和改性乳化沥青等材料的质量,其具体的检查方法按相关试验规程的规定进行。

矿料级配的检验是检测控制路面施工采用的级配是否符合工程和规范的规定,与设计的预期级配是否一致,它是以通过规定筛孔的质量分数表示的。一般做法是:从拌和厂选取有代表性的沥青混合料样品,按规定的沥青含量试验方法抽提沥青后,将全部矿质样品在规定温度(105℃)下烘干,并冷却至室温,然后按沥青混合料矿料级配设计要求,选用全部或部分需要筛孔的标准筛,进行筛分试验,一般得出 0.075mm、2.36mm、4.75mm 及集料公称最大粒径等 4 个筛孔的通过率,与设计的级配要求进行比较,应满足规定的精度要求。

沥青用量的检测方法主要有:射线法、离心分离法、回流式抽提仪法、烧灼法等。射线法是通过射线法沥青含量测定仪进行测定的,预先进行不同沥青用量标定,然后现场测试的结果与标定结果进行比较,可以快速地确定出沥青用量的大小,但这种方法如果标定不准确,或试验仪器有扰动等原因往往使测试结果不太准确。离心分离法和回流抽提法,主要适用于旧路调查时检查沥青混合料的沥青含量,用此法抽提的沥青溶液可用于回收沥青,以评定沥青的老化性能。其基本原理是通过溶剂(三氯乙烯溶剂)将混合料中的沥青充分溶解,经过离心机(或回流抽提仪)进行分离后,得出混合料的质量损失即为混合料中沥青的质量,从而求出沥青用量,但该方法最大缺点是溶剂对工作人员污染太大。烧灼法是美国国家沥青技术中心(NCAT)最先研制的,它是将沥青混合料试样放入高温炉内,使混合料中的沥青全部燃烧,测定燃烧前后的质量损失,由此求出混合料的沥青用量。不过,在烧灼过程中,有可能有部分矿粉等集料损失,可能使沥青用量测试值偏高,因此一般应在测试前对设备进行标定。

沥青路面的铺层厚度目前主要是通过钻芯取样的方法来量测的,这是一种破损性试验,试验后补坑不完善会引起路面缺陷,许多公路上后期的坑槽与钻芯取样有一定的关系。国外也有用数码遥感技术通过透视原理,直接采用三维成像测出路面的结构厚度,但目前仪器成本较高,尚未完全普及。另外,还有射线法和超声波法,一般超声技术使用较普遍,射线法在水泥路面厚度测试中使用较成功,对沥青路面其测试精度难以保证,目前尚处于研发阶段。

压实度是确保路面质量的关键,因此准确测定路面压实度非常重要。目前压实度有 2 种表示方法,一种是用现场压实混合料的密度与室内标准马歇尔试验测得密度的百分比表示;另一种是用现场压实混合料的密度与混合料最大理论密度的百分比表示,其核心都是要确定现场压实混合料的密度。一般现场压实混合料密度的测定有核子密度仪和钻芯取样 2 种方法,前者是非破损性试验,但关键是试验前要与钻芯法对比标定,标定是否准确直接关系压实度的大小,而且这种方法测试的深度与仪器散射深度有关,当深度太大时不宜采用这种方法;后者是直接钻芯取样,芯样直径不宜小于 100mm,然后按试验规程测定芯样试件的密度,这是目前国内外的标准试验方法,如前所述这是破损性试验,钻孔后应仔细处理补坑工作,以免引起路面后期破损。

路面的强度指标通常通过路表弯沉值来表征,弯沉是在规定的标准轴载作用下,测试路表在轮隙间产生的总的垂直变形或垂直回弹变形(回弹弯沉值),一般以 0.01mm 为单位。测试方法主要有法国的拉克鲁瓦自动弯沉仪、美国的振动式弯沉仪、丹麦与美国等发达国家发明的落锤式弯沉仪等,我国目前普遍使用贝克曼梁法。贝克曼梁和自动弯沉仪均测试静态弯沉,落锤式弯沉仪测试动态弯沉,并能反算出路面的回弹模量。

平整度是路面施工质量与服务水平的重要指标之一,通常采用的测试方法有:3m 直尺法、连续式平整度仪、颠簸累积仪。3m 直尺法设备简单,结果直观,间断测试,工作效率比较低,仅能反应路面的凹凸程度;连续式平整度仪设备比较复杂,连续测试,工作效率高,反应的也是路面的凹凸程度;颠簸累积仪设备复杂,工作效率高,也是连续测试,可反应路面的舒适性。还有其他的测试方法,如长安大学(原西安公路学院)根据车桥振动加速度谱分析法研制的测振仪用于评价路面舒适性,取得了令人满意的效果。规范规定,在高速公路、一级公路中要求采用连续式平整度仪进行测试。

我国抗滑性能测定的仪器和方法主要有:摆式仪(BM 法)、五轮仪、制动仪(制动距离法)、减速仪及激光仪拖车法(横向力系数测试)、试验车法等。表面的构造深度测定可采用铺砂法、电动铺砂法、激光构造深度仪法。在高速公路、一级公路中路面的抗滑性应采用横向力系数表征。

高等级公路路面质量的评价,往往依据于多项指标的综合情况。目前美国、法国、澳大利亚、英国、日本等发达国家均装备了“综合测试专用车”,可以测试一次,得到所需的所有路面性能数据,测试方便,效率高,但费用比较高,一般一台造价高达几百万元人民币,大面积推广比较困难,目前国内综合测试车还比较少。

二、施工过程中的质量管理与检查

沥青路面施工过程一般由承包商随时自检,对于实行监理制度的工程项目,监理应按规定要求自主地进行试验,并对承包商的试验结果进行认定。当承包商试验结果与监理实验室的试验结果产生冲突时,一般可由质量监督管理部门按规定的检查频率进行试验仲裁。

沥青混合料施工过程中,应按照表6-17规定的检查项目和频率,对各种原材料进行抽检,其质量应符合相关的技术标准要求或合同的有关规定。每一检查项目的平行试验次数或此试验的试样数应按相关的试验规程的规定执行,并且其试验精度也应符合有关规定,然后以其平均值来评价其质量是否合格。

施工过程中原材料检查的内容与要求　　表6-17

材　料	检查项目	检查频率		试验规程规定的平行试验次数或一次试验的试样数
		高速公路、一级公路	其他等级公路	
粗集料	外观(石料品种、含泥量等)	随时	随时	—
	针片状颗粒含量	随时	随时	2~3
	颗粒组成(筛分)	随时	必要时	2
	压碎值	必要时	必要时	2
	磨光值	必要时	必要时	4
	洛杉矶磨耗值	必要时	必要时	2
	含水率	必要时	必要时	2
细集料	颗粒组成(筛分)	随时	必要时	2
	砂当量	必要时	必要时	2
	含水率	必要时	必要时	2
	松装密度	必要时	必要时	2
矿粉	外观	随时	随时	—
	<0.075mm	必要时	必要时	2
	含水率	必要时	必要时	2
石油沥青	针入度	每2~3d一次	每周一次	3
	软化点	每2~3d一次	每周一次	2
	延度	每2~3d一次	每周一次	3
	含蜡量	必要时	必要时	2~3
改性沥青	针入度	每天一次	每天一次	3
	软化点	每天一次	每天一次	2
	离析试验(对成品改性沥青)	每周一次	每周一次	2
	低温延度	必要时	必要时	3
	弹性恢复	必要时	必要时	3
	显微镜观察(对现场改性沥青)	随时	随时	—

续上表

材　料	检 查 项 目	检 查 频 率		试验规程规定的平行试验次数或一次试验的试样数
		高速公路、一级公路	其他等级公路	
乳化沥青	黏度	每天一次	每天一次	2
	蒸发残留物含量	每天一次	每天一次	2
改性乳化沥青	黏度	每天一次	每天一次	2
	蒸发残留物含量	每2~3d一次	每周一次	2
	蒸发残留物针入度	每2~3d一次	每周一次	3
	蒸发残留物软化点	每2~3d一次	每周一次	2
	蒸发残留物的延度	必要时	必要时	3

注:1. 表列内容是在材料进场时已按“批”进行了全面检查的基础上,日常施工过程中质量检查的项目与要求。

2.“随时”是指需要经常检查的项目,其检查频率可根据材料来源及质量波动情况由业主和监理确定。

3.“必要”指施工各方任何一个部门对其质量产生怀疑,提出需要检查时,或是根据需要商定的检查频率。

对于沥青混合料的质量,一般在混合料生产拌和时进行抽样检测,主要检测以下几项。

①从料堆和皮带运输机上随时目测各种材料的质量和均匀性,检查泥块及超粒径碎石,检查冷料仓有无窜仓;目测混合料拌和是否均匀,有无花白料;目测油石比是否合理,检查集料和混合料的离析情况。

②检查控制室拌和机各项参数的设定值、控制屏的显示值,核对计算机采集和打印记录的数据与显示值是否一致。

③检查沥青混合料的材料加热温度、混合料出厂温度、取样抽提、筛分检测混合料的矿料级配、油石比等。其中抽提筛分应至少检查0.075mm、2.36mm、4.75mm、公称最大粒径及中间粒径等5个筛孔的通过率。

④拌和厂取样成型试件的马歇尔试验,测定空隙率、稳定度、流值等马歇尔指标,确定出压实度使用的标准密度等。如果取样存放一段时间,可能对马歇尔试验体积指标有一定的影响,因此应采用拌和厂取样立即成型的试件测试的结果为准。

《公路沥青路面施工技术规范》(JTG F40—2004)规定沥青混合料的质量要求如表6-18所示。

沥青混合料的质量要求　　表6-18

项　　目		检查频度及单点检验评价方法	质量要求或允许偏差	
			高速公路、一级公路	其他公路
混合料外观		随时	观察集料粗细、均匀性、离析、油石比、色泽、冒烟、有无花白料、油团等各种现象	
拌和温度	沥青、集料的加热温度	逐盘检查评定	符合规范JTG F40—2004规定	
	混合料出厂温度	逐盘检查评定	符合规范JTG F40—2004规定	
		逐盘测量记录,每天取平均值评定	符合规范JTG F40—2004规定	
矿料级配(筛孔)	0.075mm	逐盘在线检测	±2%(2%)	
	≤2.36mm		±5%(4%)	
	≥4.75mm		±6%(5%)	

续上表

项目		检查频度及单点检验评价方法	质量要求或允许偏差	
			高速公路、一级公路	其他公路
矿料级配（筛孔）	0.075mm	逐盘检查，每天汇总一次取平均值评定	±1%	
	≤2.36mm		±2%	
	≥4.75mm		±2%	
	0.075mm	每台拌和机每天1～2次，以2个试样的平均值评定	±2%（2%）	±2%
	≤2.36mm		±5%（3%）	±6%
	≥4.75mm		±6%（4%）	±7%
沥青用量		逐盘在线监测	±0.3%	
		逐盘检查，每天汇总一次取平均值评定	±0.1%	
		每台拌和机每天1～2次，以2个试样的平均值评定	±0.3%	±0.4%
马歇尔试验：空隙率、稳定度、流值		每台拌和机每天1～2次，以4～6个试样的平均值评定	符合规范JTG F40—2004规定	
浸水马歇尔试验		必要时（试件数同马歇尔试验）	符合规范JTG F40—2004规定	
车辙试验		必要时（以3个试件的平均值评定）	符合规范JTG F40—2004规定	

注：1.单点检查是指试验结果以一组试验结果的报告值作为一个测点的评价依据，一组试验（如马歇尔试验、车辙试验）有多个试样时，报告值的取用按《公路工程沥青及沥青混合料试验规程》（JTJ 052—2000）规定执行。

2.对于高速公路、一级公路，矿料级配和油石比必须进行总量检验和抽提筛分的双重检验控制，互相校核，表中括号内的数值是对SMA的要求。油石比抽提试验应事先进行空白试验标定，提高测试数据的准确度。

在沥青混合料路面施工过程中，应随时对铺筑工程质量进行检查评定，其质量检查项目、频率、允许偏差应符合表6-19的要求。

沥青混合料路面施工过程中工程质量的控制标准 表6-19

检查项目		检查频率及单点检验评价方法	质量要求或允许偏差	
			高速公路、一级公路	其他等级公路
外观		随时	表面平整密实，不得有明显轮迹、裂缝、推挤、油包等缺陷，且无明显离析	
接缝		随时	紧密平整、顺直，无跳车	
		逐条缝检测评定	3mm	5mm
施工温度	摊铺温度	逐车检测评定	符合规范JTG F40—2004规定	
	碾压温度	随时	符合规范JTG F40—2004规定	
厚度	每一层次	随时，厚度50mm以下	设计值的5%	设计值的8%
		厚度50mm以上	设计值的8%	设计值的10%
	每一层次	1个台班区段的平均值		—
		厚度50mm以下	-3mm	
		厚度50mm以上	-5mm	
	总厚度	每2 000m^{2}一点，单点评定	设计值的-5%	设计值的-8%
	上面层	每2 000m^{2}一点，单点评定	设计值的-10%	设计值的-10%

续上表

检查项目		检查频率及单点检验评价方法	质量要求或允许偏差	
			高速公路、一级公路	其他等级公路
压实度		每 2 000m^2 检查一组，逐个试件评定并计算平均值	实验室标准密度的97%（98%）； 最大理论密度的93%（94%）； 试验段密度的99%（99%）	
平整度（最大间隙）	上面层	随时，接缝处单杆评定	3mm	5mm
	中、下面层	随时，接缝处单杆评定	5mm	7mm
平整度（标准差）	上面层	连续测定	1.2mm	2.5mm
	中面层	连续测定	1.5mm	2.8mm
	下面层	连续测定	1.8mm	3.0mm
	基层	连续测定	2.4mm	3.5mm
宽度	有侧石	检测每个断面	±20mm	±20mm
	无侧石	检测每个断面	不小于设计宽度	不小于设计宽度
纵断面高程		检测每个断面	±10mm	±15mm
横坡度		检测每个断面	±0.3%	±0.5%
沥青层层面上的渗水系数，不大于		每1km不小于5点，每3点处取平均值评定	300mL/min（普通混合料）； 200mL/min（SMA混合料）	

注：1. 厚度检测频度指高速公路、一级公路的钻坑频度，其他等级公路可酌情减少，且通常采用压实度钻孔试件测定，上面层的允许误差不适用于磨耗层。

2. 压实度检测按规范《公路沥青路面施工技术规范》（JTG F40—2004）附录E规定的评定方法执行，钻孔试件的数量最少不少于3个，当一组检测的合格率小于60%，或平均值小于要求的压实度时，允许增加一倍检测点数；如6个测点的合格率小于60%，或平均值 x_6 小于要求的压实度时，允许再增加一倍检测点数；要求12个测点合格率大于60%，且 x_{12} 达到规定的压实度要求，以确定是否返工或返工范围。

3. 括号中的数值是对SMA路面的要求，对马歇尔试件采用50次或35次击实的混合料，压实度可适当提高要求。进行核子密度仪等无破损检测，测点可随机选取，一组测点不少于13个，且每13个测点的平均值作为一个测点进行评定压实度是否符合要求。实验室密度指与配合比设计相同方法成型的试件的密度。以最大理论密度作为标准密度时，对普通沥青混合料通过真空法实测确定，对改性沥青和SMA混合料，由每天的矿料级配和油石比计算得到。

4. 渗水系数适用于公称最大粒径等于或小于19mm的沥青混合料，应在铺筑成型后未遭行车污染的情况下测定，且仅适用于要求密水的密级配沥青混合料、SMA混合料，不适于OGFC混合料。表中深水系数以平均值进行评定，计算的合格率不小于90%。

5. 3m直尺主要用于接缝检测，对正常路段，采用连续式平整度仪测定。

三、交工验收阶段的工程质量检查与验收

工程完成后，施工单位应将全线以1～3km作为一个评定路段，每一侧车道按表6-20的规定频率随机选取测点，对沥青混合料路面进行全线自检。将单个测定值与表中的质量要求或允许偏差进行比较，计算合格率，然后计算一个评定段的平均值、极差、标准差、变异系数。施工单位要在规定时间内提交全线检测结果及施工总结报告，申请交工验收。实行监理制度的工程，监理抽查时检查段的选择按随机取样的原则确定，总长度不少于施工里程的30%，且不少于3个检查段。

沥青混合料路面交工检查与验收质量标准 表 6-20

检查项目		检查频度(每一侧车行道)	质量要求或允许偏差	
			高速公路、一级公路	其他等级公路
外观		随时	表面平整密实,不得有明显轮迹、裂缝、推挤、油盯、油包等缺陷,且无明显离析	
面层总厚度	代表值	每1km 5点	设计值的 -5%	设计值的 -8%
	极值	每1km 5点	设计值的 -10%	设计值的 -15%
上面层厚度	代表值	每1km 5点	设计值的 -10%	
	极值	每1km 5点	设计值的 -20%	
压实度	代表值	每1km 5点	实验室标准密度的96%(98%); 最大理论密度的92%(94%); 试验段密度的98%(99.5%)	
	极值	每1km 5点	实验室标准密度的96%(98%); 最大理论密度的92%(94%); 试验段密度的98%(99%)	
路表平整度	标准差 d	全线连续	1.2mm	2.5mm
	IRI	全线连续	2.0m/km	4.2m/km
	最大间隙	每1km 10处,各连续10杆		5mm
沥青层层面上的渗水系数		每1km不小于5点,每3点处取平均值评定	300mL/min(普通混合料); 200mL/min(SMA混合料)	—
宽度	有侧石	每1km 20个断面	20mm	±30mm
	无侧石	每1km 20个断面	不小于设计宽度	不小于设计宽度
纵断面高程		每1km 20个断面	±15mm	±20mm
中线偏位		每1km 20个断面	±20mm	±30mm
横坡度		每1km 20个断面	±0.3%	±0.5%
弯沉	回弹弯沉	全线20m 1点	实测记录	实测记录
	总弯沉	全线每5m 1点	实测记录	—
构造深度		每1km 5点	实测记录	—
摩擦系数摆值		每1km 5点	实测记录	—
横向力系数		全线连续	实测记录	—

注:1. 高速公路、一级公路面层除了验收总厚度外,还应验收上面层厚度,代表值按 $X' = \overline{X} - \frac{t_a S}{\sqrt{n}}$ 计算,其中 X' 为代表值,S 为测定值的标准差,t_a 为 t 分布中随自由度 n 和保证率而变的系数,可查表 6-21 直接得到。

2. 与表 6-19 中注 2、注 3、注 4 同。

沥青路面质量数据测定所需的参数$\frac{t_a}{\sqrt{n}}$值 表 6-21

测点数 n	高速公路、一级公路	其他等级公路	测点数 n	高速公路、一级公路	其他等级公路
2	4.465	2.176	20	0.387	0.297
3	1.686	1.089	21	0.376	0.289
4	1.177	0.819	22	0.367	0.282
5	0.953	0.686	23	0.358	0.275
6	0.823	0.603	24	0.350	0.269
7	0.734	0.544	25	0.342	0.264
8	0.670	0.500	26	0.335	0.258
9	0.620	0.466	27	0.328	0.253
10	0.580	0.437	28	0.322	0.248
11	0.546	0.414	29	0.316	0.244
12	0.518	0.393	30	0.310	0.239
13	0.494	0.376	40	0.266	0.206
14	0.473	0.361	50	0.237	0.184
15	0.455	0.347	60	0.216	0.167
16	0.438	0.335	70	0.199	0.155
17	0.423	0.324	80	0.186	0.145
18	0.410	0.314	90	0.175	0.136
19	0.398	0.305	100	0.166	0.129

注:对于压实度、厚度等单边检验要求的情况,对高速公路、一级公路,保证率为95%;其他等级公路,保证率为90%。

沥青路面交工时应检查验收的各项质量指标主要有:路面的厚度、压实度、平整度、渗水系数、构造深度、摩擦系数、路表弯沉值等。

路面的厚度、压实度等需作破损检测试验的,最好利用施工过程中的钻孔数据,检查每一个测点与极值相比的合格率,同时按数理统计的方法计算出其代表值,与规范规定的要求或允许偏差进行比较。路面厚度也可采用路面雷达连续测定路面剖面进行评定。压实度验收可选用其中1个或2个标准,并以合格率较低的作为评定结果。

路面的平整度不可采用3m直尺法,可采用连续式平整度仪和颠簸累积仪进行测定,以每100m计算一个测值,并计算合格率。

路面渗水系数与构造深度最好在施工过程中在路面成型后立即测定,但每一个点为3个测点的平均值。

摩擦系数最好采用连续式摩擦系数测定车在行车道实测路表横向摩擦系数,如实记录测点数据,测定时间最好选在通车使用后的第一年夏季期末进行。

路表弯沉是路面的整体强度和刚度的关键指标,可选择贝克曼梁或连续式弯沉仪实测路面的回弹弯沉或总弯沉,如实记录测点数据(包括测定时的气候条件、测定车的数据等),测定时间最好选在公路的最不利使用条件下进行,如南方最好选在梅雨季节,北方季节性冰冻地区最好选在3~4月份的春融季节。测试温度以20℃为准,如果非标准条件下测试的弯沉值,应乘以温度修正系数和季节修正系数进行换算。

四、过程控制及总量检验方法

为了对沥青混合料生产过程进行实时监控,及时发现各项生产参数是否符合配合比设计要求,对于高速公路、一级公路采用间歇式拌和机生产沥青混合料时,配备计算机自动采集及自记打印数据的装置,以进行混合料的“过程控制”(即在线监测)和总量检验是非常必要的。

在开始拌和前要设定每拌和一锅沥青混合料的生产量,各个热料仓、矿粉、沥青等的标准配合比用量,设定各项施工温度。拌和过程中,计算机通过传感器采集每拌和一锅混合料的各项数据,由计算机自动处理或者逐盘打印这些数据,进行混合料质量的在线监测。当计算机能够实时监测、自动处理、显示、保存所采集的各项数据时,也允许不逐锅打印数据,只打印汇总统计表。但应注意对拌和机的各种称重传感器逐个认真标定,自动采集、打印的结果应经过校验,如果与实际数量有差值时,应求出修正系数,确保各项数据参数的准确性。

拌和过程中,计算机必须逐锅采集各项数据,按各个料仓的筛分曲线,逐锅计算出矿料级配,与工程设计级配范围及容许的施工波动范围进行比较,实时评定矿料级配是否符合要求,否则应引起重视。如果连续 3 锅以上均出现不合格的情况,应对设定值进行修正调整。

计算机必须逐锅采集沥青结合料的实际使用量及沥青混合料的生产量,计算油石比,与设计值及容许波动范围相比较,评定是否符合要求;如果连续 3 锅以上不符合要求,应对设定值进行调整。同时,计算机还必须实时监测和采集与混合料生产相关的各项施工温度,与规范要求或试验确定的温度值进行比较,评定是否符合要求,否则应实时调整。

沥青混合料生产过程的总量检测的报告周期可以是一个工作日或一个台班。施工停止时,计算机应自动计算并及时打印出各项数据的统计结果。其中沥青混合料的矿料级配可以是全部筛孔,但评定是否符合要求可只对 5 个关键控制粒径筛孔(0.075mm、2.36mm、4.75mm、公称最大粒径、一档较粗的控制性粒径等筛孔)进行评定,并按式(6-10)~式(6-12)计算全过程各种指标的平均值、标准差、变异系数,进行沥青混合料生产质量的总量检验。

$$K_0=\frac{K_1+K_2+\cdots+K_i+\cdots+K_n}{n} \tag{6-10}$$

$$S=\sqrt{\frac{(K_1-K_0)^2+(K_2-K_0)^2+\cdots+(K_i-K_0)^2+\cdots+(K_n-K_2)^2}{n-1}} \tag{6-11}$$

$$C_V=\frac{S}{K_0} \tag{6-12}$$

式中:K_0——该报告周期的平均值(%);

S——一个报告周期的测定值的标准差(%);

C_V——一个报告周期的测定值的变异系数(%);

K_i——该报告周期内第 i (i 为依次记录的盘次)盘料的测定值(%);

n——该报告周期内总的拌和盘数,其自由度为 $n-1$。

利用一个评定周期的沥青混合料总生产量、施工总面积、沥青混合料密度按式(6-13)计算该铺层的平均施工压实厚度:

$$H=\frac{\sum m_i}{Ad}\times 1\,000 \tag{6-13}$$

式中：H——该评定周期沥青路面摊铺层的平均施工压实厚度(mm)；

m_i——该评定周期内第 i 盘混合料的质量(i 为依次记录的盘次)，$\sum m_i$ 为一个评定周期内沥青混合料的总生产量(t)；

A——该评定周期沥青路面摊铺层的总面积，当遇到加宽等情况时，铺筑面积按实际面积计算(m^2)；

d——评定周期内摊铺层的现场压实密度的平均值，由钻孔试件的干燥密度(即实验室标准密度乘以压实度)测定得到(t/m^3)。

一个沥青层全部铺筑完成后，应绘制出各个检测指标的变化过程，并计算总的平均值、标准差、变异系数，计算各个指标的总合格率，作为施工质量检验的依据。计算机采集、计算的沥青混合料过程控制及施工总量检验的数据图表，均必须按要求随工程档案一起存档。

参考文献

[1] 中华人民共和国国家标准.中、短程光电测距规范(GB/T 16818—1997)[S].北京:中国标准出版社,2004.

[2] 钟孝顺,聂让.测量学[M].北京:人民交通出版社,1997.

[3] 刘杰.测量员[M].北京:中国电力出版社,2007.

[4] 中华人民共和国行业标准.公路路基施工技术规范(JTG F10—2006)[S].北京:中国标准出版社,2006.

[5] 胡长顺,黄辉华.高等级路基路面施工技术[M].北京:人民交通出版社,1994.

[6] 中华人民共和国行业标准.公路沥青路面施工技术规范(JTG F40—2004)[S].北京:中国标准出版社,2004.

[7] 陈拴发,陈华鑫,郑木莲.沥青混合料设计与施工[M].北京:化学工业出版社,2006.